北京市绿色建筑设计标准指南

北京市勘察设计与测绘管理办公室　组织编写

U0337439

中国建筑工业出版社

图书在版编目（CIP）数据

北京市绿色建筑设计标准指南／北京市勘察设计与测绘管
理办公室组织编写 . —北京：中国建筑工业出版社，2013.5
 ISBN 978-7-112-15367-1

 Ⅰ.①北… Ⅱ.①北… Ⅲ.①生态建筑－建筑设计—标
准—北京市—指南 Ⅳ.①TU2-65

 中国版本图书馆CIP数据核字（2013）第079638号

责任编辑：王 磊 田启铭
责任设计：赵明霞
责任校对：姜小莲 赵 颖

北京市绿色建筑设计标准指南
北京市勘察设计与测绘管理办公室 组织编写
*
中国建筑工业出版社出版、发行（北京西郊百万庄）
各地新华书店、建筑书店经销
北京京点图文设计有限公司制版
北京画中画印刷厂印刷
*
开本：787×1092毫米 1/16 印张：24 字数：600千字
2013年6月第一版 2013年6月第一次印刷
定价：**128.00**元
ISBN 978-7-112-15367-1
（23434）

编委会名单

主　编：叶大华

副主编：叶　嘉　薛世勇

委　员：（按姓氏笔画为序）

　　　　刘永晖　刘加根　李本强　李建琳　吴　燕

　　　　余　琦　张同亿　陈　喆　林波荣　罗　威

　　　　胡　倩　徐　涛　诸　欣　黄　宁　黄献明

　　　　盛晓康　焦　舰　曾　宇　曾　捷　鞠鹏艳

参　编：（按姓氏笔画为序）

　　　　乔明策　幸乾富　赵彦革　祖义祯　徐宗平

参加单位：中天伟业（北京）建筑设计事务所有限公司

　　　　　北京万格伟业科技有限公司

前 言

PREFACE

为深入贯彻落实科学发展观，切实转变城乡建设模式和建筑业发展方式，提高资源利用效率，实现节能减排约束性目标，积极应对全球气候变化，建设资源节约型、环境友好型社会，提高生态文明水平，改善人民生活质量，实现美丽北京梦想。北京市规划委员会、北京市勘察设计与测绘管理办公室组织新编了北京市《绿色建筑设计标准》DB11/938-2012，并于2012年12月12日发布，于2013年7月1日实施。

为更好地实施北京市《绿色建筑设计标准》，2012年3月26日北京市勘察设计与测绘管理办公室作为课题研究，组织了《北京市绿色建筑设计标准指南》的编制，本课题于2012年12月完成了课题结题，通过了专家组的审查。

本书的编写汇聚了北京市《绿色建筑设计标准》主要起草人等各专业权威、知名专家和专业人员，他们都具有丰富的专业理论知识和设计经验。

本书通过对绿色建筑设计工作实践的总结和归纳，对《绿色建筑设计标准》进行深入的剖析和解读，每款条文均通过"设计要点"、"实施途径"进行详细阐述和讲解，同时尽量结合"案例分析"以加深理解。其中"设计要点"旨在向设计人员阐述标准的内在含义；"实施途径"旨在向设计人员提供能够达到要求的方法和措施。

本书还在"附录"部分增加了北京绿色建筑设计相关制度、规定文件和绿色建筑服务机构及产品简介，以便于读者查阅和参考。

总之，本书力求成为广大绿色建筑设计人员、管理人员、专业人员的培训教材，为广大的绿色建筑建设单位、房地产开发商、设计单位和咨询单位等从事绿色建筑设计提供指导，加快北京全面发展绿色建筑推动生态城市建设的实施。

本书在编写过程中几易其稿，但由于编写时间紧，文中肯定存在不足之处，恳请广大读者批评指正，对北京市《绿色建筑设计标准》和本书的意见和建议，请反馈给北京市勘察设计与测绘管理办公室（地址：北京市西城区南礼士路19号建邦商务会馆403室，电话：68038252，邮箱：gwkbjn@126.com）。

目　录

$C_{ONTENTS}$

第1章 概　述

1.1 北京市《绿色建筑设计标准》编制背景及工作开展情况

1.1.1 北京市《绿色建筑设计标准》编制背景

为落实北京市委、市政府提出的"人文北京、科技北京、绿色北京"的发展战略和建设世界城市的目标，"十二五"期间建设领域将加强城乡规划引导，以绿色建筑为主要抓手，构建低碳城市发展模式。为进一步规范绿色建筑的发展，北京市规划委员会启动了北京市《绿色建筑设计标准》（以下简称《标准》）编制工作。

绿色建筑是未来的发展趋势，而绿色建筑评价体系和技术标准是绿色建筑发展的重要基础。目前国外已有 LEED、BREEAM、CASBEE 等成熟的绿色建筑评价体系，在我国绿色建筑的稳步推进进程中，中国国家标准《绿色建筑评价标准》已实施 7 年，《民用建筑绿色设计规范》、《建筑工程绿色施工评价标准》已正式颁布，标志着我国绿色建筑评价体系和技术标准已形成基本构架。同时，各省市如上海、天津、深圳、广西等地，根据各地特色已启动地方绿色建筑设计规范和评价标准的编制工作，正逐步建立完整的地方绿色建筑评价和技术标准体系。目前北京市已出台《绿色建筑评价标准》和《北京市绿色建筑评价标识管理办法》，并有 40 余个项目获得了国家或北京市的绿色建筑标识认证，这都为完善本市的绿色建筑评价和技术标准体系，开展《标准》的编制提供了良好基础。

《标准》的编制需要重点解决现有国家绿色建筑标准体系很难充分反映地方特点的问题，充分借鉴国际先进经验和国内成功案例，在国家现有标准体系的基础上，突出北京地方特色，注重科技创新，保证标准编制的全面性、科学性和适宜性。

1.1.2 北京市《绿色建筑设计标准》的编制工作开展情况

《标准》课题是北京市规划委员会在 2011 年 4 月份启动的项目，北京市规划委员会十分重视课题的开展，列为当年市规委九件重要的大事之一。《标准》课题采取全新的编制理念，2011 年 4 月 20 日，首次发布《标准》编制大纲全球征集公告，在全球范围内进行绿色建筑设计标准大纲的征集工作，通过全球的征集，24 家国内外一流的绿色建筑相关行业单位参与投标。北京市规划委员会邀请住房和城乡建设部绿色建筑相关部门、国内多家著名绿色建筑设计单位共计 9 名专家对投标单位提交的编制大纲进行评审（图 1-1）在24 个编制团队中选出了优秀的团队，按照 24 家提供的先进理念进行统一协调后制定了大纲的编制纲要，最终由中国建筑科学研究院和清华大学主持编制《标准》。

2011年7月25日《标准》编制启动（图1-2），8月至12月召开了4次工作会议（图1-3），48次章节讨论会，最终形成征求意见稿。

图1-1 北京市《绿色建筑设计标准》编制大纲评审会

图1-2 北京市《绿色建筑设计标准》编制大纲征集活动颁奖仪式暨《标准》编制启动会

为使《标准》中指标体系和章节设置符合实际情况和管理要求，北京市规划委员会还召开了与市发改委、市住房和城乡建设委、市园林局、市水务局、市政市容委等相关委办局及北京市规划委员会内各处室的3次协调会（图1-4），深入讨论指标与管理环节的关系、指标的设置合理性及落实等问题。并为使《标准》与项目实践相结合，研讨《标准》的可操作性，召开了丰台区长辛店生态城、丰台区丽泽商务区和昌平区未来科技城等项目的5次工作研讨会，讨论项目绿色建筑规划、设计各阶段的相关情况，将其借鉴到《标准》指标体系的制定当中，对《标准》指标体系编写提出意见和建议（图1-5）。

图1-3 编制组工作会议

图1-4 与市发改委、市住房和城乡建设委、市园林局、市水务局、市政市容管委等相关委办局研讨会

2012年1月，北京市规划委员会两次邀请行业内知名专家召开专家讨论会，对《标准》的方向和具体条文进行梳理和研究（图1-6）。同月北京市规划委员会领导组织勘办、标办与市质监局进行交流，听取了市质监局领导对于《标准》的意见和要求。

2011年11月7日，编制组有针对性地征求各界意见，2012年3月27日至4月27日进行网上公开征求意见，共收到反馈意见526条。广大专家和工程设计人员均对《标准》编制的重要社会经济价值予以了肯定，没有重大意见分歧。对专家和工程设计人员有关条

图 1-5　与丰台区长辛店生态城等项目实践结合研讨会

图 1-6　征求意见稿专家研讨会

文修改的建议，编制组予以了充分重视，并在《标准》修改过程中充分予以体现。

2012 年 6 月 20 日，市质监局与北京市规划委员会组织召开了《标准》审查会（图 1-7）。市住房和城乡建设委、相关规划和设计单位、科研院所和高校的各专业专家参加了会议。经过编制组的汇报，专家组一致同意《标准》通过审查，建议编制组根据审查会意见对送审稿进一步修改和完善，形成报批稿上报主管部门审批、发布。

图 1-7　市质监局与北京市规划委员会组织召开了《标准》审查会

1.2　北京市《绿色建筑设计标准》的基本情况及意义

1.2.1　北京市《绿色建筑设计标准》的基本情况

本《标准》定为地方强制性标准，适用于新建、改建、扩建民用建筑的绿色设计与管理，同时适用于详细规划阶段的低碳生态规划。

《标准》主要包括下列技术内容：1. 总则；2. 术语；3. 基本规定；4 指标体系；5. 设计策划及文件要求；6. 规划设计；7. 建筑设计；8. 结构设计；9. 给水排水设计；10. 暖通空调设计；11. 建筑电气设计；12. 景观环境设计；13. 室内装修设计；14. 专项设计控制等。

《标准》与国内外标准的关系：

本《标准》在编制过程中参考了美国 LEED、英国 BREEAM、日本 CASBEE 等成熟的绿色建筑评价标准、中国国家标准《绿色建筑评价标准》及北京市《绿色建筑评价标准》，同时与国家行业标准《民用建筑绿色设计规范》相比，结合了北京市的实际情况，地域指导性更强。

标准的创新点：1. 强调规划先导作用；2. 设置指标体系；3. 加强全过程管理控制；4. 规范模拟软件使用；5. 提供设计基础数据。

1.2.2 出台北京市《绿色建筑设计标准》的必要性

"十一五"时期，北京市单位 GDP 能耗累计下降 26.59%，二氧化硫、化学需氧量排放总量分别下降 39.73%、20.67%，超额完成国家下达的 20.4%、14.7% 的减排任务，减排幅度位居全国前列。"十二五"时期，随着经济社会发展，北京市节能减排形势依然严峻。"十二五"期间节约 1500 万吨标煤，万元 GDP 能耗下降 17%、减排 18% 的任务相当艰巨。

"十二五"期间，北京市节能减排工作较"十一五"有新的特点和规律。一方面，由于产业调整基本完成，"以退促降"要逐渐转变为"内涵促降，系统促降"。另一方面，"十二五"期间全市节能量 1500 万吨标煤，建筑领域承担的节能量超过 600 万吨标煤，超过北京市"十二五"总减排量的 40%。因此，如何在城市建设领域真正落实减排任务，处理好全面与重点、存量与增量、降耗与发展的关系，需要创新支撑和崭新发展思路，而《标准》的出台能够更好地引领北京市绿色建筑又好又快发展。

1.2.3 北京市《绿色建筑设计标准》的意义

《标准》在现有国家绿色建筑标准基础上，细化了绿色建筑设计要求，提出了区域低碳生态规划设计要求和指标体系，首次将绿色建筑设计标准与低碳规划指标体系有机结合，使绿色低碳理念贯穿于规划与建筑设计全过程中，具有独创性。北京市《绿色建筑设计标准》突出北京地方特色，注重结合北京市自然资源禀赋、经济社会发展水平，参考了国际相关标准和国内成功经验，将有效推进北京城市与建筑的低碳绿色发展。

1.3 《北京市绿色建筑设计标准指南》的编制意义和内容

1.3.1 编写意义

编写《北京市绿色建筑设计标准指南》，并将其作为设计标准宣贯培训的教材，用具体的技术分析和案例指导设计人员正确合理地运用绿色建筑措施和绿色建筑标准，推动设计标准的有效贯彻。

《北京市绿色建筑设计标准指南》已被北京市科委、北京市规划委列为"基于低碳城市框架下的绿色建筑设计指标体系的研究与应用"系列科研课题，将带动北京市绿色建筑设计的全面发展。

1.3.2 内容

《北京市绿色建筑设计标准指南》主要内容为：对《标准》原文逐条进行剖析，通过"设计要点"、"实施途径"、"案例分析"将《标准》展开讲解，使设计师能够正确运用《标准》，迅速掌握相关设计精髓。

第2章 设计要求

从本章起，在总结实践经验和归纳设计方法的基础上，对北京市《绿色建筑设计标准》DB11/938—2012中的各条款进行深入的分析和解读，向绿色建筑设计人员阐释设计方法和设计要点，同时指导设计人员完成绿色设计集成表的填写。本章重点讲解《标准》中的总则和术语部分。

【标准原文】第1.0.1条 为落实北京市政府"人文北京、科技北京、绿色北京"的发展战略，引导低碳生态规划和绿色建筑的科学发展，制定本标准。

为落实北京市委、市政府提出的"人文北京、科技北京、绿色北京"的发展战略，"十二五"期间建设领域将加强城乡规划引导，以绿色建筑为主要切入点，构建低碳城市发展模式，进一步规范绿色建筑的发展，特制定本标准。

建设活动是人类对自然资源、环境影响最大的活动之一。建筑业是中国的一大支柱产业，也是经济发展中的主要经济增长点。我国正处于经济快速发展阶段，资源消耗总量逐年迅速增长，环境污染形势严峻，因此，必须牢固树立和认真落实科学发展观，坚持可持续发展理念，大力发展低碳经济，在建筑行业推进绿色建筑的发展。

建筑设计是建筑全寿命期的一个重要环节，它主导了建筑从选材、施工、运营、拆除等环节对资源和环境的影响，制定本《标准》的目的是从规划、设计阶段入手，规范和指导绿色建筑的设计，最大限度地保护环境、节约资源和减少污染，推进建筑行业的可持续发展。

《标准》的编制原则和指导思想是：

1. 体现北京世界城市特点，实现与国际接轨，达到国际先进水平。

综合分析国际上绿色建筑评价与设计方面的经验，充分考虑北京市在气候、资源、自然环境、经济社会发展水平等方面的实际情况，采用适宜技术，实现绿色建筑在经济效益、社会效益、环境效益的统一。

2. 注重北京市气候、资源、经济发展水平、人居生活特点和建筑发展现状，突出北京地方特色。

根据北京市气候、水资源、太阳能资源等的情况，有针对性地研究、确定绿色建筑设计的控制参数、定量指标。并着重提出目标性要求，合理确定构成要素和指标参数。

3. 协调处理与其他相关标准的关系，不与国家和北京现有标准体系冲突。

研究与绿色建筑设计相关的专业设计标准规范，以绿色建筑设计关键因素为主要对象，兼顾各专业的系统需要，与相关标准规范合理衔接。处理好《标准》和其他设计规范的关系。处理好《标准》和《绿色建筑评价标准》的关系。

4. 确保标准在北京实施的科学性、适宜性和可操作性。

针对北京市经济发展水平、产业结构、技术水平，注重标准的可操作性。

5. 与北京市城市规划相结合。

【标准原文】 第1.0.2条 本标准适用于新建、改建、扩建建筑的绿色设计与管理，和详细规划阶段的低碳生态规划。

城市规划从区域整体出发，妥善处理区域内经济、社会、生态环境的关系，综合评价区域内各类资源，根据资源承载力理性确定区域基础设施、公共服务设施，避免重复建设，保护好不可再生资源，做好可持续发展，为绿色建筑的有效实施发挥综合调控作用。

所以，为了更好地实现绿色建筑在资源节约和环境保护方面的综合效益，不仅需要在建筑设计阶段实现"四节一环保"的具体目标，还需要在城市规划阶段为绿色建筑的实施提供和创造良好的基础条件。绿色建筑与低碳生态城市的总体目标是一致的，《标准》不仅适用于新建、改建、扩建建筑的绿色设计和相关的设计管理工作，同时也适用于详细规划阶段的低碳生态规划。

北京市的城市规划已步入了低碳生态发展的阶段，统筹考虑低碳生态规划和绿色建筑的各项要求，必将促进北京市绿色建筑和低碳生态城市健康、快速发展。

【标准原文】 第1.0.3条 绿色设计应统筹考虑建筑全寿命期内建筑功能和节能、节地、节水、节材、保护环境之间的辩证关系，体现经济效益、社会效益和环境效益的统一；应降低建设行为对自然环境的影响，遵循健康、简约、高效的设计理念，实现人、建筑与自然和谐共生。

建筑从建造、使用到拆除的全过程，包括原材料的获取，建筑材料与构配件的加工制造，现场施工与安装，建筑的运行和维护，以及建筑最终的拆除与处置，都会对资源和环境产生一定的影响。关注建筑的全寿命期，意味着不仅在规划设计阶段充分考虑保护并利用环境因素，而且确保施工过程中对环境的影响最低，运营阶段能为人们提供健康、舒适、低耗、无害的活动空间，拆除后又对环境危害降到最低。

绿色建筑要求在建筑全寿命期内，在满足建筑功能的同时，最大限度地节能、节地、节水、节材与保护环境。处理不当时这几者会存在彼此矛盾的现象，如：为片面追求小区景观而过多地用水，为达到过高的节能单项指标而造成材料的过多消耗，这些都是不符合绿色建筑理念的；但降低建筑的功能要求、降低适用性，虽然消耗资源少，也不是绿色建筑所提倡的。节能、节地、节水、节材、保护环境及建筑功能之间的矛盾，必须放在建筑全寿命期内统筹考虑与正确处理，同时还应重视信息技术、智能技术和绿色建筑的新技术、新产品、新材料与新工艺的应用。绿色建筑最终应能体现出经济效益、社会效益和环境效益的统一。

绿色建筑最终的目的是要实现人、建筑与自然和谐共生，建设行为应尊重和顺应自然，绿色建筑应最大限度地减少对自然环境的扰动和对资源的耗费。发展绿色建筑时，应重申并贯彻"适用、经济、在可能条件下注意美观"的建筑方针。

【标准原文】 第 1.0.4 条 *绿色设计和低碳生态规划除应符合本标准的规定外，尚应符合国家和北京市现行有关标准的规定。*

符合国家和北京市的法律法规与相关标准是进行低碳生态规划和绿色设计的必要条件。本《标准》未全部涵盖通常建筑物所应有的功能和性能要求，而是着重提出与绿色建筑性能相关的内容，主要包括节能、节地、节水、节材与保护环境等方面。因此建筑的基本要求，如结构安全、防火安全等要求不列入本《标准》。设计时除应符合本《标准》要求外，还应符合国家和北京市现行的有关标准的规定。

发展绿色建筑，建设资源节约型、环境友好型社会，必须提倡城乡统筹、循环经济的理念、顺应市场发展要求，辩证地处理适用、经济、美观的关系，提倡朴素、简约，反对浮华铺张，实现经济效益、社会效益和环境效益的统一。

第 3 章 基 本 规 定

【标准原文】第 3.0.1 条 编制城乡规划应当以科学发展观为指导，在详细规划阶段应结合用地情况、明确低碳生态规划的相关指标，指导后续阶段民用建筑的绿色设计。

城乡规划阶段要科学、客观地调查、分析、评价各类资源，根据资源情况，确定城乡发展条件，统筹安排区域基础设施、公共服务设施，区域内的不可再生资源，如湿地、土地等要明确保护范围和措施。

详细规划是总体规划的具体落实，按照总规确定的功能布局、用地布局、空间布局进一步细化研究，结合用地情况、明确低碳生态规划中用地规划、交通规划、资源利用及生态环境的相关指标，发挥对绿色建筑具体实施的控制作用，指导后续阶段民用建筑的绿色设计。

【标准原文】第 3.0.2 条 绿色设计应结合项目的具体情况，执行规划阶段制定的规划指标、落实相关建筑指标、实现预定的绿色建筑目标。

本《标准》不同于通常的建筑设计标准，不但包含了对建筑绿色设计的要求，还包含了对城市规划中控制性详细规划的要求。在第 4 章和第 6 章中对控制性详细规划中与低碳生态相关的内容提出了具体设计要求和指标要求。第 4 章规划指标体系分为用地规划、交通规划、资源利用和生态环境四个方面，共计 20 个指标；建筑指标体系分为建筑专业、结构专业、给排水专业、暖通空调专业、电气专业、景观环境和室内装修七个方面，共计 27 个指标。

使用本《标准》进行控制性详细规划设计时，应结合城市用地的具体情况，将城市低碳生态的指标分解到两个层面，首先是在控制性详细规划中的相关指标，其次是绿色建筑指标。规划设计应将低碳生态规划的指标落实到每个地块，其中有些指标用于指导后续阶段民用建筑的绿色设计。民用建筑的绿色设计应结合项目的具体情况，执行规划阶段制定的规划指标，在各设计阶段（方案、初步设计、施工图设计）落实相关建筑指标，最终实现规划要求或项目自身设定的绿色建筑目标。

【标准原文】第 3.0.3 条 设计应遵循因地制宜的原则，结合北京市的气候、资源、生态环境、经济、人文等特点进行。

绿色建筑重点关注建筑行为对资源和环境的影响，因此绿色建筑的设计应注重地域性特点，因地制宜、实事求是，充分分析建筑所在地域的气候、资源、自然环境、经济、人文等特点，考虑各类技术的适用性，特别是技术的本土适宜性。设计时应因地制宜、因势利导地控制各类不利因素，有效利用对建筑和人的有利因素，以实现具体地域特色的绿色建筑设计。

气候方面应考虑地理位置、建筑气候类别、温度、湿度、降雨量、蒸发量、主导风向等因素；资源方面应考虑能源结构、水资源、土地资源、建材生产等因素；生态环境方面应考虑雨水排放、绿地、本地植物、生物资源等因素；经济方面应考虑人均GDP、水电价格、燃气价格、房价及土地成本、建筑节能认知度等因素；人文方面应考虑城市性质、建筑特色、城市文脉等因素。

在北京进行的低碳生态规划和绿色建筑设计应充分考虑北京市的经济发展水平、地理气象情况、资源条件、支撑产业情况、人文历史背景、政治发展导向等因素，根据控制性详细规划设置的规划指标、建筑指标和设计要求开展工作。

本《标准》在附录B中列举了北京市的一些资源条件和相关设计基础资料，便于设计人员根据北京市的具体条件因地制宜地进行绿色建筑的设计。

绿色设计还应吸收传统建筑中适应生态环境、符合绿色建筑要求的设计元素、方法乃至建筑形式，采用传统技术、本土适宜技术实现具有本地特色的绿色建筑。

【标准原文】第3.0.4条 设计应综合建筑全寿命期的技术与经济特性，采用有利于促进可持续发展的规划设计模式、建筑形式、技术、材料与设备。

绿色建筑是在全寿命期内兼顾资源节约与环境保护的建筑。绿色设计应追求在建筑全寿命期内，技术经济的合理和效益的最大化。节能、节地、节水、节材、保护环境与建筑的可持续发展要放在建筑全寿命期内统筹考虑并正确处理。

为此，需要从建筑全寿命期的各个阶段对建筑场地、建筑规模、建筑形式、建筑技术与投资之间的相互影响进行综合评估，应综合考虑安全、耐久、经济、美观、健康等因素，比较后选择最适宜的建筑形式、技术、设备和材料，应避免过度追求奢华的形式或配置。

【标准原文】第3.0.5条 设计应体现共享、平衡、集成的理念。在设计过程中，规划、建筑、结构、给水排水、暖通空调、燃气、电气与智能化、室内设计、景观、经济等专业应协同工作。

绿色设计过程中应以共享、平衡为核心，通过优化流程、增加内涵、创新方法实现集成设计，全面审视、综合权衡设计中每个环节涉及的内容，以集成工作模式为业主、工程师和项目其他关系人创造共享平台，使技术资源得到高效利用。

绿色设计的共享有两个方面的内涵：第一是建筑设计的共享，建筑设计是共享参与的过程，在设计的全过程中要体现权利和资源的共享，关系人共同参与设计。第二是建筑本身的共享，建筑本是一个共享平台，设计的结果是使建筑本身为人与人、人与自然、物质与精神、现在与未来的共享提供一个有效、经济的交流平台。

实现共享的基本方法是平衡，没有平衡的共享可能会造成混乱。

平衡是绿色建筑设计的根本，是需求、资源、环境、经济等因素之间的综合选择。要求建筑师在建筑设计时改变传统设计思想，全面引入绿色理念，结合建筑所在地的特定气候、环境、经济和社会等多方面的因素，并将其融合在设计方法中。

集成包括集成的工作模式和技术体系。集成工作模式衔接业主、使用者和设计师，共享设计需求、设计手法和设计理念。不同专业的设计师通过调研、讨论、交流的方式在设计全过程捕捉和理解业主和使用者的需求，共同完成创作和设计，同时达到技术体系的优化和集成。

绿色设计强调全过程控制，各专业在项目的每个阶段都应参与讨论、设计与研究。绿色设计强调以定量化分析与评估为前提，提倡在规划设计阶段进行如场地自然生态系统、自然通风、日照与天然采光、围护结构节能、声环境优化等多种技术策略的定量化分析与评估。

定量化分析往往需要通过计算机模拟、现场检测或模型实验等手段来完成，这样就增加了对各类设计人员特别是建筑师的专业要求，传统的专业分工的设计模式已经不能适应绿色建筑的设计要求。因此，绿色建筑设计是对现有设计管理和运作模式的创造性变革，是具备综合专业技能的人员、团队或专业咨询机构的共同参与，并充分体现信息技术成果的过程。

绿色设计并不忽视建筑学的内涵，尤为强调从方案设计入手，将绿色设计策略与建筑的表现力相结合，重视建筑的精神功能和社会功能，重视与周边建筑和景观环境的协调以及对环境的贡献，避免沉闷单调或忽视地域性和艺术性的设计。

第4章 指标体系

4.1 一般规定

【标准原文】第4.1.1条 详细规划阶段的低碳生态规划，应通过用地规划、交通规划、资源利用和生态环境等四个方面的关键性指标进行表征和控制。建筑设计阶段的绿色设计，应通过建筑、结构、给水排水、暖通空调、电气、景观环境、室内装修等七个方面的关键性指标进行表征和控制。

【标准原文】第4.1.2条 各指标的计算方法、取值与适用范围应符合本章节中表4.2.2、表4.3.2的规定。

4.2 详细规划阶段低碳生态规划指标体系

【标准原文】第4.2.1条 详细规划阶段的低碳生态规划应制定表4.2.2中的指标。

【标准原文】第4.2.2条 详细规划阶段低碳生态规划的关键性指标应符合表4.2.2的要求。

【标准原文】表4.2.2 详细规划低碳生态规划指标表 P1 地块尺度

指标编号	分类	指标内容	指标定义与计算方法	推荐值	备注
P1	用地规划	地块尺度	指由城市支路围合的地块长宽尺寸范围	150 m～250 m	主要适用于新城，中心城和旧城参照此标准执行

【设计要点】

　　巨型街区的出现将公共交通拒之于区外，在很大程度上助长了小汽车的使用，使区内的步行与自行车交通受到了限制。同时，一般巨型街区用地功能单一，没有充分考虑用地混合问题，容易导致居民通过长距离私人机动车解决就业、购物、休闲、娱乐等问题，结果是带来碳化物的高排放。

　　通过控制由城市支路围合的地块长宽尺寸，形成小街区尺度，有助于提高城市道路交通效率，鼓励人行和自行车出行，降低用于交通的能源消耗。

【实施途径】

　　做控制性详细规划时，应结合用地实际情况，合理控制地块尺度，详见图4-1。

图4-1 地块尺度示意图

【案例分析】

某城市核心区规划设计优化,该核心区经过地块尺度紧凑化处理后,道路网承载力得到增强,路网线密度由6.7km/km²增加至14km/km²,道路面积率仅比原规划提高7.1%(图4-2)。

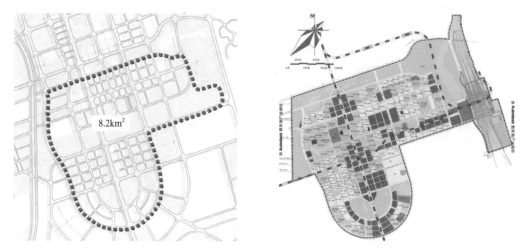

图4-2 某项目地块尺度调整前后比较示意图

【标准原文】 表4.2.2 详细规划低碳生态规划指标表 P2 人均居住用地面积

指标编号	分类	指标内容	指标定义与计算方法	推荐值	备注
P2	用地规划	人均居住用地面积	1)指的是居住区居住用地面积与所容纳居住人口的比值。 2)居住区人口按每户2.8人计算	1层~3层≤49 m²/人; 4层~6层≤32 m²/人; 7层~9层≤27 m²/人; 10层及以上≤17 m²/人	适用于新城、中心城和旧城的居住类项目

【设计要点】

通过控制人均用地的上限指标,达到节约建筑用地的目的。计算该指标需要注意以下事项:

1. 居住(区)用地的面积包括住宅用地、公建用地、道路用地和公共绿地四项用地,应选择相对完整的一个区域进行计算。

2. 居住区人口根据《城市居住区规划设计规范》按每户2.8人计算。

3. 不同层数住宅混合的时候,可以根据各层数类型建筑面积的比例,确定居住人口的分布及对应的用地指标。

4. 1~3层≤49m²,4~6层≤32m²,7~9层≤27m²,10层以上含10层≤17m²。

【实施途径】

可采取以下三种方法控制人均用地指标:

1. 合理确定居住(区)用地面积;

2. 控制户均住宅面积,即确定合理的住宅套密度指标;

3. 通过增加中高层住宅和高层住宅的比例,在增加户均住宅面积的同时,满足国家控制指标的要求。

【案例分析】

【例1】某住宅项目用地面积为18000m²。设计范围内均为高层住宅建筑。居住户数为397户，户均人数取2.8人/户，合计总人口为1112人。

人均占地面积＝用地面积/人数＝18000/1112=16.2m²/人。该指标满足绿色建筑10层以上建筑人均占地指标不大于17m²的控制指标要求。

【例2】根据建筑总平面图可知本项目设计范围内为居住用地，拟设计范围详见图4-3，规划用地面积15056m²。

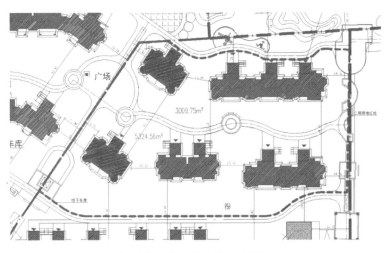

图4-3 规划设计范围示意图

根据人均用地指标与住宅层数计算关系表（表4-1），本项目采用插值法计算人均居住用地面积（表4-2）。

人均居住用地指标与住宅层数计算关系表达式　　　表4-1

层数	25	24	18	15	12	11	10	9
用地指标	17	17.6	21.4	23.3	25.1	25.8	26.4	27

指标具体计算结果　　　表4-2

住宅层数	标准值（m²/人）	人数（人）	可能最大占地面积（m²）
11F	25.8	432	11145.6
15F	23.3	168	3914.4
小计			15060

注：11层居住154户，15层居住60户。

由此可见，本项目规划设计范围15056m²小于可能最大占地面积，因此，满足本《标准》节地设计的要求。

【标准原文】表 4.2.2 详细规划低碳生态规划指标表 P3 地下建筑容积率

指标编号	分类	指标内容	指标定义与计算方法	推荐值	备注
P3	用地规划	地下建筑容积率	指的是地下总建筑面积与总用地面积的比值	高层≥0.5 多层≥0.3	适用于新城、中心城和旧城的各类项目，受地质状况、基础形式、市政基础设施等因素影响不具备地下空间利用条件的除外

【设计要点】

通过该指标，引导项目对地下空间进行合理的开发和利用。

1. 指标计算方法为一定地块内，地下总建筑面积计算值与总建设用地面积的商。地下总建筑面积计算值为建设用地内，各栋建筑物地下建筑面积的总和。

2. 建筑面积计算值按照《建筑工程建筑面积计算规范》GB/T 50353—2005 的规定执行。

3. 地下空间顶板面高出室外地面 1.5m 以上时，不计入地下建筑面积。如建筑室外地坪标高不一致时，以周边最近的城市道路标高为准加上 0.2m 作为室外地坪，再根据上述规定核准相应的建筑面积。

4. 地下空间需综合考虑项目所在地的地质状况、基础形式、市政基础设施等因素，合理设置。

【实施途径】

对于住区类项目，地下空间可用于布置建筑设备机房、自行车库、机动车库、物业用房、商业用房、会所以及人防设施等。

对处在中心地区的高层公共建筑类项目，地下空间的设计除了满足本建筑的功能需求外，其重要目的之一在于承担城市中的部分职能，特别需要考虑与地下人行通道以及地铁枢纽等城市公共空间的联系，加强地面和地下交通的可达性和便捷性。应以高层建筑群的地下空间为中心，对城市地下空间进行整体开发利用。在通往各个高层建筑地下空间的步行通道上设置商业、餐厅等其他设施，并连通附近的火车站或者汽车站，形成完整而统一的地下综合空间。此地下综合空间同地上建筑相互连通，并在合适的位置设置城市下沉广场等景观空间。有效地改善城市环境，进一步扩充高层建筑地下空间的各项机能，有助于提高城市整体活动的效率和质量。

【案例分析】

【例 1】20 世纪 30 年代，美国洛克菲勒财团和建筑师哈里森一起规划纽约市洛克菲勒中心，采取了地下、地上立体化开发的布局方式。这块区域占地 22 英亩，由 19 栋建筑组成，其地下设计了一个交通网络，使中心内外许多大楼在地下联系起来，地下步道内设置商店、餐饮及其他设施，并且洛克菲勒中心地下已经与潘尼文尼火车站、纽约公共汽车站连成一片，形成一个完整的地下交通网络，其中地下一层的购物步道形成大型地下商业中心。在中心建筑群的主体建筑 R.C.A（70 层，高 259m）大厦前，有一个下沉广场，广场底部下降 4m，与中心其他建筑的地下商场、剧场及第五大道相连通，下沉广场的正面布置了一组金色的普罗米修斯塑像和喷水池，四周旗杆上飘扬着各国国旗，广场下沉躲避了城市道路的噪声与视觉的干扰，创造了比较安静的环境氛围。广场规模虽小，面积不到 0.5hm²，但使用效率很高,在冬天它是人们溜冰的场所,其他季节则摆满了咖啡座和冷饮摊。通过巧妙的设计空间的层次和序列,在有限的城市空间中创造出一块半私密的空间,形成一个富有活力、很受欢迎的公共活动空间。建筑师利用大楼间的广场、空地与楼梯间制造人行流动的方向,让一天超过25万的人潮在此穿梭无虞。洛克菲勒中心在建筑史上最大的冲击是提供公共领域的使用,创造了繁华市中心高大建筑群中一个有生气的、集功能和艺术为一体的新的空间形式。洛克菲勒中心将高层建筑地下室与下沉广场结合来处理建筑入口和建筑底部区域空间,这不仅有效地改变了建筑的竖向空间的生硬感,使建筑底部空间生动有趣,增加了富有生气的人情味和吸引力,而且为人们提供了有效的公共活动空间和休闲娱乐的开敞空间,美化和丰富了城市中心的风貌,疏导了交通,为城市提供了更加优美的环境,促进了现代城市上、下部协调发展的一种趋势,使地面建筑与地下空间形成了一个整体的构架系统。

【例2】某公建项目用地面积为 29700.09m²,地下建筑面积为 22740.978m²,地下总建筑面积占总用地面积的比例 =22740.97/29700.09=0.7657,满足地下建筑容积率高层 ≥ 0.5 标准要求。

【标准原文】表 4.2.2　详细规划低碳生态规划指标表　P4 公共设施可达性

指标编号	分类	指标内容	指标定义与计算方法	推荐值	备注
P4	用地规划	公共设施可达性	1) 指的是规划区域建筑出入口与社区公共服务设施间的最短步行距离。 2) 社区公共服务设施主要包括幼儿园、小学、社区卫生服务站、文化活动站、小型社区商业、邮政所、银行营业点、社区管理与服务中心、室内外体育健身设施等。 3) 满足可达性要求的社区公共服务设施种类应不少于6种	≤500m	适用于新城、中心城和旧城的居住类项目

【设计要点】

住区配套公共服务设施,是满足居民基本的物质与精神生活所需的设施,也是保证居民居住生活品质不可缺少的重要组成部分。可达性指标的提出,首先要求在适宜的步行距离内,保证一定数量的公共服务设施,以提高住区活力和引导居民低碳出行;其次通过鼓励共享,提高设施的使用效率。

需要注意的是本《标准》所述"可达性"距离要求均为步行距离而非直线距离,因此需要综合考虑设施的位置及其与周边交通系统的联系,以确保开放、共享的可能性和便利性。一般而言,从简化判断的角度出发,可以认为以建筑出入口为圆心,350 ~ 400m 为服务半径进行覆盖率判断,该服务半径内的公共设施数量达到 6 种以上,即可认为满足该指标的要求。

【实施途径】

1. 配套公共服务设施相关项目建综合楼集中设置,既可节约建筑用地,也能为居民提供选择和使用的便利,并提高设施的使用率;

2. 中学、门诊所、商业设施和居委会等配套公共设施,可打破住区范围与周边地区共同使用。这样既节约用地,又方便使用,节省投资。

【案例分析】

某项目各公共配套设施的服务半径与步行距离关系如图 4-4 所示，根据距离分析，左上部住区 500m 步行距离内的公共配套设施数量少于 6 种，不满足指标要求，其余三个住区组团满足指标要求。

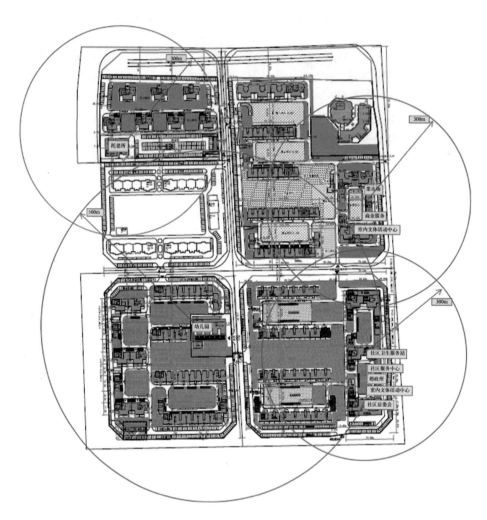

图 4-4 公共服务设施可达性分析图

【标准原文】表 4.2.2 详细规划低碳生态规划指标表 P5 城市开放空间可达性

指标编号	分类	指标内容	指标定义与计算方法	推荐值	备注
P5	用地规划	城市开放空间可达性	1）指的是规划区域建筑主要出入口与周边城市开放空间的最短步行距离。 2）城市开放空间指的是城市中完全或基本没有人工建、构筑物覆盖的地面和水域，包括城市公共绿地（不含绿化隔离带、行道树等道路附属绿地）和广场	≤500m	适用于新城、中心城和旧城的各类项目

【设计要点】

毗邻工作和居住地设置多种开放空间，鼓励社区居民／业主步行出行、进行体育锻炼和参与室外活动。

1. 本《标准》所述"城市开放空间"特指在建筑、住区层级上的完全或基本没有人工建、构筑物覆盖的地面和水域，包括城市公共绿地（不含绿化隔离带、行道树等道路附属绿地）和广场。

2. 公共空间选址时尽量选择阳光充足的地方，要充分考虑不同季节太阳的早、中、晚变动情况，以及周边拟建建筑物的遮挡情况。特别在夏季，应综合考虑绿化种植与建筑物遮挡，以获得良好的遮阳与避晒效果。

3. 对基地的风环境进行模拟，用模拟成果指导设计实践，如调整建筑布局、建筑形状、建筑所围合空间达到理想效果，避免出现局部公共空间风速变大或局部产生涡流、绕流等现象。

【实施途径】

在适宜区域设置面积不小于 600m² （宽度不小于 4m）的公园或绿色广场，并保证周边居住单元和建筑出入口到这些公园或绿色广场的步行距离不大于 500m。从简化判断的角度出发，可以认为以开放空间为圆心，350 ~ 400m 为服务半径进行覆盖率判断，如能实现区域全覆盖，即可认为满足该指标的要求。

【案例分析】

如图 4-5 所示，某区域的各级别城市开放空间（绿色部分）均匀布置，实现开放空间资源的有效共享。

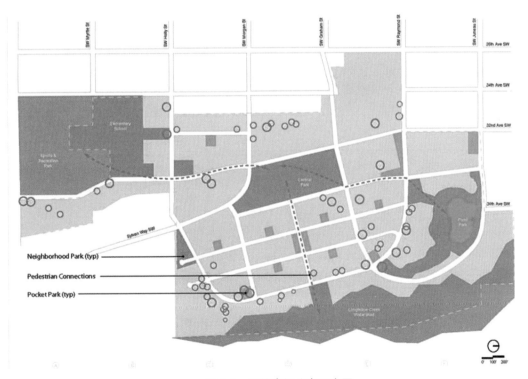

图 4-5 开放空间分布示意图

【标准原文】表 4.2.2 详细规划低碳生态规划指标表 P6 轨道站点 1km 范围内工作岗位数量与流量之比

指标编号	分类	指标内容	指标定义与计算方法	推荐值	备注
P6	用地规划	轨道站点1km范围内工作岗位数量与流量之比	指的是轨道站点1km范围内可提供工作岗位数量与站点设计日平均单向输送人员流量的比值	≥10%	适用于新城、中心城和旧城的各类项目

【设计要点】

本指标旨在鼓励增加站点周边工作岗位数量,从而增加公交出行比例。

【实施途径】

在控制性详细规划阶段,对区域工作岗位数量预估与该区域轨道交通规划中对各站点承载力的分析数据,进行相互校核,使得站点承载力预留与未来城市区域发展相协调。

【案例分析】

某项目在详细规划阶段充分考虑轨道站点、公交枢纽的引导作用(图4-6),从满足学居流线和产居流线等出发,合理确定各类居住区的布局和规模,完善通勤流线,引导工作岗位和居住人口的平衡。

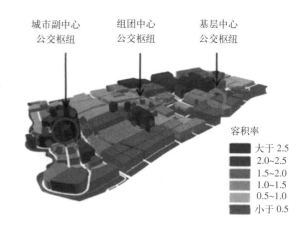

图 4-6 公交枢纽引导开发强度

【标准原文】表 4.2.2 详细规划低碳生态规划指标表 P7 无障碍住房(客房)比例

指标编号	分类	指标内容	指标定义与计算方法	推荐值	备注
P7	用地规划	无障碍住房(客房)比例	1)指的是项目中满足无障碍住房设计标准的无障碍住房户数(客房数)占项目总户数(客房数)的比例。 2)无障碍住房指的是出入口、通道、通信、家具、厨房和卫生间等均设有无障碍设施,房间的空间尺度方便行动障碍者安全移动的住房。 3)无障碍客房指的是出入口、通道、通信、家具和卫生间等均设有无障碍设施,房间的空间尺度方便行动障碍者安全移动的客房	居住区≥2% 旅馆≥1%	适用于新城、中心城和旧城的居住类项目

【设计要点】

无障碍住房（客房）的设置体现了低碳生态城市的人文关怀，也是对老龄化社会到来的必要回应。无障碍住房（客房）的设计需要满足国家和北京市《无障碍设计标准》的相关要求。

【实施途径】

详细规划阶段该指标要求需要落实到每一个地块，并以规划意见书的方式下发各建设单位，以便指导设计单位在后续深化设计中逐步落实。

【案例分析】

某住宅项目按照《城市道路与建筑物无障碍设计规范》要求，设计充分考虑了方便残疾人使用的设施，在各住宅楼主要出入口或通道地面有高差处均设有无障碍坡道。另外在其中一栋住宅的通道、厨房和卫生间等处均设有无障碍设施，房间的空间尺度方便行动障碍者安全移动，该住宅户数占小区总户数的12%，因此可判断项目中满足无障碍住房设计标准的无障碍住房户数（客房数）占项目总户数（客房数）的比例达到标准2%以上的要求。

【标准原文】 表4.2.2 详细规划低碳生态规划指标表 P8公交站点覆盖率

指标编号	分类	指标内容	指标定义与计算方法	推荐值	备注
P8	交通规划	公交站点覆盖率	指的是主要功能建筑的主要出入口与公交站点最短步行距离小于500m的用地面积与区域总用地面积的比值	100%	适用于新城、中心城和旧城的各类项目

【设计要点】

相关研究表明，仅以"地块尺度"或"路网密度"作为衡量地块大小的标准仍然存在问题，原因在于"地块尺度"或"路网密度"并未反映公共交通使用的便利程度。一个划分很小的地块，如果周边没有相应的公共交通系统服务，那较高比例的私人机动车出行仍是有可能的。本指标的提出目的在于通过控制公交站点的合理分布密度，使得区域内所有建筑或小区的出入口到最近的公交站点的步行距离均在500m范围内，从而提高居民利用公交出行的意愿。

【实施途径】

根据公共交通服务半径的要求，合理布置公交站点。从简化判断的角度出发，可以认为以公交站点为圆心，350~400m为服务半径进行覆盖率判断，如果能实现区域完全覆盖，即可认为满足该指标的要求。

【案例分析】

【例1】某公建项目出入口500m内有两个公交车站，分别为276、888路站点。距离东侧276路公交站点步行距离约为480m，距离南侧888公交站点步行距离约为350m。项目的所在位置周边公交站点如图4-7所示；

【例2】某项目周边公交站点到该项目的步行距离测算（图4-8）。

图 4-7 公交站点分布示意图

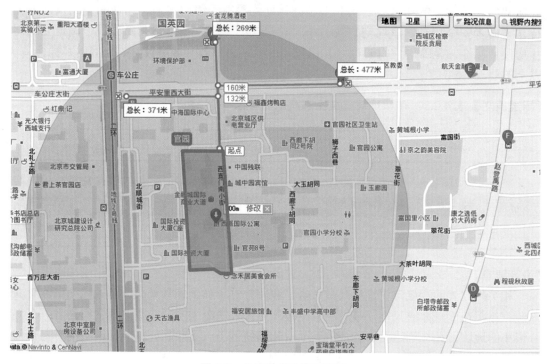

图 4-8 公交站点分布示意图

【标准原文】表 4.2.2 详细规划低碳生态规划指标表 P9 地面停车比例

指标编号	分类	指标内容	指标定义与计算方法	推荐值	备注
P9	交通规划	地面停车比例	指的是项目室外停车数量占项目总停车量的比例	住宅≤10%，高档公寓和独栋住宅≤7.5%。公共建筑根据项目及场地特点提出要求	适用于新城、中心城和旧城的各类项目

【设计要点】

　　本指标的提出目的在于最大限度缩减停车设施对环境带来的不利影响。在规划设计时，主要根据地块功能预测机动车停车量需求，并按照每个停车位 25 ～ 30m²，计算地面停车场的用地面积。本标准中的"地面停车场"为项目用地范围内，除了位于人们室外活动空间上部 / 下部外的所有室外停车场。

【实施途径】

1. 尽量将地面停车场设置在建筑的一侧或后部的临街侧，不在建筑的正面与街道一侧设置室外停车场。

2. 室外停车数量控制在指标推荐值以内，同时将室外停车面积控制在项目总占地面积的 20% 以内，单个室外停车场占地面积不超过 8000m²。

【标准原文】 表 4.2.2　详细规划低碳生态规划指标表　P10 单位建筑面积能耗

指标编号	分类	指标内容	指标定义与计算方法	推荐值	备注
P10	资源利用	单位建筑面积能耗	1）公共建筑：指的是公共建筑内由于各种活动而产生的能耗（不包含城市市政供热供暖），包括空调、照明、插座、电梯、炊事、各种服务设施以及特殊功能设备的能耗。 2）居住建筑：指的是建筑耗热量指标。在计算采暖期室外平均温度条件下，为保持室内设计计算温度，单位建筑面积在单位时间内消耗的需由室内供暖设备供给的热量	公共建筑 大型行政办公≤74 kWh/（m²·a） 大型商务办公≤135 kWh/（m²·a） 一般办公（分体空调）≤37 kWh/（m²·a） 大型商场超市≤137 kWh/（m²·a） 一般商场超市≤75 kWh/（m²·a） 大型酒店≤160kWh/（m²·a） 一般酒店≤80kWh/（m²·a） 大型教育≤90kWh/（m²·a） 一般教育≤22 kWh/（m²·a） 医疗≤138 kWh/（m²·a） 居住建筑 3层及以下≤14.5W/m² 4层～8层≤10.5W/m² 9层～13层≤9.5W/m² 14层及以上≤8.5W/m²	适用于新城、中心城和旧城的各类项目。"大型"指的是建筑面积2万m²以上的建筑，数据来源详见本标准附录B表B.0.9

【设计要点】

本指标的提出目的在于对规划区域内不同功能建筑能耗进行总体控制，一方面为区域供能规划和建立区域建筑碳减排目标提供依据，同时作为规划设计条件，对各建筑的后续设计与建设节能目标——区域各建筑总能耗的限值——提出要求。

【实施途径】

1. 居住建筑均要求达到北京市《居住建筑节能设计标准》的节能要求。

2. 根据本《标准》所确定的 10 类公共建筑类型，对规划区域内的不同建筑提出全年单位面积能耗要求。

【标准原文】表 4.2.2　详细规划低碳生态规划指标表　P11 可再生能源贡献率

指标编号	分类	指标内容	指标定义与计算方法	推荐值	备注
P11	资源利用	可再生能源贡献率	指的是项目全年采用可再生能源节约的常规能源消耗量占该项目全年总能源消耗量的比例。 可再生能源贡献率 $= \dfrac{\text{项目可再生能源节约量（吨标准煤）}}{\text{项目总能源用量（吨标准煤）}} \times 100\%$　(4.2.2-1) $= \dfrac{\left(\begin{array}{c}\text{未使用可再生能源}\\\text{时的常规能源消耗}\\\text{（吨标准煤）}\end{array}\right) - \left(\begin{array}{c}\text{使用可再生能源}\\\text{后常规能源消耗}\\\text{（吨标准煤）}\end{array}\right)}{\text{项目总能源用量（吨标准煤）}} \times 100\%$　(4.2.2-2) 可再生能源包括太阳能、地热能、生物质能、风能等非化石能源	住宅建筑≥6% 办公建筑≥2% 旅馆、酒店建筑≥10%	适用于新城、中心城的住宅、办公、旅馆和酒店类项目，旧城同类项目参照此标准执行

【设计要点】

"可再生能源贡献率"为"可再生能源节约量"占原使用常规能源数量的比例。其中，"可再生能源节约量"为通过一定的技术手段获取的可再生能源量减去为获得这些量所必须付出的常规能源代价（折算到相同的能源品位）的所得值。

本指标的提出需要综合考虑区域建筑减碳目标和建筑总能耗，目的在于对规划区域内不同功能建筑能耗进行总体控制的基础上，一方面为区域供能规划和建立区域建筑碳减排目标提供依据，同时作为规划设计条件，对各建筑的后续设计与建设节能目标——区域各建筑总能耗的限值——提出要求。

该指标的计算过程为：先根据空调、采暖、热水、照明等不同方面，分别计算可再生能源的贡献率；在此基础上，再根据其在建筑总能耗中所占比例，计算整个建筑的可再生能源贡献率。

1. 分系统可再生能源贡献率计算方法

（1）太阳能热水系统

以太阳能系统保证率为 $X\%$，$Y\%$ 的住户利用，采用燃气热辅助加热方式系统为例，该类型系统节约量比较基准为燃气热制热水，则热水系统的可再生能源贡献率

$= \dfrac{\text{未使用可再生能源时的常规能源消耗} - \text{使用可再生能源后常规能源消耗}}{\text{热水系统总能源用量（吨标准煤）}} \times 100\%$

$= \dfrac{X\% \times Y\%}{100\%} \times 100\%$

（2）地热系统

地热系统的制冷工况与常规的电制冷机组耗电量折算为一次能源标煤量进行比较，采

暖工况与常规的燃气锅炉系统进行比较。其中，常规系统冷源侧包括冷却塔风机电耗，冷却泵电耗，冷冻泵电耗，冷机电耗，热源侧包括燃气锅炉耗气与热水泵。地源热泵系统需要考虑冬季的热泵主机耗电，地埋管侧水泵耗电，室内侧水泵耗电，制冷季需要考虑热泵主机耗电，地埋管侧水泵耗电（冷却泵），室内侧水泵耗电（冷冻泵）。所有的比较最终折算为一次能源标煤量进行比较。

对于办公建筑而言，地热系统的可再生能源贡献率需要通过模拟计算得出。

对于居住建筑而言，则只与冬季燃气锅炉相比较，夏季的制冷量不考虑（假设其与分体机能耗相当，实际运行下来地埋管夏季能耗都大于分体机能耗）。一般而言，要求地源热泵系统冬季季节平均COP（地埋管式与水源式都需要考虑外侧的水泵能耗，水泵能耗与主机能耗 X 比例为 2：8）需达到1.9时，才能取代燃气锅炉进行供暖，因此实际运行的地源热泵系统效率高于1.9的部分，为该系统的可再生能源贡献率。具体计算过程如下：

$$地热系统的可再生能源贡献率 = \frac{X \times 80\% - 1.9}{1.9} \times 100\%$$

（3）可再生能源发电系统

风能发电、太阳能光伏发电等系统获得的电量即为可再生能源的节约电量（不考虑其初投资以及光伏板在生产中的耗能）。

2. 综合折算比例

（1）住宅建筑

各分项能耗比例为：采暖部分60%，生活热水部分15%，照明部分8%，炊事部分10%，家电部分7%。

（2）办公建筑

各分项能耗比例为：采暖空调部分50%，照明部分20%，设备部分25%，生活热水部分5%。

（3）旅馆、酒店建筑：各分项能耗比例为：采暖空调部分40%，照明部分25%，设备部分15%，生活热水部分20%。

【实施途径】

1. 在以居住建筑为主的区域，应优先考虑使用太阳能的热利用，在分析太阳能热水系统的可行性与合理性基础上，提出该区域的可再生能源利用指标要求。

2. 对于办公、旅馆、酒店等公共建筑可再生能源利用指标的确定，应首先评估区域可再生能源资源特点，在区域能源规划的统一协调下，确定不同地块的可再生能源利用种类，以此为基础，根据以上计算方法，合理确定不同地块的可再生能源利用指标要求。

【案例分析】

某项目采用太阳能燃气辅助加热方式系统，系统保证率为50%，80%的住户利用，该类型系统节约量比较基准为燃气加热制热水，则热水系统的可再生能源贡献率为：

$$= \frac{未使用可再生能源时的常规能源消耗 - 使用可再生能源后常规能源消耗}{热水系统总能源用量（吨标准煤）} \times 100\%$$

$$= \frac{(80 \times 0.5 - 0)}{100} \times 100\% = 40\%$$

综合考虑该项目地源热泵按照贡献率为5%，则项目总的"可再生能源贡献率"为：

5%×60%+40%×15%=9%。

【标准原文】表 4.2.2 详细规划低碳生态规划指标表 P12 平均日用水定额

指标编号	分类	指标内容	指标定义与计算方法	推荐值	备注
P12	资源利用	平均日用水定额	指的是项目平均日用水量指标	住宅平均日用水量≤110L/（人·d），其他建筑用水按照《民用建筑节水设计标准》GB 50555的要求取中间值	适用于新城、中心城和旧城的各类项目

【设计要点】

《民用建筑节水设计标准》GB 50555—2010 提出"节水用水定额"定义，即采用节水型生活用水器具后的平均日用水量。进行项目节水设计时，基本用水定额是所有水系统规划与设计的基准，根据不同建筑类型的用水特点，确定适宜的人均用水定额标准是节水设计的基础。

【实施途径】

住宅平均日用水量小于等于 110L/（人·d），其他建筑用水按照《民用建筑节水设计标准》GB 50555—2010 的要求取中值。

【标准原文】表 4.2.2 详细规划低碳生态规划指标表 P13 生活垃圾分类收集率

指标编号	分类	指标内容	指标定义与计算方法	推荐值	备注
P13	资源利用	生活垃圾分类收集率	指的是实现分类收集部分生活垃圾数量占区域生活垃圾产生总量的百分比，或实行垃圾分类收集的住户与目标区域总住户的比值	≥90%	适用于新城、中心城和旧城的各类项目

【设计要点】

该指标的提出，主要希望在规划阶段就为垃圾的分类收集创造必要的物质空间条件。

【实施途径】

在居住区设计规范中完善密闭式垃圾站功能，应包括垃圾分类收集功能，并可结合设置再生资源回收点，一般建筑规模应达到约 250m²，根据周边公共停车位情况考虑一般占地 250～1100m²。

【标准原文】表 4.2.2 详细规划低碳生态规划指标表 P14 雨水径流外排量

指标编号	分类	指标内容	指标定义与计算方法	推荐值	备注
P14	生态环境	雨水径流外排量	指的是场地内由降雨产生的需要外排至城市市政雨水管网或自然水体的径流量	开发后场地雨水的外排总量小于等于开发前场地雨水的外排总量	适用于新城、中心城和旧城的各类项目

【设计要点】

本指标针对开发建设区域内的屋顶、道路、庭院、绿地、广场等不同下垫面所产生的降雨径流，采取相应的措施，或收集利用，或渗入地下，以达到充分利用雨水资源、提高环境自净能力、改善生态环境、降低建设项目所在区域径流系数、减少外排流量、减轻区域防洪压力的目的，寓资源利用于灾害防范之中，实现水资源的可持续开发与利用、人与自然的和谐相处。

指标要求计算开发前后的场地径流系数和场地雨水调蓄容积，以确保开发后场地雨水的外排总量小于等于开发前场地雨水的外排总量。

【实施途径】

实现雨水径流外排控制目标的措施主要有雨水入渗和雨水调蓄等两类，其中：

1. 雨水入渗

雨水入渗就是采用充分利用现有的能够下渗雨水的绿地、增加可下渗面积、建设增加下渗能力的专用设施等措施，使更多的雨水尽快渗入地下的方法。具体措施包括下凹式绿地、透水性铺装和诸如渗沟、渗井等的增渗设施。具体如下：

（1）下凹式绿地

将绿地低于周围地面适当深度，以便自渗的雨水少外流或不外流，同时周围地面的地表径流能流入绿地下渗。场地下凹式绿地设置要求，可参考指标 P15 的相关要求。不同降雨条件下不同绿地的径流系数见表 4-3。

不同降雨条件下不同绿地的径流系数　　　　　　表 4-3

项目	绿地与地面等高		绿地比地面低50mm		绿地比地面低100mm	
	F汇/F绿=0	F汇/F绿=1	F汇/F绿=0	F汇/F绿=1	F汇/F绿=0	F汇/F绿=1
5年一遇	0.23	0.40	0.00	0.22	0.00	0.03
10年一遇	0.27	0.47	0.02	0.33	0.00	0.20
20年一遇	0.34	0.55	0.15	0.45	0.00	0.35

（2）透水性铺装

指在较大降雨情况下，能够较快地下渗雨水、使地表不积水或少积水的铺装地面。通常由铺装面层、垫层和基层三部分组成（图 4-9），面层和垫层又统称为铺装层。降雨先下到面层，因此要求面层有很强的透水性，能够使可能发生的所有强度的降雨很快入渗到下层。下部垫层除了应当有较大的渗透能力外，还应当有较大的孔隙率，以便滞蓄渗入的雨水。基层通常为密实的土壤，有较强的承载能力，但也有一

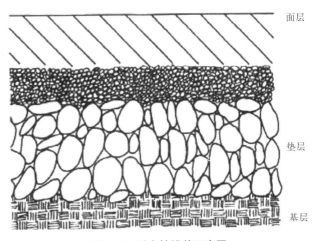

图 4-9　透水性铺装示意图

定的下渗能力,可使暂时停留在铺装层的雨水逐渐地渗入地下。所采用的面层材料有透水砖、草坪砖、透水沥青、透水混凝土等。透水砖是一种压制的无砂混凝土砌块,有很多连通的空隙,能很快地渗透雨水,是效果最好的一种透水面层材料。渗透性铺装地面通常用在人行道、庭院、广场、停车场、自行车道和小区内小流量的机动车道。透水性铺装设置要求,可参考指标 P16 的相关要求。

(3)增渗设施

指将雨水引入较深层地下入渗的专用设施,包括渗水管沟、渗水井、回灌井等。渗水管沟是在地下浅层建设的能够暂时留住雨水和下渗雨水的沟槽,一般采用透水性管道将雨水引入沟槽内,属于条状或带状渗水设施。渗水井相对是一种点状增渗设施,深度可比管沟深一些,雨水主要通过渗井底部渗入地下。回灌井的深度更深,底部通常与较大的粗砂或砂砾层接触,渗水能力更强。

2. 雨水调蓄

雨水调蓄利用是将屋顶、道路、庭院、广场等的雨水进行收集,经适当处理后进入蓄水池,可以用来灌溉绿地、冲厕所、洗车、喷洒路面、为景观补水等。这种方法能够使雨水得到有价值的利用,减少自来水的用量,从而既减少了雨水排放量,又节约了水资源。但是由于北京降雨的时空分布极不均匀,因此在进行调蓄设施容量设计时,应综合考虑水量的季节差异以及其他再生水(如自备或市政中水)补充的可能性。

对于新开发区域项目,雨水调蓄设施的合理容积宜按 34mm 的设计降雨量进行计算,对于旧城改造或已开发用地的建设,雨水调蓄设施的合理容积宜按 20mm 的设计降雨量计算(该工况下,场地年均雨水控制利用率可达到约 72%,相当于径流系数为 0.28)。

【标准原文】表 4.2.2 详细规划低碳生态规划指标表 P15 下凹式绿地率

指标编号	分类	指标内容	指标定义与计算方法	推荐值	备注
P15	生态环境	下凹式绿地率	1)指的是场地内下凹式绿地面积占总绿化用地面积(不包括覆土小于1.5m的地下空间上方的绿地)的比例。 2)下凹式绿地是指低于周围道路或地面5cm~10cm的绿地。下凹式绿地的做法还包括树池、雨水花园、植草沟、干塘、湿塘等	≥50%	适用于新城、中心城和旧城的各类项目

【设计要点】

下凹式绿地汇集周围道路、建筑物等区域产生的雨水径流,利用下凹空间充分蓄集雨水,显著增加了雨水下渗时间,具有渗蓄雨水、削减洪峰流量、减轻地表径流污染等优点。

典型的下凹式绿地结构为:绿地高程低于路面高程,雨水口设在绿地内,雨水口低于路面高程并高于绿地高程。

【实施途径】

对规划区域内的下凹式绿地占绿地总面积的比例提出要求。

【案例分析】

某项目绿地面积 12457m²,下凹式绿地面积 7407m²,下凹式绿地率为 59%,满足本《标准》要求（图 4-10）。

	B53 地块 (m²)
下凹式绿地面积	7407
总绿地面积	12457
比值	59%
生态控制指标	≥ 50%

■ 下凹式绿地

图 4-10　下凹式绿地分布示意图

【标准原文】表 4.2.2　详细规划低碳生态规划指标表　P16 透水铺装率

指标编号	分类	指标内容	指标定义与计算方法	推荐值	备注
P16	生态环境	透水铺装率	1) 指的是区域内采用透水地面铺装的面积与该区域硬化地面面积（包括各种道路、广场、停车场，不包括消防通道及覆土小于1.5米的地下空间上方的地面）的百分比。 2) 透水铺装需满足产品标准《透水砖》JC/T 945中的相关要求。镂空面积大于等于40%的镂空铺地（如植草砖）不计为透水地面铺装和硬化地面。 3) 透水铺装的基层做法需满足《建筑与小区雨水利用工程技术规范》GB 50400和《透水砖路面施工与验收规程》DB11/T686的相关要求	≥70%	用于新城、中心城和旧城的各类项目

【设计要点】

本指标通过控制规划区域透水铺装的比例，利用透水性铺装充分蓄集雨水，增加雨水下渗时间，缓解市政雨水排放压力。

【实施途径】

1.控制性详细规划阶段需对规划区域内的透水性铺装面积占硬质铺装总面积的比例提出要求。

2.透水铺装需满足产品标准《透水砖》JC/T 945中的相关要求。镂空面积大于等于40%的镂空铺地（如植草砖）不计为透水地面铺装和硬化地面。

3.透水铺装的基层做法需满足《建筑与小区雨水利用工程技术规范》GB 50400和《透水砖路面施工与验收规程》DB 11T 686的相关要求。

【案例分析】

某项目硬化地面总面积4063m²，透水地面铺装面积3194m²，透水铺装率为80%，满足本《标准》要求（图4-11）。

	B53 地块 (m²)
透水地面铺装面积	3194
硬化地面总面积	4603
比值	80%
生态控制指标	≥70%

透水铺装

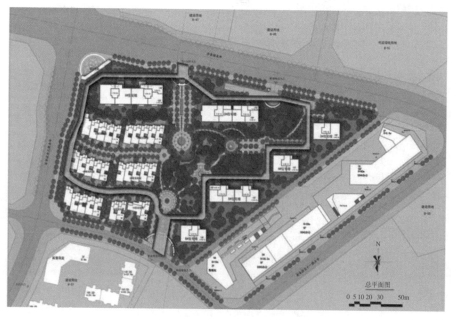

图4-11 透水铺装位置示意图

【标准原文】表 4.2.2 详细规划低碳生态规划指标表 P17 绿地率

指标编号	分类	指标内容	指标定义与计算方法	推荐值	备注
P17	生态环境	绿地率	1）指的是项目用地红线范围内各类绿地面积的总和占项目总用地面积的比例，应按下式计算： 绿地率 $=\dfrac{项目红线内各类绿地面积（km^2）}{项目建设用地面积（km^2）}\times100\%$ （4.2.2-3） 2）绿地应包括：用地红线范围内的集中绿地、宅旁绿地、公共设施附属绿地以及满足北京市植树绿化覆土要求的地下或半地下建筑的屋顶绿化，不包括屋顶、晒台的人工绿地	新城及中心城居住区≥30%，旧城居住区≥25%，公共建筑需根据项目及场地特点提出要求	适用于新城、中心城和旧城的各类项目

【设计要点】

绿地率是对项目用地范围内绿地数量的基本控制指标，是区域良好自然环境质量的基本保障。本《标准》所指绿地应包括：居住区公共绿地、宅旁绿地、公共服务设施所属绿地和道路绿地（即道路红线内的绿地），其中包括满足北京市植树绿化覆土要求的地下或半地下建筑的屋顶绿化，不包括屋顶、晒台的人工绿地。

根据北京市园林局要求，绿地率具体计算规则如下：

1. 成片绿化的用地面积，按绿化设计的实际范围计算。绿化设计中园林设施的占地，计算为绿化用地，非园林设施的占地，不计算为绿化用地。

2. 庭院绿化的用地面积，按设计中可用于绿化的用地计算，但距建筑外墙 1.5m 和道路边线 1m 以内的用地，不计算为绿化用地。

3. 两个以上单位共有的绿化用地，按其所占各单位的建筑物面积的比例分开计算。

4. 道路绿化用地面积，按道路设计中的绿化设计计算，分段绿化的分段计算。

5. 株行距在 6m×6m 以下栽有乔木的停车场，计算为绿化用地面积。

6. 凡符合以下规定的地下设施实行覆土绿化的，其地下设施顶板上部至室外地坪覆土厚度达 3m（含 3m）以上，其绿化面积可按 1：1 计入该工程的绿化用地面积指标；覆土厚度达 1.5m（含 1.5m）以上，其绿化面积可按 1/2 计入该工程的绿化用地面积指标。

（1）该建设工程用地范围内无地下设施的绿地面积已达到《北京市城市绿化条例》相应规定指标的 50% 以上者；

（2）实行覆土绿化的部分，不被建、构筑物围合（其开放边长应不小于总边长的 1/3），覆土断面与设施外部土层相接，并具备光照、通风等植物生长的必要条件；

（3）实行覆土绿化必须保持必要的覆土厚度，形成以乔木为主的合理种植结构，保证绿地效益的发挥。

7. 建设工程实施屋顶绿化，建设屋顶花园，在符合下述规定时，可按其面积的 1/5 计入该工程的绿化用地面积指标。

（1）该建设工程用地范围内无地下设施的绿地面积已达到《北京市城市绿化条例》相应规定指标 50% 以上者；

（2）实行绿化的屋顶（或构筑物顶板）高度在 18m 以下；

（3）按屋顶绿化技术要求设计，实现永久绿化，发挥相应效益。

【实施途径】

对规划区域内的绿地面积总量提出要求。

【案例分析】

某住宅项目用地面积为 95857.25m²，公共绿地面积为 40332.64m²，绿地率 =40332.64/95857.25=42.08%，满足绿地率标准大于等于 30% 的要求（图 4-12）。

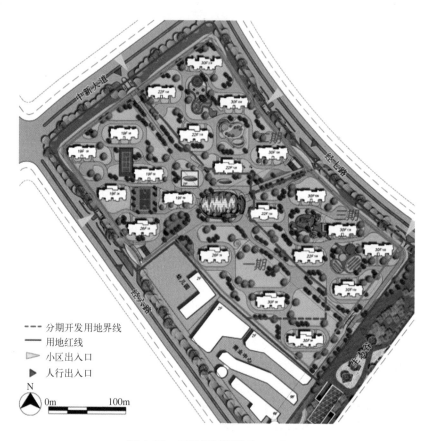

图 4-12　项目规划设计总平面图

【标准原文】表 4.2.2　详细规划低碳生态规划指标表　P18 屋顶绿化率

指标编号	分类	指标内容	指标定义与计算方法	推荐值	备注
P18	生态环境	屋顶绿化率	1）指的是绿化屋顶面积占可绿化屋顶面积的比例。 2）建筑层数少于12层，高度低于40m的非坡屋顶新建、改建建筑（含裙房），均应实施屋顶绿化。 3）坡度超过15°的坡屋顶、大跨度轻质屋面、设置室外设备等的屋面均不属于可绿化屋面	≥30%	适用于新城、中心城和旧城的公共建筑类项目

【设计要点】

屋顶绿化最显著的优势就是不占用土地，还能净化空气，降低扬尘，改善局部小气候，缓解城市热岛效应。

本标准要求建筑层数少于12层，高度低于40m的非坡屋顶新建、改建建筑（含裙房），均应实施屋顶绿化。坡度超过15°的坡屋顶、大跨度轻质屋面、设置室外设备等的屋面均不属于可绿化屋面。

【实施途径】

在控制性详细规划阶段对不同地块的建筑提出屋顶绿化指标要求。屋顶绿化相关技术要求参照《屋顶绿化规范》DB 11/T281执行。北京主要推荐采用的是节水抗旱型的屋顶绿化，所选植物材料应是耐干旱、耐瘠薄、省管护的物种：以景天佛甲草为主，配以其他浅根、耐旱、无污染的低矮植物。

【案例分析】

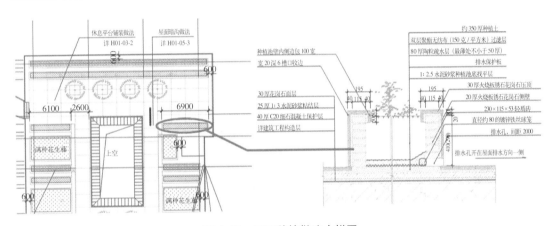

图 4-13 屋面种植做法大样图

某项目首层平台层及塔楼屋面采用屋顶绿化做法，经测量其绿化面积为4345m²，屋顶可绿化总面积为6511m²，因此屋顶绿化率为66.73%，达到屋顶绿化率≥30%标准的要求。详见图4-13。

【标准原文】表 4.2.2　详细规划低碳生态规划指标表　P19 植林地比例

指标编号	分类	指标内容	指标定义与计算方法	推荐值	备注
P19	生态环境	植林地比例	1）指的是用地内植林地面积与绿化用地面积的比值。 2）植林地指的是指城市公共绿地、防护绿地以及其他建设用地内种植乔木的用地，植林地面积按照乔木树冠垂直投影面积计算。相邻乔木树干之间的距离≤10m	公共绿地植林地比例≥25%，防护绿地植林地比例≥60%，其他建设用地植林地比例≥40%	适用于新城的各类项目，中心城和旧城参照此标准执行

【设计要点】

植林地指的是指城市公共绿地、防护绿地以及其他建设用地内种植乔木的用地，植林地面积按照乔木树冠垂直投影面积计算，设计阶段乔木树冠按直径5m计。

植林地比例指的是用地内植林地面积与绿化用地面积的比值，该指标所指的植林地要求该部分绿地中相邻乔木树干之间的距离≤10m。林地的碳汇能力与普通草地有显著差别，在详细规划阶段，需要在对区域碳汇能力进行总体控制的基础上，对不同地块的植林地比例提出明确要求。

【实施途径】

采用国家标准图集《环境景观——绿化种植设计》03J012-2以及本《标准》附录中所列的北京地区常用植物物种选择北京本地乡土乔木物种，按树干间距≤10m进行植被种植设计。

【案例分析】

某项目绿化用地面积12457m²，其种植林地面积5659m²，植林地比例达到45%，满足《标准》要求（图4-14）。

	B53 地块 (m²)
植林地面积	5659
绿化用地面积	12457
比值	45%
生态控制指标	≥40%

■ 植林地

图 4-14　植林地位置示意图

【标准原文】表4.2.2 详细规划低碳生态规划指标表　P20 本地植物指数

指标编号	分类	指标内容	指标定义与计算方法	推荐值	备注
P20	生态环境	本地植物指数	1）指的是项目规划区域内全部植物种类中本地种类所占比例。 2）本地植物指数应按下式计算： $$P_3=\frac{N_{b3}}{N_3}$$ (4.2.2-4) 式中：P_3——本地植物指数； 　　　N_{b3}——区域内本地植物物种总数； 　　　N_3——区域内植物物种总数。 3）本地植物包括： ① 在本地自然生长的野生植物种及其衍生品种； ② 归化种（非本地原生，但已逸生）及其衍生品种； ③ 驯化种（非本地原生，但在本地正常生长，并且完成其生活史的植物种类）及其衍生品种。标本园、种质资源圃、科研引种试验的植物种类除外。 4）没有进行统计的视为不满足指标	≥0.7	适用于新城、中心城和旧城的各类项目

【设计要点】

本指标指项目规划区域内全部植物种类中本地种类所占比例。

北京本地植物参见国家标准图集《环境景观——绿化种植设计》03J012-2 的北京地区常用植物列表（详见表4-4）。

北京地区常用植物列表　　　　　　　　　　　　　　　　表4-4

种类	植 物 列 表
常绿乔木及小乔木	油松、白皮松、乔松、华山松、辽东冷杉、臭冷杉、白杆、青杆、红皮云杉、侧柏、桧柏、龙柏、雪松、杜松
落叶乔木及小乔木	银杏、毛白杨、钻天杨、河北杨、泡桐、旱柳、馒头柳、绦柳、合欢、国槐、刺槐、红花刺槐、皂荚、山皂荚、洋白蜡、臭椿、千头椿、悬铃木、梧桐、栾树、板栗、槲栎、栓皮栎、蒙椴、糠椴、君迁子、柿树、元宝枫、杜仲、丝棉木、火炬树、小叶朴、核桃、榆、桑、玉兰、二乔玉兰、望春玉兰、杏、枣树、杜梨、楸树、梓树、桂香柳、丁香、龙爪柳、海棠花、山楂、西府海棠、紫叶李、白梨、山桃、碧桃、文冠果
常绿灌木	沙地柏、大叶黄杨、矮紫杉、朝鲜黄杨、小叶黄杨、铺地柏
落叶灌木	猬实、糯米条、金银木、锦带花、木本绣球、天目琼花、欧洲琼花、太平花、棣棠、平枝栒子、水栒子、香荚蒾、金露梅、银露梅、珍珠梅、贴梗海棠、白玉棠、毛樱桃、榆叶梅、黄刺玫、现代月季、玫瑰、大花溲疏、菱叶绣线菊、麻叶绣球、粉花绣线菊、三桠绣球、珍珠花、香茶藨子、鸡麻、阿穆尔小檗、紫叶小檗、腊梅、牡丹、连翘、丁香、迎春、太平花、小花溲疏、枸杞、胡枝子、锦鸡儿、紫薇、木槿、海州常山、红瑞木、木本香薷、黄栌、紫荆、石榴、金叶女贞、小叶女贞、雪柳、紫珠、接骨木
藤本植物	山荞麦、蛇葡萄、葡萄、中国地锦、美国地锦、紫藤、藤本月季、粉团蔷薇、花旗藤、十姐妹、多花蔷薇、木香、南蛇藤、扶芳藤、胶东卫矛、二叶木通、蝙蝠葛、台尔曼忍冬、金银花、美国凌霄
竹类	早园竹、黄槽竹、筇竹、斑竹、苦竹、阔叶箬竹
草坪及地被植物	野牛草、中华结缕草、日本结缕草、紫羊茅、羊茅、苇状羊茅、林地早熟禾、草地早熟禾、加拿大早熟禾、早熟禾、小康草、匍茎剪股颖、崂峪苔草、羊胡子草、白三叶、鸢尾、萱草、玉簪、麦冬、二月兰、马蔺、紫花地丁、蛇莓、蒲公英

【实施途径】

本地植物指数 P_3 应按下式计算：$P_3 = N_{b3}/N_3$，式中 N_{b3} 为区域内本地植物物种总数；N_3 为区域内植物物种总数。

4.3 建筑设计阶段绿色设计指标体系

【标准原文】第 4.3.1 条 绿色建筑设计阶段应制定表 4.3.2 中的指标。

【标准原文】第 4.3.2 条 建筑设计阶段绿色设计的关键性指标应符合表 4.3.2 的要求。

【标准原文】表 4.3.2 建筑绿色设计指标表 D1 无障碍设计达标率

指标编号	分类	指标内容	指标定义与计算方法	推荐值	备注
D1	建筑专业	无障碍设计达标率	指的是建筑设置符合设计要求的无障碍设施数量与《无障碍设计规范》GB50763所要求的在建筑入口、电梯、卫生间等部位设置无障碍设施总数量的比值	100%	适用于居住建筑与公共建筑

【设计要点】

本指标指建筑设置符合设计要求的无障碍设施数量与《城市道路与建筑物无障碍设计规范》JGJ 50 所要求的在建筑入口、电梯、卫生间等部位设置无障碍设施总数量的比值。

【实施途径】

按《城市道路与建筑物无障碍设计规范》JGJ 50 中规定的设计部位如建筑入口、电梯、卫生间等设有无障碍设施，无障碍设施符合规定中的设计要求。

【案例分析】

某学校项目内教学楼、办公楼、体育馆、图书馆建筑均设置了无障碍设施，且所有无障碍设施均按照《城市道路与建筑物无障碍设计规范》JGJ 50 设置，达标率为 100%，满足无障碍标准设置要求（图 4-15）。

图 4-15 无障碍设施示意图

【标准原文】表4.3.2 建筑绿色设计指标表 D2建筑出入口与公交站点距离

指标编号	分类	指标内容	指标定义与计算方法	推荐值	备注
D2	建筑专业	建筑出入口与公交站点距离	指的是建筑出入口与周边城市公交站点的最短步行距离	≤500m	适用于居住建筑与公共建筑

【设计要点】

本指标的控制目标与P8相同，但两个指标的控制阶段和对象略有不同，其中P8主要是在详细规划阶段，在无明确建筑单体布局的情形下，对公交站点的分布提出要求。本指标提出目的则在于通过了解建筑单体周边的公交站点的分布，合理确定建筑的布局以及出入口位置，使得新建筑的出入口到最近的公交站点的步行距离在500m范围内，从而提高建筑使用者利用公交出行的意愿。

【实施途径】

对建筑周边交通条件进行分析，明确场地周边公交站点的分布、公交线路数量，按照500m步行可达的要求，合理确定建筑的布局与出入口位置。

【案例分析】

参见指标P8案例分析【例1】。

【标准原文】表4.3.2 建筑绿色设计指标表 D3外围护结构节能设计指标

指标编号	分类	指标内容	指标定义与计算方法	推荐值	备注
D3	建筑专业	外围护结构节能设计指标	包括体形系数、窗墙面积比、屋顶透明部分面积比、外窗可开启面积比和外围护结构传热系数等指标	满足北京市《居住建筑节能设计标准》和北京市《公共建筑节能设计标准》的要求	适用于居住建筑与公共建筑

【设计要点】

本指标的目的在于引导项目设计在方案设计阶段时，根据北京市《居住建筑节能设计标准》和《公共建筑节能设计标准》的要求，合理确定建筑的朝向、体形系数、窗墙比，同时根据标准对外墙传热系数、幕墙遮阳系数、遮阳方式等性能的对应要求，对不同设计方案的节能和相应的经济效果进行评价，作为方案取舍的依据。

【实施途径】

建筑设计严格按照现行北京市节能设计标准中的规定性指标，进行建筑布局与外围护结构材料与做法的设计、选择。当设计建筑不能同时满足北京市《居住建筑节能设计标准》或《公共建筑节能设计标准》对围护结构热工性能的所有规定性指标时，需要通过调整设计参数进行能耗模拟计算。

【案例分析】

某项目在方案设计阶段，对两个可能的方案进行了节能设计指标比较见表4-5和图4-16。

不同窗墙比节能效果定性比较 表 4-5

窗墙比	采 暖	空 调	照 明
0.1	窗墙比最小，围护结构热工性能最好，但冬季太阳得热少	围护结构热工性能好，太阳得热少，空调负荷最小	窗户小，照明负荷高
0.2	围护结构因为窗户的增大而变差，同时太阳得热变多	空调负荷增大	采光变好，照明负荷降低
0.3			
0.4	一个较适中的工况	空调负荷继续增大	采光适中，照明负荷最低
0.5	太阳得热增大，但同时窗户占墙的面积增大，建筑散热变多	空调负荷继续增大	随着窗户增大，开始有眩光出现，拉窗帘的行为自调节出现，照明负荷反而上升
0.6			
0.7	全幕墙建筑，建筑围护结构散热巨大	空调负荷最大，室内热舒适条件差。夏季空调尖峰负荷高	眩光最厉害，基本上建筑内部一直会拉着窗帘开灯

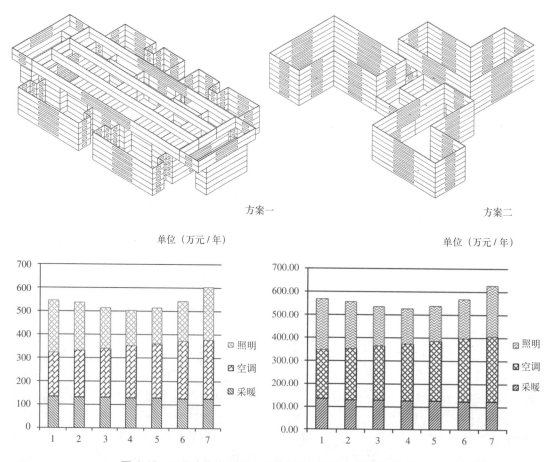

方案一　　　　　　　　　　　　　　　　方案二

图 4-16　不同方案在不同窗墙比下的全年能源耗费比较分析

计算依据：天然气锅炉采暖，燃气 4.1 元 /m²，空调为电制冷，照明及空调单价为 1 元 /kWh。

计算结论：

1. 窗墙比 0.4 时，建筑的总运行费用最低，约为 515 万元（方案一），527 万元（方案二）；

2. 采暖费用基本上各个方案持平，空调费用随着窗墙比的增大显著增大。照明费用随着窗墙比的增大先减小，后增大；

3. 建议窗墙比选取为 0.4 左右。

【标准原文】表 4.3.2　建筑绿色设计指标表　D4 活动外遮阳面积比

指标编号	分类	指标内容	指标定义与计算方法	推荐值	备注
D4	建筑专业	活动外遮阳面积比	1）指的是建筑东西向主要房间采用活动外遮阳设施的外窗面积占该朝向主要房间外窗总面积的比例（不包括封闭式阳台的透明部分）。 2）活动外遮阳装置的结构和机电设计、施工安装、工程验收应执行国家现行行业标准《建筑遮阳工程技术规范》JGJ 237 的规定，设计、施工和验收应与建筑工程同步进行	满足北京市《居住建筑节能设计标准》的要求	适用于居住建筑

【设计要点】

活动外遮阳可以有效控制、避免直射阳光，尤其对于冬夏季的东西窗而言，太阳辐射负荷直接影响采暖、空调能耗，而由于当太阳东升西落时其高度角比较低，设置在窗口上沿的水平遮阳几乎不起遮挡作用，因此活动式外遮阳兼顾建筑冬夏两季对阳光的不同需求，虽然造价比一般固定外遮阳（如窗口上部的外挑板等）高，但在绿色建筑设计中仍鼓励采用活动式的外遮阳。综合考虑北京的气候特点（东向太阳辐射的能耗影响度略低于西向辐射）以及初投资的增加值控制，本标准主要对建筑朝西面主要空间的活动外遮阳设施的外窗面积比例进行控制。

【实施途径】

窗外侧的卷帘、百叶窗等都属于"展开或关闭后可以全部遮蔽窗户的活动式外遮阳"。所采用的活动外遮阳设施必须可以全部遮蔽窗户。

因为目前的活动外遮阳产品需要固定在建筑的主体结构上，难以设置在封闭式阳台的阳台板上，因此对封闭式阳台不做要求。

对于阳台内侧有保温隔墙和保温门窗的情况，门窗关闭后可用设在阳台侧（保温门窗外侧）的窗帘遮挡，遮阳效果相当于活动外遮阳。而对于阳台与房间之间没有门窗隔断的最不利情况，则要求在开间窗墙面积大于 0.3 时，窗户的综合遮阳系数满足北京市居住建筑节能设计标准的相关要求。

制品选择上一般推荐采用织物遮阳和卷帘遮阳。对于高层建筑，则要考虑安全性、耐久性和易维修性，推荐采用固定框架的卷帘式活动外遮阳制品。对于中置遮阳产品，中置遮阳窗室内侧的玻璃或窗扇的热阻占窗户整体热阻的比例不小于 2/3，且关闭时可以全部遮蔽窗户，冬季可以完全收起时，可等同于可以全部遮蔽窗户的活动外遮阳。

【标准原文】表 4.3.2 建筑绿色设计指标表 D5 纯装饰性构件造价比

指标编号	分类	指标内容	指标定义与计算方法	推荐值	备注
D5	建筑专业	纯装饰性构件造价比	指的是无功能的装饰性构件造价之和与工程总造价的比值	居住建筑<2% 公共建筑<5‰	适用于居住建筑与公共建筑

【设计要点】

本指标主要控制建筑设计过程中为追求美观效果而消耗较大资源的行为，引导建筑师在进行建筑设计时，减少造型要素中没有功能作用装饰构件的应用。

工程总造价系指所有建安造价总和，不包括征地等其他费用。

【实施途径】

没有功能作用的装饰构件主要指：

1. 不具备遮阳、导光、导风、载物、辅助绿化等作用的飘板、格栅和构架等，且作为构成要素在建筑中大量使用；

2. 单纯为追求标志性效果在屋顶等处设立的大型塔、球、曲面等异形构件；

3. 女儿墙高度超过规范要求 2 倍以上。

对于超过规范要求 2 倍的各部分女儿墙应分别计算其造价；飘板、格栅和构架的造价，仅算突出建筑的部分的造价，不必考虑因增加这些构件导致的主体结构成本的增加。

【案例分析】

【例 1】 某地 4 层钢筋混凝土框架结构建筑。第 3 层局部为上人屋面，设有 1.1m 高的女儿墙。屋顶设有 1.5m 高的女儿墙。另外，为了遮挡屋顶的冷却塔，局部设置了 2.5m 高的女儿墙。因该女儿墙高度超过了规范要求的 2 倍，该女儿墙应并入"飘板、格栅和构架"，计算纯装饰性构件造价合计。

【例 2】 某住宅项目 1 号楼和 9 号楼中纯装饰性构件位置示意见图 4-17，造价比例如表 4-6 所示：

纯装饰性构件造价比例计算表　　　　　　　　　　　　　　　表 4-6

造价（元）分部分项工程费	1号楼	9号楼	总计
装饰性构件	108368.66	100720.41	209089.07
土建（建筑结构）	14409725.83	7791497.5	22201223.3
土建（桩基土方）	1042857.11	887441.03	1930298.14
安装	2995638.67	2110201.1	5105839.72
工程总造价=土建+安装	18448221.61	10789140	29237361.2
装饰性构件造价比例	0.6%	0.9%	0.7%

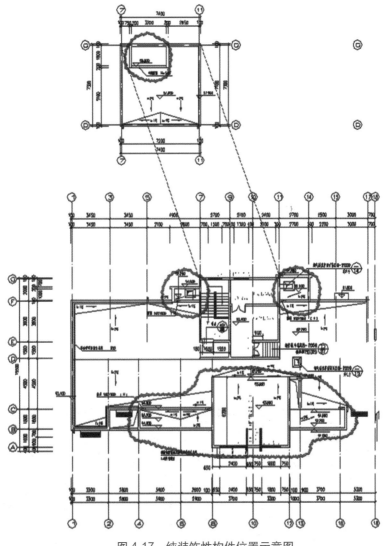

图 4-17 纯装饰性构件位置示意图

由此可见，这两栋楼的装饰性构件占工程总造价的比例均小于 1%，满足《绿色建筑评价标准》中针对建筑造型要素简约、无大量装饰性构件的要求。

【标准原文】表 4.3.2 建筑绿色设计指标表 D6 可循环利用隔墙围合空间面积比

指标编号	分类	指标内容	指标定义与计算方法	推荐值	备注
D6	建筑专业	可循环利用隔墙围合空间面积比	1）指的是可循环利用隔墙围合的房间总面积（办公房间≥100m²，其他房间≥500m²者除外）占可变换功能的室内空间总面积的比例。 2）可循环利用隔墙包括板材隔墙、骨架隔墙、活动隔墙、玻璃隔墙等，不可循环利用隔墙包括非承重砌块砌筑的隔墙等	≥30%	适用于有重新分割空间需求的建筑，如包含办公、商场或会议空间等的建筑

【设计要点】

本指标主要希望引导建筑师在保证室内工作、商业环境不受影响的前提下，较多采用灵活的隔断，避免空间布局改变带来的多次装修和废弃物产生。采用可重复使用程度较高的材料部品作为灵活隔断，既可以减少空间重新布置时重复装修对建筑构件的破坏，又可以对隔断进行多次循环利用，节约了材料和资源。非办公、商场类公共建筑主要有体育馆、歌剧院、博物馆、图书馆、餐馆等，其多为大空间，建筑的各个部分功能单一且确定，基本不存在室内空间的变换，所以，该指标主要适用于有重新分割房间可能的建筑，如办公、商场类建筑等。

【实施途径】

可循环利用隔墙包括板材隔墙、骨架隔墙、活动隔墙、玻璃隔墙等，不可循环利用隔墙包括非承重砌块砌筑的隔墙等。

【案例分析】

某办公楼项目室内可变换功能的总面积约为（图4-18）：

2405+1835+1684+3549+1731+4299+1426+434=17363m²

不可循环利用隔墙围合的房间总面积约为：

243+694+456+3027+479+1436+247+139=6721m²

可循环利用隔墙围合的房间总面积与可变换功能的室内空间总面积之比为：

（17363-6721）/17363 = 61.3% > 30%

满足本指标的要求。

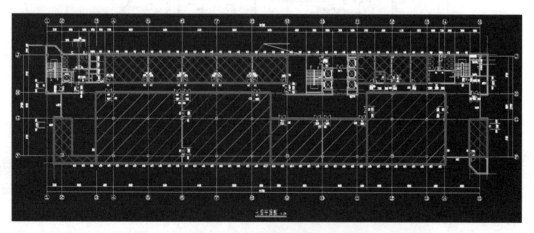

图4-18 可变换功能空间位置示意图

【标准原文】表4.3.2 建筑绿色设计指标表 D7 利废材料使用率

指标编号	分类	指标内容	指标定义与计算方法	推荐值	备注
D7	建筑专业	利废材料使用率	1）指的是利废材料的重量占同类建筑材料重量的比例。 2）利废材料指的是在保证性能及安全性和健康环保的前提下，使用以废弃物为原料生产的建筑材料，该材料的用量大且废弃物掺量应大于20%	用量占同类建筑材料比例≥30%	适用于居住建筑与公共建筑

【设计要点】

本指标的设置目的在于鼓励建筑对利废材料的使用。利废材料指的是在保证性能及安全性和健康环保的前提下，使用以废弃物为原料生产的建筑材料，该材料的用量大且废弃物掺量应大于 20%。

【实施途径】

目前实际工程中可能用到的利废材料包括：利用建筑废弃物再生骨料制作的混凝土砌块、水泥制品和配制再生混凝土；利用工业废弃物、农作物秸秆、建筑垃圾、淤泥为原料制作的水泥、混凝土、墙体材料、保温材料等建筑材料。为保证废弃物使用达到一定的数量要求，本条规定使用量大的建筑材料，且采用废弃物生产的，其重量占同类建筑材料的总重量比例不低于 30%。例如，建筑中使用石膏砌块作为内隔墙材料，绿色建筑设计要求其中以工业副产石膏（脱硫石膏、磷石膏等）制作的工业副产石膏砌块的使用重量，占到该建筑中使用石膏砌块总重量的 30% 以上。

【案例分析】

某项目采用脱硫石膏板，相关材料检验报告显示项目采用石膏板重量 330t，全部为脱硫石膏板，该类型石膏板废弃物掺量为 95.86%，因此利废材料使用率达到本标准要求图（4-19）。

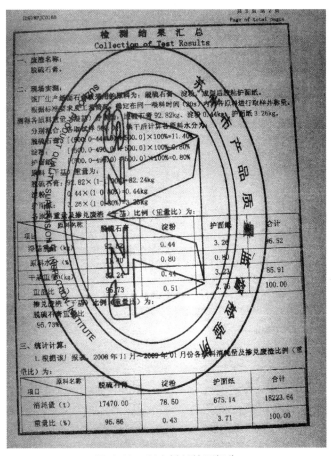

图 4-19　利废材料检测报告

【标准原文】表 4.3.2 建筑绿色设计指标表 D8 可再循环材料使用率

指标编号	分类	指标内容	指标定义与计算方法	推荐值	备注
D8	建筑专业	可再循环材料使用率	1）指的是可再循环材料的重量与建筑材料总重量的比值。 2）可再循环材料是指对无法进行再利用的材料，可以通过改变物质形态，生成另一种材料，即可以实现多次循环利用的材料	≥10%	适用于居住建筑与公共建筑

【设计要点】

可再循环材料是指对无法进行再利用的材料，可以通过改变物质形态，生成另一种材料，即可以实现多次循环利用的材料。充分使用可再循环材料可以减少生产加工新材料带来的资源、能源消耗和环境污染，对于建筑的可持续性具有非常重要的意义。

可再循环材料有两层含义：一是使用的材料本身是可再循环材料；二是建筑拆除时能够被再利用的材料。再生或循环利用技术不成熟或成本过高的建筑材料不属于本条文规定的可循环材料范围。

本指标在计算时，需要注意的是其计算基准为重量比，其中混凝土、砂浆等建筑材料的重量均为干重。

【实施途径】

建筑中常用的可再循环材料包含两部分，一是使用的材料本身就是可再循环材料，二是建筑拆除时能够被再循环利用的材料。

常见的可再循环材料主要包括：钢、铸铁、铜、铜合金、铝、铝合金、不锈钢、玻璃、塑料、石膏制品、木材、竹材、橡胶等。

【案例分析】

对某办公楼可再循环材料进行统计，统计过程中可再循环材料主要包括金属材料（钢材等）、玻璃、铝合金型材、石膏制品、木材，其总重量（t）=【钢材重量（kg）+ 木材重量（kg）+ 铝合金型材重量（kg）+ 石膏制品重量（kg）+ 玻璃重量（kg）】/1000；而建筑材料总重量即为所有材料重量之和，换算为 t（吨）；

可再循环材料利用率 C= 可再循环材料总重量（t）/ 建筑材料总重量（t）。

表 4-7 为该办公楼结构施工材料汇总表，对主要材料的用量进行了详细统计。

可再循环材料使用率计算表   表 4-7

建筑材料		质量（t）		
		地下部分	地上部分	合计
可再循环材料	钢筋	8039.733	9379.188	17418.921
	铝合金	34.04	288.18	322.22
	木材	72.97	205.62	278.59
	石膏制品	1530.33	2841.38	4371.71
	门窗玻璃	553.49	1507.28	2060.77

续表

建筑材料		质量（t）		
		地下部分	地上部分	合计
不可循环材料	混凝土	83599.7	99854.12	183453.82
	砂浆	955.64	3866.92	4822.56
	砌块	859.95	16995.62	17855.57
	石材	0	3302.62	3302.62
	屋面卷材	0	105.11	105.11
可再循环材料总质量				24452.21
建筑材料总质量				233991.89
可再循环材料使用率				10.45%

由表 4-7 可得，建筑主体结构可再循环材料利用率：C=24452.21（t）／233991.89（t）×100%=10.45%，满足本指标要求。

【标准原文】表 4.3.2　建筑绿色设计指标表　D9 主要功能空间室内噪声达标率

指标编号	分类	指标内容	指标定义与计算方法	推荐值	备注
D9	建筑专业	主要功能空间室内噪声达标率	指的是室内噪声与围护构件隔声标准均满足《民用建筑隔声设计规范》GB 50118相应要求（低限）的功能房间数量与建筑功能房间总数量的比值	100%	适用于居住建筑与公共建筑

【设计要点】

住宅类建筑的卧室、起居室的允许噪声级在关窗状态下白天不大于 45 dB（A），夜间不大于 35 dB（A）。楼板和分户墙的空气声计权隔声量不小于 45dB，楼板的计权标准化撞击声声压级不大于 70dB。户门的空气声计权隔声量不小于 30dB；外窗的空气声计权隔声量不小于 25dB，沿街时不小于 30dB；

宾馆类建筑客房外墙（包含窗）、客房与客房间隔墙、客房与走廊间隔墙（包括门）的空气声隔声性能、客房层间楼板、客房与各种有振动源的房间之间的楼板撞击声隔声性能均满足现行国家标准《民用建筑隔声设计规范》GBJ 118 中的一级要求；

《民用建筑隔声设计规范》GBJ 118 中对宾馆和办公类建筑室内允许噪声级提出了标准要求；

《商场（店）、书店卫生标准》GB 9670 中规定商场内背景噪声级不超过 60dB（A），出售音响的柜台背景噪声级不能超过 85dB（A）；

【实施途径】

在方案设计阶段就应该确定室内背景噪声源（风口、风机盘管、空调、照明、各类控制器、排水管道等），并通过平面布局设计，使噪声敏感的房间应远离室内外噪声源。

1.在构件选择与构造设计时，均需满足相应的隔声要求。如：

（1）在混凝土楼板上铺设隔声减振垫层，在垫层之上做 40mm 厚细石混凝土，然后根据设计要求铺装各种面层。经测定这种构造的楼板可达到隔绝撞击声≤ 65 dB 的标准。

（2）铺设隔声减振垫层时要防止混凝土水泥浆渗入垫层下，四周与墙交界处要用隔声垫将上层的细石混凝土与混凝土楼板隔开，否则会影响隔声效果。

2. 在建筑设计、建造和设备系统设计、安装的过程中考虑建筑平面和空间功能的合理安排，并在设备系统设计、安装时就考虑其引起的噪声与振动控制手段和措施。如：

（1）基础隔振主要是消除设备沿建筑构件的固体传声，是通过切断设备与设备基础的刚性连接来实现的。目前国内的减振装置主要包括弹簧和隔振垫两类产品。基础隔振装置宜选用定型的专用产品，并按其技术资料计算各项参数，对非定型产品，应通过相应的实验和测试来确定其各项参数。

（2）管道减振主要是通过管道与相关构件之间的软连接来实现的，与基础减振不同，管道内的介质振动的再生贯穿整个传递过程，所以管道减振措施也一直延伸到管道的末端。管道与楼板或墙体之间采用弹性构件连接，可以减少噪声的传递。

（3）暖通空调系统降噪策略包括：

① 选用低噪声的暖通空调设备系统。

② 采用管道回风系统，回风口直接临近室外或隔壁房间，则必须做好相应的隔声和消声措施。

③ 同一隔断或轻质墙体两侧的空调系统控制装置应错位安装，不可贯通。

④ 根据相邻房间的安静要求对机房采取合理的吸声和隔声、隔振措施。

⑤ 管道系统的隔声、消声和隔振措施应根据实际要求进行合理设计。

⑥ 空调系统、通风系统的管道必须设置消声器，靠近机房的固定管道应做减振处理，管道的悬吊构件与楼板之间应采用弹性连接。管道穿过墙体或楼板时应设减振套管或套框，套管或套框内径大于管道外径至少 50mm。

（4）给排水系统可通过以下方式降低噪声：

① 合理选择排水管材：

当采用塑料管材时，选择内壁带螺旋塑料管、芯层发泡管等隔声塑料排水管材，可在一定程度上降低噪声。

② 合理选择坐便器冲水方式：

坐便器的冲水方式分为三种：虹吸式、冲落式和半虹吸式。虹吸式冲水产生的噪声在各种冲水方式中最小，应优先采用。

③ 合理确定给水管管径：

《建筑给水排水设计规范》GB 50015 中明确规定，当住户有降低噪声要求时，生活给水管径为 15 ～ 20mm 时，管道内的水流速度宜小于 1.0m/s；管径介于 25 ～ 40mm 时，管道内的水流速度宜小于 1.2m/s，管径为 50 ～ 70mm 时，管道内的水流速度宜小于 1.5m/s。

④ 降低水泵房噪声

1）选择低转速（1450 转 / 分）水泵、屏蔽泵或其他有消声作用的低噪声水泵。

2）水泵基础设减振器、橡胶隔振垫等。

3）与水泵连接的管道，管道吊架采用弹性吊架。

4）水泵出水管上设缓闭式止回阀。

5）在水泵进出管上装设柔性接头。

（5）电梯噪声抑制措施包括：

① 机房和井道之间可设置隔声层来隔离机房设备通过井道向下部相邻房间传递噪声。

② 井道与相邻房间可设置隔声墙或在井道内做吸声构造隔绝井道内的噪声。

【案例分析】

【例1】某住宅项目选用隔声性能高的围护结构做法。外墙采用190厚页岩模数多孔砖，隔声效果大于45dB。分户墙采用190厚混凝土多孔砖，计权隔声量 R_w 为50dB，外门选用断热铝合金型材，外窗选用隔声量大于20 dB（A）的双层隔声窗，经测量最不利卧室和起居室室内噪声如表4-8所示。

主要功能房间背景噪声计算表 表4-8

房间	隔声量	125Hz	250 Hz	500 Hz	1000 Hz	2000 Hz
起居室	有效隔声量（dB）	19.31	27.02	32.96	36.26	40.04
	室内背景噪声（昼间）（dB）	34.89	27.18	21.24	17.94	14.16
	室内背景噪声（夜间）（dB）	24.39	16.68	10.74	7.44	3.66
主卧室	有效隔声量（dB）	17.35	25.16	30.61	33.79	37.60
	室内背景噪声（昼间）（dB）	36.85	29.04	23.59	20.41	16.60
	室内背景噪声（夜间）（dB）	26.35	18.54	13.09	9.91	6.10

由表4-8可知，该项目各房间背景噪声均达到《民用建筑隔声设计规范》GB 50118相应要求。因而可以判断所有房间室内噪声均满足标准要求。

【例2】根据《环境影响评估报告》，通过噪声预测，某项目北侧边界首排住宅建筑在各预测年昼夜间噪声均超过2类区标准，昼间最大噪声为64.6dB（A），夜间噪声最大噪声57.7dB（A）。该项目外围护结构构造隔声性能如表4-9所示。

外围护结构构造隔声性能表 表4-9

构件（本项目采用）	R_w（dB）
外墙为200mm厚钢筋混凝土剪力墙+30mm厚外保温砂浆	≥52
外窗采用low-e中空玻璃铝合金窗	≥30
分户墙采用200mm厚钢筋混凝土剪力墙	≥52
楼板结合复合木地板，100mm厚钢筋混凝土楼板上先做3mm厚泡沫塑料垫层，再做复合木地板面层	≥48

注：外墙200mm厚钢筋混凝土的隔声性能 R_w（dB）≥52，数据参考《绿色建筑评价技术指南》：常见围护结构构造隔声性能。据此计算各功能房间室内噪声等级为：昼间：室内环境噪声=64.6 dB（A）-30 dB（A）=34.6 dB（A）<45 dB（A）；夜间：室内环境噪声=57.7 dB（A）-30 dB（A）=27.7dB（A）<35 dB（A），由此可知，室内允许噪声级在关窗状态下，满足标准要求。

【标准原文】 表4.3.2 建筑绿色设计指标表 D10 高强钢筋用量比例

指标编号	分类	指标内容	指标定义与计算方法	推荐值	备注
D10	结构专业	高强钢筋用量比例	指的是钢筋混凝土结构中HRB400级受力钢筋重量当量值占受力钢筋总重量当量值的比例	6层~9层建筑结构：≥70%；10层及以上建筑结构：≥80%	适用于居住建筑与公共建筑

【设计要点】

本指标指的是钢筋混凝土结构中 HRB400 级受力钢筋重量当量值与受力钢筋总重量当量值的比例。

"受力钢筋"包括各结构设计规范要求的所有钢筋，如钢筋混凝土构件中的受拉纵筋、受压纵筋、箍筋、架立筋、分布筋、温度收缩筋、板边构造筋等。

所谓"当量值"指的是在钢筋混凝土主体结构中，符合规范的抗拉强度设计值不低于 360MPa 的钢筋，如 RRB400 级钢筋、冷拉钢筋、冷轧扭钢筋及高强预应力钢丝（索）等，可按等强（抗拉能力设计值相等）的原则，将这些更高强度的钢筋（丝、索）折算成 HRB400 级钢筋。

该指标不适用于 6 层及以下的、设计使用年限不小于 50 年的钢筋混凝土建筑和砌体结构（含配筋砌体结构）建筑。

【实施途径】

详见第 8 章第 8.1.4 条实施途径。

【案例分析】

某钢筋混凝土结构建筑的受力钢筋统计成果如表 4-10 所示。表 4-10 计算表明：HRB400 级以上（含）高强钢筋占受力钢筋总质量的 81.3%，满足标准要求。

高强钢筋比例计算表

表 4-10

钢筋种类	用量（t）	折算成HRB400	小计	备注
HPB235	100	——	100+130=230	不折算
HPB335	130	——		不折算
HRB400	340	340	340+660=1000	
钢绞线 $f_{ptk}=1860$	180	$180 \times 1320/360 = 660$		$f_{PY}=1320$

HRB400 级以上钢筋占受力钢筋总质量的:1000/（230+1000）×100%=81.3%

【标准原文】表 4.3.2 建筑绿色设计指标表 D11 高强混凝土用量比例

指标编号	分类	指标内容	指标定义与计算方法	推荐值	备注
D11	结构专业	高强混凝土用量比例	指的是60m以上高层建筑钢筋混凝土结构的竖向承重结构C50混凝土重量当量值占竖向承重结构总混凝土重量当量值的比例	住宅：≥（楼层数-20）/楼层数；公建：≥（楼层数-15）/楼层数	适用于居住建筑与公共建筑

【设计要点】

对于竖向承重结构构件，在相同承载力下，采用强度等级较高的混凝土可以减小构件截面尺寸，节约混凝土用量，增加建筑物使用面积。本标准选定 C50 及以上强度等级作为竖向承重结构中混凝土强度的推荐等级，对于更高强度等级混凝土重量当量值可按轴心抗压强度设计值等效折算。此处所提的"当量值"特指为提倡应用高强度混凝土，而将高于C50的材料进行折算的办法，低强度混凝土不进行折算。

该指标不适用于6层及以下的、设计使用年限不小于50年的钢筋混凝土建筑和砌体结构（含配筋砌体结构）建筑。

住宅建筑的高强度混凝土比例≥（楼层数 -20）/ 楼层数

公共建筑的高强度混凝土比例≥（楼层数 -15）/ 楼层数

【实施途径】

设计时，通过结构合理计算，优先考虑采用高强度混凝土，以达到节约混凝土用量的目的。

【案例分析】

某公建项目混凝土强度等级见表4-11。

高强度混凝土比例计算表　　　　　　　　　　　　　　　表4-11

垫层	C15	
基础底板	C35	
地下室外墙	C35	
楼梯	C30	
构造柱及圈梁	C25	
剪力墙、框架柱	地下室～36.550	C60（单层地下室框架柱C35）
	36.550～59.950	C55
	59.950以上	C50
梁、板	地下室顶板～18.550	C35
	22.150以上	C30

注：基础底板、地下室外墙所有地下室顶板及水池侧墙及顶板均采用防水混凝土设计抗渗等级均为P6

结构竖向承重结构为剪力墙、框架柱，其中混凝土等级均在C50以上，即高性能混凝土比例占100%，满足标准要求。

【标准原文】表4.3.2　建筑绿色设计指标表　D12 高性能钢材用量比例

指标编号	分类	指标内容	指标定义与计算方法	推荐值	备注
D12	结构专业	高性能钢材用量比例	指的是高层钢结构建筑Q345以上高性能钢材重量当量值占结构钢材总重量当量值的比例	≥70%	适用于居住建筑与公共建筑

【设计要点】

本指标设置的目的是提倡在高层钢结构建筑中采用 Q345 及以上强度等级的高性能钢材，对于更高强度等级钢材重量当量值可按牌号数值等效折算，即重量当量值等于高强钢材实际重量乘以高强钢材牌号数值与 345 的比值。此处所提的"当量值"特指为提倡应用高强度钢材，而将高于 Q345 的材料进行折算的办法，低强度钢材不进行折算。

【实施途径】

设计时，通过结构合理计算，优先选用高性能钢材，以达到节约钢材用量的目的。

【案例分析】

某高层钢结构建筑的钢材用量统计成果如表 4-12 所示。表 4-12 计算表明：Q345 级以上（含）高性能钢材量占总量的 92.3%，满足标准要求。

高强钢材重量比例计算表　　　　　　　　表 4-12

钢材种类	用量（t）	折算成Q345	小计	备注
Q235	50	—	53	不折算
Q345	260	260	260+377=637	
Q420	310	310×420/345=377		

Q345级以上钢材占总钢材的637/（637+53）×100%=92.3%

【标准原文】表 4.3.2　建筑绿色设计指标表　D13 节水器具和设备使用率

指标编号	分类	指标内容	指标定义与计算方法	推荐值	备注
D13	给水排水专业	节水器具和设备使用率	指的是建筑中满足《节水型生活用水器具》CJ 164、《节水型产品技术条件与管理通则》GB/T 18870的及北京市《用水器具节水技术条件》DB11/343要求的用水器具与设备的数量占全部用水器具与设备的总数量的比值	100%	适用于居住建筑与公共建筑

【设计要点】

绿色建筑应选用《当前国家鼓励发展的节水设备》（产品）目录中公布的设备、器材和器具，根据用水场合的不同，合理选用节水水龙头、节水便器、节水淋浴装置等，所有器具应满足《节水型生活用水器具》CJ 164、《节水型产品技术条件与管理通则》GB/T 18870 的及北京市《用水器具节水技术条件》DB 11/343 要求。

【实施途径】

1. 住宅建筑可选用以下节水器具：

（1）节水龙头：加气节水龙头、陶瓷阀芯水龙头、停水自动关闭水龙头等；

（2）坐便器：压力流防臭、压力流冲击式 6L 直排便器、3L/6L 两挡节水型虹吸式排水坐便器及 6L 以下直排式节水型坐便器或感应式节水型坐便器；

（3）节水淋浴器：水温调节器、节水型淋浴喷嘴等；

(4) 节水型电器：节水洗衣机，洗碗机等。

2. 办公、商场类公共建筑可选用以下节水器具：

(1) 可选用光电感应式等延时自动关闭水龙头、停水自动关闭水龙头；

(2) 可选用感应式或脚踏式高效节水型小便器、两挡式坐便器、免冲洗水小便器。

3. 宾馆类公共建筑可选用以下节水器具：

(1) 客房可选用陶瓷阀芯、停水自动关闭水龙头；两档式节水型坐便器；水温调节器、节水型淋浴喷头等节水淋浴装置；

(2) 公用洗手间可选用延时自动关闭、停水自动关闭水龙头；感应式或脚踏式高效节水型小便器、蹲便器、免冲洗水小便器；

(3) 厨房可选用加气式节水龙头、节水型洗碗机等节水器具；

(4) 洗衣房可选用高效节水洗衣机。

4. 冷却塔选择满足《节水型产品技术条件与管理通则》要求的产品。

【标准原文】表 4.3.2　建筑绿色设计指标表　D14 非传统水源利用率

指标编号	分类	指标内容	指标定义与计算方法	推荐值	备注
D14	给水排水专业	非传统水源利用率	指的是采用再生水、雨水等非传统水源代替市政供水或地下水供给景观、绿化、冲厕等杂用的年水量占年总用水量的比值	住宅≥10% 办公楼、商场类≥20% 旅馆类≥15%	适用于居住建筑与公共建筑

【设计要点】

非传统水源利用率可通过下列公式计算：

$$R_u = \frac{W_u}{W_t} \times 100\%$$

$$W_u = W_R + W_r + W_s + W_O$$

式中　R_u——非传统水源利用率，%；

W_u——非传统水源设计使用量（规划设计阶段）或实际使用量（运行阶段），m^3/a；

W_t——设计用水总量（规划设计阶段）或实际用水总量（运行阶段），m^3/a；

W_R——再生水设计利用量（规划设计阶段）或实际利用量（运行阶段），m^3/a；

W_r——雨水设计利用量（规划设计阶段）或实际利用量（运行阶段），m^3/a；

W_s——海水设计利用量（规划设计阶段）或实际利用量（运行阶段），m^3/a；

W_O——其他非传统水源利用量（规划设计阶段）或实际利用量（运行阶段），m^3/a。

【实施途径】

采用再生水、雨水等非传统水源代替市政供水或地下水供给景观、绿化、洗车、冲厕等用水。

【案例分析】

某住宅项目收集的雨水经处理后回用于绿化灌溉，道路洒水，消防补水及水景补水。水量平衡分析详见表 4-13。

水量平衡计算表 （年 /m³） 表 4-13

用水性质	平均日用水定额 Q_d		用水单位数量 （m³）		全年使用天数 （d）	平均日用水量 Q_d (m³/d)	平均年用水量 Q (m³/a)	备注
住宅	50	L/（人·d）	1120	人	365	44.8	16352	
绿化	1	L/（m²·d）	5580	m²	365	4.46	1682	
车库冲洗地面	0.5	L/（m²·d）	7891	m²	365	3.95	1440	
小计						58.53	21362	已考虑增加 10%～15% 的未预见水量

设计总用水量包含生活用冷水和生活热水用水，其总量为：

W_t=53961.6+21362=75323.6 m³/a

根据对中水量的计算结果，可得非传统水源设计使用量：

W_u=21362 m³/a

非传统水源利用率：

$R_u = W_u / W_t × 100\% = 21362/75323.6 × 100\% = 28.36\%$

经计算，该项目的非传统水源利用率满足标准要求。

【标准原文】表 4.3.2 建筑绿色设计指标表 D15 绿地节水灌溉利用率

指标编号	分类	指标内容	指标定义与计算方法	推荐值	备注
D15	给水排水专业	绿地节水灌溉利用率	指在项目绿地灌溉系统中采用节水型灌溉方式的绿地面积占绿化用地总面积的比例，节水型灌溉方式包括喷灌、微灌、滴灌等	100%	适用于居住建筑与公共建筑

【设计要点】

绿化灌溉鼓励采用喷灌、微灌、滴灌、渗灌、低压管灌等节水灌溉方式，鼓励采用湿度传感器或根据气候变化的调节控制器。为增加雨水渗透量和减少灌溉量，对绿地来说，鼓励选用兼具渗透和排放两种功能的渗透性排水管。

【实施途径】

喷灌系统需安装雨天关闭系统，也可以在保证喷灌系统在雨天或降雨后关闭，在系统中添加一个雨天关闭系统，可节水 15%～20%。

当采用再生水灌溉时，喷灌方式易形成气溶胶，因水中微生物在空气极易传播，应避免采用。

微灌的用水一般都应进行净化处理，先经过沉淀除去大颗粒泥沙，再进行过滤，除去细小颗粒的杂质等，特殊情况还需进行化学处理。

【标准原文】 表 4.3.2　建筑绿色设计指标表　D16 集中冷源冷水（热泵）机组的综合制冷性能系数 SCOP

指标编号	分类	指标内容	指标定义与计算方法	推荐值	备注
D16	暖通空调专业	集中冷源冷水（热泵）机组的综合制冷性能系数SCOP	$$SCOP = \frac{Q_c\,(kW)}{E_e\,(kW)}$$ (4.3.2) 式中：Q_c——名义工况下，冷源输出的冷量（kW）； E_e——名义工况下，冷源需要输入的用电量（kW）；对于离心机、螺杆机和活塞机而言，E_e包括冷机、冷却泵和冷却塔的耗电；对于水源、土壤源热泵而言，E_e包括冷机、冷却泵、地下水取水及回灌用水的水泵电耗	应高于北京市《公共建筑节能设计标准》的要求	适用于居住建筑与公共建筑

【设计要点】

$$SCOP = \frac{Q_c(kW)}{E_e(kW)}$$

式中　Q_c——名义工况下，冷源输出的冷量（kW）；

E_e——名义工况下，冷源需要输入的用电量（kW）；对于离心机、螺杆机和活塞机而言，E_e包括冷机、冷却泵和冷却塔的耗电；对于水源、土壤源热泵而言，E_e包括冷机、冷却泵、地下水取水及回灌用水的水泵电耗。

【标准原文】 表 4.3.2　建筑绿色设计指标表　D17 集中冷源冷水（热泵）机组的 COP

指标编号	分类	指标内容	指标定义与计算方法	推荐值	备注
D17	暖通空调专业	集中冷源冷水（热泵）机组的COP	指的是在额定工况和规定条件下，集中冷源冷水（热泵）机组进行制冷运行时实际制冷量与实际输入功率的比值	应比北京市《公共建筑节能设计标准》的要求高一个等级	适用于居住建筑与公共建筑

【设计要点】

　　在额定工况和规定条件下，集中冷源冷水（热泵）机组进行制冷运行时实际制冷量与实际输入功率之比，应比北京市《公共建筑节能设计标准》的要求高一个等级。

【标准原文】 表 4.3.2　建筑绿色设计指标表　D18 系统输配效率

指标编号	分类	指标内容	指标定义与计算方法	推荐值	备注
D18	暖通空调专业	系统输配效率	指的是包括供暖热水循环泵的耗电输热比设计值、空调热水循环泵的耗电输热比、空调冷水循环泵的耗电输冷比、风机的单位风量耗功率等参数要求	不低于北京市《居住建筑节能设计标准》和北京市《公共建筑节能设计标准》的要求	适用于居住建筑与公共建筑

【设计要点】

包括采暖热水循环泵的耗电输热比设计值、空调热水循环泵的耗电输热比、空调冷水循环泵的耗电输冷比、风机的单位风量耗功率等参数，应不低于北京市《居住建筑节能设计标准》和北京市《公共建筑节能设计标准》的要求。

【案例分析】

根据《公共建筑节能设计标准》GB 50189—2005 表 5.3.27，水系统的最大输送能效比（E_R）如表 4-14 所示。

水系统的最大输送能效比要求　　　　　　　表 4-14

管道类别	两管制热水管道	四管制热水管道	空调冷水管道
E_R	0.00433	0.00673	0.0241

注：两管制热水管道系统中的输送能效比值，不适用于采用直燃式冷热水机组作为热源的空气调节热水系统。

空气调节冷热水系统的输送能效比（E_R）应按下式计算：

$$E_R = 0.002342H / (\Delta T \cdot \eta)$$

式中　H——水泵设计扬程（m）；

　　　ΔT——供回水温差（℃）；

　　　η——水泵在设计工作点的效率（%）。

经计算，该公建项目水系统的最大输送能效比如表 4-15 所示，达到标准要求。

水系统的最大输送能效比计算　　　　　　　表 4-15

	扬程（m）	温差（℃）	效率	E_R
百货	33	6	0.78	0.017
百货	33	6	0.78	0.017
超市	31	6	0.78	0.016
超市	32	6	0.78	0.016
商业	36	6	0.78	0.018
商业	34	6	0.78	0.017

【标准原文】 表 4.3.2　建筑绿色设计指标表　D19 照明功率密度

指标编号	分类	指标内容	指标定义与计算方法	推荐值	备注
D19	电气专业	照明功率密度	指的是建筑房间或场所的单位面积照明安装功率，包括光源、镇流器或变压器的安装功率	不高于现行国家标准《建筑照明设计标准》GB 50034的目标值	适用于居住建筑与公共建筑

【设计要点】

本指标指的是建筑房间或场所的单位面积照明安装功率，包括光源、镇流器或变压器的安装功率。绿色建筑的照明设计应不高于《照明设计标准》规定的照明功率密度（LPD）的目标值。

【实施途径】

1. 选用发光效率高、显色性好、使用寿命长、色温适宜并符合环保要求的光源,在满足眩光限制和配光要求条件下,采用高效光源、高效灯具和低损耗镇流器等附件,具体而言:

(1) 光源的选择

1) 紧凑型荧光灯具有光效较高、显色性好、体积小巧、结构紧凑、使用方便等优点,是取代白炽灯的理想电光源,适合于为开阔的地方提供分散、亮度较低的照明,可被广泛应用于家庭住宅、旅馆、餐厅、门厅、走廊等场所。

2) 在室内照明设计时,应优先采用显色指数高、光效高的稀土三基色荧光灯,可广泛应用于大面积区域分散均匀的照明,如办公室、学校、居所、工厂等。

3) 金属卤化物灯具有定向性好、显色能力非常强、发光效率高、使用寿命长、可使用小型照明设备等优点,但其价格昂贵,故一般用于分散或者光束较宽的照明,如层高较高的办公室照明、对色温要求较高的商品照明、要求较高的学校和工厂、户外场所等。

4) 高压钠灯具有定向性好、发光效率极高、使用寿命很长等优点,但其显色能力很差,故可用于分散或者光束较宽、且光线颜色无关紧要的照明,如户外场所、工厂、仓库,以及内部和外部的泛光照明。

5) 发光二极管(LED)发光效率较低但寿命特别长,适合在低功率的设备上使用,常被应用于户外的交通信号灯、室内指明紧急出口通道的信号灯或者信号条、建筑轮廓灯等。

(2) 高效灯具的选择

1) 在满足眩光限制和配光要求的情况下,应选用高效率灯具,灯具效率不应低于《建筑照明设计标准》GB 50034 中有关规定。

2) 应根据不同场所和不同的室内空间比 RCR,合理选择灯具的配光曲线,从而使尽量多的直射光通落到工作面上,以提高灯具的利用系数。由于在设计中 RCR 为定值,当利用系数较低(0.5)时,应调换不同配光的灯具。

3) 在保证光质的条件下,首选不带附件的灯具,并应尽量选用开启式灯罩。

4) 选用对灯具的反射面、漫射面、保护罩、格栅材料和表面处理等进行处理的灯具,以提高灯具的光通维持率。如涂二氧化硅保护膜及防尘密封式灯具、反射器采用真空镀铝工艺、反射板选用蒸镀银反射材料和光学多层膜反射材料等,可保持灯具在运行期间光通量降低较少。

5) 尽量使装饰性灯具功能化。

(3) 灯具附属装置选择

1) 自镇流荧光灯应配用电子镇流器。

2) 直管形荧光灯应配用电子镇流器或节能型电感镇流器。

3) 高压钠灯、金属卤化物灯等应配用节能型电感镇流器。在电压偏差较大的场所,宜配用恒功率镇流器;功率较小者可配用电子镇流器。

4) 荧光灯或高强度气体放电灯应采用就地电容补偿,使其功率因数达 0.9 以上。

2. 采用自动控制照明方式,如:随室外天然光的变化自动调节人工照明照度;采用人体感应或动静感应等方式自动开关灯;门厅、电梯大堂和走廊等场所,采用夜间定时降低照度的自动调光装置;中大型建筑,按具体条件采用集中或集散的、多功能或单一功能的照明自动控制系统。

【案例分析】

某设计院办公楼设计中，设计室照明设计：

1. 标准要求：0.75m 高工作面上的平均水平照度值大于 500lx，功率密度目标值为：15W/m²。

2. 灯具选型：为消除明显的光幕反射效应，使用两管 T5 型 28W（光通量共 5200lm）光源，采用嵌入式低眩光格栅灯，灯具采用高纯度铵铝反射器，镀锌钢板灯体，表面白色静电涂装，效率不低于 70%。

3. 图 4-20 是办公室 A 房间人工光环境等照度图。

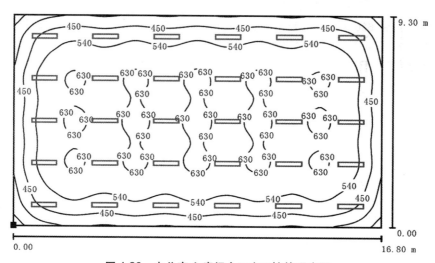

图 4-20　办公室 A 房间人工光环境等照度图

4. 图 4-21 是办公室 A 房间人工光环境点照度值分布图。

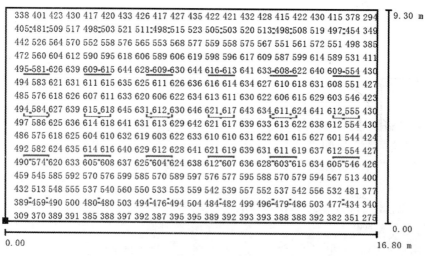

图 4-21　办公室 A 房间人工光环境点照度值分析图

5. 图 4-22 是办公室 B 房间人工光环境等照度图。

6. 图 4-23 是办公室 B 房间人工光环境点照度值分布图。

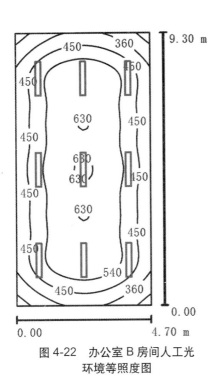

273	332	382	408	412	391	351	285
331	403	460	489	494	469	423	347
383	472	540	573	578	549	497	405
415	509	581	617	622	592	533	436
414	506	581	618	624	592	531	435
407	498	576	614	619	588	523	427
412	503	581	624	629	595	526	432
412	504	582	626	631	597	528	433
411	500	578	618	623	591	524	430
418	508	585	621	626	596	533	437
425	519	593	629	636	604	543	444
421	513	588	624	630	599	537	440
411	500	579	617	622	591	525	430
411	502	580	623	628	595	524	430
412	505	583	626	631	597	527	432
408	499	576	617	622	589	522	427
412	502	580	615	620	590	526	431
417	512	584	620	626	595	535	437
402	491	560	594	599	570	512	420
350	428	489	520	524	498	446	365
286	351	403	430	435	413	364	298

图 4-22　办公室 B 房间人工光
环境等照度图

图 4-23　办公室 B 房间人工光环
境点照度值分布图

会议室照明设计：

1. 标准要求：0.75m 高工作面上的平均水平照度值大于 300lx，功率密度目标值为：9W/m²。

2. 灯具选型：为消除明显的光幕反射效应，使用 2×28W（光通量共 3600lm）、2×32W（光通量共 4800lm）大功率节能荧光筒灯，灯具采用高纯度铵铝反射器，镀锌钢板灯体，表面白色静电涂装，效率不低于 59%。

3. 图 4-24 是会议室 A 房间人工光环境等照度图。

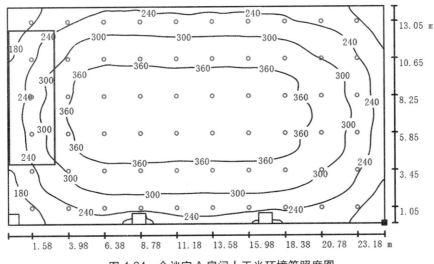

图 4-24　会议室 A 房间人工光环境等照度图

4. 图 4-25 是会议室 A 房间人工光环境点照度值分布图。

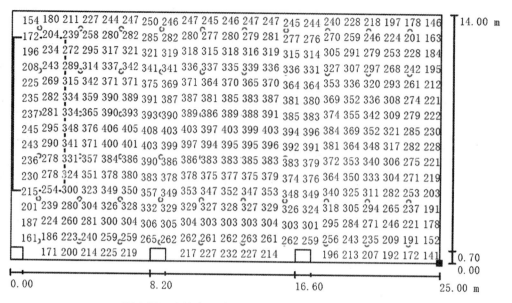

图 4-25　会议室 A 房间人工光环境点照度值分布图

5. 图 4-26 是会议室 B 房间人工光环境等照度图。

6. 图 4-27 是会议室 B 房间人工光环境点照度值分布图。

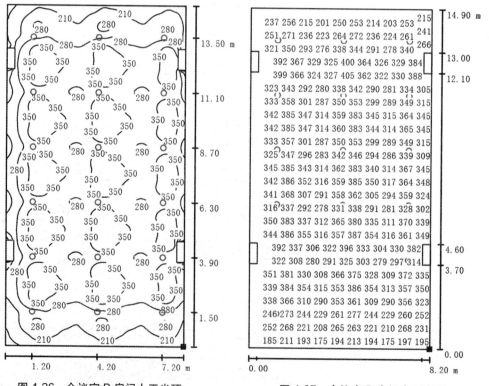

图 4-26　会议室 B 房间人工光环
境等照度图

图 4-27　会议室 B 房间人工光环
境点照度值分布图

【标准原文】表 4.3.2　建筑绿色设计指标表　D20 变压器目标能效

指标编号	分类	指标内容	指标定义与计算方法	推荐值	备注
D20	电气专业	变压器目标能效	指的是在标准规定测试条件下，允许电力变压器空载损耗和负载损耗的最高标准值	满足《三相配电变压器能效限定值及节能评价值》GB 20052节能评价值的要求	适用于居住建筑与公共建筑

【设计要点】

在标准规定测试条件下，允许电力变压器空载损耗和负载损耗的最高标准值，满足《三相配电变压器能效限定值及节能评价值》GB 20052 节能评价值的要求。

【实施途径】

作为绿色建筑，所选择的油浸或干式变压器不应局限于满足《三相配电变压器能效限定值及节能评价值》GB 20052 里规定的能效限定值，还应达到目标能效限定值。同时，在项目资金允许的条件下，亦可采用非晶合金铁心型低损耗变压器。

【标准原文】表 4.3.2　建筑绿色设计指标表　D21 建筑立面的夜景照明功率密度

指标编号	分类	指标内容	指标定义与计算方法	推荐值	备注
D21	景观环境	建筑立面的夜景照明功率密度	指的是建筑立面夜景照明的单位面积照明安装功率，包括光源、镇流器或变压器的安装功率	满足《城市夜景照明设计规范》JGJ/T 163相关要求	适用于居住建筑与公共建筑

【设计要点】

建筑立面的夜景照明功率密度值满足《城市夜景照明设计规范》JGJ/T 163 相关要求。

【实施途径】

建筑物立面夜景照明的照明功率密度应按照表 4-16 执行。

建筑物立面夜景照明的照明功率密度 （LPD）　　　　　　表 4-16

建筑物饰面材料		E2区		E3区		E4区	
名称	反射比 ρ	对应照度 (lx)	功率密度 (W/m²)	对应照度 (lx)	功率密度 (W/m²)	对应照度 (lx)	功率密度 (W/m²)
白色外墙涂料，乳白色外墙釉面砖、浅冷、暖色外墙涂料，白色大理石	0.6～0.8	30	1.3	50	2.2	150	6.7
银色或灰绿色铝塑板、浅色大理石、浅色瓷砖、灰色或土黄色釉面砖、中等浅色涂料、中等色铝塑板等	0.3～0.6	50	2.2	75	3.3	200	8.9
深色天然花岗石、大理石、瓷砖、混凝土、褐色、暗红色釉面砖、人造花岗石、普通砖等	0.2～0.3	75	3.3	150	6.7	300	13.3

【标准原文】 表 4.3.2 建筑绿色设计指标表 D22 硬质铺装太阳辐射吸收率

指标编号	分类	指标内容	指标定义与计算方法	推荐值	备注
D22	景观环境	硬质铺装太阳辐射吸收率	指的是硬质铺地表面吸收的太阳辐射照度与其投射到的太阳辐射照度之比值	0.3~0.7	适用于居住建筑与公共建筑

【设计要点】

　　地面铺装材料的反射率对建设用地内的室外平均辐射温度有显著影响，从而影响室外热舒适度，同时地面反射会影响周围建筑物的光、热环境。采用高反射率的浅色表面可有效降低地面的表面温度，减少热岛效应，提高顶层住户和地面的热舒适度。

【实施途径】

　　硬质地面铺设太阳辐射吸收率为 0.3 ～ 0.7 的浅色材料。

【标准原文】 表 4.3.2 建筑绿色设计指标表 D23 室外停车位遮荫率

指标编号	分类	指标内容	指标定义与计算方法	推荐值	备注
D23	景观环境	室外停车位遮荫率	指的是室外停车位被树冠、遮阳设施等垂直投影遮蔽的面积占室外停车位总占地面积的比例	≥30%	适用于居住建筑与公共建筑

【设计要点】

　　室外停车位被树冠、遮阳设施等垂直投影遮蔽的面积占室外停车位总占地面积的比例。

【实施途径】

　　优先选择高大乔木，枝下净空不低于 2.2m，乔木庇荫面积按直径 5m 计算。

　　停车场庇荫树木种植间距应满足车位、通道、转弯、回车半径的要求，场地内种植池宽度应大于 1.5m，并应设置保护措施。

【标准原文】 表 4.3.2 建筑绿色设计指标表 D24 步行道与自行车道林荫率

指标编号	分类	指标内容	指标定义与计算方法	推荐值	备注
D24	景观环境	步行道与自行车道林荫率	指的是被林荫覆盖的道路长度占总道路长度的比例	≥75%	适用于居住建筑与公共建筑

【设计要点】

　　对非机动车交通出行的引导，除了设置数量充足、交通便利的慢行系统外，对于慢行系统的舒适、健康环境营造，也非常必要。本指标通过控制慢行系统的遮荫率，改善慢行系统在夏季使用的舒适性。

【实施途径】

　　被林荫覆盖的道路长度占总道路长度的比例≥ 75%。庇荫乔木按直径 5m 计算。

【标准原文】表 4.3.2 建筑绿色设计指标表 D25 每百平方米绿地乔木数量

指标编号	分类	指标内容	指标定义与计算方法	推荐值	备注
D25	景观环境	每百平方米绿地乔木数量	指的是平均每100m²室外绿地上乔木的数量	≥3株	适用于居住建筑与公共建筑

【设计要点】

由于乔木的碳汇能力高于灌木与草地，因此绿色建筑设计中需重点引入乔木，指标设置目标在于确保项目绿地设计中基本的乔木数量，以提高绿地的碳汇能力。

【实施途径】

1. 每100 m² 绿地上乔木量不少于3株，灌木量不少于10株；

2. 每100 m² 硬质铺地上乔木量不少于1株。

【标准原文】表 4.3.2 建筑绿色设计指标表 D26 木本植物种类

指标编号	分类	指标内容	指标定义与计算方法	推荐值	备注
D26	景观环境	木本植物种类	1）指的是规划区域内木本植物种类；2）木本植物是指植物的茎内木质部发达，质地坚硬的植物，一般直立、寿命长，能多年生长，与草本植物相对。依形态不同，分乔木和灌木两类	项目用地面积≤5万m²时不少于30种；项目用地面积5万m²~10万m²时不少于35种；项目用地面积≥10万m²时不少于40种	适用于居住建筑与公共建筑

【设计要点】

木本植物是指植物的茎内木质部发达，质地坚硬的植物，一般直立、寿命长，能多年生长，与草本植物相对。依形态不同，分乔木和灌木两类。

指标设置目标在于引导景观植被设计时，避免采用单一物种（如草地），而通过栽种一定数量不同种类的乔、灌、草等多种类型木本植物，构成多层次的植物群落，形成相对稳定的自然生态系统。

【实施途径】

1. 采用国家标准图集《环境景观——绿化种植设计》03J012-2 以及本《标准》附录中所列的北京地区常用植物物种。

2. 合理确定常绿植物和落叶植物的种植比例。其中，常绿乔木与落叶乔木种植数量的比例应控制在1:3 ~ 1:4 之间；

3. 项目用地面积≤ 5 万 m² 时木本植物不少于 30 种；项目用地面积 5 ~ 10 万 m² 木本植物时不少于 35 种；项目用地面积≥ 10 万 m² 时木本植物不少于 40 种。

【标准原文】表 4.3.2 建筑绿色设计指标表 D27 土建装修一体化率

指标编号	分类	指标内容	指标定义与计算方法	推荐值	备注
D27	室内装修	土建装修一体化率	指的是项目实现土建装修一体化的住宅建筑面积与项目住宅总建筑面积的比值	100%	仅适用于居住建筑

【设计要点】

土建和装修一体化设计施工，可以事先统一进行建筑构件上的孔洞预留和装修面层固定件的预埋，避免在装修施工阶段对已有建筑构件打凿、穿孔，既保证了结构的安全性，又减少了噪声和建筑垃圾。一体化设计施工还可减少扰民，减少材料消耗，并降低装修成本。因此在北京地区住宅建筑的绿色设计中，应尽可能实现土建装修的一体化。

【实施途径】

1. 用土建与装修一体化设计方案。

2. 用多种成套化的装修设计方案，采用工厂化预制的装修材料或部品，其重量占装饰装修材料总重量的 50% 以上。

【案例分析】

某项目为业主提供全面家居解决方案：考虑厨、卫、露台的水电定位，空调、燃气表、热水器、洗衣机的安装位置，卧室厅房的开关插座位置数量，以及家政空间（收纳、晾晒、清洁洗涤）的方便、实用、美观。

在一体化设计与施工的具体操作上，项目采取如下步骤：

1. 建筑设计方案阶段，由项目公司工程部装饰设计专业人员参与户型评审。

2. 建筑设计扩初阶段，专门的室内设计公司配合提供精装修方案，并就精装修与土建的相关联节点与建筑设计单位进行多轮沟通讨论，最终由室内设计公司提供满足精装修设计要求的水电定位条件图和室内砌体定位条件图给建筑设计院。

3. 建筑设计院综合汇总精装修设计方案并反映在最终的施工图上，交由土建施工单位进行施工。

4. 建筑施工过程所有管线、洞口都预埋预留完成，精装修施工单位进场后，基本不需要对管线洞口做大的调整即可开展室内装饰部分的施工。

土建与装修一体化施工中应尽可能采用工厂化预制的装修材料或部件，包括：橱柜、面台、衣柜、地板、石材、墙砖、洁具等。

第5章 设计策划及文件要求

本章主要是对绿色建筑设计过程中的组织、管理工作提出要求，包括过程管理、团队管理、文件的内容和深度要求等，不涉及技术方面的内容，也不涉及设计之外如行政管理、运营管理等方面的内容。

设计的管理是保障设计质量、进度的重要工作，现在各设计单位均给予高度重视。绿色建筑设计相对传统的设计工作来说是新鲜事物，而且又是和整个设计流程、各个专业的设计工作紧密联结的。各个设计单位也都在摸索适合的工作模式，可以说到今天还未达成业界广泛使用的、成熟的工作模式。

采用何种工作模式与如何理解绿色建筑紧密相关。绿色建筑设计应在建筑设计中始终贯彻绿色的目标，通过被动式或主动式设计最终成为绿色建筑，这一理念成为共识。

5.1 绿色建筑策划

【标准原文】第 5.1.1 条 在建设项目策划阶段宜进行绿色建筑策划，并编制绿色建筑策划书。

【标准原文】第 5.1.2 条 绿色建筑策划的目标为明确绿色建筑的项目定位、绿色建筑指标、对应的技术策略、成本与效益分析。

【标准原文】第 5.1.3 条 绿色建筑策划应包括以下内容：

1 前期调研；

2 项目定位与目标分析；

3 绿色设计概念方案与实施策略分析；

4 技术经济可行性分析。

【标准原文】第 5.1.4 条 前期调研宜包括场地分析、市场分析和社会环境分析，并满足下列要求：

1 场地分析宜包括项目的地理位置、场地生态环境、场地气候环境、地形地貌、场地周边环境、道路交通和市政基础设施规划条件等；

2 市场分析宜包括建设项目的功能要求、市场需求、使用模式、技术条件等；

3 社会环境分析宜包括区域资源、人文环境和生活质量、区域经济水平与发展空间、周边公众的意见与建议、所在区域的绿色建筑的激励政策情况等。

【标准原文】第 5.1.5 条　项目定位与目标分析宜包括以下内容：

1　分析项目的自身特点和要求；

2　达到的《绿色建筑评价标准》GB/T 50378 或北京市地方标准《绿色建筑评价标准》DB11/T 825 的相应等级；

3　确定适宜的实施路线，满足相应的指标要求。

【标准原文】第 5.1.6 条　绿色设计方案与实施策略分析，宜满足下列要求：

1　遵循被动措施优先、主动措施优化的原则，合理选用适宜技术；

2　选用集成技术；

3　选用高效能的建筑产品、设备和绿色环保的建筑材料；

4　对现有条件不满足绿色建筑目标的，可采取调节、平衡与补偿措施。

【标准原文】第 5.1.7 条　技术经济可行性分析宜包括以下内容：

1　技术可行性分析；

2　经济性分析；

3　效益分析；

4　风险分析。

在《民用建筑绿色设计规范》JGJ/T 229 中有单独的一章，即第 4 章：绿色设计策划，本节涵盖内容与之相同。

一般情况下整个设计过程分为策划、方案（包括从概念方案到深化方案）、初步设计、施工图设计、工地服务五个主要过程。之所以将策划单独成节，原因如下：

1. 与上述《民用建筑绿色设计规范》相呼应；

2. 一个事情的开始总是重要的，对于绿色建筑设计，开始于何处、如何开始很关键。

关于开始于何处，第 5.1.1 条给出要求，即宜开始于设计最初阶段，即策划阶段。关于如何开始，第 5.1.3 条给出了方法，即从调研开始、确定定位和目标，然后给出实现上述定位和目标的方案和策略，最后进行技术经济的可行性分析。

第 5.1.4 条至第 5.1.7 条都是对第 5.1.3 条的展开论述。策划单位可依据这些要点充实内容。其中第 5.1.6 条是一种价值取向的要求。设计不是僵死的工作，允许灵活掌握，甚至在某些条件下可以有些实验性的工作。本节并不想代替绿色设计团队做具体项目的定位，而是基于我们了解的多年国内外的经验，给出推荐性的、一般性的原则。

如果一个项目没有总体的策划阶段，当确定以绿色建筑为目标后或探讨是否以绿色建筑为目标时，还是建议做一个绿色建筑策划，阶段可以延伸至方案阶段。

5.2　绿色建筑设计组织

【标准原文】第 5.2.1 条　项目建设方应组建绿色建筑团队，团队成员包括建设方、设计、咨询、施工、监理及物业管理等参与项目建设、使用与运行管理的各相关单位。

【标准原文】第 5.2.2 条　绿色建筑咨询单位宜在方案或之前阶段开展工作，应充分尊重项目的整体性要求，提供绿色建筑策划、设计建议及技术支持。

【标准原文】第 5.2.3 条　绿色建筑设计单位应合理配置专业技术人员，宜设置绿色建筑设计总监,在各阶段各专业应根据技术共享、平衡、集成的原则协同工作。

【标准原文】第5.2.4条 各相关专业在设计文件中应针对专项设计明确提出绿色建筑方面的要求,并对专项设计是否满足相应的要求进行审核确认。

本节对绿色建筑的团队工作模式作了较为深入的规定。第5.2.1条规定了团队的工作模式及团队的成员组成。图5-1即为一个绿色建筑项目的团队组成与结构关系。

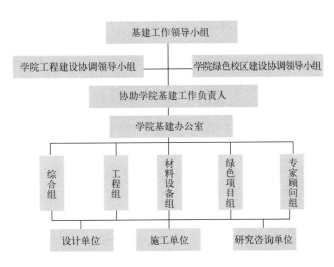

图 5-1　某绿色建筑项目的团队组成与结构关系

团队各成员均应在工作中起到相应的积极作用,并应相互提醒、相互配合。在这样的工作中需要一个领导者的角色。以往的很多项目,绿色建筑咨询方负责绿色建筑设计的主要技术路线及方案的选择,他们往往对项目的设计整体了解不够深入,而设计总负责人又将绿色建筑设计理解为一个专项服务设计,对其控制力度又不够。这样工作中不但出现互相推诿的情况,更甚,影响了设计整体合理性。所以,第5.2.3条提出绿色建筑设计单位"宜设置绿色建筑设计总监",这个总监以设计总负责人承担为宜,因为他掌握项目的整体情况,更容易做出合理的判断和选择。

现在的绿色建筑设计,有设计团队自己完成的,也有外请绿色建筑咨询机构合作完成的。第5.2.2条提出,咨询机构在设计阶段之初介入工作,是基于现在很多项目,咨询机构在初设完成甚至施工图完成后才介入工作,造成很大的设计修改。而且提出应"充分尊重项目的整体性要求",也是根据设计工作综合性、整体性强的特点提出的。

绿色建筑是个贯彻建设全过程的目标,有很多内容需要落实在设计深化及施工中。现在设计的特点是分工越来越细化,很多设计的深化是以专项设计的形式完成。所以,第5.2.4条的规定是避免专项设计失控,绿色建筑目标无法落实。

5.3　绿色建筑设计文件要求

【标准原文】第5.3.1条 项目建议书的编制应符合区域低碳生态的规划要求,应设绿色建筑专篇,提出需达到的绿色建筑目标要求,并将实施绿色建筑增量成本列入投资估算。

【标准原文】第 5.3.2 条 项目可行性研究报告的编制应符合区域低碳生态的规划要求，应设绿色建筑专篇，并针对本标准提出的要求进行全面的分析论证，确定项目绿色建筑的实施策略。

【标准原文】第 5.3.3 条 详细规划的编制单位应依据本标准第 6 章内容及 4.2 节"详细规划阶段低碳生态规划指标体系"的要求进行规划编制，规划设计文件应体现相应内容。

【标准原文】第 5.3.4 条 项目方案设计投标文件应根据设计招标文件中的绿色建筑设计要求，在设计文件中设有绿色建筑专篇。

【标准原文】第 5.3.5 条 方案设计文件应设绿色建筑专篇，其中应包括项目的绿色建筑目标、设计采用的绿色建筑手段及技术、投资估算等，并按照本标准附录 A 的格式填写绿色设计集成表。

【标准原文】第 5.3.6 条 初步设计说明中应设绿色建筑专篇，并按照本标准附录 A 的格式填写绿色设计集成表。

【标准原文】第 5.3.7 条 施工图设计说明中应设绿色建筑专篇，该专篇应设于建筑专业设计说明中，宜注明对绿色建筑施工与建筑运营管理中与设计相关的技术要求，并按照本标准附录 A 的格式填写绿色设计集成表。

本节规定在设计的各个阶段均应设置相应的绿色建筑说明性文件，集中阐述绿色建筑内容。实际上真正的绿色建筑设计内容包含在各专业的设计文件和图纸中，该说明性文件为一个总结。

从方案设计阶段之后，均要求填写集成表，该要求鉴于现在做绿色建筑设计往往偏重技术的罗列，对真正能够达到的指标性的效果不够重视。所以，填写集成表利于设计团队掌握该项目真正的绿色建筑指标，从而进行分析，必要时调整设计。

第6章 规划设计

6.1 一般规定

【标准原文】第6.1.1条 本章所指规划设计包括详细规划与场地设计。

【设计要点】

1. 绿色建筑的整个建设过程可简化为四个阶段：规划阶段、设计阶段、施工阶段、验收与运行管理阶段。规划设计是开始阶段，尤为重要。结合北京市规划实施与管理的特点，本章所谈的规划设计包括详细规划和场地设计。详细规划包括控制性详细规划和修建性详细规划，需重视控制性详细规划阶段的作用，控制性详细规划是依据城市总体规划，考虑相关专项规划的要求，对具体地块的土地使用和建设提出规划控制指标的规划。控制性详细规划是规划管理部门做出建设项目规划许可与依法行政的依据。绿色建筑设计在此层面开始控制就具有法律效应，绿色建筑的推行就能够贯彻执行下去，所以应引起广大规划师和建筑师足够重视。

2. 本章所指的城市片区控规，主要指街区范围，一般建议为 4～5km²，通过认真研究与规划，达到低碳生态规划的目的，用指标体系和数据控制落实绿色建筑和低碳生态规划的意图，最终形成法定规划。

3. 场地设计是指取得依据控制性详细规划制定的选址意见书或规划设计条件之后，在规划建设用地范围内进行的规划设计，类似于修建性详细规划，也就是通常所说的总平面图设计。

【标准原文】第6.1.2条 详细规划阶段的低碳生态设计应考虑空间、交通、能源、资源、环境等综合性内容。

【设计要点】

1. 详细规划阶段的低碳生态设计是要在《城乡规划法》的总体框架下，根据因地制宜、以人为本、法制化管理和可持续发展的原则，通过编制控规层面的控规指标体系，开展修建性详细规划层面的总平面设计，将低碳生态的理念融入土地使用、建筑建造、实施配套和行为活动等各项要求。

2. 按《标准》第四章指标体系，从空间规划、交通规划、资源利用、生态环境四个方面 20 项指标中，根据具体区域、地块因地制宜地确定具体指标。

【实施途径】

对要执行低碳生态规划的区域，对上位规划要求和现场实际情况进行认真调研、认真研究。确定低碳生态控规性详细规划的总体目标，确定实施途径和指标，再将指标分解，落实具体实施和操作层面。

认真学习《标准》中4.2节的内容，因地制宜地选择指标体系内的指标。将调研与指标结合起来，综合制定控规指标，从而对将来发放选址意见书和规划设计条件起到依据性作用。

【案例分析】

北京长辛店生态区规划，就将低碳生态规划指标引入控制性详细规划，在土地出让合同中作为出让条件，在建设过程中得到很好的控制和贯彻，详见表6-1。

【标准原文】第6.1.3条　场地设计应以改善室外环境的质量与生态效益为目标，优化建筑规划布局，并尽可能对建设用地的生态环境进行修复和生态补偿。

【设计要点】

1. 在取得选址意见书或规划设计条件之后，应认真研究文件上的信息，并踏勘现场，结合《标准》5.1节内容，进行绿色建筑策划，确定改善室外环境质量和生态效益的目标。

2. 场地设计应考虑建筑布局对建筑室外风、光、热、声、水环境和场地内外动植物等环境因素的影响，考虑建筑周围及建筑之间的自然环境、人工环境的综合设计布局，优化建筑规划。

3. 场地设计应根据环境质量影响评价报告，对不符合建设要求的建设用地，按照环境质量评价标准，进行生态环境修复和生态补偿，从而达到适宜人们居住、工作的良好环境。

【实施途径】

1. 制定详细的绿色建筑策划报告，确定绿色建筑设计实施方案。

2. 建筑规划应进行多方案分析比较，运用计算机模拟手段，优化建筑规划布局，以求得最佳合理的方案。

3. 制定生态修复和生态补偿方案，因地制宜选用生态修复和生态补偿技术，做到技术可行，成本可控，效益最佳。

【案例分析】

上海世博会会址的生态修复。

随着上海工业化、城市化、农村集约化进程的不断加快，土壤污染问题引人关注，从监测结果看，苏州河底泥、长江口潮滩、位于中心城区的工业用地都存在不同程度的污染现象，对上海的生态安全和人体健康构成潜在威胁。一项对上海世博会规划区域内五家重点企业的土壤环境质量监测表明，部分土壤受到不同程度污染，必须进行污染物消除和土壤修复。上海世博会规划区域为5.28km²，工业用地约占70%，其中被称为"棕色地块"的部分土壤受到不同程度的污染。2005年4月上海市成立了"土壤修复中心"，着手生态环境的修复工作，2006年开始着手对规划区域内搬迁企业工业用地进行土壤修复。该中心还制定了详细发展规划，将全面开展上系受污染土壤的调研和修复规划工作。

首块"棕色地块"修复试点，将在上海某化工有限公司南汇厂区进行。据调查，该区域土壤中铅含量超标，上海土壤修复中心将采用四种方式对其进行修复试验。

1. 诱导植物提取法，即在受污染土壤上种植一些本土植物，通过在植物上喷洒螯合剂，诱导植物加速吸收土壤中的铅，从而减少土壤中铅的残留。

2. 化学固定法，通过在土壤中掺加硫酸亚铁等还原剂，降低铅在土壤中的活性和移动性，从而将其固定在土壤中，不易被人体接触、吸收。

北京长辛店生态区低碳生态规划指标

表6-1

地块编号	用地性质	微风通道	植林地比例	绿色屋顶面积率	雨水回用设施(m³/100m²屋顶面积)	透水铺装率	下凹式绿地率	建筑贴现率	建筑节能指标	可再生能源/清洁能源需求比例	节约用水定额[居住建筑为"L/(人·d)"公共建筑为"L/(m²·d)]
B-14 (1)	G2	—	≥60%	—	—	—	≥23%	—	—	—	—
B-45	R2	≥30m	≥40%	≥70%	≥1.87	≥70%	≥50%	—	≥21%	≥21%	≤110
B-53	R2	≥30m	≥40%	≥70%	≥1.87	≥70%	≥50%	—	≥21%	≥21%	≤110
B-54	C2	—	≥40%	≥40%	≥2.38	≥70%	≥50%	≥70%	≥38%	≥42%	≤6
B-55	S3	—	—	≥70%	—	—	—	—	—	—	—
B-56	G2	—	≥40%	—	—	—	≥42%	—	—	—	—
B-57	R2	≥30m	≥40%	≥70%	≥1.87	≥70%	≥50%	—	≥21%	≥21%	≤110
B-58	G1	≥30m	≥25%	—	—	≥70%	≥9%	—	—	—	—
B-59	U13	—	≥40%	≥40%	≥2.38	≥70%	≥50%	—	≥33%	—	≤5
B-60	G2	—	≥60%	—	—	—	≥49%	—	—	—	—
B-61	G2	—	≥60%	—	—	—	≥50%	—	—	—	—

3.化学淋洗法，即用乙酸等化学溶剂将土壤中的铅"洗"出来。

4.电动修复技术，即在土壤中插入阴阳电极，形成电场，让土壤中的铅朝一个固定的方向移动，集中起来再进行处理。

如果试验效果理想，这些方法将分别应用在世博会规划区域的土壤修复工程中。

6.2 用地规划

【标准原文】第 6.2.1 条　用地选址应符合下列要求：

1　用地选址应符合北京市限建区规划等生态限制性规划的相关要求，或完成生态适宜性评价工作，不应在生态敏感区域选址建设，不应占用基本农田；

2　应根据地区安全性情况进行工程地质、水文地质、地震灾害、地质灾害条件评估，禁止在各种灾害影响范围内安排选址。用地选址应位于电磁辐射危害、危险化学品危害、污染和有毒物质等危险源的安全影响范围之外，同时项目选址应保证对周围环境的影响符合环境安全性评价要求；

3　用地应优先选择可更新改造用地或废弃地，工业用地改造利用应符合环境安全性评价要求；

4　宜围绕轨道交通站点周边进行选址建设，轨道站点 1km 范围内可提供的工作岗位数量与站点日平均单向输送人员流量的比值不应小于 10%；

5　宜选择具有良好基础设施条件的地区，并根据基础设施条件进行建设容量的复核。

【设计要点】

1.低碳生态规划用地选址非常关键，在规划时一定要注意按《标准》要求执行。

2.低碳生态规划或绿色建筑用地应优先选择可更新改造用地或废弃地。这是节约用地的原则，但要如前所述，一定要做好生态修复和生态补偿，尤其是工业用地的改造用地。

3.围绕轨道交通站点周边进行选址建设绿色建筑，是基于绿色出行的考虑，所以要求轨道站点 1km 范围内可提供工作岗位与站点及平均单向输送人员流量的比值不应小于 10%。

【实施途径】

1.根据北京市总体规划进行低碳生态规划的用地选址，并对建设用地进行调研分析、综合比较，确定规划的可行性和可持续发展性。

2.在低碳生态规划中应明确可更新改造用地和废弃地利用，应符合环境质量评价标准，并要求对工业用地进行生态修复和生态补偿。

3.结合轨道交通站点规划，明确站点周围用地规模和开发强度。

【标准原文】第 6.2.2 条　用地规划应符合下列要求：

1　围绕轨道交通站点应紧凑布局，枢纽型轨道交通站点周边应进行用地、交通与地下空间的一体化设计；

2　规划地块尺度应适宜步行出行，城市新建区由城市支路围合的地块尺度不宜大于

150 ~ 250 m，旧区改造应通过路网加密、打通道路微循环等措施完善地块合理尺度；

  3 应满足传统文化可持续发展要求，空间规划应与城市特色文脉、肌理相适应；

  4 城市综合公共服务中心应安排在轨道交通站点周边；

  5 宜对场地内的可保留旧建筑进行再利用，结合城市发展要求赋予建筑新的使用功能；

  6 应合理进行竖向设计，做好土方经济平衡。

【设计要点】

  1.围供轨道交通站点，实现紧凑布局，主要通过把城市开发强度与提供各种服务的各座城市中心联系在一起进行组织，在提供中心服务的范围内很好地结合公共交通和步行空间以及地下空间，一体化设计尤为重要。

  2.低碳生态规划应注重城区尺度的控制，地块尺度宜为150 ~ 250m。

  3.城市传统的文化应保护，应注重城市空间规划与城市文脉的有机结合，要注重旧有建筑的再利用，坚持城市改造要有机更新，镶嵌历史。

【实施途径】

  1.重要轨道交通站点要一体化设计，明确城市设计要求。

  2.实现可持续发展空间设计，不仅要控规城市尺度、社区尺度，还要注重地块尺度，以满足可达性的要求。

  3.旧区改造时，在可能的条件下，应采取路网加密，打通道路加强微循环等措施，实现地块尺度的可达性。

【案例分析】

  某市城市交通枢纽，将轨道交通站点和公交站点统一设计，形成立体换乘，实行紧凑布局，交通与地下空间一体化设计，如图6-1所示。

【标准原文】第6.2.3条 用地功能布局应符合下列要求：

  1 用地功能应遵循职住均衡发展原则，用地范围或其周边1km范围内可提供的就业岗位数量与同区域居住总户数的比值宜控制在0.6 ~ 1.6；

  2 用地规划应考虑适度的功能混合利用，根据定位在空间和功能方面进行合理的混合配置。

【设计要点】

  1.低碳生态规划应坚持"职住均衡发展"原则，职住均衡指标主要用于控规和调节区域的职住平衡状态。

  2.土地混合利用意味着土地利用功能的多样，包括居住、商业、工业、行政以及交通功能等。可持续城市形态的目标之一就是要减少交通的需要，土地混合利用则能够很好地实现这个目标。

【实施途径】

  1.合理确定用地范围或其周边内1km范围内可提供就业岗位与同区域居住总户数的比值，按30 ~ 50m² 可提供一个工作岗位，居住人数根据区域的不同，户数的不同，按每户2.8人确定人口数，再计算出合理的比值。

  2.根据北京区域不同发展要求，合理确定混合用地，明确是住宅混合公建（F1），还是公建混合住宅（F2），抑或是其他类多功能用地（F3）。

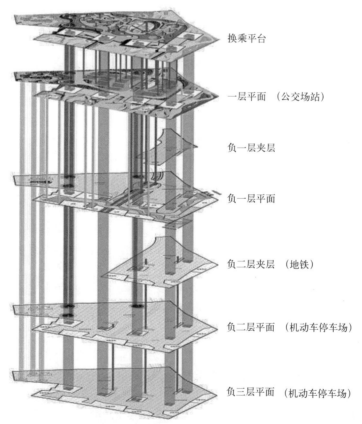

换乘平台

一层平面　（公交场站）

负一层夹层

负一层平面

负二层夹层　（地铁）

负二层平面　（机动车停车场）

负三层平面　（机动车停车场）

图 6-1　某市城市交通枢纽一体化设计

【案例分析】

职住均衡指标主要用于控制和调节区域的职住平衡状态。其控制目标在于使特定的空间单元中，所提供的工作数量和住宅单元数量相当。就业和居住在空间上的分离，会使得城市的通勤交通呈现出钟摆式流动状态，给交通系统带来巨大冲击。就业和居住保持基本平衡的城市结构，能够使居民就近工作，不仅减少了大量长距离、向心式的通勤出行，更重要的是减轻了城市交通的负荷，降低城市交通能耗，提高城市居民的幸福感。

现有研究一般认为就业岗位数量与同区域居住总户数的比值在 0.8 ~ 1.2 范围内基本上反映了职住平衡，但是其最优值难以确定。目前国内有关生态城建设实践的经验有：中新天津生态城总体规划预测，2020 年生态城区域实现居住建筑面积 1440 万 m^2，公共建筑面积 1098 万 m^2，按照当前经验数值，第三产业类公共建筑单位建筑面积就业人数一般按 0.02 ~ 0.03 人 /m^2 计算，即 30 ~ 50m^2 提供一个工作岗位，可提供工作岗位数量约 21 万，户均按 112m^2 计算，约 12.8 万户，就业岗位和同区域居住总户数的比值约为 1.64。按照同样计算基准，要实现曹妃甸国际生态城标准要求（规定区域居住建筑面积和公共建筑面积比例为 4：1），则就业岗位和同区域居住总户数的比值约为 0.56。

基于以上分析，考虑到指标的可操作性，本标准关于就业岗位数量与同区域居住总户数的比值要求确定为 0.6 ~ 1.6。

可持续发展的城市目标之一是要减少不必要的交通出行需求和出行距离，土地混合利用通过将居住、商业、办公以及公共交通等存在内在联系的功能就近安排，可以降低不同功能用地之间相互联络的交通活动总量。

【案例分析】

北京市规划委员会混合用地容积率高限一览表，详见表 6-2。

北京地区混合用地容积率高限一览表　　　　　　　表 6-2

大类	编号	名称	容积率高限		使用条件
			中心城	中心城外	
F混合用地	F1	住宅混合公建	3.0	2.8	中心城：F1用地居住建筑规模不高于70% F2类用地居住建筑规模不高于30%
	F2	公建混合住宅	3.2	3.0	中心城外：F1类用地公建规模不超过40%，不低于20%
	F3	其他类多功能	3.5	3.0	F2类用地居住建筑规模不超过40%，不低于20%

【标准原文】 第 6.2.4 条　公共设施规划应符合下列要求：

1　宜按照社区规模进行公共服务设施的配置，针对老龄化、弱势群体、停车难等社会问题，适度增加养老、助残、无障碍、配套停车等公共设施；

2　应合理布局公共设施，幼儿园、小学、社区卫生服务站、文化活动站、小型社区商业、邮政所、银行营业点、社区管理与服务中心、室内外体育健身设施等社区公共服务设施中 6 种以上的设施可达性不宜超过 500 m；

3　居住区的无障碍住房比例不应小于 2%，旅馆的无障碍客房比例不应小于 1%；

4 商业、零售等功能宜结合公交站点周边设置，公共建筑集中布局的街道两侧可通过控制合理的建筑贴线率营造宜人的步行空间，建筑贴线率宜大于50%。

【设计要点】

1. 结合《北京市居住公共服务实施规划设计指标》，合理配置公共服务设施，尤其针对老龄化、弱势群体、停车难等社会问题，适度增加养老、助残、无障碍、配套停车等。

2. 强调公共服务实施要有6种以上可达性不宜超过500m，设计中要认真考虑。

3. 建筑贴线率是城市设计的重要内容之一，设计时可参照《关于编制北京城市设计导则指导意见》，综合考虑，统一设计。

【实施途径】

1. 注意规划设计的合理布局，以500m为半径控制配套设施的设置。

2. 注意居住区的无障碍住房比例控制，一般宜设置在住宅首层。

3. 注重城市设计内容，控制合理的建筑贴线率，营造宜人的步行空间。

【案例分析】

【例1】北京某居住小区，配套设施规划均满足500m服务半径，详见图6-2。

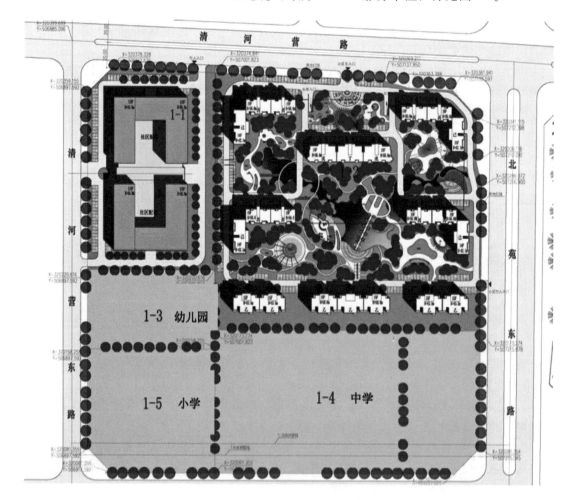

图6-2 北京某居住小区配套设施规划

【例2】建筑贴线一般在建筑退线的基础上，通过贴线率控制，要求建筑物外立面在一定高度内按照相应的百分比紧贴退线建造，详见图6-3。

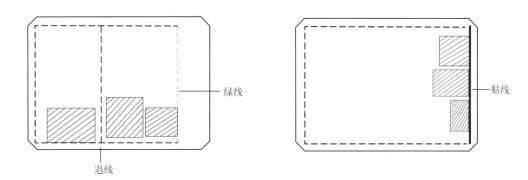

图6-3　建筑贴线示意图

【标准原文】第6.2.5条　用地建设强度控制应符合下列要求：

1　轨道交通站点周边用地使用强度应满足北京市城市建设节约用地标准的要求；

2　应合理规划设计地下空间，提高土地综合利用效率，多层建筑的地下建筑容积率不宜小于0.3，高层建筑不宜小于0.5；

3　应节约集约利用土地，人均居住用地面积应满足北京市绿色建筑评价标准的取值要求，即1～3层不宜大于49m²/人、4～6层不宜大于32 m²/人、7～9层不宜大于27 m²/人、10层以上（含10层）不宜大于17 m²/人。

【设计要点】

1.轨道交通站点周边用地使用强度建议采用《北京市城市建设节约用地标准》要求的上限值，以达到高强度开发。

2.合理规划地下空间，提高土地利用率。考虑北京目前开发的现状以及停车库（场）的缺乏，《绿色建筑设计标准》给出的地下容积率是下限值，有条件的项目应加大地下空间的开发。

3.结合《标准》和《北京市城市建设节约用地标准》要求，人均居住用地面积应满足上述标准要求。

【实施途径】

1.低碳生态规划编制时在轨道交通站点区域适当提高容积率。

2.开发地下空间时，应结合停车场要求和人防设施要求，综合制定地下空间方案，既要考虑造价成本，也要考虑满足规划要求。

3.人均居住用地面积的取值不得超过第6.2.5条的上限值。

【案例分析】

北京某居住小区规划，采用全部地下停车，获得良好的人车分流和环境空间，详见图6-4。

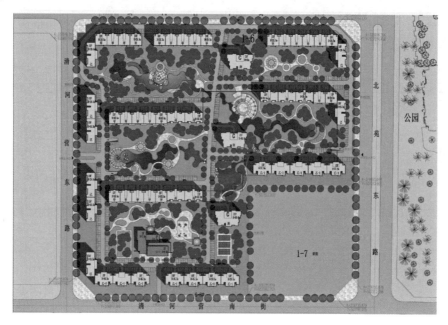

图6-4 北京某居住小区人车分流规划

6.3 交通规划

【标准原文】第6.3.1条 道路与公交系统规划应符合下列要求：

1 应优先发展公共交通，优化公交线网，公交站点覆盖率应满足主要功能建筑的主要出入口与公交站点步行距离小于500m的要求；

2 应合理确定道路网密度和道路用地面积，合理规划城市支路系统布局与支路网密度；

3 用地出入口宜设置与周边公共设施、公交站点便捷连通的步行道、自行车道，方便步行和自行车出行；

4 在旧城地区，道路网规划应综合考虑原有地上地下建筑及市政条件和原有道路特点，保留和利用有历史价值的街道。

【设计要点】

1. 公交优先发展战略，是适合北京特大城市发展的必然选择。控制性详细规划应紧密结合城市综合交通规划，优化公交线网，合理确定公交站点覆盖率和公交网线覆盖率，从而达成北京每500m范围内公交站点全覆盖的目标。

支路网密度是指目标区域所有的城市支路总长度与该区域总面积之比。

2. 合理制定道路系统规划，确定合理的支路网密度和道路用地面积，使地块尺度合理，人员出入便捷。公共交通与土地利用协调发展。

3. 用地出入口到达公共交通站点的步行距离不宜超出500m，距轨道交通站点不宜超过800m。

【实施途径】

1. 根据道路用地面积标准和道路密度要求，结合北京的实际交通情况和汽车发展规划，科学制定道路网密度，合理解决用地内机动车及非机动车交通。

2.根据北京交通道路规划、合理确定地块的机动车出入口和人行出入口，从而满足公交站点覆盖率500m步行距离的要求。

3.道路网的规划设计应利用区域内各种设施的合理安排，并为建筑物公共绿地等的布置，创造有特色的环境空间。

【标准原文】第6.3.2条　新区规划和有条件进行改造的建成区内，步行和自行车系统规划应符合下列要求：

1　自行车道路网由城市道路两侧的自行车道、胡同、小区道路以及自行车专用道路共同组成，应保证自行车可以连续行驶。人行道、步行街、人行过街设施等应与居住、商业、车站、城市广场的步行系统形成完整的城市步行系统；

2　城市道路两侧的自行车道宽度，快速路辅路、主干路应为3m～4m，次干路应为2m～3m（一般情况下宜为3m），支路应为2m。高峰小时自行车流量超过3000辆的，可适当加宽。红线宽度为15m的支路，自行车道宽度可为1m。交叉口处的自行车道宽度不得小于路段上的自行车道宽度；

3　城市次干道及以上等级道路，机动车和自行车道之间必须实行物理隔离。城市支路交通量较大的，也应根据条件设置机非隔离设施；

4　居住区和公共服务设施、公交车站、公交枢纽应就近设置足够和方便的自行车停车设施，轨道交通车站的自行车停车设施总体规模可按照进站乘客总量的10%～15%估算（三环路以外车站宜采用高限）；

5　城市道路红线内应设步行道，所有路口应设人行横道线。道路红线外宜建立联系主要公交站点、公共服务中心以及到周边功能区的便捷步行系统，地块内的步行系统可结合微风通道设计。步行交通设施应符合无障碍交通的要求；

6　步行和自行车系统设计应结合绿化、景观环境设计，并提供配套的休息设施，应采取绿化遮荫措施，提高步行道、自行车道的舒适性。步行道与自行车道林荫率不宜小于75%。

【设计要点】

1.自行车道路每条车道宽度宜为1m，车道数应按自行车高峰小时交通量确定，并保证等候信号灯的自行车能够在一个信号周期内通过。每条车道的规划通行能力，路段按照1500辆/h，交叉口按照1000辆/h计算。

2.交通组织应设计合理的步行空间，步行空间应符合下列要求：

（1）应充分考虑动态行为和静态行为，提高步行空间的可坐率，提供良好的休息空间。

（2）人车分离可采取平面分离和立体分离方法，保证步行空间的无干扰性。

（3）在人车共存空间应设置隔离墩、隔离绿带、栏杆等限制物件，保证行人自由和安全。

（4）步行空间应具有适宜街道尺度，适中步行距离，有边界步行路及合适的路面条件。步行距离一般为400～500m。

（5）步行空间设计因地制宜，线点结合。并运用景观营造，形成可识别性的街景空间和亲切宜人的微观环境。

【实施途径】

1.根据建设用地区域地形、气候、用地规模、人口规划、规划组织结构类型、规划布局、用地周围的交通条件、居民出行方式与行动轨迹以及交通设施发展水平因素，规划设计经济、便捷的道路系统和道路断面形式。

2. 建设用地区域的内外联系道路应通而不畅、安全便捷，既要避免往返迂回和外部车辆及行人的穿行，也要避免对穿的路网布局。

3. 道路的布置应分级设置，以满足居住区域内不同的交通功能要求，形成安全、安静的交通系统和居住环境。

4. 应满足居民日常出行以及区内商店货车、消防车、救护车、搬家车、垃圾车和市政工程车辆通行要求，并考虑居民小汽车通行需要。

5. 区域内道路布置应创造良好的居住卫生环境，区内道路走向应有利于住宅通风、日照。

6. 应满足地下工程管线的埋设要求。

7. 应考虑防灾救灾要求，保证有通畅的疏散通道，保证消防、救护和工程救险等车辆的出入。

8. 在旧城改建地区，道路网规划应综合考虑原有地上地下建筑及市政条件和原有道路特点，保留和利用有历史价值的街道。

9. 区域内道路网的规划设计应有利于区内各种设施的合理安排，并为建筑物、公共绿地等的布置，创造有特色的环境空间条件。

10. 区域内道路布置应有利于寻访、识别、街道命名编号及编排楼门号码。

11. 在居住区的公共活动中心内，应设置为残疾人通行服务的无障碍通道。

12. 考虑冬季雪天，区域内道路路面应考虑防滑措施，考虑地震设防，区域内主要道路宜采用柔性路面。

13. 区域内道路边缘至建筑物、构建物的最小距离、应符合有关规定，以满足建筑底层开门开窗、行人进出不影响道路通行以及安排地下工程管线、地面绿化、减少对底层住户视线干扰要求。

【案例分析】

为实现生态城的发展目标，深入研究城市用地布局与城市道路交通系统的协调发展关系，实现环境友好、资源节约、安全畅通、以人为本的城市绿色综合交通系统，曹妃甸管委会制定了曹妃甸国际生态城低碳生态城市交通系统规划。

该规划方案融入了低碳、绿色、以人为本的先进理念，核心体现在以下5方面：

（1）快慢交通分离、网络结构与道路横断面构成突出绿色的道路系统；

（2）层次结构合理的公共交通系统；

（3）以人为本的慢行交通系统（打造可行走的城市）；

（4）考虑需求引导的生态停车系统规划；

（5）绿色生态导向的交通组织管理规划。

【标准原文】第6.3.3条 静态交通系统规划应符合下列要求：

1 机动车停车应满足节约用地的要求，优先采用地下停车和立体停车方式；

2 应合理确定机动车停车位数，控制机动车室外停车数量比例。住宅室外地面停车数量占项目总停车量的比例不应超过10%，高档公寓和独栋住宅室外地面停车数量占项目总停车量的比例不应超过7.5%；

3 机动车停车场库应含一定比例的电动车车位和充电站指标；

4 应合理布置自行车停车处，自行车停车处距建筑出入口距离不宜超过150m。应在轨道交通站点和公交站点周边布置自行车停车设施；

5 停车场地应考虑生态设计，利用植物或遮阳棚等设施提高室外停车位遮荫率。应百分之百满足绿化停车达标率。

【设计要点】

1. 结合北京目前交通情况，应合理规划静态交通系统，静态交通系统是整个交通大体统中的一个重要组成部分。

2. 结合解决北京目前停车难的问题，应优先采用地下停车方式和立体停车方式（包括机动车和非机动车）

3. 应按《北京市城市建设节约用地标准》要求和交管部门要求，合理确定机动车停车位数，控制机动车室外停车数量比例。

4. 合理规划机动车停车设施或停车场（库），宜采用地下机械式停车方式，节约停车库建筑面积及汽车坡道占地。

5. 机动车停车场（库）宜按2%～5%的比例设置电动车车位和充电站桩。

6. 注意合理布置自行车停车处，注重停车场的生态设计。

【实施途径】

1. 静态交通规则应与整个交通系统统一考虑，统一规划。

2. 结合北京城市规划和目前鼓励社区建机动车停车场的政策，利用可规划空间，建立立体停车场，地下停车场（库），逐步取消道路路边停车，从而改善交通堵塞情况。

3. 注重停车设施的综合设计。停车设施要满足地块或道路内机动车、非机动车、公交等社会车辆以及临时停靠车辆的停车要求。

【案例分析】

停车位设置应减少对街道景观和交通通行的影响，尽量避免沿街布置，宜位于沿街建筑后侧，详见图6-5。

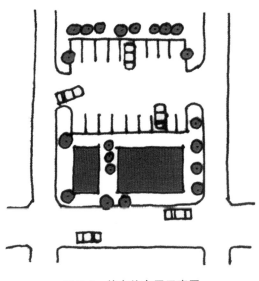

图6-5 停车位布置示意图

6.4 资源利用

【标准原文】第6.4.1条 能源利用应符合下列要求：

1 应进行区域和建筑整体能源规划。应优先采用被动措施减少能源消耗，各类建筑单位建筑面积能耗应满足本标准的指标要求。规划应提高可再生能源贡献率，住宅建筑可再生能源贡献率不宜小于6%，办公建筑可再生能源贡献率不宜小于2%，旅馆、酒店建筑可再生能源贡献率不宜小于10%；

2 应优先利用太阳能，对区域太阳能资源进行调查和评估，确定合理的利用方式；

3 利用地热能时，应对地下土壤分层、湿度分布和渗透能力进行调查，评估地热能开采对邻近地下空间、地下动物、植物或生态环境的影响，应采取措施防止对土壤和地下水产生污染；

4 宜根据市政条件合理规划分布式能源。

【设计要点】

1. 区域和建筑整体能源规划是指要因地制宜地对当地的能源条件进行认真的规划与评估。绿色建筑设计总监要全面协调各专业工程师及业主，对区域规划和建筑设计进行综合分析和比较，对各种能源利用方式进行等效利用对比，从而确定最为合理最为节能的系统，提高能源使用效率。

2. 可再生能源贡献率要结合第4章，对规划区域，认真核算，给出相应的指标。

3. 应结合北京能源特点和北京市相关设计要求及条件，优先利用太阳能。

4. 利用地热能时，应对资源分布状况和资源利用进行技术经济评价，为充分利用提供依据。

5. 宜根据市政条件合理利用分节式能源，节能减排，提高能源使用率，保护环境。

【实施途径】

根据目前北京可再生能源在建筑中的应用情况。应注重整体能源规划，进行多方案比较，确定合理的可再生能源利用方式。做到经济可靠，绿色生态。

【标准原文】第6.4.2条 水资源利用应符合下列要求：

1 应对区域水资源状况进行详细调查，结合城市水环境专项规划，对水资源进行合理规划和使用；

2 应根据使用要求，对区域用水水量和水质进行估算与评价，合理确定节约用水定额和用水分配方案；

3 应采取适宜的水处理技术和设施，加强水资源循环利用，提高城市再生水资源利用率。

【设计要点】

1. 北京是极度缺水的城市，坚持节约用水是最基本的原则。水资源状况与建筑所在区域的地理条件、城市发展状况、气候条件、建筑具体规划等有密切关系。水资源不仅包括传统区域中的自来水、污废水，还包括建筑所在区域可使用的雨水资源、再生水资源以及地下水资源、地表河湖水等，其中雨水与再生水资源的开发利用应作为绿色建筑的重点内容。

2. 用水原则应坚持低质低用、高质高用。平均日用水定额应按照《民用建筑节水设计标准》GB 50555 的要求取值。

3. 应进行水系统规划方案专篇报告，包括但不限于以下内容：

（1）北京政府规定的节水要求、地区水资源状况、气象资料、地质条件及市政设施情况等说明。

（2）用水定额的确定、用水量估算（含用水量计算表）及水量平衡表的编制。

（3）给水排水系统设计说明。

（4）采用节水器具、设备和系统的方案。

（5）污水处理设计说明。

（6）雨水及再生水利用方案的论证、确定和设计计算报告及说明。

制定水系统规划方案是绿色建筑给水排水设计的必要环节，是设计者确定设计思路和设计方案的可行性论证，水资源利用的合理与否在水系统规划方案中得以体现。

【实施途径】

1. 结合城市水环境专项规划以及当地水资源状况，因地制宜地考虑绿色建筑水资源的统筹利用方案，是进行绿色建筑给排水设计的首要步骤。地区水资源状况、气象资料、地质条件及市政设施情况等要素便是"因地制宜"的"因"。

（1）了解地区水资源状况，包括以下几点：

① 当地的降雨情况

② 地表水资源量

③ 地下水资源量

④ 水资源总量

⑤ 可利用水资源量

（2）气象资料。（可参见《标准》附录 B）

（3）地质条件

（4）市政设施情况。

2. 用水定额应从总体区域用水上考虑，参照《城市居民生活用水量标准》GB 50331、《民用建筑节水设计标准》、北京地区用水标准及其他相关用水要求确定，并结合当地经济状况、气候条件、用水习惯和区域水专项规划等，根据实际情况科学、合理地确定。

3. 给水排水系统设计

（1）建筑给水系统设计首先要符合国家相关标准规范的规定。方案内容包括水源情况简述（包括自备水源和市政给水管网）、供水方式、给水系统分类及组合情况、分质供水的情况、当水量水压不满足时所采取的措施以及防止水质污染的措施。

（2）建筑排水系统的设计首先要符合国家相关标准规范的规定。方案内容包括现有排水条件、排水系统的选择及排水体制、污废水排水量等。

（3）应设有完善的污水收集和污水排放等设施，冲厕废水与其他废水宜分开收集、排放，分质排水系统的目的就是减少污水的处理量和排放量，同时，优质杂排水的再生利用可以有效地减少市政供水量和污水排放量。

对已有雨水排水系统的城市，室外排水系统应实行雨污分流，避免雨污混流。雨污水收集、处理及排放不应对周围的人和环境产生负面影响。

4. 采用节水器具、设备和系统

说明系统设计中采用的节水器具、高效节水设备和相关的技术措施等。所有项目必须考虑采用节水器具。

5. 污水处理

按照市政部门提供的市政排水条件，靠近或在市政管网服务区域的建筑，其生活污水可排入市政污水管，纳入城市污水集中处理系统；远离或不能接入市政排水系统的污水。应进行单独处理（分散处理），且要设置完善的污水收集和污水排放等设施，处理后排放到附近受纳水体，其水质应达到国家及北京地区相关排放标准，缺水地区还应考虑回用。污水处理率和达标排放率必须达到100%。

6. 雨水及再生水利用

对雨水及再生水利用的可行性、经济性和实用性进行说明，进行水量平衡计算分析，确定雨水及再生水利用方法、规模及处理工艺流程。

【案例分析】

某项目的水系统规划方案内容比较全面，包含了当地水资源情况、用水分配计划、水质水量保障方案、用水定额确定、用水量估算、水量平衡计算及非传统水源利用等方面。基本涵盖了水系统规划方案应有的内容。特别是其中包含了水景需要补水量与雨水收集回用量的水量平衡计算。

【标准原文】第6.4.3条 废弃物规划应符合下列要求：

1 应遵循生活固体废弃物减量化原则，合理布置垃圾分类收集设施，生活垃圾分类收集率不应小于90%；

2 应设置废弃物回收再利用系统，居住区密闭式垃圾站应有垃圾分类收集功能，社区应配套再生资源回收点，并可考虑与密闭式垃圾站结合设置。

【设计要点】

1. 废弃物规划应体现"资源化、减量化和无害化"原则，鼓励绿色工作生活方式，控制原生垃圾收集率，垃圾密闭式运输，生活垃圾资源化率和生活垃圾无害化处置率等。

2. 应合理布置垃圾收集点和密闭式垃圾站，服务半径应符合《城市环境卫生设计规划规范》GB 50337及北京市环卫方面的规定。密闭式垃圾站的一般占地650m²，建筑面积约270m²。

【实施途径】

1. 场地内的建筑垃圾和生活垃圾包括开发建设过程和建筑运营过程中产生的垃圾。分类收集是回收利用的前提。

2. 垃圾分类收集应在源头将垃圾分类投放，并通过分类的清运和回收使之分类处理，重新变成资源。

3. 密闭压缩式垃圾车是新型后装式垃圾压缩车，包括了密闭系统和防污水滴漏设备。这种垃圾收集车的优点是：灵活性较高；可收集大件垃圾；垃圾收集站不需要加装额外供电装置。已经在北京很多小区有所应用。

【案例分析】

废弃物利用规划因地制宜，要综合考虑各种因素进行选择，表6-3对不同的垃圾收集系统进行了分析比较。对于真空管道收集系统要慎用。

不同垃圾收集系统比较 　　　　　　　　　　　　　　　　表6-3

收集方案	优点	缺点	可行性
真空管道系统+厨余垃圾粉碎	密闭性好、无臭气、具有先进性和超前性、使用者省力	价格昂贵、运行成本高、有潜在的瘫痪风险；铺设管道需要占用很大空间	目前可行性很差
密闭式收集+厨余垃圾粉碎	技术成熟、市场化程度高、费用较低	厨余垃圾粉碎可能对下水道造成潜在的风险，不宜大面积推广	可行性一般注意分区域进行
密闭式分类垃圾	技术成熟、市场化程度高、费用较低	以后可能不再具备先进性、收运过程复杂	可行性很高

6.5　生态环境

【标准原文】第6.5.1条　生态环境规划应符合下列要求：

1　应保持用地及周边地区的生态平衡和生物多样性，以及区域生态系统的连通性；

2　应采取措施，在开发建设的同时开展生态补偿和修复工作；

3　场地设计应与原有地形、地貌相适应，保护和提高土地的生态价值，场地内建筑布局应与现状保留树木有机结合；

4　应合理确定绿地率，新城及中心城居住区不应小于30%，旧城居住区不应小于25%，合理规划城市公共绿地、公园、广场等开放空间系统，开放空间可达性不宜超过500m；

5　合理确定屋顶绿化率，屋顶可绿化面积的绿化率不应小于30%；

6　应保证绿地系统的生态效应，合理确定植林地比例，公共绿地植林地比例不宜小于25%，防护绿地植林地比例不宜小于60%，其他建设用地植林地比例不宜小于40%，绿化用地的本地植物指数不宜小于0.7。

【设计要点】

1.绿化空间包括城市公园、街头绿地、居住区公园、小游园、组团绿地及其他块状带状绿地。按北京城市总体规划，城市人均公共绿地面积应达到$16m^2/$人。

2.生态修复不同于生态补偿，生态补偿强调对用地整体生态环境进行改造、恢复和建设，偏属于生态工程范畴。国际恢复生态学会先后对生态修复提出三个定义：生态修复是修复被人类损坏的原生生态系统的多样性的动态过程；生态修复是维持生态系统健康及更新的过程；生态修复是研究完整性的恢复和管理的科学，生态完整性包括生物多样性、生态过程和结构、区域及历史情况、可持续的社会实战等广泛的范围。

3.生态修复更强调受损的生态系统要修复到具有生态学意义的理想状态，更强调生态完整性修复。

4.详细规划应进行区域生态系统研究，明确生态与绿地系统规划，建立中型或微型斑块和廊道系统，并应符合下列要求：

（1）应合理规划城市生态绿地系统，合理确定绿地率，人均公共绿地面积、屋顶绿化率、垂直绿化率和下凹式绿地率。绿地空间可达性不超过500m。

（2）应合理确定植地林比例，提高本地植物指数，增加碳汇。

（3）应保护原有湿地，可根据生态要求和用地特征规划新的湿地，保持用地及周边生态平衡和生物多样化。

【实施途径】

1. 在《北京地区建设工程规划设计通则》（试行）中，北京市对建设工程绿化用地面积占建设用地面积的比例，即"绿地率"有具体要求，明确指出"凡符合规划标准的新建居住区、居住小区（居住人口 7000 人以上或建设用地面积 10 公顷以上），按照不低于 30% 的比例执行，并按居住区人口人均 2 平方米、居住小区人均 1 平方米的标准建设公共绿地"。

《北京地区建设工程规划设计通则》中对绿化用地面积的计算方法也做了详细说明。包括公共绿地、院落组团用地、宅旁绿地、道路绿地（道路红线内的绿地），以及栽有乔木的停车场绿地等，其中包括满足绿化覆土要求等。

对于单栋住宅楼或是住宅区内的几栋住宅楼，在核对其绿地率、人均公共绿地等指标时，可按该住宅楼所在居住区或适当区域范围的相关指标进行计算。

2. 在选择种植植物时，注意防止被外来物种入侵。乡土植物具有很强的适应能力，种植乡土植物可确保植物的存活，减少病虫害，能有效降低维护费用。鼓励采用《标准》附录 B 中北京地区常用植物列表里的植物。

3. 绿化是城市环境建设的重要内容，是改善生态环境和提高生活质量的重要内容。为了大力改善城市生态质量，提高城市绿化景观环境质量，建设用地内的绿化应避免大面积的纯草地，鼓励进行屋顶绿化和墙面绿化等方式。这样既能切实地增加绿化面积，提高绿化在二氧化碳固定方面的作用，改善屋顶和墙壁的保温隔热效果，又可以节约土地。

屋顶绿化指在高出地面以上，周边不与自然土层相连接的各类建筑物、构筑物等的顶部以及天台、露台上的绿化。2005 年，北京颁布了《屋顶绿化规范》DB11/T 281，开始全面实施建设工程的屋顶绿化。屋顶绿化的类型可包括花园式屋顶绿化和简单式屋顶绿化。根据建筑屋顶荷载和使用要求，可利用耐旱草坪、地被、藤蔓植物、低矮灌木或小型乔木等进行屋顶绿化植物配置，还可设置园林设施，如花坛、棚架、花墙、水池和亭子等。屋顶绿化设计应注意做好防水、阻根、排水、过滤等构造层，保证屋顶绿化的安全性和实用性。

垂直绿化指利用植物对建筑墙体进行绿化，可选择地栽攀援植物，或模块化绿化墙体。

应做好屋顶绿化设计图纸和垂直绿化设计图纸与施工图一起存档备案。

【案例分析】

【例 1】 长辛店镇（一期）南区。生态引导性要求如下：

1. 本土植物比例：原产于本地区或通过长期引种、栽培和繁殖，被证明已经完全适应本地区气候环境，生长良好的植物。

2. 无障碍要求：无障碍住房套型指数 ≥ 20%，即 20% 以上的住宅建设为符合乘轮椅者居住的无障碍住房套型；公共建筑、道路车站、园林广场等公共设施中无障碍设施建设率应达到 100%。

3. 功能混合要求：提供街区总住宅建筑面积的 3% 作为 SOHO 使用；提供街区总住宅建筑面积的 15% 作为保障性住房，可以考虑作为产业区的定向配套用房。

4. 生活垃圾治理：原生垃圾规范收集率达到 100%，垃圾密闭式运输率达到 100%，生活垃圾资源化率达到 70%，生活垃圾无害化处理率达到 99%。

5. 建筑材料使用：可在循环材料使用重量应占所用建筑材料总重量的 10% 以上；可再生利用建筑材料使用率应大于 5%；施工现场 500km 以内生产的建筑材料重量应占建筑材料总重量的 70% 以上。

【例 2】屋顶绿化的种植要求见图 6-6，不同植物种植要求不同的覆土厚度及荷载要求。

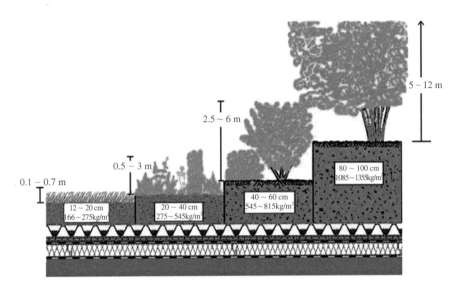

图 6-6　屋顶绿化的种植要求

【标准原文】第 6.5.2 条　规划建设用地水环境设计应符合下列要求：

　　1　合理确定水环境规划与设计方案，保证整体性、生态性、可操作性和可持续综合利用，提高经济和环境效益；

　　2　应保护湿地和地表水体，严禁破坏区域水系，保持地表水的水量和水质；

　　3　应合理规划场地雨水径流途径，通过雨水入渗和调蓄措施，使开发后场地雨水的外排总量不大于开发前的总量，宜采用辅助模拟技术手段优化雨水系统和雨水环境；

　　4　应结合具体情况合理设计下凹式绿地、雨水花园、植草沟等雨水入渗设施，补充和涵养地下水资源，营造良好的水文生态环境，下凹式绿地率不宜低于 50%。

【设计要点】

　　1. 水环境设计的总原则是 reduce（减少）、reuse（回用）、recycle（循环）、ecology（生态），即采用节水技术与节水材料，开发非传统水资源，尽可能节约、回收、循环使用水资源，提高水资源利用率，减少水资源的消耗、污废水和污染物的排放，同时营造建筑与场地良好的水环境生态系统，维持水的生态循环，保护地表与地下水环境。

　　2. 水环境设计重点：① 强调水环境设计的整体性：统一考虑建筑与小区用水规划，水量平衡和各水系统间的协调、联系，以合理的投入获得水环境最佳的经济与环境效益。② 营造具有良好生态功能和自净能力的水景系统：结合雨水收集，再生水回用系统和景观进行综合设计。③ 水资源的可持续综合利用：雨水和污水充分再生，循环利用。④ 保护生态环境：减少和控制污染物排放。⑤ 可持作性：结合项目的具体条件，因地制宜，从水环境总体规划到各系统的规划设计，均应具有较强的可操作性，这也是水环境工程实施和良好运行的基础和保障。

3. 下凹绿地是指通过对绿地下凹方式，合理对雨水进行收集、储存、渗透利用，恢复城市水循环，改善环境生态条件。绿地下凹深度一般为低于周边道路 5 ~ 10cm 为宜。

【实施途径】

1. 绿色建筑水环境系统规划思路：

绿色建筑水环境系统的规划方案需要根据水资源现状及建筑需要水量，结合节水、回用，循环、生态的原则，确定初步规划、即包括分质供水、水质排水、雨水利用、再生水利用等措施的初步规划，而后通过水量平衡分析及经济因素，建筑条件等分析后对初步规划方案进行综合评价，经过深入考虑后确定水环境系统总的规划优化方案，再分别进行水环境各子体统的设计，以保证各系统间的协调和效果。可参考图 6-7 进行。

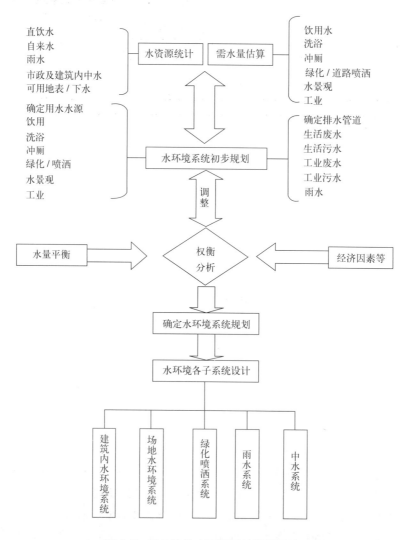

图 6-7 绿色建筑水环境系统规划思路

2.绿色建筑水环境规划与设计方法具体应做好如下工作：

(1) 水环境基础资料分析。

(2) 水环境初步规划分析。

(3) 建筑给水排水系统方式选择。

(4) 场地水体系统规划设计。

(5) 雨水收集与利用系统设计。

(6) 再生水处理与回用系统设计。

【标准原文】第6.5.3条　规划建设用地风环境设计应符合下列要求：

1　根据室外风环境状况和需求对各类室外活动场地布局进行优化，合理设置区域或用地内的微风通道改善风环境；

2　建筑布局和形体应营造良好的风环境，保证舒适的室外活动空间和室内良好的自然通风条件，减少气流对区域微环境和建筑本身的不利影响。建筑布局宜避开冬季不利风向。多层居住建筑宽度不宜大于60m，高层居住建筑宽度不宜大于50m；

3　建筑物周围人行区1.5m高处风速不应大于5m/s，或风速放大系数不大于2。应采用计算机模拟或风洞试验进行风环境分析，建筑风环境模拟设置应符合附录C中C.0.1的要求。

【设计要点】

1.微风通道，即运用廊道原理，改善区域通风环境和热岛效应。微风通道的设置应结合北京地区风玫瑰图及用地周边生态环境（如公园、湿地、河道绿地系统等）合理确定微风通道走向和宽度。同一微风通道穿越不同地块必须保持直线，以保证畅通，微风通道内不允许布置建筑，应设置绿地和广场。

2.基于城市景观和城市通风的考虑，确定建筑物宽度，借鉴天津、昆明等城市的经验，多层居住板式建筑按4个单元考虑，设计为60m，高层居住板式建筑按3个单元考虑设计为50m，高层居住塔式建筑可参照此设计。

3.挡风措施可采用防火墙、板，防风林带等阻隔冬季冷风，改善风环境。

【实施途径】

1.应认真重视建设用地风环境的设计，选用计算机模拟进行风环境分析，进行多方案比较，以得到理想的设计方案。

2.合理确定建筑物宽度，尽量避免超宽建筑。

3.选择合适的风速区域布置建筑，在年平均风速较低区域和有利风向时应尽量避免对风的遮挡，在年平均风速高且处于不利风向时，应对风有所遮挡和分流。

4.建筑布局宜避开冬季不利风向。建筑群宜布置成高低错落，疏导自然风。

【案例分析】

参照《标准》附录C第C.0.1条室外风环境模拟。

【标准原文】第6.5.4条　规划建设用地声环境设计应符合下列要求：

1　噪声敏感建筑物应远离噪声源；对固定噪声源，应采用适当的隔声、降噪措施和隔振措施；对交通干道的噪声，应采取设置声屏障或降噪路面等措施；

2 应注重声环境的主动式设计，运用科技手段营造健康舒适的声环境；

3 用地声环境设计应符合现行国家标准《声环境质量标准》GB 3096 的规定。宜对用地周边的噪声现状进行检测，并对项目实施后的环境噪声进行预测，噪声环境模拟设置应符合附录 C 中 C.0.5 的要求。

【设计要点】

1. 应注重声环境的主动式设计，在节约并利用可再生资源的前提下，运用科技手段，消除和抑制人不喜欢的声音，保留和制造使人愉悦的声音，营造健康舒适的声环境。

2. 应综合考虑适度气候，利用地形地貌，合理组织功能分区，营造自然声，运用电声，设计出优美的声环境。

3. 应充分利用植物系统进行防噪降噪设计。

【实施途径】

1. 区域功能分区：在规划设计时，应合理确定功能分区，合理确定居住用地、商业用地、工业用地以及交通设施用地的相对位置，防止噪声和振动的污染。

2. 道路设施规划：应对道路的功能与性质进行明确的分类、分级，分清交通性干道和生活性道路，应避免交通性干道从城市中心和居住区域穿过，如无法避免时，必须采取防噪降噪措施。

3. 居住区规划：居住区规划的防噪设计可有如下方法：

（1）当道路为东西向时，两侧建筑群布局宜采用平行式布局，路南侧可布置防噪居住建筑，将次要的较不怕吵的房间，如厨房、厕所、储藏室等朝街北布置，或朝街一面设带玻璃隔声窗的同廊走道，路北侧可将商店等公共建筑集中成条状布置在临街处，以构成基本连续的防噪屏障，并方便居民购物。南侧也可布置公共建筑住宅综合楼，将公共建筑建在朝街背阴处，住宅占据阳面。当道路为南北向时，两侧建筑群布局可采用混合式。路西临街布置低层非居住性屏障建筑，如商店等公共建筑，多层建筑垂直于道路布置。建筑间的平行布局可引起声音在两建筑间反射，在临街的地段，应当尽量避免。这时低层公共建筑与住宅应分开布置，方能使公共建筑起声屏障作用。

（2）居住区内道路的布局与设计应有助于保持较低的车流量和车速，如采用尽端式并带有终端回路的道路网，并限制这些道路所服务的住宅数，从而减少车流量。终端回路的设置可避免车辆由于停车，倒车和发动所产生的较高的噪声级。对车道的宽度应进行合理的设计，只需保持必要的最小宽度。如有可能，道路交叉口宜设计成 T 形道口，还可将居住道路网有意识地设计成曲折形。这些措施可使得人们低速并小心行速，从而保持较低的噪声级。

（3）将居住区划分为若干住宅组团，每个组团组成相对封闭的组群院落。一些公共建筑或过渡性质的建筑可布置在临近居住区级或小区级道路处，并作为小区或组团的入口，对锅炉房、变压器站等应采取消声减噪措施，或者将它们连同商店卸货场布置在小区边缘角落处，使之与住宅有适当的防护距离。中小学的运动场应当相对集中布置，最好与住宅隔开一定距离，或者用围墙来隔离。

【案例分析】

【例 1】参照《标准》附录 C 第 C.0.5 条 [案例分析]。

【例2】建筑的高度应随着离开道路距离的增加而渐次提高，可利用前面的建筑作为后面的建筑的隔声屏障，使暴露于高噪声级中的立面面积尽量小。隔声屏障建筑所需的高度，应通过作剖面几何声级图来确定，详见图6-8。

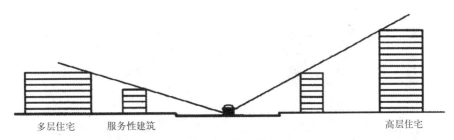

多层住宅　　服务性建筑　　　　　　　　　　　　　　　　　高层住宅

图6-8　临街公共建筑与住宅

【标准原文】第6.5.5条　规划建设用地光环境设计应符合下列要求：

1　应利用地形合理布局建筑朝向，充分利用自然光降低建筑室内人工照明能耗，宜采用光环境模拟优化建筑规划布局，光环境模拟设置应符合附录C中C.0.3的要求；

2　住宅建筑和公共建筑日照标准、日照间距应满足北京地区建设工程规划设计通则的相关要求；

3　应合理地进行场地和道路照明设计，室外照明直射光线不应进入周边居住建筑外窗，场地和道路照明不得有直射光射入空中，地面反射光的眩光限值宜符合相关标准的规定；

4　建筑外表面的设计与选材应有效避免光污染。

【设计要点】

1. 应注重光环境的被动式设计，充分发挥光环境设计的节能，环保和健康作用。

2. 应对建筑规划布局和单体建筑进行计算机光环境模拟，以确定建筑内获得用于照明的自然光数量和质量，便于建筑方案的优化。

3. 公共建筑（包括医院病房楼）、住宅（包括老年人设施）和中小学教学楼、幼儿园应满足国家日照标准。

4. 日照间距应满足北京地区建设工程规划设计通则的相关要求。尤其应注意住宅建筑东西向之间的日照间距。

【实施途径】

1. 利用地形和环境要素，合理布局建筑，尽量使建筑有良好的朝向。

2. 建筑布局应最大尺度地提供自然光通道，尽量利用自然光照明，降低人工照明的能耗。

3. 合理选择人工照明设计方法，注重绿色照明，节约能源。

【案例分析】

【例1】参照《标准》附录C第C.0.3条自然采光模拟。

【例2】北京某安置楼小区，经过规划设计日照分析，方案最终日照间距及日照时间均满足要求，得到规划部门批复，详见图6-9。

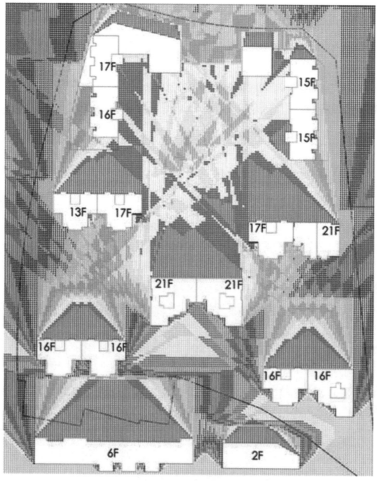

图6-9 北京某安置楼小区效果图及日照分析图

【标准原文】第 6.5.6 条　规划建设用地热环境设计应符合下列要求：

　　1　应合理布置用地和建筑、有效利用廊道自然通风，降低室外热岛效应；

　　2　宜采用立体绿化、复层绿化方式，停车场、人行道和广场等宜采取乔木遮阳措施；

　　3　应采取相应措施保证区域日均热岛强度不高于 1.5℃。宜用计算机模拟手段优化室外热环境设计，室外热岛模拟设置应符合附录 C 中 C.0.6 的要求；

　　4　室外活动用地、道路铺装材料的选择在满足用地功能要求的基础上，应选择透水性铺装材料及透水铺装构造，透水铺装率不应小于 70%。

【设计要点】

　　1. 应用计算机模拟手段优化室外设计，同时应采取相应措施改善室外热环境。

　　2. 规划设计时，以夏季典型时刻的气候条件（风向、风速、气温、湿度等）为例，模拟室外 1.5m 高度处典型时刻的温度分布状况，日平均热岛强度不高于 1.5℃。

【实施途径】

　　1. 立体绿化是指在各类建筑物和构筑物的立面、屋顶、地上和上部空间进行多层次、多功能的绿化和美化，以改善局地气候和生态服务功能，拓展城市绿化空间，美化城市景观的生态建设活动。

　　2. 复层绿化是指分层空间绿化，如乔木、灌木、绿地，高中低不同空间布局，形成良好的绿化空间形态。

【案例分析】

　　参照《标准》附录 C 第 C.0.6 条室外热岛模拟。

第7章 建筑设计

7.1 一般规定

【标准原文】第7.1.1条　建筑设计应按照被动措施优先的原则，优化建筑形体和空间布局，促进天然采光、自然通风，合理优化围护结构保温、隔热、遮阳等性能，降低建筑的供暖、空调和照明系统的负荷，改善室内舒适度。

【设计要点】

建筑设计应该采用"被动措施优先"原则。绿色建筑的建筑设计应根据场地条件和气候条件，在满足建筑功能和美观要求的前提下，通过优化建筑外形和内部空间布局以及优先采用被动式的构造措施，为提高室内舒适度并降低建筑能耗提供前提条件。

【实施途径】

充分利用天然采光不但可以节约大量的照明用电，还可以提供健康、高效、自然的空间环境。

自然通风是一项改善人与环境的重要手段，在我国很早的建筑中已有体现，如传统民居中穿堂风的处理手法。自然通风可以在不消耗不可再生能源的情况下降低室内温度，带走潮湿的气体，排出室内污浊的空气，使人感到舒适，并提供新鲜空气。有利于人们的健康，降低人们对空调的依赖。

从建筑规划开始，在因地制宜和满足功能和形态的条件下，建筑物的房间应采用天然采光、自然通风。针对不同的建筑空间需求，设置合理而经济的天然采光和自然通风方式。条件困难时候，可以通过中庭组织空间，通过幕墙、通窗等采光，减少因人工通风和照明所导致的能耗，从而节约资源。

【标准原文】第7.1.2条　建筑设计应根据周围环境和场地条件，综合考虑场地内外的声、光、热等因素，权衡各因素之间的相互关系，确定合理的建筑布局、朝向、形体和间距。建筑朝向宜采用南北向或接近南北向。

【设计要点】

建筑朝向应结合各种设计条件，因地制宜地确定合理的范围。北京市的最佳朝向是南至南偏东30°，适宜朝向是南偏东45°范围内和南偏西35°范围内，不利朝向是北偏西30°～60°。

【实施途径】

建筑物应因地制宜，不同的气候分区，建筑物最佳朝向布局不同。

在规划布局中，首先清楚建筑所处的地区的最佳朝向布局和最不利的布局形式，利用最佳布局，避开最不利布局。在整体规划布局中，应合理结合场地条件。条件困难时，主要使用空间宜采用最佳朝向布局，实现对自然资源利用的最大化。

【标准原文】第7.1.3条　建筑设计的各种技术措施应结合其性能优缺点、适用条件、实施效果和经济效益等因素，经过综合比较分析后合理选用。

【设计要点】

1.绿色建筑设计反对各种技术措施的堆砌，只有对项目进行综合分析，综合确定绿色建筑设计方案，才能达到社会效益与经济效益的目的。

2.每种绿色建筑技术措施，都可能存在优缺点，要因地制宜，认真研究，综合各专业意见，合理选用。

【实施途径】

1.首先做好绿色建筑设计策划工作，明确绿色建筑设计任务书，确定项目的定位、指标。

2.其次，认真研究对应的技术策略和设计方案及采取的技术措施。

3.一定要综合研究成本和效益分析，同时做好相应的风险分析。

【标准原文】第7.1.4条　遮阳构件、导光构件、导风构件、太阳能集热器、光伏组件等绿色建筑技术应与建筑进行一体化集成设计。

【设计要点】

绿色建筑技术设计中，要把节能构件和建筑本身作为一个系统考虑，遵循由整体到局部，再回到整体的设计原则。

【实施途径】

1.建筑设计中，遮阳构件，太阳能等组件宜结合建筑形体，安置合理的位置和角度。同时，比如遮阳的这类构件类型及遮蔽角度应依方位、太阳高度等合理布置，发挥节能构件的最大效益。

2.遮阳、导光、导风、太阳能利用等绿色建筑技术常常会在建筑物外立面或屋顶上增加一些构件和设备，应在建筑主体设计时就与这些构件和设备进行一体化设计，避免后补造成的防水、荷载、稳固、材料浪费、影响美观等问题。

【案例分析】

太阳能集热板、光电板与建筑结合有如下几种形式：

1.采用普通太阳能电池组件或集热器，安装在倾斜屋顶原来的建筑材料之上。

2.采用特殊的太阳能电池组件或集热器，作为建筑材料安装在斜屋顶上。

3.采用普通太阳能电池组件或集热器，安装在平屋顶原来的建筑材料之上。

4.采用特殊的太阳能电池组件或集热器，作为建筑材料安装在平屋顶上。

5.采用普通或特殊的太阳能电池组件或集热器，作为幕墙安装在南立面上。

6.采用特殊的太阳能电池组件或集热器，作为建筑幕墙镶嵌在南立面上。

7.采用特殊的太阳能电池组件或集热器，作为天窗材料安装在屋顶上。

8.采用普通或特殊的太阳能电池组件或集热器，作为遮阳板安装在建筑上。

【标准原文】第 7.1.5 条 建筑造型应符合建筑功能和技术的需求，结构及构造应合理。

【设计要点】

建筑造型规整、简洁、减少凹凸，符合功能和技术的要求。

【实施途径】

1.建筑造型的设计，宜正方形最为有利。避免过于追求形式，造成结构不合理，空间的巨大浪费。从而造成人力物力的巨大浪费。而且，形状过于复杂的建筑物，因外墙面积大，在能耗上使用不利，层数越高，能耗越大，不符合绿色建筑的原则。

2.有些建筑由于体型过于追求形式新异，造成结构不合理、空间浪费或构造过于复杂等情况，引起建造材料大量增加或运营费用过高。这些做法为片面追求美观而以巨大的资源消耗为代价，不符合绿色建筑的原则，应该在建筑设计中尽量避免。建筑外围护结构中选用大面积玻璃幕墙时应慎重，其保温隔热性能、遮阳性能都很薄弱，还有可能造成光污染。

【标准原文】第 7.1.6 条 宜在建筑方案设计阶段使用计算机模拟等建筑性能和环境分析技术，对朝向、方位、形状、围护结构、内部空间布局等进行分析和优化，并在设计深入过程中进行完善和检验。

【设计要点】

建筑方案设计阶段，宜进行计算机模拟设计，对建筑的环境设计和单体设计进行分析和优化。

【实施途径】

1.建筑设计过程中，宜对环境和建筑单体建立模型，运用计算机对日照、通风、形态、空间、节能等方面进行分析，作为绿色建筑设计的先行指导原则。

2.建筑性能和环境分析技术包括自然通风、天然采光、声环境、全年动态负荷等计算机模拟分析技术和物理实验分析技术。计算机模拟宜在建筑方案设计阶段进行，以便及时调整和优化建筑体型、布局等，在建筑初步设计和施工图设计阶段，应根据逐渐明确详细的建筑设计，对计算机模拟结果进行检验，并适时调整和完善。

7.2 建筑空间布局

【标准原文】第 7.2.1 条 建筑设计应提高空间利用效率，建筑中的休息交往空间、会议设施、健身设施等空间和设施宜共享。

【设计要点】

建筑设计应提高空间利用率。

【实施途径】

1.建筑设计中,尽量降低交通空间、卫生间等辅助、管理空间。空间组合力求简洁、明了、合理，把空间主要用于主要使用空间，减少辅助空间。

2. 建筑中休息空间、交往空间、会议设施、健身设施的共享，可以有效提高空间的利用效率、节约用地、节约建设成本及对资源的消耗。

【标准原文】第7.2.2条 建筑设计宜有利于建筑空间的社会化共享，宜利用连廊、上人屋面等提供对外共享的公共步行通道、公共活动空间、公共开放空间、运动健身场所、停车场地等。

【设计要点】

建筑设计空间在避免流线交叉的前提下，宜共享、开放。

【实施途径】

1. 建筑设计中，门厅，过厅，走道等公共空间尽量简洁、流畅、高效、开放共享，从而提高空间的利用率和空间的流动性，降低能耗。

2. 有条件的建筑开放一些空间供社会公众享用，增加公众的活动与交流空间，使建筑服务于更多的人群，可以提高建筑的利用效率，节约社会资源，节约土地，为人们提供更多的沟通和休闲的机会。

【标准原文】第7.2.3条 建筑设计宜避免不必要的高大空间和无功能空间，宜避免过大的过渡性和辅助性空间。

【设计要点】

建筑设计宜避免浪费空间，避免空间过于高大，脱离实际功能需要。

【实施途径】

1. 空间设计中，平面空间设计在满足功能合理的要求下，合理组织各空间，空间形式应方正，宜于使用，避免平面设计不当造成死角、锐角等一些无法使用的空间。避免空间设计脱离实际需要，追求新奇，对于结构形式使用造成诸多不便，也造成经济上的巨大浪费。

2. 绿色建筑应通过精心设计，避免过多的大厅、走廊等交通辅助空间，避免因设计不当形成一些死角、锐角等很难使用或使用效率低的空间。过于高大的大厅、过高的建筑层高、过大的房间面积等做法，会增加建筑能耗、浪费土地和空间资源，也应尽量避免。

【标准原文】第7.2.4条 宜充分考虑建筑使用功能、使用人数和使用方式的未来变化，选择适宜的开间和层高，室内分隔应提高空间使用功能的可变性和改造的可能性。

【设计要点】

空间设计宜选择合理的高度，合理的开间和进深，同时考虑空间使用的灵活性。

【实施途径】

1. 结合每栋建筑的使用功能和要求，在满足空间使用的三维要求的同时，合理组织空间，使空间具有未来的可发展性、可持续性。

2. 建筑设计时宜充分考虑将来可能发生的使用功能、使用人数和使用方式的变化，例如居住建筑中家庭人口的变化，住户的需求的变化。为适应预期的功能变化，设计时应选择适宜的开间和层高，例如办公、商场、学校、医院等建筑层高宜不小于3.6m，住宅建筑层高宜为 2.8m；还可采用轻钢龙骨石膏板墙等轻质隔墙使室内空间分隔更容易变化。

【标准原文】第 7.2.5 条　宜将人员长期停留的房间布置在有良好日照、采光、自然通风和视野的位置。

【设计要点】

空间布局中，宜将主要使用空间布置在采光、通风、视野较好的位置。

【实施途径】

1. 建筑物各种空间组织时，在满足内部功能组织要求同时，充分利用阳光、通风、景观等自然资源，主要使用空间布置于南向和通风流畅的位置，次要空间布置于北向或者不利于使用的边角位置。

2. 各功能空间要充分利用各种自然资源，例如充分利用直射或漫射的阳光，发挥其采光、采暖和杀菌的作用；充分利用自然通风降低能耗，提高舒适性。窗户除了有自然通风和天然采光的功能外，还在从视觉上起到沟通内外的作用，良好的视野有助于使用者心情愉悦，宜适当加大拥有良好景观视野朝向的开窗面积以获得景观资源，但必须对可能出现的围护结构热工性能、声环境质量下降采取补偿措施。

【标准原文】第 7.2.6 条　住宅卧室、医院病房、旅馆客房等有私密性要求的空间宜避免视线干扰。

【设计要点】

设计中，宜采用百叶窗、磨砂玻璃等措施减小间距较近的建筑物的视线干扰。

【实施途径】

当建筑因条件限制，间距较近而需要开窗的时候，为了避免造成视线干扰，开窗部位的窗户宜采用百叶窗、磨砂玻璃等措施。

【标准原文】第 7.2.7 条　室内热环境要求相同或相近的空间宜集中布置。

【设计要点】

热环境要求相同的房间宜集中布置。

【实施途径】

1. 功能分区和房间布局时候，宜结合场地环境条件，按类型对热环境要求相同的空间集中布置，节约能耗。

2. 将热环境需求相同或相近的空间集中布置，有利于统筹布置设备管线，减少空间之间的能源损耗，减少管道材料的使用。

【标准原文】第 7.2.8 条　人员长期居住、工作的房间或场所应远离有噪声、振动、电磁辐射、空气污染的房间或场所。

【设计要点】

空间布局中，人员经常居住和活动的空间宜远离有噪声、振动、辐射、污染等空间。

【实施途径】

1. 建筑设计的过程中，组织空间时候，人员经常活动的空间宜和有振动、辐射等影响人们健康的空间分开，振动、辐射和有污染的房间宜采取减震防辐射等处理。

2. 人员长期居住或工作的房间或场所一般包括住宅、宿舍、办公室、旅馆客房、医院病房、学校教室等，有噪声、振动、电磁辐射、空气污染的房间或场所一般包括水泵房、空调机房、发电机房、变配电房等设备机房和厨房、停车库等。

【标准原文】第7.2.9条　设备机房、管道井宜靠近负荷中心布置，应统筹管线路由。机房、管道井的设置应便于设备和管道的维修、改造和更换，在设计时考虑预留检修门、检修通道、扩容空间、更换通道等。

【设计要点】

主要设备机房宜设置在负荷中心，设备布局尽量紧凑而合理。

【实施途径】

1. 主要设备机房的布置宜靠近负荷中心，缩短管线路由长度，降低造价。另一方面，主要机房的布置宜靠近建筑外墙，方便管线的进出，同时降低材料的费用。

2. 设备机房布置在负荷中心有利于减少管线敷设量及管路耗损。设备和管道的维修、改造和更换应在机房和管道井的设计时就加以充分考虑，留好检修门、检修通道、扩容空间、更换通道等，以免使用时空间不足，或造成拆除墙体、空间浪费等现象。

【标准原文】第7.2.10条　建筑的主出入口、门厅附近宜设置便于日常使用的楼梯，楼梯间宜有自然通风和天然采光，并宜结合消防疏散楼梯设置，楼梯间入口宜设清晰易见的指示标志。

【设计要点】

对于以楼梯为交通的多层建筑，楼梯设计尽可能合理、人性化；对于以电梯为交通的高层建筑，疏散楼梯的设计也尽可能考虑作为日常楼梯使用的可能性。

【实施途径】

1. 设计中，应切实重视楼梯的布局。主楼梯的布置尽量靠近主入口附近，宜于寻找。次楼梯的布局尽量靠近公共空间的端部或者过厅附近。

2. 设置便捷、舒适的日常使用楼梯，可以鼓励人们减少电梯的使用，在健身的同时节约电梯能耗。

【标准原文】第7.2.11条　建筑中宜有便捷的自行车停车位，并设置自行车服务设施，有条件的办公、学校等建筑可配套设置淋浴、更衣设施。

【设计要点】

自行车停车位满足规划车位要求。自行车停车位的数量应满足建筑使用者的需求。配套的淋浴、更衣设施可以借用建筑中其他功能的淋浴、更衣设施，但要便于骑自行车人的使用。

【实施途径】

自行车作为绿色的交通工具，宜大力推广，对缓解城市拥堵具有重要意义。因此，自行车停车位的规划布局就显得尤为重要，应按规划部门的要求，满足规划自行车数量的同时，方便出行使用。

【标准原文】第 7.2.12 条　建筑出入口位置应方便步行者出行及利用公共交通，宜设置与公共交通站点便捷联系的人行通道。

【设计要点】

建筑主入口、次入口设计时，尽可能考虑到达附近公共交通的便捷性。

【实施途径】

1. 规划设计中，场地入口的安排除满足规划要求外，宜考虑与附近公共交通可达性，利用公交系统，降低能耗。

2. 设计时要充分考虑从建筑入口步行到公交车站、地铁站、班车和出租车停靠点的流线，使人能便捷、安全的到达公交站点，为绿色出行提供便利条件。

【标准原文】第 7.2.13 条　宜充分利用建筑的坡屋顶空间和其他不易使用的空间。

【设计要点】

充分利用坡屋顶的上部空间。

【实施途径】

1. 坡屋顶设计时候，宜利用坡屋顶的上空，净高大于 1.2m 为宜，设计为跃层、复式等形式，取得空间效益的最大化。

2. 建筑的坡屋顶空间可以用作储藏空间，还可以在夏季遮挡阳光直射并引导通风降温，冬季作为温室加强屋顶保温。建筑的锐角空间可用作储藏、太阳能、烟囱、管道井等。

【标准原文】第 7.2.14 条　应合理开发利用地下空间。地下空间宜采用措施引入天然采光和自然通风，应充分利用地下人防设施进行平战结合设计，人员经常使用的地下空间应设置完善的无障碍设施。

【设计要点】

充分利用地块的地下空间。

【实施途径】

1. 随着经济的发展，城市化进程不断，城市用地日益紧张。因此，充分利用地下空间，提高土地的利用率，是贯彻节地的最重要举措之一。

2. 地下空间宜充分利用，可以作为车库、机房、公共设施、商业、储藏等空间；人防空间应尽量做好平战结合设计，人员经常使用的地下空间如超市、餐馆等应有完善的无障碍措施。为地下空间引入天然采光和自然通风，会使地下空间更加舒适、健康，并节约通风和照明能耗，有利于地下空间的充分利用。

如果建筑为桩基或者设置地下室会破坏地下水系可不满足地下空间的面积比要求。低层和多层建筑也可不满足地下空间的面积比要求。

7.3　建筑围护结构

【标准原文】第 7.3.1 条　建筑物的体形系数、窗墙面积比、围护结构热工性能、屋顶透明部分面积等，应符合现行北京市节能设计标准的规定。有条件的建筑可提高围护结构的节能标准，可通过权衡计算或计算机模拟分析的方法计算建筑的节能率。

【设计要点】

改善墙体和屋面，加强住宅建筑的保温隔热性能，无论是主动还是被动式环境策略，围护结构的隔热保温性能都是很重要的系统控制指标，保证建筑围护结构达到或者高于北京市节能标准。

【实施途径】

1. 严格按照国家和地方节能标准，选用经济、合理的保温材料，执行节能设计规范。

2. 建筑围护结构节能设计达到北京市节能设计标准的规定，是保证建筑节能的关键，在绿色建筑中更应该严格执行。鼓励绿色建筑的围护结构节能率高于北京市的建筑节能设计标准，在设计时可利用权衡计算或计算机全年能耗模拟分析的方法计算其节能率，以定量地判断其节能效果。

【案例分析】

1. 建筑物体形系数是指建筑物的外表面面积和外表面所包括的体积之比。体形系数的大小对建筑能耗的影响非常显著。体形系数越小，单位建筑面积对应的外表面积越小，外围护结构的传热损失越小。

2. 从降低建筑能耗的角度出发，应该将体形系数控制在一个较低的水平上。但是，体形系数不只影响外围护结构的传热损失，它还与建筑造型、平面布局、采光通风等紧密相关。体形系数过小，将制约建筑师的创造性，造成建筑造型呆板，平面布局困难，甚至损害建筑功能。因此，确定体形系数的限值必须权衡利弊，不能仅仅考虑减小热传面积。

3. 体形系数对建筑能耗影响较大，0.3 的基础上每增加 0.01，能耗约增加 2.4% ～ 2.8%；每减少 0.01，能耗约减少 2.3% ～ 3%。

【标准原文】 第 7.3.2 条　墙体设计应符合下列要求：

1　外墙出挑构件及附墙部件等部位的外保温层宜闭合，避免出现热桥；

2　夹芯保温外墙上的钢筋混凝土梁、板处，应采取保温隔热措施；

3　连续供暖和空调建筑的夹芯保温外墙的内侧墙宜采用热惰性良好的重质密实材料；

4　非供暖房间与供暖房间的隔墙和楼板应设置保温层；

5　温度要求差异较大或空调、供暖时段不同的房间之间宜有保温隔热措施。

【设计要点】

外围护结构保温设计中，避免热桥。

【实施途径】

外围护结构设计，对于保温构造的交点及其凸凹处，宜做好保温材料。

【案例分析】

围护结构热桥部位的内表面温度不应低于室内空气露点温度。围护结构的热桥部位是指嵌入墙体的混凝土或金属梁、柱，墙体和屋面板中的混凝土肋或金属件，装配式建筑中的板材接缝以及墙角、屋顶檐口、墙体勒脚、楼板与外墙、内隔墙与外墙连接处等部位。

这些部位保温薄弱，热流密集，内表面温度较低，可能产生程度不同的结露和长霉现象，影响使用和耐久性。在进行保温设计时，应对这些部位的内表面温度进行验算，以便确定其是否低于室内空气露点温度。

【标准原文】第7.3.3条 外窗设计应符合下列要求：

1 北向不应设置凸窗，其他朝向不宜大面积设置凸窗；凸窗的上下及侧向非透明墙体应做保温处理；

2 外窗框与外墙之间缝隙应采用高效保温材料填充并用密封材料嵌缝；

3 外墙外保温墙体上的外窗宜靠外墙主体部分的外侧设置，否则，外窗洞口周边墙面应做保温处理；

4 金属窗框和幕墙型材应采取隔断热桥措施。

【设计要点】

外窗设计应符合国家及地方相关节能设计规范。

【实施途径】

外窗设计中，窗户的朝向、尺寸、竖向的位置、窗户的开启方式宜安排合理，窗户除了满足采用通风要求之外，还应严格遵守国家和地方的节能设计规范要求。

【案例分析】

居住建筑和公共建筑窗户的气密性，应符合下列规定：

1. 在冬季室外平均风速不小于3.0m/s的地区，对于1～6层建筑，不应低于现行国家标准《建筑外门窗气密、水密、抗风压性能分级及检测方法》GB/T 7106-2008规定的Ⅲ级水平；对于7～30层建筑，不应低于上述标准规定的Ⅱ级水平。

2. 在冬季室外平均风速小于3.0m/s的地区，对于1～6层建筑，应低于上述标准规定的Ⅳ级水平；对于7～30层建筑，应低于上述标准规定的Ⅲ级水平。

【标准原文】第7.3.4条 设置屋顶绿化的面积占可设置屋顶绿化的屋面面积的比例不宜小于30%。

【设计要点】

条件允许的情况下，设计屋顶绿化。

【实施途径】

1. 屋顶绿化是城市化的必然趋势，也是绿色植物生态系统的重要部分，它与城市园林一样，给人们的生活赋予了绿色情趣的感受。屋顶绿化丰富了建筑第五立面提升建筑品质的同时，也增加了人们享受美的感知空间。不仅如此，屋顶绿化还可以降低"城市热岛"效应，提高建筑节能效果。

进行屋顶绿化设计时候，要考虑屋顶绿化所需要的构造层厚度和材料密度，确定屋顶的荷载、承重结构和施工技术，另外，还有考虑灌溉和排水问题。

2. 屋顶绿化能有效缓解热岛效应，调节环境温度，增加空气湿度，增加含氧量，减少大气中二氧化碳含量，吸收二氧化硫等有害气体，吸附灰尘，净化空气；能有效减少建筑物屋顶的辐射热，起到夏季隔热和冬季保温的作用；可以使屋面泄水强度降低 70%，节约水资源，减轻城市排水系统压力；屋顶绿化不占用地面土地美化环境；屋顶绿化能有效延缓楼面老化和因温度差引起的膨胀收缩而造成的渗漏现象，延长屋顶保护层的寿命。

可设置屋顶绿化的屋面，不包括大于 15°的坡屋面、及放置设备、管道、太阳能板等、电气用房屋顶等无法做屋顶绿化的屋面。屋顶绿化分为简单式屋顶绿化或花园式屋顶绿化，在设计时应充分考虑其对建筑荷载、女儿墙高度等影响，以及阻根、防水、排水等问题。

【案例分析】

清华大学节能楼。

环境概况：屋顶绿化建在节能楼四层，是专供科研用的屋顶绿化，整个屋面有 9 块绿地构成，分成 30 多个种植池，每个种植池分别栽种了不同的适应北京气候、抗逆性强、观赏价值高的新优植物材料，相邻两块为过渡色，在整体上力求和谐统一。同时，追求植物景观的季相变化，达到"三季有花，四季有景"的艺术效果。整体绿化空间以开敞为主，除西面有建筑物围挡外，其他方向都是由栅栏围合。

主要植物：有月季、'金山'绣线菊、马蔺、鸢尾、'反曲'景天、'胭脂红'景天、萱草、草莓等。

【标准原文】 第 7.3.5 条 有条件的建筑宜采用浅色屋面、通风屋面和屋面遮阳等屋面隔热措施。

【设计要点】

屋顶宜采用通风屋面、种植土屋面、蓄水屋面等节约能耗。

【实施途径】

1. 通风是在屋顶上设置通风层，利用流动的空气带走热量。通风屋面的工作原理，是利用屋顶受太阳辐射产生的对空气的加热作用，形成热压通风降温，将屋顶吸收的太阳辐射带走。种植土屋面是利用栽种植物产生的蒸发和土隔热的设计方法，植物和土中的水分蒸发携走热之后，室内变得凉爽。蓄水屋面一般是在混凝土刚性防水层上蓄水，既可利用水层隔热降温，也改善了混凝土的使用条件，利用水的蒸发对太阳能进行转化，通过水的蒸发和流动及时地将热量带走。根据场地条件和环境条件，选择合适的屋面形式。

2. 浅色屋面通常采用的热反射型涂料是利用其低导热系数、高反射率的性能，反射和阻隔室外太阳光线和室内辐射热，并将进入涂层的能量辐射到外部空间，从而增大室内外的温差，提高顶层空间的夏季热舒适度，降低建筑物制冷能耗，同时避免夏季昼夜温差周期性波动形成屋顶疲劳开裂。通风屋面和屋面遮阳也是降低屋顶热辐射，提高夏季室内舒适度的措施。

【标准原文】 第 7.3.6 条 主要使用空间的东西向外窗宜设置可调节外遮阳，南向外窗宜设置水平式外遮阳，天窗宜设置遮阳设施。西向和南向宜选用遮阳性能较好的玻璃。西向采用外遮阳设施的外窗面积应满足北京市节能设计标准的要求。

【设计要点】

东西向外窗采取遮阳措施。最好的措施为可调节外遮阳。

【实施途径】

1. 建筑东西向立面宜采取遮阳措施。遮阳构件多种多样，不同部位的遮阳设计也需要有针对性。对于东向和西向遮阳，宜采用垂直遮阳构件，如单独的垂直板或是活动的垂直百叶窗。除此之外，可以利用落叶藤本、落叶乔木等进行遮阳设计，通过不同的植物种类、合适的密度以及适宜的配置方式等来满足建筑冬夏对日照的不同需求。

2. 东西向日照对夏季空调负荷影响最大，东西向主要使用空间的外窗应做遮阳。可采取固定或可调节外遮阳措施，也可借助建筑阳台、垂直绿化等措施进行遮阳。南向宜设置水平遮阳，西向宜采取竖向遮阳等形式。可提高玻璃的遮阳性能，如选用低辐射镀膜（Low-E）玻璃、热反射膜玻璃、电致变色玻璃、中间遮阳中空玻璃等。可利用绿化植物进行遮阳，在建筑物的南向与西向种植高大乔木对建筑进行遮阳，还可在外墙种植攀缘植物，利用攀缘植物进行遮阳。

外遮阳包括固定外遮阳和可调节外遮阳，可根据外形要求、经济条件、适用形式确定采用固定或可调节的外遮阳。采用可调节外遮阳，可以更好地兼顾夏季遮阳和冬季阳光需求，因此鼓励有条件的建筑优先选择可调节外遮阳设施。

外遮阳最基本的形式有四种：水平式、垂直式、综合式和挡板式，选择外遮阳形式，应综合考虑太阳高度角、地区纬度、建筑物的朝向以及遮阳的时间。水平式遮阳适用于南向窗口或北回归线以南的北向窗口，遮挡入射角较大的阳光；垂直式遮阳有利于遮挡从两侧斜射而入射角较小的阳光，适用于东北、东和西北向的窗户；综合式遮阳适用于东南和西南方向的窗户，适用于遮挡入射角较小、从窗侧面斜射下来的阳光；而挡板式遮阳主要适用于东、西向的窗户，遮挡太阳入射角较低、正射窗口的阳光。

不同朝向适宜的遮阳形式可参考表 7-1。

不同朝向适宜的遮阳形式　　　　　　　　　　　　　　表 7-1

朝向	适宜的遮阳形式
北向和南向	固定或可调节的水平遮阳
东向和西向	窗外可调节的垂直卷帘或百叶遮阳
东北向和西北向	垂直遮阳
东南向和西南向	可调节式垂直遮阳和植物遮阳

【案例分析】

遮阳设施挡住太阳辐射热量的效果除取决于遮阳形式外，还与遮阳设施的构造处理、安装位置、材料与颜色等因素有关。各种遮阳设施的遮挡太阳辐射热量的效果，一般以遮阳系数来表示。遮阳系数是指在照射时间内，透进有遮阳窗口的太阳辐射量与透进无遮阳窗口的太阳辐射量的比值。系数越小，说明透过窗口的太阳辐射热量越小，防热效果越好。

表 7-2 体现了不同窗户遮阳的综合遮阳系数。

综合遮阳系数

表7-2

窗户类型	日射透过率	无遮挡	内遮挡									外遮挡			
			软活动百叶窗		卷轴遮阳板			窗帘				外活动百叶窗		铝制两层	卷帘百叶
					不透明		半透明								铝制一层
			中间色	浅色	深色	白色	浅色	A	B	C	D	中间色	浅色		
双层玻璃 普通＋普通（3mm+3mm）	0.87/0.87	-	0.57	0.51	0.60	0.25	0.37	0.56	0.48	0.42	0.35	0.16	0.13	0.09	0.11
普通＋普通（6mm+6mm）	0.80/0.80	-	-	-	-	-	-	-	-	-	-	-	-	-	-
吸热＋普通（外）（6mm+6mm）	0.46 / 0.80	-	0.39	0.36	0.40	0.22	0.30	0.43	0.39	0.35	0.32	0.19	0.15	0.13	0.15

【标准原文】第 7.3.7 条 多层建筑、低层建筑及高层建筑下部的低层裙房的西向外墙宜采用垂直绿化，有条件的建筑宜在东西向和南向设置垂直绿化。多层建筑、低层建筑及高层建筑下部的低层裙房采用藤本植物进行垂直绿化的水平种植长度不宜低于建筑周长的6%。

【设计要点】

建筑下部宜采用垂直绿化，其水平种植长度不宜低于建筑周长的6%。

【实施途径】

1. 垂直绿化具有美学、生态和节能的作用，能够有效地调节气候和改善景观。建筑外墙表面覆盖植物能够改善外边的微气候，可以为建筑外墙遮阳，以减少外部的热反射和眩光，并可以利用植物的蒸腾作用降温和调节湿度，减少城市热岛效应。因此，条件允许时候，宜在建筑外立面设计垂直绿化，既丰富建筑立面，又能改善住区环境。

2. 建筑西向外墙在夏季得到的太阳辐射热较多，对室内空调能耗影响较大，在建筑外墙可采用攀缘植物或模块化垂直绿化，遮挡西晒，同时美化环境，改善小气候。南向和东向也鼓励设置垂直绿化。北京地区更适合采用藤本植物来进行垂直绿化，宜设置网、绳子、架子等辅助藤本植物的生长。

垂直绿化的藤本植物一般成带状线性种植在建筑外侧地面上，水平种植长度即种植区域沿建筑外侧的长度。

【案例分析】

附壁式为最常见的垂直绿化形式，主要依附物为建筑物的墙面。附壁式绿化能利用攀缘植物打破墙面呆板的线条，吸收夏季强烈的太阳，柔化建筑物的外观。附壁式以吸附类攀缘植物为主，北方常用爬山虎、凌霄、扶芳藤、木香、胶东卫矛等；南方多用薜荔、常春藤、凌霄等。附壁式在配置时应注意植物材料与被绿化物的色彩、形态、质感的协调，并考虑建筑物或其他园林设施的风格、高度、墙面的朝向等因素。较粗糙的表面，如砖墙、石头墙、水泥砂浆抹面等可选择枝叶较粗大的种类，如具有吸盘的爬山虎，有气生根的凌霄等，而表面光滑、细密的墙面如马赛克贴面则宜选用枝叶细小、吸附能力强的种类，如三叶地锦、常春藤等。不同方向的墙面选用植物时应区别对待：凌霄喜阳，耐寒力较差，在北方可种植于向阳的南墙；络石喜阴，耐寒力较强，在南方宜植于房屋的北墙；爬山虎生长迅速，分枝较多，故适宜栽植于房屋的西墙。

注意植物与门窗的距离，在生长过程中，通过修剪调整攀缘方向，防止枝叶覆盖门窗。

绿化形式以附壁式最为普遍，可以适用于各类墙面绿化，尽管不能满足高层建筑墙面绿化的需要，但如果在建筑的一定高度设立藤本植物种植槽，则可解决这一问题，不过目前除日本有少量外还很少采用。

7.4 建筑材料

【标准原文】第 7.4.1 条 建筑材料的选用，应满足国家及北京市发布的有关限制、禁止使用的建筑材料及制品的现行文件的规定。宜选用北京市现行推广的建筑材料，可参见附录B.0.4；宜选择含能和碳排放量低的建筑材料，可参见附录 B.0.8。

【设计要点】

材料的选用应符合国家及北京市的相关标准。

【实施途径】

1. 建筑材料的选用除了应满足建筑本身经济、实用、美观的同时，还应符合国家和北京市的相关标准，做到无污染、可循环较好。

2. 为规范建筑材料的使用管理，保证建设工程的质量，加强对建设事业推广应用新技术的指导，促进建筑和建材行业的技术进步，从 1998 年至 2007 年北京市建设行政主管部门先后五次发布了禁止、限制和推广使用的建材目录，在 2007 年 6 月 14 日建设部发布了《建设事业"十一五"推广应用和限制禁止使用技术（第一批）公告》，在 2010 年 5 月 31 日北京市住房和城乡建设委员会和北京市规划委员会联合发布了 2010 年版《北京市推广、限制、禁止使用的建筑材料目录》（简称"2010 版目录"），进一步对建筑材料及制品的应用进行了规范。该条文以国家和北京市新发布的和正使用的限制、禁止使用建筑材料目录为准。推广的建筑材料可参考附录 B.0.4，建筑材料的含能和碳排放可参考附录 B.0.8。

【标准原文】第 7.4.2 条 建筑材料宜选用距离施工现场 500km 以内的建筑材料。

【设计要点】

建筑材料宜选用距施工现场 500km 以内的建筑材料。

【实施途径】

1. 建筑材料宜选用当地材料，降低运输费用，节约能耗。

2. 本条文鼓励使用本地生产的建筑材料，提高就地取材制成的建材产品所占的比例。建材本地化是减少运输过程的资源和能源消耗、降低环境污染的重要手段之一。

【案例分析】

北京某钢网架结构，由北京某公司承担安装任务。其中，螺栓球由浙江的工厂生产，属 500km 以外的工厂生产的建筑材料；钢管由上海宝钢生产，并由北京公司加工成杆件，则算作"不超过 500km 的工厂生产的建筑材料"；假如钢管由 500km 以外的工厂加工成杆件，然后直接运到工地，在这种情况下，即使由北京某公司承担安装任务，也不能算作"不超过 500km 的工厂生产的建筑材料"。

【标准原文】第 7.4.3 条 住宅、旅馆、学校等建筑的平面及竖向尺度、建筑构件等宜进行模数化、标准化设计。

【设计要点】

居住、旅馆等能进行模数化、标准化设计的建筑尽可能工业化建造。

【实施途径】

1. 当前，住宅、旅馆在国家有关部门和各地企业的共同推动下正在走向成熟，尤其是新型建筑工业化的发展，正在取得一些突破性的进展。因此，住宅和旅馆设计标准化从建筑方案设计开始，建筑物的设计就遵循一定的设计标准，尽量做到建筑物及其构配件的模数化、标准化、材料的定型化。这在各国的建筑工业化发展过程中都作为一条重要原则在遵守。没有设计的标准化，就很难大规模重复制造和施工，就无法体现工业化生产的优势。

2. 模数协调是标准化的基础，标准化是建筑工业化的根本，建筑的标准化应该满足社会化生产的要求，不同设计单位、生产厂家、建设单位应能在统一平台上共同完成建筑的工业化建造。不依照模数设计，尺度种类过多，就难以进行工业化的生产，对应的模数协调问题显得尤为重要。

住宅、旅馆、学校等建筑的相当数量的房间平面、功能、装修相同或相近，对于这些类型的建筑宜遵循模数设计原则，进行标准化设计。标准化设计的内容不仅包括平面空间，还应对建筑构件、建筑部品等进行标准化、系列化设计，并协调各功能部品与主体间的空间位置关系，以便进行工业化生产和现场安装，推动建筑工业化的发展。

【标准原文】第 7.4.4 条　建筑造型宜简约，宜将建筑功能和装饰构件相结合，减少装饰性构件的使用。

【设计要点】

建筑造型宜简洁，减少不必要的装饰。

【实施途径】

1. 建筑形态宜简洁，形式遵循功能，是功能的体现，减少不必要的过多的装饰。"少就是多"，包括从室外到室内，坚持简洁的原则。

2. 为片面追求美观而以巨大的资源消耗为代价，不符合绿色建筑的基本理念。在设计中应避免使用大量没有功能作用的纯装饰性构件，尽量将装饰性构件与遮阳、太阳能板等作用结合起来。

【案例分析】

某地 4 层钢筋混凝土框架结构建筑，第 3 层局部为上人屋面，设有 1.1m 高的女儿墙，屋顶设有 1.5m 高的女儿墙。此外，为了遮挡屋顶的冷却塔，建筑局部设置了 2.5m 高的女儿墙。该项目的女儿墙最大高度超过了规范要求的 2 倍。但将其并入"不具备遮阳、导光、导风、载物、辅助绿化等作用的所有的飘板、格栅和构架等"计算时，该类装饰性构件造价之和仍小于工程总造价的 2%。

【标准原文】第 7.4.5 条　建筑工程与装修工程宜一体化设计施工，建筑设计应与装修设计协调，宜与装修设计同步进行，应考虑装修工程的需求。

【设计要点】

建筑设计、装修设计宜作为整体统一设计。

【实施途径】

1. 建筑是一个系统的整体，因此，建筑设计、装修设计首先宜整体统一设计，然后到局部，最后回到整体的设计原则。

2. 土建和装修一体化设计可以事先统一进行建筑构件上的孔洞预留和装修面层固定件的预埋，避免在装修施工阶段对已有建筑构件打凿、穿孔和拆改。土建和装修一体化设计既保证了结构的安全性，又减少了噪声、能耗和建筑垃圾，还可减少材料消耗，降低装修成本。一体化设计也应考虑用户个性化的需求。

【案例分析】

某项目为三边工程，其设计和施工进度如下：

2007 年 11 月～2008 年 1 月，初步设计；

2007 年 11 月～2007 年 12 月，桩基施工图设计；

2008 年 1 月～2008 年 5 月，基础施工；

2008 年 2 月～2008 年 5 月，地下工程施工图设计；

2008 年 6 月～2008 年 8 月，地下工程施工；

2008 年 3 月～2008 年 9 月，地上工程施工图设计；

2008 年 9 月～2009 年 5 月，地上工程施工；

2009 年 6 月～2009 年 12 月，装饰工程施工；

2009 年 12 月 30 日竣工。

由上述施工进度可见：在该工程的设计时，不可能做好预留、预埋，也不可能认真核对图纸，无法避免因错漏碰缺而造成的返工。因此，为了工程安全，该工程设计时必须适当加大结构构件的截面和配筋，不可能避免浪费。

总而言之，该工程土建各专业内部和各专业之间没有达到"一体化设计施工"的要求。

【标准原文】第 7.4.6 条　办公、商场等需变换功能的室内空间的分隔宜采用便于拆改、便于再利用的轻钢龙骨石膏板墙、玻璃墙、板材等可循环利用隔墙，可循环利用隔墙围合空间面积比应满足表 4.3.2 中指标 D6 的要求。

【设计要点】

对于空间需要变换的建筑，空间和结构的设计应预留未来改造的可能性。

【实施途径】

1. 建筑设计空间布局，结构设计宜保留未来改造的可能性，降低重复建造的成本，节约资源。

2. 可循环利用隔墙是指便于拆改、便于再利用的板材隔墙、骨架隔墙、活动隔墙、玻璃隔墙等，不可循环利用隔墙是指不便拆改、很难再利用的砌块墙、钢筋混凝土墙等；需变换功能的房间一般有办公室、商场、餐厅、会议室、多功能厅等。

【标准原文】第 7.4.7 条　宜采用工业化雨篷、栏杆、烟道、楼梯、门窗、百叶，及整体厨卫、单元式幕墙、装配式隔墙、复合式外墙、集成吊顶等工业化建筑构件。宜采用工业化的装修方式。

【设计要点】

大力推广建筑工业化。

【实施途径】

1. 建筑工业化是指用现代工业的生产方式和管理手段代替传统的，分散的手工业生产方式来建造房屋，也就是和其他工业那样用机械化手段生产定型产品。

大板建筑力求体型匀称，平面尽量减少凹凸，避免结构受力复杂和增加构件品种规格。

2. 工业化建筑部品是在工厂内生产组合好，作为系统集成和技术配套整体部件，在工程现场组装，这样既提高了效率、保证了工程质量，也大大减少了材料的消耗和现场作业量。目前运用较为成熟的工业化建筑部品包括装配式隔墙、复合外墙、整体厨卫等以及成品门、窗、栏杆、百叶、雨棚、烟道以及水、暖、电、卫生设备等。

　　工业化的装修方式是将装修部分从结构体系中拆分出来，分为隔墙系统、天花系统、地面系统、厨卫系统等若干系统，并尽可能地将这些系统中的相关部品进行工业化生产，减少现场湿作业，这样可以大大提高部品的加工和安装精度，减少材料浪费，保证装修工程质量，缩短工期，并有利于建筑的维护及改造。

【标准原文】第 7.4.8 条　应选择耐久性好的外装修材料和建筑构造，并应设置便于建筑外立面维护的设施。室外钢制构件宜使用不锈钢或热镀锌处理等防腐性能较好的产品；有大面积玻璃幕墙的高层建筑宜设置擦窗机，其他建筑宜设置用于固定安全带的圆环。

【设计要点】

　　宜选用节能、耐久性好的外部材料。

【实施途径】

　　1. 建筑材料宜选用节能、绿色、耐久性好的外部材料，同时考虑改材料是否安全，是否易于保养，是否可以有效的使用。

　　2. 在选择外墙装饰材料时（特别是高层建筑），宜选择耐久性较好的材料，以延长外立面维护、维修的时间间隔。因为造价低廉，外墙装饰材料选用涂料、面砖的比较多。涂料每隔 5 年左右需要重新粉刷，维护成本和劳动力投入较多。面砖则因为施工质量的原因经常脱落，应用在高层建筑上容易形成安全隐患，所以在仅使用化学粘结剂固定面砖时，应采取有效措施防止其脱落。此外室外露出的钢制部件宜使用不锈钢、热镀锌等进行表面处理，或采用铝合金等防腐性能较好的产品替代。

　　为便于外立面的维护，有大面积玻璃幕墙的高层建筑宜设置擦窗机，低层建筑可考虑在屋顶女儿墙处设置不锈钢制圆环（应保证强度），便于固定维护人员使用的安全带。此外，窗的开启方式便于擦窗，设置维护用阳台或走道等也是较好的方式。

【标准原文】第 7.4.9 条　建筑的五金配件、管道阀门、开关龙头等频繁使用的活动配件应选用长寿命的产品，并易于更换，应考虑部件组合的同寿命性。建筑不同寿命部件组合宜便于分别拆换和更新。

【设计要点】

　　建筑配件应采用绿色、节能、可更新和拆换的构件。

【实施途径】

　　1. 建筑配件应采用绿色、节能和可更新的构件，利用未来二次使用，降低成本，节约资源。

　　2. 建筑频繁使用的活动配件应考虑选用长寿命的优质产品，构造上易于更换。幕墙的结构胶、密封胶等也应选用长寿命的优质产品。同时设计还应考虑为维护、更换操作提供便利条件。

【标准原文】第 7.4.10 条　除地面供暖以外，主要使用空间的楼地面现浇面层的平均厚度不应超过 50mm，不宜超过 30mm。

【设计要点】

　　除地面供暖外，楼地面的面层保持在 30 ～ 50mm 较好。

【实施途径】

应避免过厚的楼地面现浇面层，造成材料的浪费；现浇面层用量过多，还会影响建筑自重，影响结构材料用量；建筑废弃拆除时，楼地面的现浇面层是难以处理的建筑垃圾，对环境有较大影响。

【标准原文】 第7.4.11条　建筑外窗和建筑室内装修材料等宜采用石膏板、金属、玻璃、木材等可再循环材料。

【设计要点】

建筑装修宜采用可循环使用材料。

【实施途径】

1. 建筑材料最好采用可循环材料，节约材料，降低能耗。

2. 可循环材料是指拆除后能被再循环利用的材料，主要包括金属材料（钢材、铜、铝合金）、玻璃、石膏制品、木材等。

【案例分析】

某项目可再循环材料使用率计算书见表7-3，其可再循环材料使用率达到10.93%，满足绿色建筑评价标准10%以上的要求。

某项目可再循环材料使用率计算书　　　　　　　　　表7-3

建筑材料		质量（t）		
		地下部分	地上部分	合计
可再循环材料	钢筋	10045.86	11388.58	21434.44
	铝合金	50.26	351.86	402.12
	木材	107.78	303.7	411.48
	石膏制品	5605.6	10408	16013.6
	门窗玻璃	817.52	2226.28	3043.8
不可循环材料	混凝土	25370.96	258056.44	283427.4
	砂浆	9443.02	14164.52	23607.54
	砌块	9879.84	15269.76	25149.6
	石材	532.45	3688.57	4221.02
	屋面卷材	0	192.6	192.6
可再循环材料总质量		19627.02	21678.42	41305.44
建筑材料总质量		88009.41	289894.19	377903.6
可再循环材料使用率		10.93%		

【标准原文】 第7.4.12条　宜优先选用脱硫石膏板、粉煤灰制品等利废材料。

【设计要点】

力争利废材料的循环利用。

【实施途径】

1. 建筑施工时，建筑材料力争使用可以循环的材料。

2. 利废材料中的废弃物主要包括建筑废弃物、工业废弃物和生活废弃物。在满足使用性能的前提下，鼓励使用建筑废弃物再生骨料制作的混凝土砌块、水泥制品和配制再生混凝土；鼓励使用利用工业废弃物、农作物秸秆、建筑垃圾、淤泥为原料制作的水泥、混凝土、墙体材料、保温材料等建筑材料；鼓励使用生活废弃物经处理后制成的建筑材料。

【案例分析】

某项目在建筑施工图中，选用石膏砌块作为内隔墙材料，共需用石膏砌块 1000m³，而在实际施工中，使用了以工业副产品石膏（脱硫石膏）为原料制作的石膏砌块共 300m³，同时满足绿色建筑评价技术标准的 30% 的要求。

【标准原文】第 7.4.13 条　宜合理利用场地内的已有建筑物和构筑物；宜利用建筑施工和建筑拆除后的旧建筑材料。

【设计要点】

对已有建筑物和构筑物进行改造利用，利用拆除后的旧建筑材料。

【实施途径】

1. 建筑材料宜对拆除的旧建筑材料进行二次利用，比如砖、石材等，但是同时保证材料的性能达到国家相关要求。

2. 在设计过程中，应最大限度利用建设用地内拆除的或其他渠道收集得到的既有建筑的材料，以及建筑施工和场地清理时产生的废弃物等，延长其使用期，达到节约原材料、减少废物的目的，同时也降低由于更新所需材料的生产及运输对环境的影响。设计中需考虑的可再利用旧建筑材料包括木地板、木板材、木制品、混凝土预制构件、金属、装饰灯具、砌块、砖石、保温材料、玻璃、石膏板、沥青等。利用的旧建筑面积不宜低于场地内可利用的旧建筑面积的 30%，利用的旧建筑材料的重量不宜低于场地内的可利用旧建筑材料重量的 30%。

【标准原文】第 7.4.14 条　采用木材时，宜选用速生木材或竹材制作的高强复合材料。

【设计要点】

建筑材料优先选用速生木材或者竹材。

【实施途径】

1. 绿色建材是绿色建筑的重要组成部分，是设计师在设计绿色建筑时候需要考虑的要素之一，建筑师在选用绿色建材时候，建筑材料宜选用木材或者竹材，无污染，可再生、可循环。

2. 可快速再生的天然材料指持续的更新速度快于传统的开采速度（从栽种到收获周期不到 10 年）。可快速更新的天然材料主要包括速生树木、竹、藤、农作物茎秆等在有限时间阶段内收获以后还可再生的资源。我国目前主要的产品有：各种轻质墙板、保温板、装饰板、门窗等　快速再生天然材料及其制品的应用一定程度上可节约不可再生资源，并且不会明显地损害生物多样性，不会影响水土流失和影响空气质量，是一种可持续的建材，它有着其他材料无可比拟的优势。但是木材的利用需要以森林的良性循环为支撑，采用木结构时，应利用速生丰产林生产的高强复合工程用木材，在技术经济允许的条件下，利用从森林资源已形成良性循环的国家进口的木材也是可以的。

【标准原文】 第7.4.15条 有条件时宜选用储能材料、有自洁功能材料、除醛抗菌材料等功能性建筑材料。

【设计要点】

有条件时候宜选用储能、有自洁功能等功能性材料。

【实施途径】

1. 建筑材料宜优先选用储能的，有自洁功能等功能的材料，降低能耗。

2. 功能性建材是在使用过程中具有利于环境保护或有益于人体健康功能的建筑材料。它们通常包括抗菌材料、空气净化材料、保健功能材料等。在建筑围护结构中加入相变储能构件，可以改善室内热舒适性和降低能耗。具有自洁功能的建筑材料应用较多的有表面自洁玻璃、表面自洁陶瓷洁具、表面自洁型涂料等，它们的使用可提高表面抗污能力，减少清洁建材表面污染带来的浪费，达到节能和环保的目的。具有改善室内生态环境和保健功能的建筑材料如除醛涂料等功能材料。

7.5 建筑声环境

【标准原文】 第7.5.1条 建筑室内的允许噪声级、围护结构的空气声隔声量及楼板撞击声隔声量应符合现行国家标准《民用建筑隔声设计规范》GB 50118 的规定。

【设计要点】

1. 远离噪声源。

2. 加强围护结构的隔声、减振、吸声性能。

对噪声源及受其影响范围内建筑空间围护结构的隔声性能、吸声性能、传声性能进行综合考虑，在噪声源不可移动的条件限制下，采用被动隔声的方式进行对围护结构隔声降噪的构造设计，才能满足《民用建筑隔声设计规范》GB 50118 中对住宅、学校、医院和旅馆四类建筑的室内允许噪声级的要求。

【实施途径】

1. 在规划、选址设计阶段尽可能考虑噪声源的影响，远离噪声源。

2. 在噪声源不可改变的限制条件下，重点对建筑空间的维护结构——内隔墙、外墙、楼（地）面、顶板（屋面板）、门窗等的隔声性能进行构造设计。如增加墙体的厚度，在楼、地面预留面层做法中加入软性垫层，采用双层玻璃或中空玻璃窗，加强门窗洞口的密闭性能等。

【标准原文】 第7.5.2条 宜根据声环境的不同要求对各类房间进行区域划分；产生较大噪声的设备机房等噪声源空间宜集中布置，并远离工作、休息等有安静要求的房间，当受条件限制而紧邻布置时应采用有效的隔声减振措施。噪声源的位置还应满足下列要求：

  1　宜将噪声源设置在地下；

  2　不应将水泵房等噪声源设于住宅的正下方或正上方；

  3　电梯机房及电梯井道应避免与有安静要求的房间紧邻；

  4　产生噪声的洗手间等辅助用房宜集中布置，上下层对齐。

【设计要点】

  1. 总体设计和单体设计应对产生噪声源的房间合理布置，使其远离有安静要求的房间。

  2. 影响建筑声环境的噪声主要包括外界侵入噪声和建筑内部噪声，其中建筑内部噪声包括相邻房间的噪声、楼梯间传来的噪声、电梯的噪声、建筑内设备噪声等。

【实施途径】

  1. 将噪声源集中布置，有条件的情况下设置在地下室。

  2. 有安静要求的房间远离电梯井及电梯机房。

  从建筑声环境考虑，房屋建筑可大致分为三类：要求安静的"静室"；包含了干扰噪声源的"吵闹房间"；兼有上述两种性质的房间例如音乐练习室。在区域规划建设时，预见并合理布置将会增加的噪声源。根据不同类型的房间的噪声允许标准来选择建筑空间的场地和位置，从而规划适于建造的位置。

【标准原文】第 7.5.3 条　当受条件限制，产生较大噪声的设备机房、管井等噪声源空间与有安静要求的空间相邻时，应采取下列隔声减振措施：

  1　噪声源空间的门不应直接开向有安静要求的使用空间；

  2　噪声源空间与有安静要求的空间之间的墙体和楼板应做隔声处理，门窗应选用隔声门窗；

  3　噪声源空间的墙面及顶棚宜做吸声处理；

  4　电梯等设备应采取减振措施。

【设计要点】

  1. 当噪声源不可避免时，应采取措施隔离噪声。

  2. 首先要考虑人的要素，由建筑功能要求入手，了解可能会对建筑内用房产生干扰的噪声源的空间、时间分布和传播方式，考虑采取管理和技术上的措施来减少噪声的影响，以满足建筑使用的需要。

【实施途径】

  按传播规律分析，建筑噪声的传播分为三种途径：空气传播、固体传播（通过围护结构）、振动传播。当条件限制，噪声源空间与有安静要求的空间相邻时，应采取一系列隔声减振的措施：封闭围护结构的缝隙和孔洞，对门窗、墙体、楼板均应做吸声和隔声的处理，对产生振动的设备采取减振、隔振、隔声、吸声的处理。

【标准原文】第 7.5.4 条　有特殊音质要求的房间声环境设计，应优先采用优化空间形体，合理布置声反射板、吸音材料等措施。

【设计要点】

  1. 有特殊音质要求的空间，重在空间体型的合理设计。

2. 为了使有听音要求的房间达到预期的音质设计指标，需要设计者根据建筑的类别和使用要求进行音质设计，其设计目标和内容随建筑使用功能而各不相同。

【实施途径】

1. 设计合理的体型空间。

2. 设置合理的放射板，吸声材料等。

音乐厅、剧场这类音质要求较高的厅堂，应在自然声演出的条件下，为听众提供音乐丰满、音色纯真和音节清晰的听闻环境，使厅堂起到美化音色的作用；而会议厅、报告厅和审判庭等建筑。则以语言可懂度为主要目标。关于多功能厅，它包括多功能剧场、体育馆、宴会厅等，通常要根据主要用途来确定音质设计目标，以适应多种多种功能各自的音质要求；对于大量性建筑的住宅、旅馆、医院、和学校建筑，主要是控制噪声和防止声缺陷，以求在室内创造安静、舒适的声环境。综上所述，室内音质设计设计的内容很广，不能一概而论。

【标准原文】第7.5.5条 公共建筑的走廊和门厅、车站、体育场馆、商业中心等人员密集场所的室内空间应做吸声设计，宜设置矿棉板、穿孔板、木丝板等吸声顶棚，可采用吸声墙面、空间吸声体等措施。

【设计要点】

人员密集场所的噪声多来自使用者，噪声源来自房间内部，针对这种情况降噪措施应以吸声为主，选用适合的吸声构造，同时还要兼顾装饰效果及防火要求。

【实施途径】

吸声材料（构造）的基本类型有：多空吸声材料，例如矿棉、岩棉、玻璃棉、珍珠岩、陶粒等；单个共振器，例如空心吸声砖；穿孔板吸声结构，例如穿孔石膏板、穿孔FC板、穿孔纤维板、穿孔金属板等；薄板共振吸声结构，例如胶合板、石膏板、FC板、石棉水泥板等；薄膜共振吸声结构，例如塑料薄膜、帆布、人造革等；特殊吸声结构，例如空间吸声体、吸声屏、吸声尖劈等。

【标准原文】第7.5.6条 毗邻城市交通干道的建筑，应加强外墙、外窗、外门的隔声性能，住宅的沿街外窗隔声性能应不小于30dB；宜将走廊、卫生间等辅助用房设于毗邻干道一侧；可使用声屏障等设施来阻隔交通噪声。

【设计要点】

交通噪声是城市环境噪声的主要来源，在道路两侧可布置居住建筑时，必须仔细考虑防噪布局。

【实施途径】

1. 当住宅沿城市干道布置时，卧室或起居室不应设在临街的一侧。如设计确有困难时，每户至少应有一主要卧室背向吵闹的干道。当上述条件也难以满足时，可利用临街的公共走廊或阳台，采取隔声减噪处理措施。为了减少由门窗传入的噪声，外墙的门窗缝必须严密，必要时应采用密封条。

2. 城市交通干道是建筑常见的噪声源，设计时应对外窗、外门等提出整体隔声性能要求，对外墙的材料和构造应进行隔声设计。除选用隔声性能较好的产品和材料外，还可使用声屏障、阳台板、广告牌等设施来阻隔交通噪声。

【标准原文】第7.5.7条 住宅、学校、医院等有声环境要求的房间对楼板撞击声压级有要求的房间可采用浮筑楼板、弹性面层、隔声吊顶、阻尼板等措施加强楼板撞击声隔声性能；当采用地面供暖时，可结合地面供暖的保温层加强楼板撞击声隔声性能；浮筑楼板的减振垫应沿墙体上返不低于40mm高。

【设计要点】

衡量楼板的隔声性能有两个指标，即隔绝空气声和隔绝撞击声。一般采用弹性面层、悬浮楼面、吊顶隔声三种途径来改善楼板撞击隔声性能。

【实施途径】

1. 在楼板表面铺设弹性良好的面层材料，如地毯、塑料地面、再生橡胶、沥青地面等。

2. 在地面层与承重楼板间配置弹性装置，如弹簧等，把地面层浮筑于楼板之上以减弱面层传向结构层的振动。

3. 在楼板下，离开一定的距离设置隔声吊顶。

【标准原文】第7.5.8条 建筑采用轻型屋盖时，屋面宜采用铺设阻尼材料、设置吊顶等措施防止雨噪声。

【设计要点】

轻型屋盖的隔声包括隔绝空气声和撞击声，前者需要质量较大的材料，而简单的轻型屋盖不能达到要求；当雨打在屋盖上产生撞击声，尤其是对于大空间的场馆，雨噪声对室内声环境会产生相当大的影响。

【实施途径】

1. 室内一侧附加阻尼材料减缓振动，设置吸声层或吸声吊顶加强吸收声的作用。

2. 屋盖上铺设一定的阻尼材料减缓雨滴末速度。

7.6 建筑光环境

【标准原文】第7.6.1条 规划与建筑单体设计应保证室内外日照环境，满足现行国家和北京市相关规范、标准对日照的要求，应使用日照模拟软件进行日照分析。当住宅建筑有4个及4个以上居住空间时，应至少有2个居住空间满足日照标准的要求。

【设计要点】

建筑日照标准应符合下列要求：

1. 每套住宅至少应有一个居住空间获得日照，当有4个及4个以上居住空间时，应至少有2个居住空间满足日照标准要求。该日照标准应符合现行国家标准《城市居住区规划设计规范》GB 50180 有关规定；

2. 宿舍半数以上的居室，应能获得同住宅居住空间相等的日照标准；

3. 托儿所、幼儿园的主要生活用房，应能获得冬至日不小 3h 的日照标准；

4. 老年人住宅、残疾人住宅的卧室、起居室，医院、疗养院半数以上的病房和疗养室，中小学半数以上的教室应能获得冬至日不小于2h 的日照标准；

5. 满足《北京地区建设工程规划设计通则》中规定的日照间距要求。

【实施途径】

1. 在节约用地的前提下,使建筑单体和场地内主要公共活动区在冬季争取较多的日照,夏季避免过多的日照,并有利于形成自然通风。

2. 应利用计算机日照模拟分析。以建筑周边场地以及既有建筑为边界条件,确定满足建筑物日照标准的建筑布局、形体与高度等,并结合建筑节能和经济成本权衡分析。

【标准原文】第7.6.2条　应充分利用天然采光,应符合现行国家标准《民用建筑设计通则》GB 50352 和《建筑采光设计标准》GB/T 50033 的要求,采光模拟边界条件应符合附录 C.0.3 的要求,还应符合下列要求:

1　地下空间宜有天然采光;

2　天然采光时宜采用合理的遮光措施避免产生眩光;

3　设置遮阳设施时应符合日照和采光标准的要求。

【设计要点】

1. 尽量利用天然采光。

2. 在利用天然光时应避免产生眩光。

建筑自然采光的意义不仅在于照明节能,而且为室内提供舒适、健康的光环境。

【实施途径】

天然光照明应当与建筑融为一体,有效利用,将之重新定向以获得均衡的照明。

1. 建筑进深不宜过大,以免室内照度不够。

2. 设置遮阳设施,避免眩光。

【案例分析】

遮阳的措施主分为三类。

1. 利用绿化的遮阳。

2. 结合建筑构件处理的遮阳。

3. 专门设置的遮阳。

在总体规划和建筑方案及平面布置和立面处理上,应考虑到炎热季节避免直射阳光照射到房间内,还要充分利用绿化遮阳及建筑构件遮阳。如果这些措施仍不能满足遮阳要求时,宜采取专设的窗户遮阳。

建筑物采取遮阳措施后,往往对室内的通风、采光产生不利的影响。因此在这样设计时,应根据建筑本身的要求和建筑条件,适当注意通风、采光和防雨等问题的处理。同时要注意不遮挡从窗户向外眺望的视野以及它与建筑立面造型之间的协调,并且力求遮阳系统构造简单,经济耐用。

【标准原文】第7.6.3条　有条件时宜采取下列措施改善采光不足的建筑室内和地下空间的天然采光效果:

1　采用采光井、采光天窗、下沉广场、半地下室等;

2　设置导光管、反光板、反光镜、集光装置、棱镜窗、导光光纤等。

【设计要点】

1. 采光不足的建筑室内也应尽量采取措施使用天然光。

2. 无窗或地下建筑、建筑朝北房间以及识别有色物体、或有防爆要求的房间，如有条件时宜采用主动式天然采光，它的优越性，一是改善室内光照环境质量，在无天然光的房间也能享受到阳光照明；二是减少人工照明用电，节约能源。

【实施途径】

1 注重绿色建筑光环境的被动式设计，如设置采光天窗、下沉广场、半地下室等。

2 主动式天然采光方法有：镜面反射采光法、导光管、光纤导光、棱镜组传光、卫星反射镜、光伏效应间接采光法。

【标准原文】第7.6.4条 建筑外立面设计不得对周围环境产生光污染，不应采用镜面玻璃或抛光金属板等材料；玻璃幕墙应采用反射比不大于0.30的幕墙玻璃；在城市主干道、立交桥、高架桥两侧如使用玻璃幕墙，应采用反射比不大于0.16的低反射玻璃。

【设计要点】

避免产生光污染。

【实施途径】

1. 不应采用镜面玻璃或抛光金属板等材料；

2. 玻璃幕墙应采用反射比不大于0.30的幕墙玻璃；

3. 在城市主干道、立交桥、高架桥两侧如使用玻璃幕墙，应采用反射比不大于0.16的低反射玻璃。

7.7 建筑风环境

【标准原文】第7.7.1条 建筑应对自然通风气流组织进行设计，使空间布局、剖面设计和门窗的设置有利于组织室内自然通风。宜对建筑室内风环境进行计算机模拟，优化自然通风设计。自然通风模拟应符合附录C.0.4的要求。

【设计要点】

1. 合理组织、利用自然风。

2. 优化自然通风设计。

绿色建筑的风环境是绿色建筑特殊的系统，它的组织与设计直接影响到建筑的布局、形态和功能。在建筑中引入自然通风应注意周边环境条件，噪声过大（超过70dB）或者空气质量很差不予考虑自然通风；其次，自然通风的模拟计算和预测所利用到的实验或软件必须在应用前进行验证。

【实施途径】

1. 卧室、起居室(厅)应有与室外空气直接流通的自然通风。单朝向住宅采取通风措施。采用自然通风的房间，其通风开口面积应符合下列规定：

(1) 卧室、起居室（厅）、明卫生间的通风开口面积不应小于该房间地板面积的1/20。

(2) 厨房的通风开口面积不应小于该房间地板面积的1/10，并不得小于0.60m²。

(3) 住宅应能自然通风，每套住宅的通风开口面积不应小于地面面积的5%。

2. 建筑方案设计阶段，利用相关软件进行风环境模拟计算，优化建筑通风设计。

【标准原文】第7.7.2条 房间平面宜采取有利于形成穿堂风的布局,避免单侧通风的布局。

【设计要点】

尽量形成穿堂风。

当大的通风口如门窗等仅位于一面外墙上就产生了单侧通风,它不能使建筑的热量均匀散发,更倾向于在阳面储存热量。当外墙的气流入口和气流出口之间有一个室内气流通道时就产生穿堂风,它能使热量在建筑内部分布得更加均匀。

【实施途径】

为了获得良好的室内通风质量,取得合理的风速、风量和风场分布,需要考虑建筑室内空间的划分和建筑形体组合。

1.进风口与出风口尽可能相对布置。

2.进风口与出风口之间不要设置能够挡风的设施,使风流畅。

【标准原文】第7.7.3条 外窗的位置、方向和开启方式应合理设计,居住建筑主要使用空间的外窗可开启面积应不小于所在房间面积的1/15,公共建筑外窗或透明幕墙的实际可开启面积不应小于同朝向外墙或幕墙总面积的5%。

【设计要点】

窗户设置方式(窗户朝向)、窗户尺寸、窗户位置和窗户的开启方式的都会直接影响建筑室内气流分布。

【实施途径】

建筑自然通风能够在过度季有效地降低空调时间段,保证室内舒适度,还能够在夏季的室外条件运行情况下通风降低空调负荷,是建筑节能的一个非常重要的措施。

1.仔细研究开启扇的位置、方向以及开启方式。

2.开启扇面积的大小应满足《民用建筑设计通则》的相关要求。

【标准原文】第7.7.4条 住宅建筑宜采用可调节小扇窗、自然通风器等在供暖季节时便于通风换气的措施。当采用自然通风器时,应有方便灵活的开关调节装置,应易于操作和维修,宜有过滤和隔声功能。

【设计要点】

减少冷风渗透是一项最基本的建筑保温措施。改善门窗密闭性是减少冷风渗透的关键。

【实施途径】

建筑设计在满足有利于自然通风的要求时注意兼顾房屋保温、空气过滤以及隔声的设计。

1.设置调节小扇窗、自然通风器等措施。

2.风换气是降低室内空气污染的有效措施,设置新风换气系统有利于引入室外新鲜空气,排出室内混浊气体,保证室内空气质量,满足人体的健康要求。为满足人体正常生理需求,要求新风量达到每人每小时30m³。室内空气质量监测装置能自动监测室内空气质量,主要是测定二氧化碳浓度,具有报警提示功能。

【标准原文】第7.7.5条 宜采取下列措施加强建筑内部的自然通风:

　　1　采用导风墙、捕风窗、拔风井、通风道、自然通风器、太阳能拔风道、无动力风帽等诱导气流的措施；拔风井、通风道等设施应可控制、可关闭；

　　2　设有中庭的建筑宜在上部设置可开启窗，在适宜季节利用烟囱效应引导热压通风；可开启窗在冬季应能关闭。

【设计要点】

　　1. 采取各种合理的措施加强建筑内部的自然通风。

　　2. 能够在不同季节对导风系统加以控制。

【实施途径】

　　1. 设置导风墙、捕风窗、拔风井、通风道、自然通风器、太阳能把风道、无动力风帽等诱导气流的措施。

　　2. 根据《绿色建筑评价标准》GB/T 50378-2006 第 4.5.4 条的说明，适当增大通风开口面积与地板面积之比可以使居住空间获得更好的通风效果。通风换气是降低室内空气污染的有效措施，设置通风换气装置有利于引入室外新鲜空气，排出室内混浊气体，保证室内空气质量，满足人体健康要求。为满足人体正常生理需求，设置通风换气装置（或独立新风装置）时，要求新风量达到每人每小时 $30m^3$。

【标准原文】第 7.7.6 条　有条件时宜采取下列措施加强地下空间的自然通风：

　　1　设计可直接通风的半地下室；

　　2　地下室局部设置下沉式庭院；下沉庭院宜避免汽车尾气对上部建筑的影响；

　　3　地下室设置通风井、窗井。

【设计要点】

　　有条件时要注意改善地下空间的自然通风。

【实施途径】

　　通过改善建筑布局以及维护结构来改善地下空间的自然通风。

　　1. 设计可直接通风的地下室；

　　2. 设置下沉式庭院；

　　3. 设置通风井、窗井。

7.8　室内空气质量

【标准原文】第 7.8.1 条　建筑材料中甲醛、苯、氨、氡等有害物质限量应符合现行国家标准《室内装饰装修材料　人造板及其制品中甲醛释放限量》GB 18580、《室内装饰装修材料　混凝土外加剂释放氨的限量》GB 18588、《建筑材料放射性核素限量》GB 6566 和《民用建筑工程室内环境污染控制规范》GB 50325 的要求。

【设计要点】

　　建筑材料的环保性对创造良好的室内空气环境至关重要。

【实施途径】

　　1. 在建筑物整个实现过程中（规划设计—施工—验收评估—运行管理）始终贯穿室内

空气质量控制策略。

2.选用环保性材料。

【标准原文】第7.8.2条　吸烟室、复印室、打印室、垃圾间、清洁间等产生异味或污染物的房间应与其他房间分开设置。公共建筑在室内禁止吸烟的前提下应设置室外吸烟区，室外吸烟区与建筑主入口的距离应不少于8m。

【设计要点】

对预测将会出现空气质量问题的空间，在建筑建筑空间规划设计上加以改善措施，如单独布局或设置独立机械排风系统。

【实施途径】

1.产生异味或污染物的空间应与其他空间封开设置。

2.室外吸烟区与建筑主入口的距离不应小于8m。

【标准原文】第7.8.3条　公共建筑的主要出入口宜设置具有刮泥地垫、刮泥板等具有截尘功能的设施。

【设计要点】

公共建筑室内环境应注意对灰尘和污染颗粒的过滤。

【实施途径】

1.采用绿色建筑植物系统来发挥其滞尘、吸附污染颗粒和吸收有害气体的生态功能。

2.在人流较大建筑的主要出入口，在地面采用至少2m长的固定门道系统，阻隔带入的灰尘、小颗粒等，使其无法进入该建筑。固定门道系统包括格栅、格网、地垫等。地垫宜每周保洁清理。

7.9　其　他

【标准原文】第7.9.1条　建筑的无障碍设计应满足《无障碍设计规范》GB 50763的要求。

【设计要点】

1　居住区道路、公共绿地和公共服务设施应设置无障碍设施，并与城市道路无障碍设施相连接。

2　设置电梯的民用建筑的公共交通部位应设无障碍设施。

3　残疾人、老年人专用的建筑物应设置无障碍设施。

【实施途径】

1.居住区及民用建筑无障碍设施的实施范围和设计要求应符合国家现行标准《无障碍设计规范》GB 50763的规定。

2.建筑具有广泛的适应性，能提高建筑资源的有效利用率，减少因建筑的不适用而造成的拆改浪费。因此，应保证残疾人、老年人和儿童进出的方便性，体现建筑整体环境的人性化，建筑设计应满足无障碍设计规范的要求。

【标准原文】第 7.9.2 条　在建筑入口、卫生间、电梯、停车场等处应设置完善的无障碍设施及标识，应保证轮椅使用者和视觉障碍者能够顺利通行和使用。

【设计要点】

建筑物无障碍标志与盲道应与建筑物同步设计、同步建设。

【实施途径】

1. 轮椅应符合现行行业标准《无障碍设计规范》GB 50763 有关规定。

2. 道路系统应简洁通畅，具有明确的方向感和可识别性，避免人车混行。道路应设明显的交通标志及夜间照明设施，在台阶处宜设置双向照明并设扶手。

3. 老年人使用的步行道路应做成无障碍通道系统，道路的有效宽度不应小于 0.90m；坡度不宜大于 2.5%；当大于 2.5% 时，变坡点应予以提示，并宜在坡度较大处设扶手。

【标准原文】第 7.9.3 条　新建居住区宜配建不低于 2% 的无障碍住宅，新建旅馆宜配建不低于 1% 的无障碍客房。

【设计要点】

新建居住区及旅馆应部分满足无障碍建筑的需求设置无障碍住宅及无障碍客房。

【实施途径】

一般在首层集中设置一定比例的无障碍住宅及无障碍客房。

【标准原文】第 7.9.4 条　有集中餐饮的建筑应设置有机垃圾收集场所，收集后送区域集中处理。

【设计要点】

与一般生活垃圾相比，厨余垃圾以淀粉类食物纤维类动物脂肪类等有机物质为主要成分，具有含水率高，油脂盐分含量高，易腐发酵发臭等特点，尤其在夏季容易产生恶臭的气体和污水。

【实施途径】

1. 单独进行收集，集中到专门的餐余垃圾处理厂进行资源化处理。

2. 以家庭为单位推广使用厨余垃圾粉碎机。

【标准原文】第 7.9.5 条　风冷空调的室外机位应有良好的通风条件，排出空气与吸入空气之间不应有明显的气流短路，并应避免热污染，便于清扫和维修。

【设计要点】

为了保证空调室外机功能的发挥，布置应选择通风良好的地方。

【实施途径】

1. 在建筑物整个实现过程中（规划设计—施工—验收评估—运行管理）始终贯穿室内空气质量控制策略，预留空调室外机位的合理位置，并保证室外机有清洗的条件。

2. 分体式空调器的能效除与空调器的性能有关外，同时也与室外机合理的布置有很大关系。为了保证空调器室外机功能和能力的发挥，应将它设置在通风良好的地方，不应设置在通风不良的建筑竖井、建筑凹槽、内走廊等封闭的或接近封闭的空间内。如果室外机设置在阳光直射的地方，或有墙壁等障碍物使进、排风不畅和短路，都会影响室外机功能和能力的发挥，而使空调器能效降低。

3. 遮挡空调室外机的格栅的截面面积之和不应超过机位正立面面积的 20%，格栅应采用水平百叶，不应采用穿孔板等开孔率低的板材，以保证室外机的散热效果。选用分体空调时，设计预留的空调室外机位，壁挂机净尺寸不应小于 1000mm×450mm×750mm（宽×深×高），柜机不应小于 1200mm×500mm×1200mm（宽×深×高），应预留格栅、外保温所占的空间，壁挂机的室外机应架离底面 100mm，柜机应架离 150mm。户式集中空调的室外机位尺寸应严格按照产品说明书设计，一般室外机上下左右及后部空间净尺寸均不应小于 300mm。

4. 实际工程中，因清洗不便，室外机换热器被灰尘堵塞，造成能效下降甚至不能运行的情况很多。因此，在确定安装位置时，要保证室外机有清洗的条件。

第8章 结构设计

8.1 一般规定

【标准原文】第8.1.1条 结构设计使用年限不应小于现行国家标准《建筑结构可靠度设计统一标准》GB 50068的规定，且不应小于25年；结构构件的抗力及耐久性应满足相应设计使用年限的要求。

【设计要点】

现行国家标准《建筑结构可靠度设计统一标准》GB 50068，根据建筑的重要性对其结构设计使用年限作了相应规定。这个规定是最低标准，结构设计不能低于此标准，但业主可以要求提高结构设计使用年限，此时结构构件的抗力及耐久性设计应满足相应设计使用年限的要求。

结构生命周期越长，单位时间内对资源消耗、能源消耗和环境影响越小，绿色性能越好。我国建筑的平均使用寿命与国外相比普遍偏短，所以无论新建建筑还是改扩建建筑，均应提倡适当延长结构生命周期；另外，考虑到工程建设及拆除过程的能耗较大，仅对北京地区永久性建筑进行绿色建筑评价并考虑到改扩建结构的使用年限，所以设计使用年限不应低于25年。

1. 建筑物要节约资源、能源，减小对环境的冲击，不仅要在设计、施工、使用、拆除、回收再利用等方面做到消耗最少资源，使用最少能源，制造最少废弃物，还要达到最长的使用年限，也就是尽可能延长建筑物的生命周期。

2. 国家标准《建筑结构可靠度设计统一标准》GB 50068—2001中第1.0.5条规定了结构的设计使用年限，可按表8-1采用。绿色建筑的结构设计使用年限应不小于表8-1规定值，且不应采用临时性结构。

设计使用年限分类 表8-1

类别	设计使用年限（年）	示例
1	5	临时性结构
2	25	易于替换的结构构件
3	50	普通房屋和构筑物
4	100	纪念性建筑和特别重要的建筑结构

3. 国家标准《建筑抗震鉴定标准》GB 50023—2009 中第 1.0.4 条规定了结构后续使用年限可以根据情况取用 30 年、40 年。

4. 结构在规定的设计使用年限内应满足下列功能要求：

(1) 在正常施工和正常使用时，能承受可能出现的各种作用；

(2) 在正常使用时具有良好的功能性能；

(3) 在正常维护下具有足够的耐久性能；

(4) 在设计规定的偶然事件发生时及发生后，仍能保持必需的整体稳定性。

【实施途径】

1. 根据建筑结构的用途和重要性，按上述设计要点 2、3 确定其使用年限，尽可能地延长建筑物的生命周期。

2. 根据相应的设计使用年限，确定建筑结构荷载、作用、耐久性等各项设计指标和参数，进行结构设计。

【标准原文】第 8.1.2 条　建筑结构安全等级不应小于现行国家标准《建筑结构可靠度设计统一标准》GB 50068 的规定，且不宜低于二级。

【设计要点】

现行国家标准《建筑结构可靠度设计统一标准》GB 50068，根据建筑结构破坏可能产生的后果危及人的生命造成经济损失产生社会影响等的严重性采用不同的安全等级。对于北京地区绿色建筑，考虑到抗震设防烈度较高，规定结构安全等级不宜小于二级。

【标准原文】第 8.1.3 条　结构设计应采用资源消耗少、环境影响小的建筑结构体系，并充分考虑节省材料、施工安全、环境保护等措施。

【设计要点】

结构选型是结构设计中至关重要的环节，应根据建筑功能、高度、形体，采用受力合理、抗震性能良好的结构体系，能够以较少的材料、较小的环境影响代价满足建筑要求，因地制宜，从节约材料、施工方便安全且环保等方面进行论证。主要考虑以下几个方面的因素：

1. 生产过程中的资源消耗，主要是指建筑材料在生产过程中消耗的资源量。

表 8-2、表 8-3、表 8-4 中分别列出了中国建筑工业出版社出版的《绿色建筑结构体系评价与选型技术》中统计的常用的各类结构体系生产过程中资源消耗指标、能源消耗指标以及 CO_2 排放指标。从这三个表中综合看来，钢框架、钢 - 混凝土混合结构的资源消耗相对较少，应优先考虑。

各类结构体系资源消耗指标　（t/m²）　　　　　　表 8-2

结构类型	别墅	住宅		公共建筑	
	6～8度	6～7度	8度	6～7度	8度
砖砌体	2.047	1.189	1.189	1.189	1.189
小砌块砌体	0.729	0.570	0.570	0.570	0.570
混凝土框架	0.769	0.529	0.623	0.631	0.736

续表

结构类型	别墅	住宅		公共建筑	
	6~8度	6~7度	8度	6~7度	8度
混凝土框架-抗震墙	0.703	0.650	0.650	0.785	0.808
混凝土抗震墙	0.673	0.620	0.620	0.755	0.778
钢-混凝土混合	—	0.506	0.506	0.533	0.533
钢框架	0.620	0.533	0533	0.560	0.560

各类结构体系能源消耗指标 （GJ/m²） 表8-3

结构类型	别墅	住宅		公共建筑	
	6~8度	6~7度	8度	6~7度	8度
砖砌体	4.038	2.426	2.426	2.426	2.426
小砌块砌体	2.250	1.947	1.947	1.947	1.947
混凝土框架	3.318	2.583	3.226	3.324	3.934
混凝土框架-抗震墙	3.804	3.622	3.622	4.314	4.691
混凝土抗震墙	3.774	3.592	3.592	4.284	4.661
钢-混凝土混合	—	3.003	3.003	3.438	3.438
钢框架	2.736	3.030	3.030	3.465	3.465

各类结构体系 CO_2 排放量指标 （t/m²） 表8-4

结构类型	别墅	住宅		公共建筑	
	6~8度	6~7度	8度	6~7度	8度
砖砌体	0.458	0.262	0.262	0.262	0.262
小砌块砌体	0.244	0.203	0.203	0.203	0.203
混凝土框架	0.362	0.273	0.340	0.348	0.417
混凝土框架-抗震墙	0.413	0.383	0.383	0.469	0.495
混凝土抗震墙	0.410	0.381	0.381	0.466	0.492
钢-混凝土混合	—	0.292	0.292	0.322	0.322
钢框架	0.275	0.294	0.294	0.324	0.324

2. 建筑物对环境的影响不仅与建筑材料生产过程中的资源消耗有关，还与施工过程、拆除过程及回收过程中的资源消耗、废弃物的产生和再利用有关。

砌体的砌筑过程是湿式作业，会产生一些建筑垃圾，施工过程本身消耗不大，对环境产生的负荷不大；拆除工作相对容易，但会产生大量灰尘；回收利用率较低。

钢筋混凝土的施工较为复杂，工序多，消耗的资源多；拆除较困难，需要机械或爆破，产生的废弃物多；回收利用率低。

钢结构的施工属于干式作业，工厂化程度高建筑垃圾少，但技术要求高，代价高，能源消耗大；拆除容易；回收利用率高。

各种结构形式的建筑中都有可能有砌体砌筑、混凝土构件浇筑和钢构件的拼装等施工过程，只是工程量不同，在结构选型时应综合考虑现场条件、资源条件、人员素质、技术和经济状况等各种因素。

【实施途径】

1.进行结构方案论证，对材料用量、施工过程等各方面进行综合比较，选择合适的结构体系。

2.在情况合适的情况下，建议优先考虑使用钢结构、钢-混凝土混合结构体系。

【标准原文】 第8.1.4条 结构材料选择应遵循以下原则：

1 宜选择资源消耗少、环境影响小的材料，且优先采用可再循环、可再利用材料，并提高材料的使用效率；

2 宜采用高性能、高强度材料；现浇混凝土应采用预拌混凝土；

3 宜选用距离施工现场 500km 以内地区生产的材料；

4 禁止采用高耗能、污染超标的材料；

5 严禁采用国家及北京市限制使用或淘汰的材料。

【设计要点】

对建筑结构材料选择标准应该从全生命周期衡量，整体上考虑资源消耗、环境影响的相对最优，优先考虑可重复利用材料、可循环利用材料和再生材料，并且尽量提高材料利用率；

对于北京市限制使用、淘汰材料、附近生产材料，设计人员应密切关注政府部门颁布的相关信息以及市场动态，确保结构材料选择因地制宜。

高能耗材料是指从获取原料、加工运输、成品制作、施工安装、维护、拆除、废弃物处理的全寿命期中消耗大量能源的建筑材料，耗能少的材料以更有利于实现建筑的绿色目标。

建筑材料中有害物质含量应符合现行国家标准《室内装饰装修材料 人造板及其制品中甲醛释放限量》GB 18580 和《建筑材料放射性核素限量》GB 6566 的要求，应通过对材料的释放特性和施工、拆除过程的环境污染控制，达到绿色建筑全寿命期的环境保护目标。环境污染控制的标准是随着技术和经济的发展而变化的，应按照最新的相关标准选用材料。

结构材料中可再循环材料主要包括：钢、铸铁、铝合金、木材等。不可循环材料主要包括：混凝土、砂浆、砌块、石材等。在合理的前提下，尽量采用高性能混凝土、高强度钢。如对于 6 层以上的钢筋混凝土：推荐使用 HRB400 级以上（含）钢筋；竖向承重结构中，推荐使用 C50 以上的混凝土以及高耐久性的高性能混凝土；对于钢结构建筑推荐使用 Q345 以上（含）高性能钢材。宜选用距离施工现场 500km 以内的建筑材料。

【实施途径】

1. 关注建筑材料的能耗和污染情况，不采用高耗能、污染超标的材料。根据国家及北京市的相关规范规定，不采用限制使用或淘汰的材料。北京市住房和城乡建设委员会定期公布《北京市推广、限制和禁止使用建筑材料目录》。其中 2010 版目录涉及 126 个产品，包括推广类 41 个、限制类 46 个、禁止类 39 个。设计师应掌握此部分内容并严格执行。

2. 结构设计中合理前提下尽量使用高性能混凝土、高强度钢，以降低材料用量。

3. 提高可再利用材料的使用率，对施工过程、拆除、场地清理时产生的废弃物进行回收和再利用。

【标准原文】 第8.1.5条 结构设计应进行以下优化设计：

1 结构抗震设计性能目标优化设计；

2 结构体系优化设计；

3 结构材料（材料种类以及强度等级）比选优化设计；

4 构件布置以及截面优化设计。

【设计要点】

北京地区抗震设防烈度较高，绿色建筑结构设计首先应设定正确合理的抗震性能目标，在此基础上从体系、材料、构件三个方面进行优化，从而达到安全合理、资源消耗小、环境影响小。

1. 结构的抗震性能目标优化设计，应根据实际需要和可能，具有针对性。可分别选定针对整个结构、结构局部或关键部位、重要构件的性能目标。

2. 可结合结构体系的方案比选进行结构体系、材料的比选优化设计，在满足规范要求的前提下，节约建筑材料，减小构件尺寸并增加建筑使用空间。

3. 应对构件的布置进行优化设计。构件布置的优化设计时应该考虑到：

（1）对建筑布局的适应性；

（2）结构整体刚度分布；

（3）对构件截面尺寸的影响等。

4. 对于尺寸较大的截面应考虑进行优化设计，增加建筑使用空间，减少建筑材料的消耗。

【实施途径】

1. 对于北京高烈度设防地区的结构设计，合理、科学确定结构的抗震性能目标非常重要，对工程造价影响非常大。对于复杂结构，提前与业主沟通，在规范允许前提下，合理确定结构抗震设防性能目标并征得相关审查专家、审图单位的认可。

2. 进行方案论证比选。方案比选中不仅要考虑到结构体系的比选，还应该考虑到不同结构体系下结构材料的比选。

3. 在选定结构体系后，还应该对构件的布置以及构件的截面尺寸进行优化设计。

【案例分析】

某住宅的结构方案论证报告摘要如表 8-5 所示，报告对该结构在节约材料方面的合理性进行了比选。

某住宅的结构方案论证报告摘要　　　　　　表 8-5

方案	典型截面尺寸 （mm）	混凝土用量 （m³/m²）	钢筋用量 （kg³/m²）	砌体用量 （m³/m²）
A	墙厚：160 梁尺寸：160×400 楼板厚度：100	0.32	HRB400:21 HPB235:9.0	0.011
B	墙厚：180 梁尺寸：180×400 楼板厚度：100	0.243	HRB335:18.0 HPB235:8.1	0.124

方案优缺点对比：方案 A 净使用面积大，二次施工工作量小，但改造余地小。方案 B 用钢量最小，净使用面积次之，施工工期较长，有一定改造余地。

8.2 主体结构设计

【标准原文】第 8.2.1 条　新建建筑可适当提高结构的设计荷载取值。

【设计要点】

国家规范规定的结构设计荷载是最低要求，可以根据业主对建筑功能的预期要求，适当提高结构局部荷载富裕度，从而提高结构的对建筑功能的适应性。

新建建筑建设方有时对于功能定位、需求不能完全确定，比如商业建筑中使用方会提出特殊需求，此时为了避免结构二次改造加固，可在结构设计时根据经验，与建设方协商适当提高结构的设计荷载取值。

【实施途径】

根据建筑特点，可在现有规范规定的荷载取值基础上，可根据结构功能变更的可能性，适当取用设计活荷载取值。

【标准原文】第 8.2.2 条　结构布置宜提高对建筑布局的适应性。

【设计要点】

结构布置在满足现有建筑功能性要求基础上，适当考虑预期使用变化，从而提高建筑空间利用率及结构对建筑功能变化的适应性。比如很多体育、展览场馆既要考虑活动期间需要，还应兼顾日常功能需求，以免因此造成结构改造加固等的资源浪费。

【实施途径】

考虑结构方案时，根据建筑现有、远期使用功能布局，综合考虑结构布置。

【标准原文】第 8.2.3 条　结构方案应尽量满足抗震概念设计的要求，不应采用严重不规则的结构方案；对于特别不规则结构，应与业主和有关专家协商确定抗震性能目标。

【设计要点】

1. 建筑形体及其构件布置的不规则包括平面不规则和竖向不规则两种情况。《建筑抗震设计规范》GB 50011-2010 中列出了不规则的参考指标，详见表 8-6 和表 8-7。

平面不规则的主要类型 表 8-6

不规则类型	定义和参考指标
扭转不规则	在规定的水平力作用下，楼层的最大弹性水平位移（或层间位移），大于该楼层两端弹性水平位移（或层间位移）平均值的1.2倍
凹凸不规则	平面凹进的尺寸，大于相应投影方向总尺寸的30%
楼板局部不连续	楼板的尺寸和平面刚度急剧变化，例如，有效楼板宽度小于该层楼板典型宽度的50%，或开洞面积大于该层楼面面积的30%，或较大的楼层错层

竖向不规则的主要类型 表 8-7

不规则类型	定义和参考指标
侧向刚度不规则	该层的侧向刚度小于相邻上一层的70%，或小于其上相邻三个楼层侧向刚度平均值的80%；除顶层或出屋面小建筑外，局部收进的水平向尺寸大于相邻下一层的25%
竖向抗侧力构件不连续	竖向抗侧力构件（柱、抗震墙、抗震支撑）的内力由水平转换构件（梁、桁架等）向下传递
楼层承载力突变	抗侧力结构的层间受剪承载力小于相邻上一楼层的80%

2. 对于特别不规则结构，对可能出现的薄弱部位，应采取措施提高其抗震能力。

【实施途径】

1. 结构方案应尽量采用规则的结构体系，其抗侧力构件的平面布置宜对称、侧向刚度沿竖向宜均匀变化、竖向抗侧力构件的截面尺寸和材料强度宜自下而上逐渐减小、避免侧向刚度和承载力突变。

2. 对于特别不规则结构，应与业主和有关专家协商确定抗震性能目标，进行抗震性能化设计。

3. 对于特别不规则结构，应进行罕遇地震作用下的弹塑性变形分析，可根据结构特点采用静力弹塑性分析或弹塑性时程分析方法。

【标准原文】第 8.2.4 条 在保证安全性与耐久性的情况下，结构体系优化设计应符合下列要求：

1 不宜采用较难实施的结构及因建筑形体不规则而形成的超限结构；

2 应根据受力特点选择材料用量较少的结构体系；

3 甲类建筑应优先采用隔震或耗能减震结构；乙类建筑宜采用隔震或耗能减震结构；

4 在高层和大跨度结构中，应合理采用钢结构体系、钢与混凝土混合结构体系。

【设计要点】

1. 可根据《超限高层建筑工程抗震设防专项审查技术要点》的规定来判断结构是否超限。主要需要关注结构体系的最大适用高度（表 8-8）以及结构的规则性。

结构体系的最大适用高度   表 8-8

结构类型		6度	7度	8度 (0.20g)	8度 (0.30g)	9度
混凝土结构	框架	60	50	40	35	24
	框架-抗震墙	130	120	100	80	50
	抗震墙	140	120	100	80	60
	部分框支抗震墙	120	100	80	50	不应采用
	框架-核心筒	150	130	100	90	70
	筒中筒	180	150	120	100	80
	板柱-抗震墙	80	70	55	40	不应采用
	较多短肢墙		100	30	60	不应采用
	错层的抗震墙和框架-抗震墙		80	30	60	不应采用
	钢外框-钢筋混凝土筒	200	160	120	120	70
混合结构	型钢混凝土外框-钢筋混凝土筒	220	190	150	150	70
	框架	110	110	90	70	50
钢结构	框架-支撑（抗震墙板）	220	220	200	180	140
	各类筒体和巨型结构	300	300	260	240	180

注：当平面和竖向不规则时其高度应比表内数值降低至少10%。

2. 隔震设计是指在建筑中设置隔震层，以减少水平地震作用，达到防震要求。耗能减震设计则是在建筑中设置消能器，通过消能器的相对变形和相对速度提供阻尼，消能地震能量，达到防震减震要求。

对于北京地区的甲类建筑，根据既有经验，采用隔震或耗能减震结构，比传统结构可以较大幅度提高性能与结构材料用量的综合性价比。

3. 从表 8-8 中可以看出，混合结构和钢结构体系的适用高度相对更大，这从侧面反映了混合结构和钢结构体系在结构性能上的优越性。另外一方面钢材和混凝土相比是一种更绿色的建筑材料，应优先采用。

【实施途径】

1. 根据建筑的高度等特点，选用合适的结构体系，并优先考虑采用钢结构或钢与混凝土混合结构体系。

2. 对于甲类建筑，根据建筑的特点选用隔震或耗能减震结构，进行隔震或耗能减震设计。对于乙类或丙类建筑，如果条件许可，也应进行隔震或耗能减震设计。

【案例分析】

北京三里河某办公楼位于北京市西城区，该工程地下 3 层，地上 8 层，总建筑面积 91000m²，采用框架 - 剪力墙结构。该工程在上部结构与下部结构之间（即地下 1 层和地上首层之间）设置 1 层层高为 1.7m 的隔震层，内设有 410 个直径分别为 600m、700m、800m 的圆形橡胶隔震支座，上部结构和下部结构采用隔震支座相连。隔震支座是隔震结构的关键部位，具有较大的水平变性能力且具有弹性复位特性，地震后可使建筑恢复原位。隔震设计可以有效减小上部结构的截面尺寸和配筋，降低工程造价并减少了上部结构层间位移。

【标准原文】第8.2.5条 材料选择应符合下列规定：

1 砂浆应采用预拌砂浆；

2 应合理采用高强钢筋、高强钢材：高层钢筋混凝土结构的高强度钢筋用量比例、高层钢结构的高性能钢材用量比例应满足4.3.2条要求；

3 应合理采用高强度混凝土：60m以上高层建筑结构下部竖向构件混凝土强度等级应满足4.3.2条要求；

4 宜采用工业化生产水平高的结构材料。

【设计要点】

建筑材料用量中绝大部分是结构材料。在设计过程中应根据建筑功能、层数、跨度、荷载等情况，优化结构体系、平面布置、构件类型及截面尺寸的设计，充分利用不同结构材料的强度、刚度及延性等特性，减少对材料尤其是不可再生资源的消耗。

采用高强高性能混凝土可以减小构件截面尺寸和混凝土用量，增加使用空间。在普通混凝土结构中，受力钢筋优先选用HRB400级热轧带肋钢筋；在预应力混凝土结构中，宜使用高强螺旋肋钢丝以及三股钢绞线。选用轻质高强钢材可减轻结构自重，减少材料用量。

1. 对于6～9层建筑结构，HRB400级受力钢筋重量当量值应占总重量的70%以上；10层及以上建筑结构中该比例应在80%以上。高层钢结构及大跨度空间钢结构中Q345以上高性能钢材重量应占总重量70%以上。

2. 60m以上高层结构建筑的竖向承重结构C50混凝土重量占竖向承重总重量的比例对于住宅应大于（楼层数-20）/楼层数，对于公建应大于（楼层数-15）/楼层数。

以上指标是综合考虑建筑体系、高度确定构件抗震等级，进而确定轴压比限值，根据最优含墙（柱）率、结构自重经验值等推导，得到的控制指标。一般情况下，满足以上指标的结构设计是比较经济的。

上述楼层数指地上层数和地下层数之和。

【实施途径】

结构设计时合理采用高强度钢筋、钢材以及高强度混凝土，且现浇混凝土应采用预拌混凝土，砂浆采用预拌砂浆，在施工图纸中标明相关内容。

【标准原文】第8.2.6条 结构构件优化设计应符合下列规定：

1 高层结构的竖向构件和大跨度结构的水平构件应进行截面优化设计；

2 大跨度混凝土楼盖结构，宜合理采用预应力楼盖、现浇混凝土空心楼板和夹心楼板等；

3 由强度控制的钢结构构件，宜选用高强钢材；由刚度控制的钢结构，宜优化构件布置；

4 应合理采用节材效果明显、工业化生产水平高的构件。

【设计要点】

1.高层混凝土结构的竖向构件和大跨度结构的水平构件分别构成了结构的主要受力体

系，因此它们一般也是结构构件中尺寸最大配筋最多的。通过截面优化设计能够在满足规范要求的前提减小截面尺寸减少配筋量，并增加建筑使用空间。

2. 选用高强度钢材能够减少构件尺寸，对于由强度控制的构件，应优先选用高强度钢材。而对于刚度控制的钢结构，应通过优化构件布置，调整结构的刚度分布，达到优化结构的目的。

3. 工业化生产水平高的结构构件，不仅质量有保证，还能节约资源。

【实施途径】

1. 对于高层混凝土结构和大跨度结构，应分别针对结构中尺寸大的竖向构件和水平构件进行截面优化设计。优化截面尺寸，达到节约材料、增加建筑空间的目的。

2. 结构体系应通过优化构件布置，达到合理的刚度分布。对于应力比较高的构件，应优先选用高强度钢材。

3. 结构设计时应注意构件尺寸的定型化标准化，使之能够进行批量生产，实现工业化。

8.3 地基基础设计

【标准原文】第8.3.1条　地基基础设计应结合北京实际情况，坚持就地取材、保护环境、节约资源、提高效益的原则，依据勘察成果、结构特点及使用要求，综合考虑施工条件、场地环境和工程造价等因素。

【设计要点】

基础在建筑成本中占有较大比例，所以应进行多方案的论证、对比，采用建筑材料消耗少的结构方案，因地制宜，从结构合理、施工安全、节省材料、施工对环境影响小等方面进行论证。

根据岩土工程勘察资料，综合考虑结构类型、材料情况与施工条件等因素，进行地基基础设计。设计时应坚持因地制宜、就地取材、保护环境和节约资源的原则。

【实施途径】

根据岩土工程勘察资料，综合考虑结构特点等因素，确定地基基础的类型，并根据《建筑地基基础设计规范》GB 50007、《建筑桩基础技术规范》JGJ 94、《北京地区建筑地基基础设计规范》DBJ11-501进行设计。

【标准原文】第8.3.2条　根据上部结构情况，地基宜采用天然地基，其次依次为地基处理、桩基。

【设计要点】

天然地基不需要对地基进行处理，对环境影响小，一般而言工程造价较低。在地质状况不佳的条件下，上部荷载过大时，为使地基具有足够的承载能力，则要对地基进行处理，常用的处理方法有：机械压实、堆载预压、真空预压、换填垫层或复合地基等方法。处理后的地基承载力应通过试验确定。当地基处理也无法满足承载能力要求时，可采用桩基基础。根据上部结构和地质条件选择合适的桩基类型和布置。

【实施途径】

根据岩土工程勘察资料和上部结构的情况，选择合适的地基类型。如果地质状况良好或者上部结构荷载较小时，尽量选择天然地基或地基处理，当地基处理成本很高或地基处理也无法满足要求时，采用桩基基础。

【标准原文】第8.3.3条　地基处理宜采用换填垫层法、水泥粉煤灰碎石桩法、挤密桩法，环境允许也可采用强夯法、夯实水泥土桩法。

【设计要点】

换填垫层法是一种软弱地基的浅层处理方法，处理深度可达2～3m。将基础下一定范围内的土层挖去，然后回填强度较大的砂、砂石或灰土等，并分层夯实至设计要求的密实程度，作为地基的持力层。

1. 水泥粉煤灰碎石桩法由水泥、粉煤灰、碎石、石屑或砂等混合料加水拌和形成高黏结强度桩，并由桩、桩间土和褥垫层一起组成复合地基的地基处理方法。适用于处理黏性土、粉土、砂土和已自重固结的素填土等地基。

2. 挤密桩法是用冲击或振动方法，把圆柱形钢质桩管打入地基，拔出后形成桩孔，进而进行回填和夯实，达到形成增大直径的桩体，并同原地基一起形成复合地基。适用于湿陷性黄土、素填土和杂填土等地基，可处理的深度为5～15m。

3. 强夯法指的是为提高软弱地基的承载力，用重锤自一定高度下落夯击土层使地基迅速固结的方法。强夯法适用于处理碎石土、砂土、低饱和度的粉土与黏性土、湿陷性黄土、杂填土和素填土等地基。

4. 夯实水泥桩法是利用人工或机械成孔，选用相对单一的土质材料和水泥以一定配比混合制成水泥土，分层回填并夯实，形成均匀的水泥桩从而达到强化地基的地基处理方法。

【实施途径】

根据地基和上部结构的实际情况，选择合适的地基处理方法。北京市区对噪声控制严格，强夯法、夯实水泥土桩法基本不会应用，地基处理应优先考虑换填垫层法、水泥粉煤灰碎石桩法、挤密桩法；但在稍偏远地区，强夯法、夯实水泥土桩法也是可考虑的方案。另外，组合型地基处理设计也是设计中可能采用的经济型方案。

【案例分析】

北京丰台区某住宅小区，其工程位于原有的采砂石坑范围内，利用建筑垃圾等杂填土回填至天然地面。基础持力层主要为素填土层以及杂填土层，厚度大，成分复杂且不均匀，欠固结，承载力特征值低。根据地质勘察报告、结构设计要求，需要进行地基加固处理。工程中采取了组合型地基处理设计。

以2号楼为例，处理方案为：满夯＋挤密水泥砂石桩复合地基＋天然砂卵石地基。组合型地基处理不仅可以发挥各种地基处理的优点取长补短，而且可以利用现场开挖的良好天然级配砂石和杂填土，施工用水、用电少，资源消耗少，造价低廉，技术经济性很好。

图8-1为某住宅小区2号楼地基处理工程

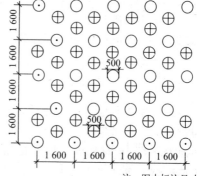

注：图中标注尺寸单位为mm

"⊕"柱锤冲扩挤密水泥砂石（天然级配）桩

"○"钻孔夯扩挤密水泥砂石（天然级配）桩

图8-1　地基处理布桩局部平面图

布桩局部平面图，表8-9中列出了地基处理工程的有关参数。

某住宅小区2号楼地基处理工程有关参数 表8-9

杂填土厚度 (m)	±0.00 (m)	基底标高 (m)	复合地基承 载力（kPa）	基形式	地上（下） 层数（层）	地基绝对沉降 量（mm）	倾斜 （沉降差）
3.8~9.5	53.85	49.56 (−4.29)	220	框剪 （箱基）	11（1）	≤80	≤0.002

【标准原文】第8.3.4条　地基基础协同分析与设计应满足以下要求：

1　高层建筑宜考虑地基基础与上部结构的共同作用，进行协同设计；

2　桩基础沉降控制时，宜考虑承台、桩与土的协同作用；

3　筏板基础宜根据协同计算结果进行优化设计。

【设计要点】

建筑上部结构、地下结构、地基基础三者协同分析是保证结构安全合理、优化构件布置及截面，降低材料用量的有效手段。

1. 常规设计方法人为地把基础和上部结构分开计算，忽略了基础的变形和位移，忽略了上部结构对基础的约束作用，这样导致的结果：一是基础弯矩和纵向弯曲过大，基础设计偏于保守；二是没有考虑基础实际存在的差异沉降引起的上部结构的次应力，在某些部位（如底层梁、柱和边跨梁、柱）低估了上部结构的内力，使这些部位计算结果偏于不安全。

因此，合理的设计方法应考虑将上部结构、基础、地基作为一个整体，考虑接触部位的变形协调来计算其内力和变形，进行协同设计。

2. 在建筑物桩基础中，桩和承台、土之间相互作用，相互影响，形成了一个复杂的系统。这个系统的功能是承担上部荷载，同时控制沉降。常规设计中承台、桩、上部结构往往独立开来计算设计，容易造成设计中的过分保守。因此合理的设计方法中，应该考虑承台、桩和土的协同作用。

3. 筏板基础内力按常规设计会偏保守，因此应根据结构‐地基‐基础协同计算结果进行优化设计，减小基础尺寸。

【实施途径】

1. 对于高层建筑，在计算模型中同时考虑地基基础和上部结构，进行协同设计。

2. 对于桩基础的沉降计算，宜考虑承台、桩和土共同作用，进行协同设计。

3. 对于筏板基础，应该根据与上部结构的协同计算结果，进行优化设计。

【案例分析】

北京某大厦地上36层，建筑总高度达到150m，采用框架‐核心筒结构体系。主楼和地下室连成一体，置于同一个基础筏板上，主楼核心筒与外围框架、主楼与纯地下室之间荷载差异大。主楼基础采用后注浆钻孔灌注桩基础，纯地下室部分采用天然地基上的平板式筏形基础。

设计时考虑主楼和纯地下室之间产生的沉降和差异沉降，考虑桩与筏板基础及地基土相互作用原理，进行地基变形、基础沉降的协同计算分析。通过对不同桩径的桩基进行试算比较，优化桩筏基础的设计，发现采用800mm直径的后注浆钻孔灌注桩与采用1000mm直径的后注浆钻孔灌注桩比较，承载力没有降低，但基础底板和承台的造价可大大节省。其中桩数量由168根减为160根，核心筒下底板厚度由2500mm减为1600mm，核心筒外与地下部分的纯地下裙房底板厚由1000mm减为800mm，桩承台高由2500mm减为1900mm。

【标准原文】第8.3.5条 钻孔灌注桩宜采用后注浆技术提高侧阻力和端阻力。

【设计要点】

钻孔灌注桩后注浆技术是指在成桩过程中，在桩底或桩侧预置注浆管道，待桩身混凝土达到一定强度后，通过注浆管道，注入水泥浆液或其他化学浆液，使桩底沉渣及桩周土间的泥皮隐患得到根除，桩端阻力及桩侧阻力相应提高，从而提高单桩承载力。

【实施途径】

对采用钻孔灌注桩的工程，推荐使用后注浆技术。根据北京地区的地质特点及工程经验，桩底及桩侧注浆可有效提高桩基承载力1.4～1.8倍，此项技术可以大幅度降低材料用量。对于抗浮桩，可只考虑桩侧后注浆。

【标准原文】第8.3.6条 城区人工填土应就近选用经处理的工业废渣、无机建筑垃圾及素填土作为多层建筑的地基，并符合相关规范要求。

【设计要点】

就近取材，回收利用废渣垃圾都是符合绿色环保理念的，但人工填土作为地基使用时需要注意其是否满足相关规范对地基承载力的要求，如不满足应通过地基处理的方法来强化地基。

【实施途径】

对于需要进行人工填土的工程，应就近选择材料，并合理回收利用工业废渣、建筑垃圾等。对于这样的人工填土地基还应进行检测评定，如不满足相关规范要求，应进行地基处理。

8.4 改扩建结构设计

【标准原文】第8.4.1条 改扩建工程，应根据结构可靠性评定要求，采取必要的加固、维护处理措施后，按评估使用年限继续使用。

【设计要点】

改扩建建筑，应尽量考虑利用原有的建筑结构，做到物尽其用，根据国家现行有关标准的要求，进行结构安全性、适用性、耐久性等结构可靠性评定。根据结构可靠性评定要求，采取必要的加固、维护处理措施后，按评估使用年限继续使用。

要区分"结构设计使用年限"和"建筑寿命"之间的不同。结构设计使用年限到期，并不意味建筑寿命到期。只是需要进行全面的结构技术检测鉴定，根据鉴定结果，进行必要的维修加固，满足结构可靠度及耐久性要求后仍可继续使用，以延长建筑寿命。

【实施途径】

对于需要改扩建的建筑，应根据《建筑抗震鉴定标准》GB 50023 以及《建筑抗震鉴定与加固技术规程》DB11/T689 对原建筑结构进行抗震鉴定，根据鉴定结果，依据《建筑抗震加固技术规程》JGJ 116 以及《建筑抗震鉴定与加固技术规程》DB11/T689、《混凝土结构加固设计规范》GB 50367、《建筑结构加固工程施工质量验收规范》GB 50550 等相关标准进行加固设计。

【标准原文】第 8.4.2 条　改扩建工程宜保留原建筑的结构构件，并应对原建筑的结构构件进行必要的维护加固。

【设计要点】

对改扩建工程，应对原有建筑进行可靠性和抗震性能评估鉴定，应尽可能保留原建筑结构构件，避免对结构构件大拆大改，以减少工程量，节约资源。

【实施途径】

改扩建工程的结构设计中尽量保留原结构中的构件，并考虑改扩建后的建筑用途对原结构构件重新计算设计，并根据需要进行必要的维护加固。

【标准原文】第 8.4.3 条　因建筑功能改变、结构加层、改建、扩建等，导致建筑整体刚度及结构构件的承载力不能满足现行结构设计规范要求，或需提高抗震设防标准等级时，应采用优化结构体系及结构构件加固方案，并宜优先采用结构体系优化加固方案。

【设计要点】

当由于改扩建导致建筑不满足现行规范要求，或者提高抗震设防标准等级时，应对原结构进行加固，使其满足规范要求。加固的设计应从结构整体体系来考虑，而不是仅仅考虑局部改动处的结构构件。采用结构体系加固方案，可大大减少构件加固的数量，减少材料消耗及对环境的影响。

【实施途径】

对结构重新按改建后的建筑功能对应的荷载或提高后的抗震设防标准等级进行整体设计，对结构体系进行改进优化，使其满足规范要求。根据结构特点，可以考虑隔震减震或耗能减震等技术、增设剪力墙（或支撑）将纯框架结构改造成框 - 剪（支撑）结构等，来解决结构抗震能力问题。

【案例分析】

北京火车站于 1959 年建成，当时按 7 度设防考虑，存在着许多不符合现行抗震要求的问题，一些设施也明显不能够满足现代使用功能要求，因此对其进行了抗震鉴定并根据鉴定结果进行了抗震加固和改造设计。通过改变结构体系作为主要加固方案，即保留原框架结构中的主要结构部分，在适当部位增设一定数量的剪力墙，一方面通过提高结构的侧向刚度，减小了地震作用下的变形，其二增加的剪力墙承担了大部分的地震荷载减小了原框架梁柱的受力，从而在不加固或少加固原框架梁柱的前提下，减轻地震破坏，达到抗震鉴定中规定的设防要求。

根据现场情况，在广厅采用了消能支撑的加固技术。消能支撑的布置如图 8-2 所示（黑线部分），这个加固方案具有这样几个优点：

1. 设置在原有填充墙位置的消能支撑，可利用建筑装修以及大型广告牌遮挡，北侧消能支撑设于窗内（图8-3），不影响外立面，也不影响采光。

2. 消能器能吸收大量的地震能量，减少结构在地震下的变形。

3. 无需对基础及框架柱进行加固，施工现场无湿作业，基本不影响车站正常运营。

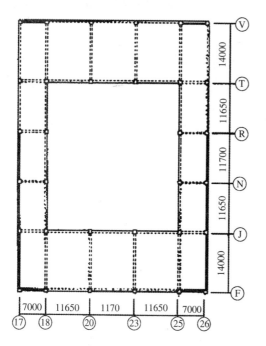

图8-2 北京火车站广厅消能支撑布置图　　图8-3 北侧消能支撑

【标准原文】第8.4.4条　结构体系或构件加固，应采用节材、节能、环保的加固技术。

【设计要点】

对需要加固的结构构件，在保证安全性及耐久性的前提下，应采用节材、节能、环保的加固设计及施工技术。目前结构构件的各种加固方法较多，所采用的加固设计方案应符合节约资源、节约能源及保护环境的绿色原则。

【实施途径】

了解各种加固技术，根据结构特点选择节材、节能、环保的加固技术对建筑结构进行加固处理。国家住房和城乡建设部2010年发布了《建筑业十项新技术》，其中介绍了混凝土结构的几种节能环保的加固技术：混凝土结构粘贴碳纤维、粘钢和外包钢加固技术，钢绞线网片聚合物砂浆加固技术等。钢结构的加固技术可参考《钢结构加固技术规范》CECS 77:96。

【标准原文】第8.4.5条　结构改建应充分利用建筑施工、既有建筑拆除和场地清理时产生的尚可继续利用的结构材料。

【设计要点】

建筑施工、既有建筑拆除和场地清理时产生的尚可继续利用的结构材料的应用将有效降低材料使用量，是绿色建筑重要内容，改建工程结构设计时应该考虑利用场地中产生的可循环利用的结构材料。

【实施途径】

对建筑施工、拆除以及场地清理时产生的可再利用的结构材料进行清点，并充分利用在结构改建工程中。

第9章 给水排水设计

9.1 一般规定

【标准原文】第9.1.1条 在方案设计阶段应制定建设项目的水资源规划方案，统筹、综合利用各种水资源。水资源规划方案应包括中水、雨水等非传统水源综合利用的内容。

【设计要点】

建设项目的水资源规划方案，包括但不限于下列内容：

1. 北京市政府规定的节水要求、项目所在地区水资源状况、气象资料、地质条件及市政设施情况等的说明；

2. 采用《民用建筑节水设计标准》GB 50555 计算用水定额、估算用水量（含用水量计算表）及水量平衡表的编制；

3. 给排水系统设计说明；

4. 采用节水器具、设备和系统的方案；

5. 污水处理设计说明；

6. 雨水及再生水等非传统水源利用方案的论证、确定和设计计算与说明。

【实施途径】

1. 项目设计之初即制定适宜的水资源利用方案，是绿色建筑节水设计的关键，它关系到后续工作中在节水方面的具体措施的设计。同时"因地制宜"是绿色建筑设计的灵魂，而充分地了解和分析项目所在地的水资源状况、气象资料、市政条件等正是其中的"因"，只有对此进行充分把握，才能使节水措施的运用更加具有针对性。

（1）北京市水资源现状：

北京市水务局的相关资料显示，北京多年平均降水 550～600mm，年均降水总量约 98.28 亿 m^3，形成地表径流约 17.72 亿 m^3，地下水资源约 25.59 亿 m^3，当地自产一次水资源总量约 37.39 亿 mm^3。北京属资源型重度缺水地区，是我国 111 个特贫水城市之一，是水库存水量全国下降最快的三个城市之一。人均水资源占有量不足 $300m^3$，是世界人均水资源量的 1/30、全国人均水资源量的 1/8，远远低于国际人均 $1000m^3$ 的缺水下限。水资源紧缺已成为制约北京市经济社会可持续发展的瓶颈。

（2）北京市水资源特点：

1）雨量少，年内分布不均。4～9月降雨量占全年雨量的 90% 以上；

2）降水量少，产水量也少。80% 以上的降水被下垫面所蒸发，不能渗入地下涵养地下水源；

3）入境水量少。本地水资源量是用水的主要来源，约占 70% 左右；

4）人均水资源占有量不足 300m³，水资源严重短缺。

（3）气象资料：主要包括影响雨水利用的降水量、蒸发量和太阳能资源等内容。

（4）地质条件：主要包括影响雨水入渗及回用的地质构造、地下水位和土质情况等。

（5）市政设施情况：项目所在地的市政给排水管网及处理设施的现状及规划情况。如果有市政再生水供应并可直接使用时，还应提供相关主管部门批准同意使用市政再生水的文件。

（6）北京市节水要求

北京市政府、相关委办局分别于 1987 年颁布《北京市中水设施建设管理试行办法》、1991 年颁布《北京市水资源管理条例》、2005 年颁布《北京市节约用水办法》和《关于加强建设项目节约用水设施管理的通知》及 2012 年新修订的《北京市节约用水办法》等关于水资源管理及节约用水要求的政府法规，其中均强调使用节约用水型生活用水器具、鼓励中水和雨水利用、推广采用下凹式绿地、渗水地面、绿化用水逐步推广滴灌、微喷灌等先进的节约用水浇灌技术等。

2. 平均日用水定额应按《民用建筑节水设计标准》GB 50555 中的规定进行计算，当项目的规划条件中含用水定额控制时，应以规划条件为准。

用水量估算不仅要考虑建筑室内盥洗、淋浴、冲厕、冷却水补水、泳池补水、空调设备补水等室内用水，还要综合考虑小区或区域性的室外浇洒道路、绿化、景观水体补水等室外用水。特别应注意的是在《民用建筑节水设计标准》GB 50555 中绿化浇洒用水的平均用水量是以年为单位提出的，还应注意浇洒道路、车库地面冲洗的年用水次数、冷却水补水系数的选择等。用水量估算需要综合各种功能需用水量，统一编制水量计算表，全面、准确地体现整个项目的用水情况，以便于方案论证。

当采用非传统水源（雨水、中水等）时，还应进行源水量和用水量的水量平衡分析，编制水量平衡表，设计时还应考虑季节变化等各种影响源水量和用水量的因素。

3. 给排水系统设计：

本《标准》只对构成绿色建筑的节水要素进行规定，给水排水设计中还必须符合国家相关标准规范的规定。如《建筑给水排水设计规范》GB 50015、《建筑中水设计规范》GB 50336、《建筑与小区雨水利用工程技术规范》GB 50400、《民用建筑节水设计标准》GB 50555 等。

（1）建筑给水系统设计方案内容包括水源情况简述（包括自备水源和市政给水管网）、供水方式、给水系统分类及组合情况、分质供水的情况、当水量水压不满足时采取的措施、非传统水源使用中的防污染措施等。

供水系统应保证水压稳定、可靠、高效节能。高层建筑生活给水系统应合理分区，低区应充分利用市政压力，高区采用减压分区时减压区不多于一区，同时可采用减压限流的节水措施。

管材、管道附件及设备等供水设施的选取和运行不应对供水造成二次污染。

（2）建筑排水系统的设计方案内容包括现有排水条件、排水系统的选择及排水体制、污废水排水量等。排水系统的选择及相应的处理措施应满足项目《环境影响评价报告》

的要求。

雨污水收集、处理及排放系统不应对周围人群和环境产生负面影响。

4. 采用节水器具和设备选用：

明确并规定系统设计中采用的节水器具、高效节水设备和相关的技术措施等。所有项目均应采用符合国家相关产品标准的节水器具。

5. 雨水及再生水利用：

对雨水及再生水利用的可行性、经济性和实用性进行说明，进行水量平衡计算分析，确定雨水及再生水的利用方法、规模、处理工艺流程等。

雨水收集系统应确定合理地设计规模，避免投资效益的低下。中水系统的设置、利用应满足北京市 2005 年颁布《关于加强建设项目节约用水设施管理的通知》中的规定。

【案例分析】

北京市某开发区的住宅项目提供的水资源规划说明包括：

编制依据及原则、项目所在地环境特点及工程概况、用水量分析及计算、给排水系统设计、非传统水源利用等。

该说明基本涵盖了水资源规划方案中所要求的全部内容，特别是在水系统设计中对自建中水系统进行了详细的论证及水平衡计算，达到了在设计之初即对项目可利用的各种水资源进行评估、判断的目的，为后续设计提供了良好的基础，从而也保证了各项节水措施在施工图设计阶段得到很好的落实。

【标准原文】第 9.1.2 条　集中热水供应的热源应优先选择工业余热、废热和冷凝热，有条件时可利用地热和太阳能制备热水。并应符合北京市《居住建筑节能设计标准》DB11/891 及《公共建筑节能设计标准》DB11/687 的相关规定。

【设计要点】

北京市《居住建筑节能设计标准》中规定：当无条件采用工业余热、废热作为生活热水的热源时，下列住宅应设置太阳能热水系统。

1. 12 层及其以下的住宅；

2. 12 层以上的住宅，当屋面能够设置太阳能集热器的有效面积，大于或等于按太阳能保证率为 0.5 计算出的集热器总面积时，也应设置；

3. 当屋面能够设置太阳能集热器的有效面积，小于按太阳能保证率为 0.5 计算出的集热器总面积时，也宜设置太阳能热水系统，并宜在南向阳台或墙面增设太阳能集热器，使整栋建筑热水系统的太阳能保证率达到 0.5。

北京市住房和城乡建设委员会《北京市太阳能热水系统建筑应用管理办法》京建函〔2011〕233 号也对太阳能热水的设置提出了要求。

【实施途径】

集中热水供应系统的热源选择在《建筑给水排水设计规范》GB 50015-2003（2009 年版）中的第 5.2.2 条有详细的规定，在选择水加热设备时还应执行《民用建筑节水设计标准》GB 50555-2010 中 6.2.3、6.2.4 条的规定。

北京市地处太阳能资源Ⅱ区，纬度倾角平面年总辐照量为 5844.4MJ/（m²·a），太阳能资源较丰富，年太阳能保证率推荐值为 40% ～ 50%。北京市政府对建筑的太阳能热水系统使用要求提出了明确的规定，设计中应严格执行。当采用太阳能热水系统时，还应执行相关的国家标准规范的规定。北京市为夏热冬冷地区，太阳能热水系统设计中应特别注意夏季过热及冬季防冻的问题。

【案例分析】

北京市某住宅项目所有住户均设置太阳能热水系统，为便于管理，项目采用集中设置太阳能集热器、热水箱分设在各住户厨房内、电辅热的形式供应生活热水。

采用这样的太阳能热水系统的优点在于：

1. 避免了集中式供应热水系统的设备及管路热损失过大的问题；

2. 避免了集中热水系统计量收费困难的问题；

3. 当太阳能辐照量不足的情况下还可以为热水系统进行预热，最大限度地利用了太阳能。但该系统在设计时要特别注意根据热媒温度控制电加热器自动启停的自动控制系统设计，避免造成电热反送。

【标准原文】第 9.1.3 条　给水排水设施、管道的设置不应对室内、外环境产生噪声污染。

【设计要点】

给水排水系统可通过下列方式降低噪声：

1. 合理确定给水管管径，管道内水流速度符合《建筑给水排水设计规范》GB 50015 的规定。

2. 选用内螺旋排水管、芯层发泡管等有隔声效果的塑料排水管。

3. 优先选用虹吸式冲水方式的坐便器。

4. 降低给排水设备机房噪声：选择低转速（不大于 1450 转 /min）水泵、屏蔽泵等低噪声水泵；水泵基础设减振、隔振措施；水泵进出管上装设柔性接头；水泵出水管上采用缓闭式止回阀；与水泵连接的管道吊架采用弹性吊架等。

5. 选用低噪声冷却塔以减小室外环境噪声。

【实施途径】

绿色建筑的室内环境要求中规定：建筑室内的允许噪声级应符合现行国家标准《民用建筑隔声设计规范》GB 50118 的规定。在《住宅设计规范》GB 50096-2011 中的 8.1.7、8.1.8 条也对管道布置、机房的减振降噪做出了规定。建筑给排水设计中还应注意降低室内供水管道的流速，降低因流速过快产生的噪声污染。另外还可选用有降噪功能的管材、设备等减少室内的噪声源。

绿色建筑的用地声环境设计还应符合现行国家标准《声环境质量标准》GB 3096 的规定。对给排水设计来说，冷却塔是暴露于室外的设备，并会产生室外环境噪声，因此在设备选型时应注意采用低噪声冷却塔以降低室外噪声。

【标准原文】第 9.1.4 条　下列建筑排水应单独排水至水处理或回收构筑物：

1　职工食堂、营业餐厅的厨房含有大量油脂的洗涤废水；

2　机械自动洗车台冲洗水；

3　含有大量致病菌，放射性元素超过排放标准的医院污水；

4　水温超过 40℃的锅炉、水加热器等加热设备排水；

5　用作回用水水源的生活排水；

6　实验室有毒有害废水。

【设计要点】

本条款摘自《建筑给水排水设计规范》GB 50015，强调本条款的目的是为了增强设计人员的排水及水污染防治方面的意识，特别是强调不同类型的含油水、含有毒有害物质的废水及生活排水的分类收集，并采用不同的处理方法及建设相应的配套设施，大力倡导污染物就地消纳或集中处理。

【实施途径】

在设置生活排水系统时，对局部受到油脂、致病菌、放射性元素、温度和有机溶剂等污染的排水应设置单独排水系统进行收集处理。

含油污水应进行隔油处理，可采用成品隔油器、油脂分离器、隔油池等。含致病菌的污水应进行消毒处理。当污水中含有放射性元素时，其处理应符合《辐射防护规定》GB 8703 中的相关要求，并应根据核素的半衰期长短，分为长寿命和短寿命两种放射性核素废水分别进行处理。温度过高的排水应进行降温处理。机械自动洗车台冲洗水含有大量泥沙，经处理后的水应循环使用，北京市对此也有相关的规定。建设项目内的污水处理及排放还应满足项目《环境影响评价报告》的要求。

当项目内设有中水处理设施时，用作中水水源的生活排水，应设置单独的排水系统排入中水原水集水池。

【案例分析】

北京市某办公建筑，裙房内设有餐厅，地下室设有中水处理机房。其室内排水系统采用分流制，分别设置生活废水系统、生活污水系统、厨房排水系统。厨房污水经隔油池后、生活污水经化粪池后排至室外排水管网，生活废水经管道系统收集后进入设于地下室的中水原水集水池，经后续的生化处理工艺，出水水质达标后用于建筑内冲厕及室外绿化。

9.2　供水系统设计

【标准原文】第9.2.1 条　供水系统的节水设计应因地制宜采取措施综合利用市政给水、市政再生水、雨水、建筑中水等各种水资源。当采用非传统水源时应根据使用功能合理确定供水水质标准。

【设计要点】

给排水系统设计中首先应确定各用水系统的水源，本着能源利用的 3R 原则，即减少用量（Reduce）/ 再利用 、再循环（Reuse 、Recycle）/ 可再生（Renewable ）的原则，根据使用功能的不同，选择采用市政给水、市政再生水、雨水、建筑中水等水资源。如绿化、道路冲洗、洗车等非饮用水采用再生水或雨水等非传统水源。

采用非传统水源时，应根据其使用性质采用不同的水质标准：

1. 采用雨水或中水作为冲厕、绿化灌溉、洗车、道路浇洒时，其水质应满足《污水再生利用工程设计规范》GB 50335 中规定的城镇杂用水水质控制指标。

2. 采用雨水、中水作为景观用水时，其水质应满足《污水再生利用工程设计规范》

GB 50335 中规定的景观环境用水的水质控制标准。

【实施途径】

根据用水要求的不同,给水水质应满足国家、地方或行业的相关标准。用于洗涤、烹饪、盥洗、淋浴、衣物的洗涤、家具的擦洗用水等的生活给水,其水质应符合国家现行标准《生活饮用水卫生标准》GB 5749、《城市供水水质标准》CJ/T 206 的要求。当采用二次供水设施来保证正常供水时,二次供水设施的水质卫生标准还应符合现行国家标准《二次供水设施卫生规范》GB 17051 的要求。生活热水系统的水质要求与生活给水系统的水质相同。

管道直饮水水质应满足行业标准《饮用净水水质标准》CJ 94 的要求。

生活杂用水指用于便器冲洗、绿化浇洒、室内车库地面和室外地面冲洗等非饮用用水,可使用市政再生水或建筑中水、雨水,其水质应符合国家现行标准《城市污水再生利用 城市杂用水水质》GB/T 18920、《城市污水再生利用景观环境用水水质》GB/T 18921 和《生活杂用水水质标准》CJ/T 48 的相关要求。

【案例分析】

项目周边有市政再生水供应,建筑给水采用市政给水,冲厕、绿化灌溉、景观补水、道路冲洗及地下车库的地面冲洗均采用市政再生水,并提供建设单位与市政再生水供水单位的给水协议。

【标准原文】第 9.2.2 条 节水规划设计中平均日用水定额应采用《民用建筑节水设计标准》GB 50555 中用水指标的中间值。

【设计要点】

因北京市为缺水地区,特别是近几年水资源短缺状况严重,因此用水指标采用《民用建筑节水设计标准》GB 50555 的用水定额的中间值以达到更好的节水效果。中间值为高值和低值的算术平均值。

【实施途径】

用水定额的基本含义是指在一定的技术条件和管理水平下,为合理利用水资源而核定的用水量标准。用水定额是随着节水技术的改进、节水管理水平的提高而变化的管理指标。提出"节水用水定额"的定义,即采用节水型生活用水器具后的平均日用水量。住宅采用节水器具后可比不使用节水器具节水约 20%。公共建筑的情况相对复杂一些,在《民用建筑节水设计标准》GB 50555-2010 中的表 3.1.2 是以《建筑给水排水设计规范》GB 50015(2009 年版)中的生活用水定额为基准,乘以 0.9 ~ 0.8 的使用节水器具后的折减系数得到的相应各类建筑的节水用水定额。

进行项目节水设计时,基本用水定额是所有水系统规划与设计的基准,根据不同建筑类型的用水特点,确定适宜的人均用水定额标准是节水设计的基础。如办公楼 25 ~ 40 L/(人·班),其中间值为 32.5L/(人·班);宾馆客房旅客用水为 220 ~ 320L/(床位·d),其中间值为 270 L/(床位·d)。对住宅建筑《中新天津生态城指标体系》要求为小于等于 120L/(人·d);《曹妃甸国际生态城》指标体系为 100 ~ 120L/(人·d)。随着节水技术、节水管理水平的提高,以及广泛使用节水器具、节水设备的情况下,可逐渐采用更低的用水定额直至达到用水定额的低值。

【案例分析】

北京市某新建区域在规划设计阶段即规定：所有建筑均应采用节水器具和设备，并且所有用水器具应符合《节水型生活用水器具》及《节水型产品技术条件与管理通则》的规定，区域内的居住建筑其住宅平均日生活用水量不高于 110 L/（人·d）。

【标准原文】 第 9.2.3 条　采用市政给水、市政再生水时应充分利用城市市政给水管网的水压。当需要加压供水时，应根据卫生安全、经济节能的原则选用供水方式。多层、高层建筑的给水、中水、热水系统应合理确定竖向分区，公共建筑入户管（或配水横管）供水压力不大于 0.15MPa，居住建筑入户管供水压力不大于 0.20MPa，且不应小于用水器具要求的最低压力。

【设计要点】

供水系统应保证水压稳定、可靠、高效节能。根据《民用建筑节水设计标准》GB 50555 中的规定：供水系统应充分利用市政压力，高层建筑生活给水系统应合理分区，高区采用减压分区时减压区不多于一区，同时还应采用减压限流的节水措施。

充分利用市政供水压力，作为一项节能条款在《住宅建筑规范》GB 50368 中明确为"生活给水系统应充分利用城镇给水管网的水压直接供水"。当建筑需要加压供水时，应采用节能的供水措施，当采用管网叠压供水时应取得建设项目所在地相关主管部门的同意。

为减少建筑给水系统超压出流造成的水量浪费，应从给水系统的设计、合理进行压力分区、采取减压措施等多方面采取对策。

在执行本条款过程中还需做到：掌握准确的供水水压、水量等可靠资料；满足卫生器具配水点的水压要求；高层建筑分区供水压力在满足《建筑给水排水设计规范》GB 50015-2003（2009 年版）第 3.3.5 条及第 3.3.5A 条的要求的同时，还应满足北京市《居住建筑节能设计标准》DBJ11/602 及《公共建筑节能设计标准》DB11/687 的相关规定。

【实施途径】

给水系统、中水系统等的竖向分区及分区要求应首先满足《建筑给水排水设计规范》GB 50015（2009 年版）中的要求，在此基础上还应满足北京市《居住建筑节能设计标准》DBJ11/602 及《公共建筑节能设计标准》DB 11/687 的相关规定，即：公共建筑应使各用水点处供水压力不大于 0.15MPa，住宅建筑保证用水点供水压力不大于 0.20MPa，且不应小于用水器具要求的最低压力。

给水配件阀前压力大于流出水头时，会造成给水配件在单位时间内的出水量超过额定流量的现象，即为超压出流现象，该流量与额定流量的差值，为超压出流量，而超压出流量不会提高使用效果。给水配件超压出流，不但破坏给水系统中水量的正常分配，对用水工况产生不良影响，同时因超压出流量未产生使用效益，为无效用水，因而造成水源的浪费。《节水型生活用水器具》CJ164-220 规定节水龙头的流量标准是：在水压 0.1MPa 和 DN15 管径情况下，最大流量不大于 0.15L/s，即不大于 9L/min。实验证明按照水嘴的额定流量 q=0.15L/s 为标准比较，当动压值为 0.17MPa 和 0.22MPa，静压值为 0.3MPa 时，节水水嘴在半开、全开时流量分别为额定流量的 2 倍（0.29L/s）和 3 倍（0.46L/s），即超压出流。

避免造成超压出流的措施有合理设计供水系统的竖向分区及在局部超压楼层或供水支管上设置减压阀。

【案例分析】

某 10 层住宅，4 层及以下为低区，利用市政水压直接供水；4 层以上为高区，采用水箱、变频供水泵组联合供水，供水系统为上行下给方式，其中 6、7、8 层经减压阀后供水，使各层各住户给水管表前压力均不大于 0.2MPa。

【标准原文】 第 9.2.4 条　热水用水量较小且用水点分散时，宜采用局部热水供应系统；热水用水量较大、用水点集中时，应采用集中热水供应系统，并应设置完善的热水循环系统。热水系统设置应符合下列规定：

　　1　住宅设集中热水供应时，应设干、立管循环，用水点出水温度达到设计水温的放水时间不应大于 15s；

　　2　医院、旅馆等公共建筑用水点出水温度达到设计水温的放水时间不应大于 10s；

　　3　公共浴室淋浴热水系统应采用定量或定时等节水措施。

【设计要点】

用水量较小，用水点分散的建筑如：办公楼、小型饮食店等。热水用水量较大、用水点比较集中的建筑，如：居住建筑、旅馆、公共浴室、医院、疗养院、体育馆、大型饭店等。

根据《住宅设计规范》GB 50096 的要求，住宅设集中热水供应时，热水表后不循环的供水支管长度不宜大于 8m。设有 3 个以上卫生间的公寓、住宅、别墅共用水加热设备的局部热水供应系统，因为支管较长，一般应设回水配件自然循环或设小型循环泵机械循环。

建筑内设定时集中热水供应系统的干、立管应设循环管道。

公共浴室可采用脚踏式、感应式及全自动刷卡式等定量或定时的淋浴方式。

【实施途径】

据调查，大多数集中热水供应系统存在严重的浪费现象，主要体现在开启热水配水装置后，不能及时获得满足使用温度的热水，而是要放掉部分冷水之后才能正常使用。这部分冷水未产生使用效益，因此称之为无效冷水。无效冷水浪费现象是由多方面原因造成的，合理设置回水管路是有效避免无效冷水浪费的主要方法。

《建筑给水排水设计规范》中提出了建筑集中热水供应系统的三种循环方式：干管循环（仅干管设对应的回水管）、立管循环（立管、干管均设对应的回水管）和干管、立管、支管循环（干管、立管、支管均设对应的回水管）。同一座建筑的热水供应系统，选用不同的循环方式，其无效冷水的出流量是不同的。同一建筑采用各种循环方式的节水效果，其优劣依次为支管循环、立管循环、干管循环，而按此顺序各回水系统的工程成本却是由高到低。因此，新建建筑的集中热水供应系统在选择循环方式时需综合考虑节水效果与工程成本。无循环热水系统的理论无效冷水量最大，水量浪费极其严重，在集中热水供应系统中应避免采用。干管循环方式的水量浪费严重，而且建筑的层数越多，无效冷水管段长度会因立管的增长、支管的增加而增加，因而理论上无效冷水量也将随之增大，远大于支管循环和立管循环，且与其他循环方式相比，其经济优势并不明显。因而，新建建筑集中热水供应系统应避免选用干管循环方式。支管循环方式理论上不产生无效冷水，针对我国水资源紧缺、需尽可能降低无效冷水量的状况，从长期发展的角度讲，热水系统采用支管循环方式是最佳选择。立管循环方式与干管循环和无循环相比节水效果显著，工程成本明显低于支管循环方式。根据我国目前的经济状况，立管循环方式在一定的时期内可以作为集中热水供应系统循环方式的另一选择方案。

综上所述，新建建筑的集中热水供应系统应根据建筑性质、建筑标准等具体情况选用支管循环方式或立管循环方式，避免采用无循环和干管循环方式。

【标准原文】第9.2.5条　集中热水供应系统应有保证用水点处冷、热水供水压力平衡的措施，最不利用水点处冷、热水供水压力差不应大于0.02MPa，并符合下列要求：

1　冷水、热水供应系统应分区一致；

2　当冷、热水系统分区一致有困难时，宜采用配水支管设可调式减压阀减压等措施，保证系统冷、热水压力的平衡。

【设计要点】

生活热水主要用于盥洗及淋浴，均是通过冷热水混合后调节到需要的使用温度，因此热水供水系统应与冷水系统竖向分区一致，从而保证系统内冷热水的压力平衡，达到节水、节能的目的。减压阀大量使用在给水及热水供水系统上，对简化供水系统起到了很大的作用，但应特别注意当热水系统采用减压阀时，其密封部分的材质应按热水温度要求选择。

【实施途径】

保证配水点冷热水压力平衡，便于水温的调节，从而减少因调节水温时间长造成的水量浪费。主要保证措施如下：

1.高层建筑的冷热水分区应一致，各供水区域的水加热器应由对应区域的冷水系统供给；

2.同一供水区域的冷热水管路系统应采用相同的布置形式，建议采用上行下给方式；

3.选用水加热器的被加热水侧阻力损失不应大于0.01MPa。

【标准原文】第9.2.6条　当设有下列系统时，应采取水循环使用或回收利用的节水措施，并符合下列要求：

1　冷却水必须循环使用；

2　游泳池、水上娱乐池（儿童池除外）等应采用循环给水系统，排出废水宜回收利用；

3　蒸汽凝结水应回收再利用或循环使用，不得直接排放；

4　洗车用水宜采用非传统水源，当采用自来水时，洗车设备用水应循环使用；

5　设有集中空调系统的大型建筑，宜设置单独的空调冷凝水回收再利用措施。

【设计要点】

为提高水的利用效率，在给排水设计中应采取以下措施：

1. 2012年7月1日起施行的"北京市节约用水办法"中规定：间接冷却水应当循环使用，循环使用率不得低于98%，不得直接排放间接冷却水。

2.游泳池、水上娱乐池等的补水水源为城市市政给水，在其循环处理过程中，排出大量废水，而这些废水水质较好，所以应充分利用。

3.《民用建筑节水设计标准》GB 50555提出蒸汽凝结水应回收再利用。推广使用蒸汽冷凝水的回收设备和装置，推广漏汽率小、背压度大的节水型疏水器。

4.提供洗车服务的用水单位应当建设循环用水设施；位于再生水输配水管线覆盖地区

内的，应当使用再生水。当循环水洗车设备采用全自动控制系统洗车时，可节水90%，并具有运行费用低、操作简单、占地面积小等优点；微水洗车可使气、水分离，在清洗汽车污垢时达到较好效果；无水洗车是节水的新方向。提供洗车服务的用水单位应当建设循环用水设施；再生水输配水管线覆盖地区内的，应当使用再生水。

【实施途径】

循环冷却水宜采用开式系统，其水质应满足被冷却设备及环境要求，循环冷却水系统的设计应按《建筑给水排水设计规范》GB 50015中的规定执行。游泳池循环水过滤宜采用压力过滤器并应进行消毒杀菌处理，具体做法应按《建筑给水排水设计规范》GB 50015及《游泳池和水上游乐池给水排水设计规程》CECS 14中的规定执行。

蒸汽凝结水、空调冷凝水及游泳池排水水质污染少，可作为中水原水进行回收利用。

【标准原文】第9.2.7条 景观用水不得采用市政供水和自备地下水井供水，并应符合下列要求：

  1 景观用水应采用雨水、再生水等非传统水源；

  2 水景的补水量与回收利用的雨水、建筑中水水量应达到平衡；

  3 景观用水应经循环处理后使用。

【设计要点】

《民用建筑节水设计标准》GB 50555对此有明确要求，且为强制性条文。2012年7月1日起施行的"北京市节约用水办法"中也规定：住宅小区、单位内部的景观环境用水和其他市政杂用水，应当使用雨水或者再生水，不得使用自来水。

根据雨水或再生水等非传统水源的水量和季节变化的情况，设置合理的水景面积，避免美化环境的同时却大量浪费宝贵的水资源。景观水体的规模应根据景观水体所需补充的水量和非传统水源可提供的水量确定，非传统水源水量不足时应缩小水景规模。

景观水体补水采用雨水时，应考虑旱季景观，确保雨季观水、旱季观石；景观水体与雨水收集利用系统相结合，可作为雨水的调蓄收集池，景观水体调蓄容积应根据雨水用量及雨水收集面积等，进行技术经济分析后确定。

景观水体补水采用中水时，应采取措施避免发生景观水体的富营养化问题。

【实施途径】

景观水体的规模应根据景观水体所需补充的水量和非传统水源可提供的水量确定。

1.采用雨水作为景观用水补水时，水景面积 A（m²）与雨水汇水面积 F（m²）应满足下列关系：

$$\frac{\Delta H}{1000} \times A = \psi \times F \times \frac{h}{1000} - 1.1 \times \frac{e}{1000} \times A \tag{9-1}$$

式中 ΔH——水景运行一年内水位波动的上下限值（mm），一般取 -500 ~ 500mm；

  A——水景面积（m²）；

  F——雨水汇水面积（m²）；

  h——当地年平均降雨量（mm）；

  e——年平均蒸发量（mm），水景渗漏损失以蒸发量的10%粗略估计（也可根据项目所在地质及土壤渗透率等因素酌情增减）。

当不考虑雨水用于其他目的时，可根据设计项目的雨水汇水面积，估算出合适的水景面积。

2. 采用再生水作为景观用水补水时, 水景面积 A (m²) 与年平均可利用再生水量 Q (m³) 应满足下列关系:

$$\frac{\Delta H}{1000} \times A = Q - 1.1 \times \frac{e}{1000} \times A \tag{9-2}$$

式中 Q ——年平均可利用再生水量 (m³) 水景运行一年内水位波动的上下限值, 一般取 -500 ~ 500mm;

其他参数同式 (9-1)。

当不考虑再生水用于其他目的时, 可根据设计项目的可利用再生水量, 估算出合适的水景面积。

再生水用于景观用水时, 水质应符合《城市污水再生利用 景观用水水质》GB/T 18921 的相关要求。景观水体分为两类: 人体非全身性接触的娱乐性景观水体; 人体非直接接触的观赏性景观水体。两种景观水体水质要求不同, 其水质指标应满足《再生水回用于景观水体的水质标准》CJ/T 95-2000 的相关要求。

【标准原文】第9.2.8条 民用建筑的给水、热水、中水以及直饮水等给水管道应在下列位置设置水表计量:

1 住宅建筑每个居住单元和景观、灌溉等不同用途的供水管;

2 公共建筑不同用途和不同付费单位的供水管。

【设计要点】

对应公共建筑水表可设置在以下部位: 建筑供水总管; 高层建筑分区供水的集水池前引入管; 建筑供水方式为 "水池－水泵－水箱" 中水箱出水管; 冷却塔补水管、游泳池补水管、水景补水管、厨房给水管、洗衣房给水管、公共浴池给水管、中水补水管、太阳能热水箱补水管、雨水清水池补水管、公共建筑内需计量收费的支管起端等。

对居住建筑水表可设置在以下部位: 建筑供水总管; 按供水部门要求设置的单元表、户表; 公共设施用水等。

为能及时发现管网漏损情况, 下一级水表的设置应完全覆盖上一级水表的计量范围。

9.3 节水设备及器具

【标准原文】第9.3.1条 水嘴、淋浴器、家用洗衣机、便器及冲洗阀等应符合现行行业标准《节水型生活用水器具》CJ 164 的要求。

【设计要点】

节水器具是指在满足相同的饮用、厨用、洁厕、洗浴、洗衣等用水功能的同时, 较同类常规产品能减少用水量的器件、用具。节水龙头 (水嘴) 是指具有手动或自动启闭和控制出水口水流量功能, 使用中能实现节水效果的阀类产品。《节水型生活用水器具》CJ 164 规定节水龙头的流量标准是: 在水压 0.1MPa 和 DN15 管径情况下, 最大流量不大于 0.15L/s。

节水淋浴喷头是指采用接触或非接触控制方式启闭, 并有水温调节和流量限制功能的淋浴器产品。淋浴器喷头应在水压 0.1MPa 和管径 15mm 下，最大流量不大于 0.15L/s。

节水便器，就是能够在冲洗干净，不返味，不堵塞的前提下，有限地节约用水的便器。

【实施途径】

节水龙头普遍分为加气节水龙头和限流水龙头两类。加气节水龙头和限流水龙头是通过加气或者减小过流面积来降低通过水量的，通过上述措施在同样的使用时间里，就减少了用水量，从而达到节约用水的目的。限流水龙头大多为陶瓷阀芯水龙头，这种水龙头密闭性好、启闭迅速、使用寿命长，而且在同一静水压力下，其出流量小于普通水龙头的出流量，具有较好的节水效果，节水量约为 20% ~ 30%。

常用的节水淋浴喷头又称为多功能淋浴喷头或增氧防垢淋浴喷头，目前在国外的应用已很普遍，国内也有少量应用。同节水龙头一样是在出水口部进行改进，增加了吸氧舱和增压器，不仅减少了过流量，还使水流富含氧气。对于普通喷头来说，停止使用时喷头内仍然会有滞留的水，这样长时间以后就会有水垢的富集，而这种多功能淋浴喷头没有容水腔，水流直接喷射出去，停止使用时不积水，减少产生水垢的机会。便器主要有直排式和虹吸式。直排式的特点是结构简单、节水，主要缺点是便器密封不好和返味；虹吸式采用"S"型水密封，卫生和密封性能好，并经过长期的优化改进，其节约用水量也基本达到极限（3L/6L）。目前国内外使用的传统便器多为虹吸式，随着对节水要求的不断提高，迫切需要更为节水的器具，随着新技术与新材料的应用，节水能力尚具有提升空间的直排式节水便器得到了广泛应用。根据市场出现的节水便器类型，大致可分为：压力流防臭节水坐便器、压力流冲击式节水坐便器、脚踏型高效节水坐便器、感应式节水坐便器和双按钮节水坐便器等，这些都属于是直排式的节水便器。

目前我国已对部分用水器具的用水效率制定了相关标准，如:《水嘴用水效率限定值及用水效率等级》GB 25501、《坐便器用水效率限定值及用水效率等级》GB 25502，今后还将陆续出台其他用水器具的标准。设计中应优先选用节水效率高的产品，这样的卫生器具具有更优越的节水性能。

【标准原文】 第 9.3.2 条　绿化浇洒应采用喷灌、微灌等高效节水灌溉方式。

【设计要点】

喷灌系统类型有:固定式、移动式、自压型、加压型等。

在规划时,应根据喷灌区域的浇洒管理形式、地形地貌、气象条件（风、温度和降雨量）、水源条件、绿地面积大小、土壤渗透率、植物类型和水压等因素，选择不同类型的灌溉系统，可以是一种，也可以是几种形式组合使用。喷灌适用于植物集中连片的场所，微灌适用于植物小块或零碎的场所。推荐选用灌溉形式:

1. 水源为再生水的绿地，宜采用以微灌为主的方式;

2. 人员活动频繁的绿地，宜采用以微灌为主的方式;

3. 土壤易板结的绿地，不宜采用地下式微灌的浇洒方式;

4. 乔灌木宜采用以滴灌、微灌等为主的浇洒方式;

5. 花卉宜采用滴灌、微灌等为主的浇洒方式;

6. 鼓励采用无水灌溉的种植方式。

绿化灌溉鼓励采用喷灌、微灌、滴灌、渗灌、低压管灌等节水灌溉方式，鼓励采用湿度传感器或根据气候变化的调节控制器。为增加雨水渗透量和减少灌溉量，对绿地来说，鼓励选用兼具渗透和排放两种功能的渗透性排水管。

【实施途径】

　　喷灌是充分利用市政给水、中水的压力通过管道输送将水通过架空喷头进行喷洒灌溉，或采用雨水以水泵加压供应喷灌用水。喷灌可将水喷射到空中变成细滴均匀地散布到绿地。它可按植物品种、土壤和气候状况适时适量喷洒。其每次喷洒水量少，一般不产生地面径流和深层渗漏。喷灌比地面灌溉可省水约 30% ~ 50%，而且还节省劳力，工效较高。

　　微灌是高效的节水灌溉技术，它可以缓慢而均匀的直接向植物的根部输送计量精确的水量，从而避免了水的浪费。目前国外干旱地区常用的节水灌溉方式主要是微灌。微喷头可以防止径流和超范围喷洒到道路、便道，比地面漫灌省水 50% ~ 70%；比喷灌省水 15% ~ 20%。

　　滴灌是经管道输送将水通过滴头直接滴到植物根部；滴灌除具有喷灌的主要优点外，比喷灌更节水（约 40%）、节能（50% ~ 70%），但因管道系统分布范围大而增大了投资和运行管理工作量。

　　滴灌、微灌用于非草坪类的植物灌溉。采用微灌时进水处需设置过滤器，喷洒头宜选用具自冲洗抗堵塞的喷洒头，并应有防虫措施。采用滴灌时除设必要的过滤、防虫设施外，还需具备防止空气倒吸功能。

　　利用雨水或中水作为绿化管灌溉用水，是节约市政供水的重要方面。采用再生水灌溉时，喷灌方式易形成气溶胶，造成水中微生物在空气中的传播，因此应采用微喷灌、滴灌的灌溉方式。

【标准原文】第 9.3.3 条　成品冷却塔应选用冷效高、飘水少的产品。冷却塔飘水率应小于 0.01%。

【设计要点】

　　1. 成品冷却塔的选择不仅要注重节电产品，也要注重用冷效高、飘水少的产品，冷却塔飘水率应小于 0.01%，是严格控制的指标。

　　2. 认真研究产品样本，多产品综合比较。

9.4　非传统水源利用

【标准原文】第 9.4.1 条　下列新建建筑必须设计、建设中水设施：

　　1　建筑面积 2 万 m² 以上的宾馆、饭店、公寓等；

　　2　建筑面积 3 万 m² 以上的机关、科研单位、大专院校和大型文化、体育等建筑；

　　3　建筑面积 5 万 m² 以上，或可回收水量大于 150m³/d 的居住区和集中建筑区等。

【设计要点】

　　1. 本条是根据《北京市节约用水办法》市政府令 [2005]155 号的规定提出的要求，应全面理解上述用水办法，并严格执行。

2. 应合理布置中水处理站的位置，做到既不影响建筑或小区的功能使用，又能接线简捷，节约材料。

【标准原文】第 9.4.2 条　应优先利用城市或区域集中再生水厂的再生水作为小区中水水源。

【设计要点】

1.《北京市节约用水办法》确定了设计建设中水设施的要求，但中水水源，还是优先利用城市或区域集中再生水厂的再生水作为小区的中水水源。

2. 绿色建筑应根据建筑规模，建筑周边的城市管道与水处理设施条件以及再生水的回用目标等选择合理的污水处理形式，即选择合适的污水循环再用方式，不同的再生水循环方式对建筑有不同影响，建筑师需要了解再生水的循环方式，在建筑设计中考虑到相关环节的设计工作。

【标准原文】第 9.4.3 条　应根据可利用的原水水质、水量和中水用途，进行水量平衡和技术经济分析，合理确定中水水源、系统形式、处理工艺和规模。

【设计要点】

中水系统设计应满足《建筑中水设计规范》GB 50336 的要求。中水原水选择顺序为：

1. 卫生间、公共浴室的盆浴和淋浴等的排水；

2. 盥洗排水；

3. 空调循环冷却系统排污水；

4. 冷凝水；

5. 游泳池排污水；

6. 洗衣排水；

7. 厨房排水；

8. 冲厕排水。

【实施途径】

中水回用方式有以下几种：

1. 单独循环方式。单独循环方式是指在单体建筑物中建立中水处理和回用设施，这种方式不需要在建筑物外建立中水管道，但其处理费用较高，物业管理水平要求高。

2. 小区循环方式。这种方式一般用于大规模的住宅区、较新的开发区等范围较小的地区，区内建筑可共同使用一套中水处理系统和中水管道。

3. 地区循环方式。利用城市污水处理厂的三级出水、雨水、河水等作为中水水源，供给某个区域的建筑或住宅，即市政再生水供应。

中水处理工艺是包括预处理单元、主体处理单元、深度处理单元在内的几种或多种单元污水处理工艺的高效集成，单元处理工艺的正确选择与合理组合对于中水系统的正常运行及处理效果有着至关重要的意义，是技术经济分析的重点。当中水回用采用单独循环或小区循环方式时，还应进行水量平衡计算，以确定经济合理的处理规模。

【标准原文】第 9.4.4 条　合理规划地表与屋面雨水径流途径，降低地表径流，增加雨水渗透量，并通过经济技术比较，合理确定雨水集蓄及利用方案。设计用降雨条件见附录 B.0.3。

【设计要点】

绿色建筑开发行为不应改变场地雨水的径流状况，通过雨水入渗和雨水调蓄措施减少场地雨水外排量，从而实现开发后径流排放量不大于开发前的目标。为实现该目标，可采用包括建设下凹式绿地、采用透水铺装以及配建雨水调蓄设施等技术手段。对于屋顶硬化面积1万 m² 及以上项目，要达到这一目标，在设置雨水调蓄设施时，应按照北京市《关于加强建设工程用地内雨水资源利用的暂行规定》（市规发 [2003]258 号）、《关于加强雨水利用工程规划管理有关事项的通知》、《新建建设工程雨水控制与利用技术要点（暂行）》（市规发 [2012]1316 号）等相关要求进行建设。

根据对北京市 30 年（1977～2006）的降雨资料统计分析，在北京市新开发区域，雨水调蓄设施的合理容积按 34mm 的设计降雨量计算，年均雨水控制利用率可达到约 86%，相当于径流系数为 0.14；而设计降雨量增加到 65mm 时，控制利用率为 96%，即规模增加一倍，雨量控制率仅提高 10%，雨水控制利用设施的经济性和合理性明显下降（有较高削峰、排涝要求的情况例外），造成巨大浪费（引自潘国庆，车伍，李俊奇等。城镇雨水收集利用储存池优化规模的探讨。给水排水，2003，34（12）：42～47）。因此，对于新开发区域项目，雨水调蓄设施的合理容积宜按 34mm 的设计降雨量进行计算，对于旧城改造或已开发用地的建设，雨水调蓄设施的合理容积宜按 20mm 的设计降雨量计算（该工况下，场地年均雨水控制利用率可达到约 72%，相当于径流系数为 0.28）。通过以上指标控制，可实现开发后径流排放量不大于开发前的目标，达到合理控制径流排放量的目的。

为了缓解北京市水资源紧缺和城市河道防洪设计流量不断增加的困难，保障首都经济的可持续发展，开展城市雨水利用，将汛期来自屋顶、庭院等的雨水进行处理后，直接回灌地下水或储蓄用于市政杂用，也可以通过绿地、透水砖铺装甬道和停车场植草砖等设施将雨水直接回渗地下。透水砖铺装系统，具有削减径流洪峰、储存雨水、施工维修简易等优点。自 2000 年开展中德城市雨水合作以来，北京市城区已建成老城区、新建小区、学校和公园等类型的示范小区 85 处，雨洪利用试验场 1 个，铺设研制了透水地砖，开发了雨水收集与处理、地下水回灌等多项技术。

下凹式绿地是绿地雨水调蓄技术的一种，较普通绿地而言，下凹式绿地利用下凹空间充分蓄集雨水，显著增加了雨水下渗时间。具有渗蓄雨水、削减洪峰流量、减轻地表径流污染等优点。典型的下凹式绿地结构为：绿地高程低于路面高程，雨水口设在绿地内，雨水口低于路面高程并高于绿地高程。下凹式绿地汇集周围道路、建筑物等区域产生的雨水径流，雨水径流先流入绿地，部分雨水渗入地下，绿地蓄满水后再流入雨水口。计算区域内下凹式绿地面积比例对下凹式绿地的渗蓄能力影响明显。随着该指标的增加，土壤渗透水量增大，地表径流量逐渐减少，所以本指标的增加对实现规划区域雨水减少量排放、改善生态环境等有着重要作用。

雨水调蓄设施包括透水铺装、下凹式绿地、雨水花园、植草沟、景观水体、雨水调蓄池等能消纳、滞蓄、储存、回用雨水的设施。

【实施途径】

雨水系统设计应满足《建筑与小区雨水利用工程技术规范》GB 50400 的规定。

雨水处理工艺流程应根据收集雨水的水量、水质以及雨水回用的水质要求等因素，经技术经济比较后确定。雨水收集回用系统应优先收集屋面雨水，不宜收集机动车道路等污染严重的下垫面上的雨水。雨水回用的处理工艺可采用物理法、化学法或多种工艺组合处理。

【标准原文】第9.4.5条　非传统水源利用过程中，必须采取确保使用安全的措施，并应符合下列要求：

　　1　非传统水源管道严禁与生活饮用水给水管道连接；

　　2　水池（箱）、阀门、水表及给水栓、取水口均应有明显的非传统水源的标志；

　　3　采用非传统水源的公共场所的给水栓及绿化的取水口应设带锁装置。

【设计要点】

　　保证非传统水源的使用安全，防止误接、误用、误饮是非传统水源利用设计中必须给予高度重视的问题，也是采取安全防护措施的重要内容，本条是为了保证非传统水源的使用安全而提出的要求。

　　与本条款内容相近的强制性条文有《建筑中水设计规范》GB 50336-2002中第8.1.6条，但只针对建筑中水。本条文将使用范围扩展到了所有的非传统水源，包括中水、再生水、雨水、海水等。

【实施途径】

　　中水管道应采取下列防止误接、误用、误饮的措施：

　　1.中水管道外壁应涂浅绿色；

　　2.水池（箱）、阀门、水表及给水栓、取水口均应有明显的"中水"标志；

　　3.公共场所及绿化的中水取水口应设带锁装置；

　　4.工程验收时应逐段进行检查，防止误接。

第10章　暖通空调设计

10.1　一般规定

【标准原文】第10.1.1条　供暖、空调系统设计，必须对每一供暖空调房间或空调区域进行热负荷和逐项逐时的冷负荷计算。当采用地源热泵等可再生能源、热电冷三联供系统、蓄能系统等新型能源或节能系统形式时，宜进行全年动态负荷和能耗模拟，分析能耗与技术经济性，选择合理的冷热源和供暖、空调系统形式，并满足下列要求：

　　1　公共建筑暖通空调冷热负荷计算所采用的围护结构热工参数、使用人数、照明功率密度、室内设备、作息模式等基础数据应与其他相关专业协调一致；

　　2　暖通空调室外设计计算参数应按照附录B.0.1确定；暖通空调的室内环境设计计算参数不宜高于北京市《公共建筑节能设计标准》DB11/687第4.1.2条的标准；

　　3　设计工况下的室内新风量应为《民用建筑供暖通风与空气调节设计规范》规定的最小新风量；

　　4　当进行建筑物全年能耗模拟时，模拟设置应符合附录C.0.2的规定。

【设计要点】

　　本条文强调空调负荷的计算方法和采用新型能源系统时的全年能耗模拟。空调冷热源负荷的计算关系到所有暖通空调设备容量的确定，从而影响设备的配电和运行的效率。如图10-1所示，空调负荷过大首先导致末端设备风机增大，随后水管、水泵、冷水机组、冷却塔都随之增大。但实际运行时的空调负荷小于计算值时，所有设备都很难在设计的高效率点工作，最终导致建筑能耗的增加。针对当前空调负荷计算中经常出现的问题，本条有针对性地提出了涉及空调负荷计算取值的问题。

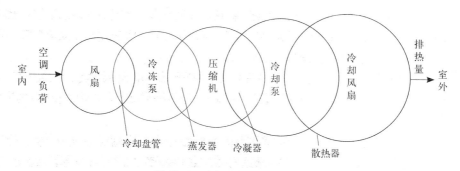

图10-1　空调运行原理示意图

适宜地采用地源热泵等可再生能源、热电冷三联供系统、蓄能系统等新型能源或系统是节能的手段和措施，而不是目的。不分场合和条件，不恰当地采用上述能源形式和系统不仅不能节省建筑能耗，还会带来投资的浪费和能耗的增加。所以本条强调在采用这些能源形式或系统之前，应对其全年能耗进行模拟分析比较，以预判其是否合理和适宜。

【实施途径】

1. 空调负荷计算时所采用的围护结构参数应与建筑专业施工图设计采用围护结构材料、性能、参数一致。

2. 建筑或房间的使用人数应与其他专业计算、设计采用的人数一致。

3. 空调负荷计算时所采用的照明灯光发热负荷不应高于电气专业设计的照明功率密度值或照明配电容量。

4. 附加照明灯光发热形成的空调负荷发生的时间应与自然采光设计和作息时间一致。

5. 室内设备发热所形成的空调负荷不应高于室内设备配电容量与同时使用系数的乘积。

6. 附加室内设备发热所形成空调负荷的时间应与作息时间一致。

7. 空调负荷计算所采用的室内环境温湿度应该是单一数值，并符合相关节能规范的规定，而不应是实际运行时室内控制温度范围。

8. 为控制新风能耗，不应随意增大室内新风量设计标准。

9. 为保证能耗模拟的合理性和准确性，应采用《标准》规定的模拟边界条件。

【标准原文】 第10.1.2条 暖通空调系统分区和系统形式应根据房间功能、建筑物的朝向、建筑空间形式、使用时间、物业归属、控制和调节要求、内外区及其全年冷热负荷特性等进行设计。

【设计要点】

空调系统的分区包括水系统分区和空调通风系统分区，这里所说的水系统分区实际上是水系统的环路划分，各环路仍然处在同一水系统中，使用同一冷热源。水系统划分区域环路的目的是为了方便运行管理和节能。不划分区域环路的水系统一旦某处设备管道需要检修可能影响整个系统的使用，或者由于不能及时方便有效地切断某一时间段不使用的部分设备管道，造成能量的浪费。

房间功能不同，其室内温湿度基数或新风比可能不同；同一空调系统负担不同功能房间，其空调系统若按照室内温湿度基数标准高、新风比大的进行设计时，势必引起设备负荷容量和运行能耗浪费。建筑物中不同朝向的房间，其围护结构负荷特性亦不同，例如在同一建筑的东西向不同房间，全年某一时间段可能上午东向需要供冷、西向需要供热，而下午正好相反。如果将这两个朝向的房间采用同一空调冷热水分支环路很难满足上述要求。

【实施途径】

1. 应按照建筑功能对房间或空间划分空调系统区域；

2. 根据朝向和冷热负荷的时间特性对房间或建筑空间划分区域；

3. 根据房间的不同使用时间划分空调系统分区；

4. 根据不同的新风比及其变化要求的不同，划分空调系统分区；

5. 空调通风系统的划分应结合防火分区；

6. 使用时间不同的房间或功能区域，不应设在同一空调通风系统中；

7. 温湿度基数和允许波动范围不同的房间或功能区域，不应设在同一空调通风系统中；

8. 对空气洁净要求不同的房间或功能区域，不应设在同一空调通风系统中；

9. 噪声标准要求不同、有消声要求和产生噪声的房间或区域，不应设在同一空调通风系统中；

10. 同一时间内分别需要供冷和供热的房间或功能区域，不应设在同一空调通风系统中。

【标准原文】第 10.1.3 条　住宅建筑不宜采用集中供冷空调系统。

【设计要点】

尽管集中空调系统采用较大型的制冷机，其能效比高于分体空调，甚至还可以采用其他节能技术，例如地源热泵、排风热回收等，但是对住宅建筑设置集中空调系统的实际能耗监测数据说明，其实际运行能耗远高于设置分体空调的住宅建筑。其原因就是我们在分析住宅集中空调系统的能效时忽视了不同人群对空调需求的不同，忽视了住宅空调使用的随机性，弱化了人们主观行为节能作用。在北京地区住宅建筑中，人们对冬季采暖的要求和使用与夏季人们对空调的要求和使用是完全不同的。集中空调系统的高效节能是在某一假定条件下的，而这一假定条件与住宅建筑空调的实际情况相差甚远，是造成住宅建筑集中空调系统实际运行能耗远高于使用分体空调能耗的主要原因之一。

【实施途径】

通常情况下，北京地区的住宅建筑应采用设置分体空调的方式满足夏季需求。

分体空调室外机应设置在室外通风的位置，避免室外机被人为遮挡。为了建筑立面的所谓美观，人为遮挡室外机的情况相当普遍。室外机被遮挡后造成冷凝器的局部工作环境温度升高，分体空调能效降低，电耗增加，严重时甚至造成工作中的停机。

当采用地源热泵系统作为住宅建筑的暖通空调冷热源时，夏季空调的容量应考虑住宅建筑空调的同时使用系数。空调系统的节能经济性分析还应充分考虑不同时间段住宅建筑空调的同时使用率。

【标准原文】第 10.1.4 条　厨房、卫生间、吸烟室、垃圾间、复印室等可能产生油烟、异味等污染物的房间应设置排风系统，维持房间相对负压。

【设计要点】

本条文的出发点并非是减少能耗，而是为了提高和改善室内空气品质。厨房、卫生间、吸烟室、垃圾间、复印室等可能产生油烟、异味等污染物的房间设置排风系统的目的一方面是为了室内空气环境，将污染物及时排出，另一方面以排风方式维持这些房间的相对负压，是为了避免污染物外溢而使相邻房间受到污染。

【实施途径】

1. 上述房间设置机械排风系统。

2. 排风量大于房间新风量，空气平衡计算房间为负压。

3.由于设备使用而产生污染的房间，其排风系统可以根据设备的使用，控制启停。例如厨房、复印室等，仅在使用时才产生污染物，如果其排风系统不能方便地根据使用要求控制启停，在非必要使用的时间也运行的话势必造成能耗的浪费。

4.当多个房间，甚至多个风机共用一个排风系统管道时，应经过对排风系统的压力平衡计算，确保排风顺畅。

【标准原文】第10.1.5条　除幼儿园等特殊要求的建筑，居住建筑的供暖散热器不应暗装，公共建筑供暖散热器不宜暗装。

【设计要点】

幼儿园的散热器要求暗装是由于安全考虑，为了避免小孩磕碰或被散热器烫伤。散热器被暗装后影响了对流空气与散热器的换热，散热器的散热量会大幅减少；散热器罩内空气温度远远高于室内空气温度，从而使得罩内墙体的温差传热损失大大增加；同时占散热比重原本就不大的辐射散热部分进一步被遮挡而降低。为弥补这些不利影响不得增加散热器的数量，这与绿色建筑倡导的节能和节材都是相悖的。为此应避免将散热器暗装的这种错误做法。更何况很多散热器的暗装形式极不科学，严重影响了其散热效果，甚至不能满足房间功能的使用要求。近年来生产的散热器已经可以做到外形美观、易于清扫，金属热强度也较传统散热器降低很多，完全可以满足明装的需要。

【实施途径】

1.在散热器面积的计算文件中，散热器安装形式的修正系数应按1计算。

2.在设计说明中，明确散热器是按照明装进行设计和计算的。

3.在建筑装修文件和图纸中，不应对散热器进行遮挡和暗装。

【标准原文】第10.1.6条　供暖、通风与空调系统应选择低噪声、低振动的设备，并根据工艺和使用功能的要求、噪声和振动大小、频率特性、传播方式、及噪声振动允许标准等采取相应的消声、隔振和减震措施。

【设计要点】

设备的震动和噪声问题处理不好，严重影响建筑或房间功能的实现；同时设备振动沿建筑体的传播对建筑安全和设备寿命产生不利影响。为实现绿色建筑倡导的全寿命期和建筑品质，需要在设计时对设备的振动和噪声问题给予高度重视。低噪声和低振动的设备是保证安全、安静和高品质室内环境的基础，还需要设计人员根据不同的设备振动特性、噪声特性和室内功能对噪声的要求限值，采用相应的措施满足建筑和房间在声学方面的要求。

【实施途径】

1.设计时应明确各功能房间的室内环境噪声限值；

2.设计文件注明所选择设备的噪声和振动情况；

3.设计说明和机房设备安装详图应注明隔振、减振措施；

4.所有振动和噪声设备应设置在设备机房内；

5.设备机房的围护结构应有吸声、隔声措施；

6.所有振动设备应经过柔性避震接头与管道相连接；

7. 对所有空调通风系统进行消声计算，根据计算确定是否设置消声器。

10.2　输 配 系 统

【标准原文】第 10.2.1 条　空调、通风系统的单位风量耗功率应满足北京市《公共建筑节能设计标准》DB11/687 第 4.3.4 条的要求。在选配集中供暖、空调冷热水循环水泵时，应计算循环水泵的耗电输冷（热）比，并标注在施工图设计文件中，同时满足下式要求：

$$EC(H)R = \frac{0.003096\,\Sigma(G \cdot H/\eta_b)}{Q} \leqslant \frac{A(B+\alpha\Sigma L)}{\Delta T} \quad\quad (10.2.1)$$

式中　$EC(H)R$ ——ECR 为冷水循环泵的耗电输冷比，EHR 为热水系统的耗电输热比；

　　　G ——每台运行水泵的设计流量（m³/h）；

　　　H ——每台运行水泵对应的设计扬程（m 水柱）；

　　　η_b ——对应运行水泵设计工作点的效率；

　　　Q ——设计冷、热负荷（kW）；

　　　ΔT ——设计供回水温度差（℃）；按表 10.2.1-1 取值；

　　　A ——与水泵流量有关的计算系数，按表 10.2.1-2 取值；

　　　B ——与机房及用户的水阻力有关的计算系数，按表 10.2.1-3 取值；

　　　ΣL ——供暖系统为室外主干线（包括供回水管）总长度（m）；空调系统为从冷热源机房至该系统最远用户的供回水管道的总输送长度（m）；

　　　α ——与 ΣL 有关的计算系数，按表 10.2.1-4 取值。

△ T取值（℃）　表 10.2.1-1

供暖热水系统	空调冷水系统	空调热水系统
设计供回水温差	5	15

与水泵流量有关的计算系数 A 取值表　表 10.2.1-2

设计水泵流量（m³/h）	$G \leqslant 60$	$200 < G < 60$	$G \geqslant 200$
A取值	0.004225	0.003858	0.003749

注：不同流量的水泵并联运行时，按单台最大流量选取。

与机房及用户的水阻力有关的计算系数 B 取值表　表 10.2.1-3

系统组成		四管制 单冷、单热 管道B值	二管制 热水 管道B值	供暖管道
一级泵	冷水系统	28	—	—
	热水系统	22	21	20.4
二级泵	冷水系统	33	—	—
	热水系统	27	25	24.4

注：多级泵冷水系统，每增加一级泵，B 值可增加 5；多级泵热水系统，每增加一级泵，B 值可增加 4。

与 ΣL 有关的计算系数 α 取值表 　　　表 10.2.1–4

系统	管道长度范围 ΣL (m)		
	ΣL≤400	400<ΣL<1000	ΣL≥1000
四管制冷水系统	α =0.02	α =0.016+1.6/ΣL	α =0.013+4.6/ΣL
四管制热水系统	α =0.014	α =0.0125+0.6/ΣL	α =0.009+4.1/ΣL
供暖热水系统	α =0.0115	α =0.003833+3.067/ΣL	α =0.0069

注：供暖热水系统中的 ΣL (m) 是指室外主干线总长度。

【设计要点】

暖通空调系统的输送能耗占暖通空调总能耗的比例仅次于冷热源的能耗，个别设计不当的系统甚至高于冷热源能耗。

【实施途径】

1. 通过以下手段，经过计算、修改和完善，降低空调通风系统的单位风量耗功率：

(1) 空调通风系统的划分不宜过大；

(2) 空调通风系统的风机设备距离其负担的空调区域不宜过远；

(3) 空调通风系统的比摩阻不宜高于经济比摩阻；

(4) 矩形空调通风管道宽高比不宜大于 4，不应大于 8；

(5) 空调通风管道的弯头、变径、三通等应采用低阻力部件，减少局部阻力损失；

(6) 应优先选择高效、低噪声的风机设备；

(7) 根据需要，适宜地采用变频变风量技术降低风机运行的实际能耗。

2. 通过以下手段，经过计算、修改和完善，降低能量输配水系统的输送能效比：

(1) 合理确定冷热源的服务半径，冷热源的位置应靠近负荷中心；

(2) 合理确定冷热水系统的供回水温差，在技术合理的前提下适当加大温差，减少流量；

(3) 当不同负荷区域的循环阻力相差较大时，经过经济技术比较可采用二级泵或多级泵系统；

(4) 合理控制冷热水管道系统的比摩阻不高于经济比摩阻；

(5) 在最不利环路上应避免串联高阻力阀门部件；

(6) 比较不同的水泵性能曲线，优先选择水泵效率高的设备；

(7) 根据水系统的负荷及变化特性，适宜地采用多级泵、变频变流量技术降低水泵运行的实际能耗。

【标准原文】 第 10.2.2 条　暖通空调系统供回水温度的设计应满足下列要求：

1　除温湿度独立控制空调系统和冬季冷却塔供冷系统外，电制冷空调冷水系统的供回水温差不应小于 5℃；

2　除利用废热或热泵系统外，空调热水系统的供回水温差不宜小于 15℃；

3　末端采用散热器的集中供暖系统的供水温度不应高于 90℃，不宜低于 65℃，供回水温差不宜小于 20℃；

4　当采用冰蓄冷空调冷源或有低于 4℃ 的冷冻水可利用，宜采用大温差空调冷冻水系统；

　　5　空调冷冻水系统的供冷半径宜控制在 300m 以内，当供冷半径大于 300m，经过技术经济比较合理时，宜采用大温差小流量的输送水温。

【设计要点】

　　暖通空调水系统供回水温度的确定要兼顾冷热源的效率、能量输送系统的效率、末端换热设备的效率。供回水温差过小会造成系统管径、水泵容量增大、输送能耗增加。散热器采暖系统的供回水温度经过几十年的运行经验表明，45～90℃范围内都是民用建筑可以接受的，过低的供水温度将会使散热器数量增大而对舒适度的改善却是有限的，过小的供回水温差将加大采暖系统循环水泵的输送能耗，同时与散热效果无益。

　　过低的冷水供水温度会降低冷水机组的能效，但是冰蓄冷系统在融冰时已经具备了提供更低温度冷水的条件。而较大的供回水温差可以减少水系统流量，从而减小管径和水泵容量，实现节材、节省空间和节省水泵能耗的目的。

　　空调冷冻水循环泵的能耗还与水系统的服务半径密切相关，冷源的位置宜靠近负荷区域的中心。较大的供回水温差虽然可以减少水量和水泵能耗，但是可能降低冷水机组的能耗。当空调冷水系统负担的负荷距离较远时，不仅水泵的输送能耗增加，沿途管道的冷损失也会随之增加。

【实施途径】

　　1. 根据冷热源形式、空调系统形式和末端设备类型合理确定冷热水系统的供回水温度；

　　2. 根据热源形式、采暖管网的规模和距离、末端散热设备的形式等合理确定采暖系统的供回水温度；

　　3. 当采用冰蓄冷空调、低温送风系统或者区域供冷系统系统时，经过技术经济分析比较合理时，应采用加强保温、多级泵或加大供回水温差等技术措施。

【标准原文】　第 10.2.3 条　应对空调水系统进行水力平衡计算，并根据计算结果采用调整管径、设置阻力阀门等平衡措施。

【设计要点】

　　如果空调水系统未经水力平衡，为了使最不利处的某一设备达到需要的设计水量，不得不加大整个水系统的流量和扬程，使得阻力小的末端设备超过设计流量。这样既增大的设备管道系统，也增加了运行时的电能消耗；既不利于节材，也不利于节能。所以在此强调水力平衡的重要性，应该在水力平衡的基础上以最不利环路的水力计算确定水泵扬程。通过计算采用调整管径的办法增加近端管道的阻力，既满足了水力平衡的要求，也从另一方面达到了绿色建筑倡导的节材要求。

【实施途径】

　　1. 应计算多支并联空调水系统的循环阻力；

　　2. 以最不利环路的循环阻力作为确定水泵扬程的依据；

　　3. 对近端循环阻力小的支路优先采用调整管径的措施，重新计算其循环阻力；

　　4. 控制各分支环路的循环阻力相差不超过 15%；

　　5. 当通过调整管径，各分支环路循环阻力差仍然超 15% 时，应在阻力小的分支环增设高阻力平衡阀；

6.设计文件应明确高阻力平衡阀的类型、设计工况流量和对应阻力要求。

【标准原文】第10.2.4条　空调通风系统的作用半径不宜过大，空调机组位置不应远离其服务的房间或空间，并应采取隔振、隔声、消声等措施。新风入口和排风出口的位置确定应避免使通风系统管路过长。空调通风系统竖向负担不宜超过10层。

【设计要点】

空调通风系统的作用半径过大表现为同一系统负担的区域过大，或者负担区域距离空调通风设备机房过远。当同一系统规模过大，且负担的区域过大时，宜造成为满足最远点送风不得不加大风机风压，且宜造成系统的不平衡。有时虽然空调机房距离其负担的空调区域很近，但为了减少新风入口对建筑立面的影响，新风取风口距离空调机房很远，同样需要较大的风机压头才能克服新风吸入管段的阻力，这也会影响到空调通风系统单位风量耗功率。

空调通风系统的设备机房宜结合防火分区，在该系统负担的负荷区域附近设置。其新风入口和排风出口应在满足规范要求的避免污染前提下，结合建筑外立面形式等因素综合确定。空调系统竖向负担的层数过多，在风机压头增大的同时，还增加了各层支风道间水力不平衡的风险。

【实施途径】

首先应结合防火分区合理划分空调通风系统。合理确定空调通风机房的位置，使其不要远离负担的空调区域，以减少系统的风道长度。条件允许时，空调通风系统不宜跨越防火分区或者其他空调区域。建筑新风进风百叶或排风出口的百叶位置，应结合建筑立面美观和缩短风管系统长度为原则综合确定。

应根据机房设备的震动、噪声特性进行机房围护结构的隔振、隔声和吸声设计。空调通风机房的围护结构应相对密闭，穿过机房的各类管道与机房围护结构的缝隙应密闭填充，防止机房噪声通过缝隙传播。应根据通风机的噪声特定和房间的噪声控制标准要求，结合风道布置和噪声衰减，计算、选择风道消声设备，减少噪声沿风道的传播。

【标准原文】第10.2.5条　空调通风系统管道设计应符合下列要求：

1　空调通风系统矩形风管断面的长宽比不宜大于4，不应大于8；或者比摩阻不宜大于2Pa/m，不应大于4Pa/m；

2　空调通风系统管道在转弯、分支处应采用阻力损失小的弯头、三通部件；

3　空调通风系统管道应设置调试、维护用的调节阀、风管测定孔、检查孔和清洗孔。

【设计要点】

暖通空调工程师不经意间对空调通风管道不规范的设计，可能带来风系统运行能耗的增加。特别是在商业地产项目中，为了留出更多的建筑面积和净空高度，无原则地压缩通风竖井占据的面积和通风管道占据的高度非常普遍。还有些年轻设计师习惯于以直角联箱代替通风管道弯头、以T形连接代替三通，无形中增加了不必要的局部阻力。如果再不经过认真的水力计算，往往不能实现设计的风量和功能，同时增加了风机能耗。

空调通风系统的设计要为将来调试、运行和维护管理创造必要的方便条件，体现绿色建筑对空调通风全寿命期高效、健康和卫生的关注。

【实施途径】

空调通风管道尺寸的确定不应仅考虑风速，应以控制比摩阻为原则；避免或减少直角形联箱的使用，空调通风系统管道在转弯、分支处应采用阻力损失小的弯头、三通部件；空调通风系统的静压箱的断面风速宜小于 1.0m/s。

应根据空调设备及其部件的寿命、维护保养周期等因素，在设计时留有设备运输通道、维修和更换设备及其部件的操作空间。应为空调通风系统的测试、调试设置或预留测试孔洞、操作空间。

10.3　冷热源选择

【标准原文】第 10.3.1 条　民用建筑供暖空调系统应优先采用电厂或其他工业余热、城市区域热网作为热源。当采用可再生能源可以减少常规能源使用量，且经过技术经济比较合理时，宜优先采用可再生能源。

【设计要点】

当前可以作为建筑物冷热源的能源形式、设备机组种类繁多，且各具特色，地源热泵、水源热泵、蒸发冷却等可再生能源或天然冷源的技术应用广泛。但是任何能源形式、设备机组、新型能源系统等都会受到工程所在地的能源资源、能源政策、工程特征、使用特性等多种因素的影响和制约。应结合具体情况全面客观地对冷热源方案进行经济技术分析比较，以高效、节能、经济、环保和可持续发展作为合理确定冷热源方案的原则，切忌将某些系统形式、技术或措施标签化，盲目认为某些特定的系统形式就是节能的。

某些工厂或生产工艺用能受自身产业和用能形式、数量的影响，会产生部分蒸汽或热水余热自身无法全部消纳。临近的民用建筑可根据余热或废热的种类、温度、参数等综合利用作为其暖通空调的热源。

在建筑暖通空调中采用地源热泵、水源热泵、蒸发冷却等可再生能源或冷热电三联供等新型节能系统，不是建筑节能的目的，仅是建筑节能的手段，目的仍然是为了减少常规能源的使用和消耗。任何可再生能源的主动利用都以消耗常规能源为前提，所以我们需要比较其较没有利用可再生能源，常规能源的消耗是否降低。

【实施途径】

1. 当可供利用的余热或废热温度较高、经过技术经济论证合理时，宜采用吸收式冷水机组作为空调冷源。

2. 有可供利用的余热或废热时，应优先利用其作为民用建筑暖通空调的热源。

3. 当可利用的余热或废热温度较低，经过技术经济比较合理时，可采用热泵技术对余热或废热加以利用。

4. 在利用可再生能源前，应经过技术经济分析比较，计算由于利用可再生能源而节约的常规能源消耗量，并且以是否可以减少常规能源的消耗量作为判断是否采用可再生能源的依据。

【标准原文】第 10.3.2 条　冷热源设备容量应以设计工况下的计算冷热负荷为依据确定，

并应扣除能量回收的冷热量。应以系统在经常性部分负荷时处于相对高效率状态为原则，合理搭配设备的容量和台数。

【设计要点】

确定冷热源设备总容量的依据是负荷计算，建筑物制冷设备的总容量应以整个建筑各项逐时冷负荷的综合最大值确定。同样一个空调区域或系统的制冷设备总容量也应以该空调区域或系统负担的建筑各项逐时冷负荷的综合最大值确定。上述制冷设备的总容量应计入新风冷负荷、再热负荷以及各项有关的附加冷负荷，但应扣除能量回收系统所节约或减少的冷负荷。采用和设置能量回收装置的目的不仅是节省运行能耗，也同样应根据设计工况下的回收效率减少冷热源的设备总容量。既采用能量回收设备系统，又不相应减少冷热源设备容量的做法在逻辑上是矛盾的。

尽管空调系统的总负荷在不同时间和使用条件下可能在很大幅度上发生变化，但对于由多台设备构成的冷热源，每一台冷热源设备工作的负荷变化未必还有那么大幅度。首先应该以设备运转台数的改变适应负荷的变化，随着负荷的减小，减少冷热源设备的运转台数；其次才是一台设备部分负荷工况下追求相对高的设备能效。例如由四台相同容量设备构成的冷热源，当总负荷在75%～100%之间变化时，其中三台设备在满负荷下工作，只有一台设备在部分负荷下工作；当总负荷在15%～25%之间变化时，三台设备停止运行，只有一台设备在其自身容量的60%～100%间运行。所以我们在强调设备的部分负荷性能时，不要忘记设备台数搭配对单台机组负荷率的影响。

【实施途径】

应对设计日下的负荷变化、随使用时间不同及气候变化不同引起的负荷变化进行分析，确定系统最小负荷。设备台数与容量的搭配应满足负荷变化对设备运行台数的要求。

民用舒适性空调，单台设备的负荷宜小于总负荷的30%，以使在单台设备故障时，冷热源仍可提供系统负荷的70%。

最小设备的单台容量不宜小于系统最小负荷，并应具有较强的负荷调节性能。

当冷源设计台数多于4台时，宜采用能效比较高的大型冷水机组，避免过多、过小的冷机造成机房面积过大、冷机能效过低。

【标准原文】 第10.3.3条 建筑容积率高，热、电、冷负荷匹配且热负荷稳定时，经过全年热、电、冷负荷计算分析，三联供系统的年平均能源综合利用率大于80%，且技术经济合理时，可采用以热定电模式运行的分布式热电冷三联供系统。

【设计要点】

只有建筑容积率高才能相对减少冷热系统的服务半径，降低输送能耗。热电冷负荷的比例配合影响三联供系统的投资效益和运营经济性，以相对稳定的基础冷热负荷为依据确定发电容量、优先满足本建筑工程用电的系统模式，是为了充分发挥发电机组的能力，发电余热能够得到重逢的制冷、制热利用，可以使热电冷三联供系统具有较高的综合能效，发挥更好的经济效益。

【实施途径】

1.详细计算分析项目的热、电、冷负荷容量及其相对变化规律，以相对稳定的基础冷热负荷为依据确定发电容量。

2. 计算、分析项目综合容积率、热电冷系统的服务半径，采用适当的输送系统形式和介质参数，降低输送系统能耗。

3. 热电冷三联供系统的发电量优先用于满足本项目机电系统的用电需要。

4. 发电余热宜采用直接回收利用的方式。

5. 最小供冷量时所消耗余热应使发电机满负荷运行时产生的余热全部得到利用。

【标准原文】第 10.3.4 条　采用区域供冷时应满足下列要求：

1　建筑容积率高，供冷半径小，空调冷负荷密集，符合冰蓄冷条件，且经过全年能耗计算分析和经济技术比较合理；

2　经过技术经济比较合理，采用多级泵、大温差小流量、变流量控制、加强绝热保温等技术和措施。

【设计要点】

区域供冷由于能源输送距离长，输送能耗大，所以应充分重视供冷半径问题，经过技术经济比较分析后确定，一般不宜超过 1500m。区域供冷站的位置应靠近区域中心，并兼顾冷负荷中心。建筑容积率高、空调冷负荷密集，则说明同样负荷容量下供冷半径小。应根据区域内各不同建筑的建设计划、负荷特点、使用特性等经过对各区域和各建筑物逐时冷负荷的分析计算，合理确定同时使用系数和区域供冷站的装机容量，提高区域供冷的规模效益和经济效益。

为了相对减少区域供冷的输送能耗，除以冷源的梯级利用为原则外，宜优先采用冰蓄冷方式，可使供回水温差加大至不低于 10℃。当采用非冰蓄冷的电动压缩式冷水系统时，其供回水温度一般也不宜低于 8℃；当采用冷热电三联供或余热、废热驱动的溴化锂吸收式冷水机组供冷时，其供回水温度一般也不宜低于 5℃。控制区域供冷供回水温差是为了减少冷水循环流量，降低输送能耗。同样，采用多级泵系统在相当大的程度上可以减少由于各区域或各楼的阻力损失差异而造成的输送能耗损失，做到近距离、低阻力时采用低扬程泵，远距离、高阻力时采用高扬程泵的区别对待原则。

区域供冷由于规模较单体建筑大很多，水泵容量大，次级水泵为适应负荷变化而采用变频变流量技术节能相对显著。另外，区域供冷由于水温低、输送距离长，必须加强保温保冷，控制其沿程冷损失占输送总冷量的比例不超过 5%。区域供冷站的站房设备容量多、数量大、系统复杂，节能目标要求严格，所以必须设计并采用自动控制系统和能源管理优化系统。

【实施途径】

1. 区域供冷系统的采用与否应经过可行性研究和技术经济比较分析确定。

2. 区域供冷系统的半径不宜大于 1500m。

3. 区域供冷系统的供回水温差应按照技术经济比较的结论确定，并满足：

（1）采用冰蓄冷作为区域供冷的冷源时，供回水温差不宜低于 10℃；

（2）采用电能驱动的压缩式冷水机组为冷源时，供回水温差不宜低于 8℃；

（3）采用吸收式冷水机组为冷源时，供回水温差不宜低于 5℃。

4. 经过技术经济分析比较合理时，区域供冷可采用多级泵的系统形式。

5.区域供冷系统的次级水泵宜采用变频变流量技术。

6.区域供冷系统的输配管道宜采用带有保温和防水保护层的成品管道。

7.区域供冷系统输配管道的保温层厚度应经过计算确定,保证其沿程冷损失不大于输送总冷量的5%。

【标准原文】第10.3.5条　当具有废热蒸汽、烟气或不低于80℃的废热热水可利用时,宜采用吸收式制冷。

【设计要点】

尽管吸收式制冷机的能效比远低于电制冷的能效比。但在某些特定场合可能会有废热烟气、废热蒸汽或者不低于80℃的废热热水,但是不会有"废冷"或者多于冷量。当某些工程项目具有上述废热或余热,同时又有供冷需求时,采用热力驱动的吸收式制冷就可以节省电力消耗而满足供冷要求,同时减少对环境的热排放,减缓热岛效应。

由于作为吸收式制冷热源的温度在很大程度上影响制冷的效果和效率,所以应结合废热或余热的种类、形式和参数,采用不同形式的吸收式冷水机组。

【实施途径】

当具有200℃以上的废热烟气时,可采用烟气驱动的吸收式溴化锂冷水机组;

当具有0.05～0.12MPa(表)压力的废热蒸汽时,可采用单效型溴化锂吸收式冷水机组;

当具有大于0.25～0.8MPa压力的废热蒸汽时,可采用双效效型溴化锂吸收式冷水机组;

当具有120℃以上的废热热水时,可采用两段型的溴化锂吸收式冷水机组;

当具有80～120℃的废热热水时,可采用普通单效热水型溴化锂吸收式冷水机组。

【标准原文】第10.3.6条　当空调峰谷负荷相差悬殊,结合峰谷电价差政策,并经过技术经济比较的结果合理时,可采用蓄冷空调。

【设计要点】

利用峰谷电价差政策,适宜地采用蓄能空调系统,对某一特定的建筑工程虽然不能减少能耗,但可以提高用户的经济效益,减少运行费用;而对城市电网可以起到"移峰填谷"的作用,对整个电力系统来说,具有较好的节能效果,社会效益显著。是否采用冰蓄冷作为空调冷源,应考虑如下因素经过技术经济分别比较确定:

1.是否有分时电价政策?

2.空调负荷的高峰段与电力负荷的高峰段是否接近或重合?

3.空调负荷的峰谷差是否悬殊?或者昼夜间最大冷负荷高于平均负荷是否显著?

4.电力安装容量是否受到限制?

5.空调末端是否有要求较低的水温?

6.是否由于区域供冷而需要低温供水、大温差的水系统?

7.是否需要短时备用冷源?

【实施途径】

1.根据建筑负荷特点及分布、水系统及末端设备对水温的要求、蓄冷和释冷速率的要求、能耗与投资回报分析、结合建筑条件合理确定蓄冷介质和蓄冷方式。

2.计算和确定设计日的冷负荷总量、蓄冷量、融冰能力、融冰效率、蓄冷效率、释冷特性。

3. 合理确定冰蓄冷空调系统的流程、设备布置和各工况的运行参数、状态。

4. 计算制冷机和蓄冷装置、换热设备的容量，并据此选择确定各种循环泵参数。

5. 根据设计周期内的冷负荷特点，结合能源的价格政策，制定合理的制冷、蓄冷、释冷、供冷的运行和控制策略。

【标准原文】第 10.3.7 条　冷水（热泵）机组在额定工况下的制冷性能系数应比北京市《公共建筑节能设计标准》DB11/687 的要求高一个等级。锅炉在额定工况下的热效率应达到《锅炉节能技术监督管理规程》TSG G0002-2010 附录 A 中的限定值要求。

【设计要点】

国家标准《冷水机组能效限值及能源效率等级》GB 19577 根据国家的节能政策和要求，结合不同的制冷压缩形式，将不同冷机的能效比划分为 5 个等级（表 10-1）。对照北京市《公共节能设计标准》第 4.4.4 条的要求，我们可以看出，北京市《公共节能设计标准》要求水冷离心机组采用第 3 级、螺杆机组采用第 4 级、活塞 / 涡旋式机组由原来的第 5 级提高要求至第 4 级。

冷水机组能效限值及能源效率等级　　　　　　　　　　　表 10-1

类型	额定制冷量CC（kW）	能效等级COP（W/W）				
	（kW）	1	2	3	4	5
风冷式或蒸发冷却式	CC≤50	3.20	3.00	2.80	2.60	2.40
	CC＞50	3.40	3.20	3.00	2.80	2.60
水冷式	CC≤528	5.00	4.70	4.40	4.10	3.80
	528＜CC≤1163	5.50	5.10	4.70	4.30	4.00
	CC＞1163	6.10	5.60	5.10	4.60	4.20

《锅炉节能技术监督管理规程》TSG G0002 将不同燃料种类、不同容量的锅炉热效率划分为限定值与目标值，北京市绿色建筑所选择锅炉的热效率应高于上述限定值和北京市公共建筑节能规范要求的热效率两者中的较高值，即锅炉热效率需要同时满足《锅炉节能技术监督管理规程》TSG G0002–2010 中的限定值和北京市《公共建筑节能设计标准》第 4.4.3 条的要求。

【实施途径】

由于北京市的技术、经济发展水平高于全国平均水平，对于北京市的绿色建筑有理由、也有条件要求其冷热源设备达到更高的能效水准和节能水平。所以对北京市的绿色建筑提出了更高的要求，即水冷离心机组应到的第 2 级、螺杆机组应达到第 3 级、活塞 / 涡旋式机组应达到第 4 级（宜达到第 3 级）能效要求。

对于北京市多采用的燃气锅炉而言，还应注重提高部分负荷时的锅炉运行效率，采用冷凝型锅炉或者烟气冷凝热回收装置。

【标准原文】第 10.3.8 条　电制冷机组（含地源热泵）名义工况下的综合制冷性能系数

SCOP 应优于现行北京市《公共建筑节能设计标准》DB11/687 的要求。

【设计要点】

通常风冷机组的 COP 低语水冷机组的 COP，其中原因之一就是风冷机组的 COP 已经考虑或包含了冷凝侧散热风扇等的能耗，而水冷机组的 COP 没有考虑或包括冷凝侧散热的冷却水泵和冷却塔风机的能耗。而综合制冷性能系数 SCOP 是考虑了冷却水泵、冷却塔等的能源消耗后的性能系数。所以 SCOP 在比较各种冷源的实际性能时更加符合实际，对能源的合理利用有很好的指导作用。避免了片面强调冷机设备的性能，而忽视了在具体工程中为获得冷量而排出冷凝侧散热所消耗的能量，当设计不当时这一部分能耗可能相当可观。

有时冷水机组本身能效的提高与冷凝侧消耗的能量是相互矛盾的，增大冷却水流量虽然可以在一定程度上相对提高冷机能效，但是冷却水侧的能耗却增加了。我们追求的是冷机本省与冷却侧能耗综合能效最高。

【实施途径】

1. 合理确定冷却塔与冷水机组、冷却水泵的相对高度位置，避免和减少冷却水重力势能的损失。

2. 避免冷水机组冷凝器水侧阻力过大或冷却水系统管路过长而增加冷水水泵的能耗。

3. 通过不同的冷机选型和冷却水系统设计，计算不同的综合能效比 SCOP，追求综合能效比 SCOP 低的冷机选型与冷却水系统设计。

4. 在夜间改变冷却塔风机频率转速虽然可以减少冷却塔风机能耗，但与维持冷却塔风机转速而获得较低温度的冷却水使冷水机组能效比提高而节省冷机电耗相比，哪种做法更节能需要结合项目的实际情况，进行具体的比较和分析，不能一概而论。

【标准原文】 第 10.3.9 条　在冬季设计工况下，当空气源热泵机组运行性能系数（COP）低于下列数值时，不宜采用其作为冬季供暖设备：

1　空气源热泵冷热风机组：小于 1.80；

2　空气源热泵冷热水机组：小于 2.00。

【设计要点】

空气源热泵机组具有整体性好、安装方便、一机实现冬夏两用、省去冷却水系统、自动控制集成度高、运行可靠、管理方便等特点。但是空气源热泵机组的制冷制热能力随室外气候变化明显，特别是在冬季，室外温度越低，空调系统需要更多的供热量时，热泵机组的供热能力反而随着室外气温的降低而大幅减少。冬季室外气温处于 -5 ～ 5℃时，室外蒸发器还会结霜，使制冷能力进一步下降。尽管热泵机组在制热时输出的有效热量总是大于机组消耗的功率，比直接电热供暖节能，但当其制热性能系数小于 1.8 后，随之室外温度的进一步降低，其制热性能系数进一步向 1 靠拢，接近电制热的性能。本来可以利用低品位的热能解决的供热问题，此时消耗的却是高品位的电能，当然得不偿失。

【实施途径】

1. 首先必须正确理解热泵机组的名义工况条件与该机组用于工程的设计工况条件区别。例如空气源热泵热水机组的额定制热能力是指在室外干球温度 7℃、湿球温度 6℃时的数值，而对具体项目而言根据工程所在的城市地理位置不同，其冬季制热时的室外设计计算温度也各不相同。所以同样一台热泵机组在不同的室外设计计算温度下，其制热能力不同，性能系数 COP 亦不同。

2. 在设计文件中注明热泵机组用于具体工程的实际变工况温度范围，并确保其在设计选择的机组变工况性能温度范围之内。或者说热泵机组在具体工程中运行的变工况温度范围应该在产品给定的变工况性能温度范围之内。例如，热泵机组产品给出的制热工况的室外温度范围是 -7 ~ 21℃，当其用于具体工程的冬季室外计算温度是 -10℃时，说明该热泵机组不能满足这个工程冬季的制热运行要求。

3. 了解热泵机组在具体工程室外温度变化范围内不同温度下的制热性能，并确保在冬季室外设计温度下，其制热性能参数高于规范规定的限值要求。

【标准原文】第 10.3.10 条　当采用地源热泵等可再生能源作为暖通空调的冷热源时，应按照第 4.2.2 条的要求进行可再生能源贡献率的计算。

【设计要点】

采用可再生能源是我们节约常规能源的一种手段，而不是目的。人们在自然界中无偿得到可再生能源多是低品位的，不能直接为建筑物提供电力或空调，在利用可再生能源为建筑服务的同时，通常还需要消耗常规能源，多数情况下消耗的是高品位的电能。我们利用可再生能源的目的是为了减少建筑常规化石能源的消耗，如果利用可再生能源后常规能源消耗反而增加，那就背离了采用可再生能源的真正目的。所以在评价利用可再生能源的节能贡献时，我们不仅需要知道我们利用了多少可再生能源，我们还应清楚为利用这些可再生能源，我们还付出了多少常规能源的消耗。相对于利用了多少可再生能源，我们更需要关注的是我们节省了多少常规能源。

【实施途径】

对于地源热泵系统而言，需要综合冷热源侧的耗电与常规燃气锅炉 + 电制冷机组系统比较。常规系统冷源侧包括冷却塔风机电耗，冷却泵电耗，冷冻泵电耗，冷机电耗，热源侧包括燃气锅炉耗气与热水泵。地源热泵系统需要考虑冬季的热泵主机耗电，地埋管侧水泵耗电，室内侧水泵耗电，制冷季需要考虑热泵主机耗电，地埋管侧水泵耗电（冷却泵），室内侧水泵耗电（冷冻泵）。如果地源热泵耗能比常规系统更多，不推荐使用，如果地源热泵耗能比常规系统少，则节约部分为"项目可再生能源节约量"。

【标准原文】第 10.3.11 条　具有较大内区且常年有稳定的大量余热的公共建筑，经过技术经济比较合理时可采用水环热泵等能够回收余热的空气调节系统。

【设计要点】

同可再生能源的利用一样，采用水环热泵空调系统的目的是为了减少外界对建筑物的能量供给，所以评价水环热泵系统的节能效能，不在于转移了多少热量，而在于转移这些热量所消耗的常规能源同直接由外界向建筑物提供这些热量，折合为一次能源哪种方式能节能。

由于建筑物冷、热负荷的变化，冬季由内区转移到外区的热量未必适合或满足外区的供热要求。如果利用高品位的能源向水环系统补充热量，水环热泵系统的节能性能将被大打折扣。因为高品位能源产生的热量本可以直接供给外区，不需要再耗费电能将其从内区转移至外区。所以不足的热量应采用余热、废热或者其他低品位能源作为补充，才能凸显水环热泵的节能性能。

在夏季，小型热泵机组的制冷 COP 远低于大型水冷机组，所以本条款要求根据全年的冷热负荷、多于热量的排放、不足热量的补充来源和热泵的能效比，对水环热泵系统进行技术经济分析比较才能确定是否适宜采用。

【实施途径】

1. 首先应确定设计条件，详细计算分析内外的冷热负荷及其全年的变化规律；

2. 根据内外区的冷热负荷分别计算和校核热泵机组的容量；

3. 根据内区热泵的排热量和外区热泵的吸热量，计算确定排热设备和辅助热源或者蓄热装置的容量；

4. 按照常规冬季供热和夏季制冷方式和设备能效，计算确定热量、冷源及其能量输送系统的设备容量和电耗；

5. 计算常规冬季供热和夏季制冷系统的空调系统的全年能耗，并与热泵系统的全年空调能耗进行对比分析；

6. 当水环热泵系统的全年能耗小于常规冬季供热和夏季制冷系统的全年能耗时，确认水环热泵系统的节能性。

【标准原文】第 10.3.12 条　冬季应优先利用室外新风消除室内余热，或采用冷却塔制冷等方式为建筑物内区提供冷水。

【设计要点】

在过渡季节，甚至在冬季，大体量的公共建筑内区由于人体、灯光和设备等的散热仍然常有过热现象，需要消除室内余热。而在室外空气温度很低的冬季开启制冷机提供冷量消除室内余热，于理不通。最自然、最简单，也是最经济实用的办法就是将室外冷空气引入室内消除室内余热。根据室内余热量的大小不同，室是内外空气的焓差不同，通过调节新风与室内回风的比例可能得到不同焓值的送风参数满足消除不同的余热量要求。所以要求在过渡季节或冬季有消除室内余热功能的全空气系统，应具备可调节和改变新、回风比例的功能。

但是全空气系统难以解决分散、独立、冷负荷的不同室内空间的制冷需求，这类空间或房间我们通常在夏季采用风机盘管与新风系统结合的方式解决夏季空调供冷。在冬季由新风系统尺寸不能满足消除室内余热的风量，或者同一送风参数的新风系统不能满足不同房间的供热或功能要求。冬季这些房间仍然需要像夏季一样有个性化的空调和调节，所以在我们还需要向风机盘管提供冷水来消除不同房间的不同的室内余热，只是我们不在依靠运行冷水机组，而是利用室外自然界的冷量，通过冷却塔制备内区所需要的空调冷水。

【实施途径】

1. 根据建筑平面特定划分内外区，分别计算内外区的空调负荷；

2. 对于采用全空气系统的内区，应核算冬季新风排除室内余热的能力，确定可变新风比的范围；

3.根据可变新风比的范围设计确定新风管道系统的尺寸、调节新风比的措施、控制方式等；

4.设置适应新风量变化的排风系统，维持室内空气平衡；

5.当空气系统无法满足提供足够的冷量，或者无法满足不同空间或房间对所需冷量的调节时，我们仍然要利用已有的风机盘管系统在冬季供冷；

6.根据内区的冷负荷和已有的风机盘管机组设备能力，计算确定所需要冬季冷水的温度；

7.根据室外湿球温度资料和已有的冷却塔设备性能，计算确定冬季冷却水系统的参数；

8.完善冬季冷却塔防冻措施。

10.4　控制与检测

【标准原文】第 10.4.1 条　大型公共建筑的暖通空调自控系统应包括参数检测、参数和设备状态及故障指示、设备连锁及自动保护、工况自动转换、能量计量、自动调节与控制、中央监控与管理等全部或部分检测与控制内容。

【设计要点】

暖通空调的自控系统主要功能是监控与管理，是指通过所有系统参数的检测，按照设计的运行策略，以满足使用功能要求和节能为原则，使各类设备在高效率、低能耗状态下运行，同时减少日常的维护工作量，减低工作人员的劳动强度。

【实施途径】

通过控制系统的说明、控制原理图等设计文件，根据具体工程的需要表示监测的主要参数和控制的主要对象：

1.在空调通风系统中，监测主要参数可以包括：空气的温度、湿度、压力或压差；

2.在空调通风系统中，控制的主要对象可以包括：风机设备的启停或变频、各类风阀的开度、水系统调节阀的开度；

3.在冷热水系统中，监测的主要参数可以包括：冷热水温度、蒸汽压力、冷热水流量、供回水压差等；

4.在冷热水系统中，控制的主要对象可以包括：冷热源设备启停及调节、水泵的启停及变频、各种工况转换阀门的开闭、各类水系统调节阀的开度等；

5.根据暖通空调系统设备、阀门之间具体的特定关系，对其进行次序启停及连锁控制，防止误操作；

6.显示、记录、统计、打印设备运行的参数、能耗等。

【标准原文】第 10.4.2 条　暖通空调自控系统设计应明确部分负荷运行和各功能分区运行的策略。暖通空调设备系统的设计应满足分层、分区和分时控制的要求，实现不同房间室内空调的控制和调节功能。

【设计要点】

空调系统的设计不仅要满足设计工况下供冷和供热要求，还应满足由于使用要求不同、室外气候变化等各种原因造成的部分负荷下的使用和调节，同时减少部分负荷时的能耗。

这就需要我们了解室外气候造成的负荷变化规律、使用者的工作、作息引起的部分负荷运行规律，同时空调系统的设计还要满足运行、管理和维护的要求。

【实施途径】

1. 先应根据不同空间或房间的功能、使用要求、负荷特性等合理划分空调系统或空调分区；

2. 不同空间、房间空调设备的运行应可独立控制启停；

3. 空调系统的末端应具备适应负荷变化的调节、控制性能；

4. 空调水系统和冷热源设备应能够根据系统的负荷需求实现输出冷热量的调节。

【标准原文】第10.4.3条　暖通空调系统的冷热量计量应按照物业归属和运行管理要求设置能量计量装置。大型公共建筑暖通空调设备系统用电的分项计量应满足下列要求：

1　冷热源机房设备的耗电量应按照热源设备、热水循环泵、冷源设备、冷却塔风机、冷却水泵、冷冻水泵等分项计量；

2　末端空调设备宜按照空气处理机组／新风机组／风机、风机盘管机组、分体空调等分项计量；

3　蓄能系统冷热源设备的用电应具有分时段计量功能。

【设计要点】

能耗计量的本身并不是节能的技术和措施，但是只有通过计量我们才能知道是否真正节能。所以只有计量才是检验是否节能的标准，计量也是管理收费的依据之一。计量装置的设置应满足运行管理和节能管理的要求。

设置计量装置并不是我们的目的，其实仅仅计量能耗还不够，还应对空调系统运行过程中的多种参数进行记录、统计和分系。对各种系统设备能耗、运行参数的统计和分析，也是我们总结设计、运行管理节能经验和不足的基础，我们才能据此找到节能中存在的问题，改善我们的设计和运行、使用、维护，使之更加节能。

【实施途径】

1. 根据物业归属和收费管理的要求设置能耗计量装置；

2. 按照规范要求和采用的具体空调系统形式，明确能耗计量装置的设置要求；

3. 对于大型公共建筑，空调设备能量的计量宜具有传输功能，宜设置能源管理系统；

4. 应定期对空调系统的运行和能耗做出统计、分析和报告，提出相应的改造、完善措施；

5. 检验节能改造和措施的实施效果，对比节能预期，进一步修改完善节能系统及其运行管理方式，使节能工作不断地取得新的进展。

【标准原文】第10.4.4条　人员密度大的功能空间，在冬夏季节应能够根据人员变化或二氧化碳浓度传感器改变新风量运行；全空调系统宜根据部分负荷的变化改变送风量。

【设计要点】

新风负荷占据空调负荷很大比例，新风量与人员密度密切相关，人员密度大，则单位面积的新风量、新风负荷就高。而在建筑物的实际使用过程中，上述场所的人员密度也是随时间等因素变化的。例如飞机场、火车站等公共交通枢纽只用在节假日的开始和结束时间，人员密度达到最大；商场、娱乐中心等也仅是在周末等节假日时的人员密度达到最高。

如果在平时多数时间段也按照设计的最大人员数量处理并运行新风系统，势必造成新风能耗的浪费。所以《标准》提出了根据反映室内人员密度的二氧化碳浓度或室内空气质量传感器调整新风量的要求。

【实施途径】

1. 空调自控系统应设置二氧化碳或室内空气质量传感器；

2. 新风管道的尺寸应满足变化新风量范围内的最大新风量要求；

3. 新风管道上应设置改变新风量的自动调节装置或措施；

4. 房间排风系统的排风量应能通过采用风机台数、双速风机或变频变风量等措施适应新风量的变化。

【标准原文】第 10.4.5 条　地下汽车库通风系统应能够根据使用时间、汽车出入频繁与否的不同时段、汽车尾气污染物浓度变化等调节、控制通风系统的运行。

【设计要点】

地下车库设置通风系统的主要目的是排除机动车尾气污染物，而静止的汽车产生的污染物有限，车库汽车尾气污染物主要产生于汽车进出库和在库内行驶的时候。所以汽车库空气中的污染物浓度不仅与车库的规模、层高、停车数量有关，更与机动车出入的频率有关。根据汽车库的使用时间、汽车进出库频度和汽车尾气污染物浓度探测控制通风系统的启停或者改变通风系统的风量，可以减少通风系统全负荷运行的时间，节省风机运行能耗。

【实施途径】

1. 在设计文件中，明确汽车库通风系统的运行策略；

2. 根据规律变化的汽车库的使用时间、汽车进出库频度和汽车尾气污染物浓度，分时控制通风系统的运行；

3. 设置多台送排风机，根据需要分别控制开启运行的风机台数；

4. 设置汽车库一氧化碳浓度监测，根据一氧化碳浓度控制风机的启停及其运行台数的变化；

5. 设置可变频变风量的风机，根据车库内污染物浓度的变化改变通风机的运行风量；

6. 当采用诱导风机时，明确每台诱导风机的启停控制原则及其与总送排风机启停控制关系。

【标准原文】第 10.4.6 条　空气处理机组、风机盘管的空调水系统应按照定水温差、变流量运行方式进行设计。

【设计要点】

空调系统总负荷需求的变化并不意味着所有末端设备定比例的负荷减少，可能由于某个区域停止使用造成该区域的末端设备负荷需求是零，而同时其他区域正在全负荷的使用。这种不同的末端设备负荷需求完全不同的情况也会造成总系统的部分负荷情况，如果改变水系统的温度或温差，可能无法满足全负荷需求的个别末端设备运行。变水温度、定流量的冷水系统看似在部分负荷下可以提高冷水机组的能效比，实则无法满足不同末端设备的不同负荷需求；而在定流量的前提下，冷源设备的出水温度必须低至能够满足负荷需求最大的末端设备。这样不仅冷机的能效不能有效提高，水泵也由于未改变流量而在部分负荷下全流量运行。所以建议空调水系统的设计应以定水温差进行，以不同末端设备的流量调节满足不同末端设备的负荷需求变化。即零负荷需求的末端设备通过零流量，100% 负荷需求的末端设备可以通过 100% 的流量。

在满足末端设备供冷或供热量调节的同时，采用变频变流量水泵，或者变频变流量的冷水机组降低在部分流量运行时的电力消耗，从而达到节能目的。

【实施途径】

1. 设计说明文件应明确部分负荷时的运行策略；

2. 空气处理机组应设置水流量自动调节装置；

3. 风机盘管机组应设置电动两通阀；

4. 空调系统的负荷侧水流量应根据需求，通过冷水机组变流量、水泵变流量、压差旁通等措施改变。

第 11 章　建筑电气设计

11.1　一般规定

【标准原文】第 11.1.1 条　本章适用于民用建筑中 10（6）kV 及以下供配电系统的建筑电气设计。

【标准原文】第 11.1.2 条　方案设计阶段应制定合理的供配电系统、智能化系统方案，优先选择符合功能要求的节能高效电气设备，合理应用节能技术，并应将节能高效作为主要技术经济指标进行方案设计比较。

【设计要点】

本条重点要求在方案设计阶段确定合理的供配电系统、智能化系统方案。所谓合理的系统方案，应根据建筑规模、使用功能等因素，以节能高效作为主要技术经济指标进行方案设计比较，采用合理的节能技术和电气设备，最大节约建筑物建造和运行所需的资源。

供配电系统方案的设计要点有：

1. 了解场地内可再生能源条件，并进行经济技术评估。

2. 确定建筑物的供电等级、变压器容量和数量、无功功率补偿方案等。

智能化系统方案的设计要点有：综合业主功能定位、规模、管理模式等因素，合理选择智能化系统设计范围。

【实施途径】

在供配电系统设计时，合理选择节能高效的电气设备和节能技术，是实施电气节能的有效途径，也是供配电系统设计合理性的具体表现。供配电系统方案设计应包括以下几点：

1. 电源：优先利用市政提供的可再生能源，场地内的可再生能源应用应进行评估，当经济技术合理时方可采用。

2. 合理确定供电中心：尽量设置变配电所和配电间及电气竖井于用电负荷中心位置，并合理选择供电线路，以减少线路损耗，当变配电所离较大的用电设备较远时，如制冷机房（冷冻机用电量在 400kW 以上时），应考虑分散设置变配电所。

3. 负荷计算是供配电系统的设计依据，应严格执行通过负荷计算确定变压器的容量和数量。

4. 无功补偿：在变配电所设置无功补偿装置，对于大型冷冻机、荧光灯等设备采用就地补偿，以提高功率因数，从而降低线路损耗。

5. 合理选择变压器：选用高效低损耗的变压器。

6. 优化的经济运行方式：利用负荷计算合理调配变压器，使建筑物在常规负荷状态时，尽量使变压器以最小损耗方式运行。

智能化系统方案应从项目的实际情况出发，根据《智能建筑设计标准》GB 50314 中所列举的各功能建筑的智能化基本配置要求，合理配置建筑智能化系统。

【案例分析】

供配电系统设计应力求降低建筑物的单位能耗和供电系统的损耗。供电系统的损耗由固定损耗和运行损耗两部分组成，详见表 11-1，并应合理降低。

固定损耗和运行损耗一览表　　　　　表 11-1

运行损耗	固定损耗
电流通过传送线路和变压器等配电设备所产生的损耗，它与流过馈电线路的电流、电压等因素有关	只要接通电源（有了电压）就存在的损耗，与电压、频率及介质等因素有关
80%～90%	10%～20%
包括馈电线路上的铜损和变压器的铜损等	包括变压器、电抗器、互感器等设备的铁损以及其他电器上的介质损耗

【标准原文】第 11.1.3 条　方案设计阶段应对场地内的可再生能源进行评估，当技术、经济合理时，宜采用太阳能发电、风力发电、热电冷三联供等作为补充电力能源，并宜采用并网型发电系统。

【设计要点】

本条重点强调可再生能源的合理利用。在建筑的方案设计阶段，应结合市政条件，通过经济、技术比较进行场地内可再生能源利用的可行性分析，确定项目供电电源的组成模式。当评估可再生能源时，应根据可靠的气象、地勘等资源数据，客观的分析场地内可再生能源的安全性、可靠性和持久性等特点。

【实施途径】

可再生能源利用的优先顺序依次为：优先利用场地内已有的可再生能源；当场地内或附近没有可再生能源时，或评估可再生能源经济技术不合理时，应鼓励业主使用场地外的绿色电源；应适度应用光伏发电、风力发电和热电冷三联供等可再生能源；蓄能系统在经济技术合理时也可推荐使用。

当项目采用以上一种或几种可再生能源作为建筑补充电力能源时，应征得北京电力公司的同意，优先采用可再生能源与市电的并网型系统。因为风能或太阳能是不稳定的、不连续的能源，采用与市政电网并网型使用，则系统不必配备大量的储能装置，可以降低系统造价使之更加经济，并减少了将来对废旧电池的处理，更有利于环保，同时还增加了供电的可靠性和稳定性。目前，北京电力公司允许小型的建筑光伏、建筑风力发电采用并网型不可逆流系统。

当项目同时采用太阳能光伏发电系统和风力发电系统时，还可采用风光互补发电系统，如此可综合开发和利用风能、太阳能，使太阳能与风能充分发挥互补性，以获得更好的社会经济效益。

在条件许可时，景观照明和非主要道路照明可采用小型太阳能路灯和风光互补路灯。

【标准原文】第 11.1.4 条　变压器、柴油发电机、风力发电机等电气设备的选型和安装应避免对建筑物和周边环境产生噪声污染。柴油发电机房的排烟设置应满足现行《民用建筑电气设计规范》JGJ 16—2008 第 6.1.3 条第 4 款的要求。

【设计要点】

本条重点体现了绿色建筑对室内外环境质量的要求。良好的室内外声环境质量是绿色建筑的重要组成部分，因此，在产品选型及安装时，设计人员应采取相关措施，避免变压器、发电机等电气设备对建筑物和周边环境产生噪声污染。除噪声外，烟气污染也是影响人员健康的重要因素，因此应采取有措施减少建筑物内的烟气污染。

【实施途径】

为避免对建筑物和周边环境产生噪声污染和烟气污染，可采取以下措施：

1. 变压器、柴油发电机、风力发电机等电气设备的选择应优先低噪声或静音型产品。

2. 重视变压器、发电机的基础、相关管道的减振、隔声处理。

3. 风力发电机在建筑周围或城市道路安装时，单台功率宜小于 50kW，在屋顶安装时，单台风机安装容量宜小于 10kW，风力发电机的总高度不宜超过 4m。

4. 柴油发电机的烟气宜通过专用排烟道至屋顶排放，并应避免居民敏感区，当排烟口设置在群房屋顶时，应将烟气处理后再排放。

11.2　供配电系统

【标准原文】第 11.2.1 条　供配电系统设计应在满足安全性、可靠性、技术合理性和经济性的基础上，提高整个供配电系统的运行效率。

【设计要点】

本条提出了绿色建筑供配电系统设计的总原则，即供配电系统的高效运行是绿色建筑供配电系统设计正确合理的具体体现。

【实施途径】

提高供配电系统运行效率的具体措施有：

1. 变配电所居于负荷中心位置。

2. 通过电力负荷计算、无功功率计算，合理选择变压器容量和数量，以及无功补偿所需的电容器容量和数量。

3. 选择节能变压器、节能电动机、节能电梯等节能设备，并选择合理的控制方式。

4. 合理选择功率因数补偿方式以提高供配电系统的功率因数，选择合理措施以预防、抑制和有效治理谐波。

5. 电力电缆的选择应结合技术和经济两个方面。

【标准原文】第 11.2.2 条　变配电所宜靠近负荷中心。有条件时，大型公共建筑的变配电所供电范围不宜超过 200m。

【设计要点】

本条强调了变配电所应设置在负荷中心附近，并提出了一般变配电所的供电范围为200m以内。一般来说，配电网的损耗在3%～10%之间，这种能量的损失，不仅意味着电能的损失，更表现为一次能源的大量浪费以及对环境造成更多的污染。因此，如何减少配电网的损耗是提高整个供配电系统运行效率的关键因素之一，变配电所的位置是否合理将直接影响到配电系统的线损率大小，因此，在保证建筑功能合理使用的前提下，尽量使变配电所靠近负荷中心。本条的变配电所供电范围指变压器至末端配电箱的电缆距离。

【实施途径】

对于负荷较分散且容量较大的项目，应采用多个变配电所的方式进行设计。

【案例分析】

《北京地区建设工程规划设计通则》中规定了公用变配电所规划要求如下：

规划建设的电力工程与其他市政基础设施应同时规划设计，同步实施建设。

1. 规划新建公用配电所（以下简称配电所）的位置，应接近负荷中心。

2. 配电所的配电变压器安装台数宜为两台，单台配电变压器容量不宜超过1000kVA。

3. 低压配电网的供电半径市中心区一般不大于100m，其他地区不大于250m。

4. 居民住宅小区可采用集中供电和分散供电两种方式。当采用集中供电时，居民住宅小区每建筑面积6万 m²，应建立公用配电所一座，占地面积一般为150～160m²（标准为9m×17m）。当供电半径不满足要求时，采用分散供电。

【标准原文】 第11.2.3条　供配电系统设计应根据电力有功、无功功率负荷计算合理选择变压器的容量和数量。

【设计要点】

民用建筑的电力负荷计算一般采用单位指标法、需用系数法以及负荷密度法。负荷密度法主要使用于规划设计，方案设计阶段一般采用单位指标法，并应根据负荷的平面分布情况，合理确定变压器的容量和数量。初步设计和施工图设计阶段应采用需用系数法进行详细电力负荷计算。

【实施途径】

负荷计算的主要内容应包括设备容量、计算容量、计算电流等。在负荷计算时，应尽量保持负荷的三相平衡分配，并应考虑不同季节负荷变化下的节能措施。同时要考虑消防负荷和非消防负荷的交错使用。一般来说，变压器的负载率宜为70%～80%。

对于绿色建筑，除了一般的电力负荷计算，还应进行无功功率补偿计算，补偿后的功率因数的数值应满足北京电力公司的要求。若无明确要求，建议高压用户的低压侧功率因数不低于0.95，低压用户的功率因数不低于0.9。

【案例分析】

《北京地区建设工程规划设计通则》中规定了北京市城市用电负荷要求，具体如下：

按照被规划项目的用电负荷类别不同，每建筑平方米或每户的用电负荷一般如下：

1. 居民住宅：每平方米50W或每户不低于6kW。

2. 电采暖居民住宅：每平方米80W。

3. 公共建筑：每平方米 30 ～ 120W。

4. 地下车库、防空设施等：每平方米 10 ～ 30W。

5. 其他类型建筑负荷，依据建设项目具体设计负荷密度而定。

建设项目用电最大需量在 100kW 以下，低压电源应采用 0.4kV 电压供电。

建设项目用电最大需量 100 ～ 5000 kW，高压电源应采用 10kV 电压供电。

建设项目用电最大需量 8000 kW 以上，根据电网规划要求，可采用 110kV 电压供电。

建设项目用电最大需量 20000 kW 以上的，根据电网规划要求，可采用 220kV 电压供电。

远郊区县范围内 5000 ～ 10000 kW，可采用 35kV 电压供电。

【标准原文】第 11.2.4 条　当供配电系统谐波或设备谐波超出现行国家或地方标准的谐波限值规定时，应对谐波源的性质、谐波参数等进行分析，并应采取相应的谐波抑制及谐波治理措施。建筑中具有较大谐波干扰的设备或场所宜设置滤波装置。

【设计要点】

本条提出了谐波应采取抑制和治理的要求。非线性负载的电力、电子设备等产生的谐波应采取谐波抑制和治理的措施，如此可以减少谐波污染和电力系统的无功损耗，提高供电质量，并可提高电能使用效率。

【实施途径】

1. 电网的谐波限值应满足《电能质量　公用电网谐波》GB/T 14549 的要求。

2. 供配电系统的谐波兼容水平应满足北京市地方标准《建筑物供配电系统谐波抑制设计规程》DBJ/T 11—626—2007 中 3.3 节相关要求，且大型公共建筑的电网公共连接点和系统或装置的内部连接点的谐波电压兼容水平应符合该标准中 Ⅱ 类的要求。

3. 在供配电系统设计中，应优先选择符合谐波限值标准的电力、电子设备，当主要的电力和电子设备不符合谐波限值标准时，应对此类设备或其所在线路进行谐波治理，根据需要选择有源或无源滤波器。电力、电子设备的谐波限值应满足《电磁兼容限值对额定电流小于 16A 的设备在低压供电系统中产生的谐波电流的限制》GB/Z 17625.1、《电磁兼容限值对额定电流大于 16A 的设备在低压供电系统中产生的谐波电流的限制》GB/Z 17625.3、北京市地方标准《建筑物供配电系统谐波抑制设计规程》DBJ/T 11—626 的相关要求。

【案例分析】

当设计过程中对建筑物的谐波难以预测时，宜预留必要的滤波设备空间。当建筑物中所用的主要电气和电子设备不符合《公共建筑电磁兼容设计规范》DG/TJ08-1104-2005 第 6 章的规定时，应对此类设备或其所在配电线路进行谐波治理，具应符合下列要求：

1. 区级及以上医院重要手术室和重症监护室、计量检测中心、大型计算机中心、金融结算中心等对谐波敏感的重要设备较多的建筑物内，应在相关配电系统主干线上靠近骚扰源处设置有源滤波装置。

2. 大型办公建筑中，宜在动力配电系统主干线上靠近骚扰源处设有源或无源滤波装置。当采用无源滤波装置时，应注意避免发生电网局部谐振。

3. 中、小型办公建筑中，宜在动力配电系统主干线上靠近骚扰源处设无源滤波装置，并应注意避免发生电网局部谐振。

【标准原文】第11.2.5条　10kV 及以下电力电缆截面应综合技术、经济电流计算方法设计，经济电流截面的选用方法应符合《电力工程电缆设计规范》GB 50217—2007 附录 B 的相关规定。

【设计要点】

本条参考《民用建筑绿色设计规范》JGJ/T 229—2010 第 10.2.3 条规定。

电力电缆截面的选择是电气设计的主要内容之一，正确选择电缆截面应包括技术和经济两个方面，《电力工程电缆设计规范》GB 50217—2007 第 3.7.1 条提出了选择电缆截面的技术性和经济性的要求，但在实际工程中，设计人员往往只单纯从技术条件选择。对于长期连续运行的负荷应采用经济电流选择电缆截面，可以节约电力运行费用和总费用，可节约能源，还可以提高电力运行的可靠性。因此，作为绿色建筑，设计人员应根据用电负荷的工作性质和运行工况，并结合近期和长远规划，不仅依据技术条件还应按经济电流来选择供电和配电电缆截面。经济电流截面的选用方法应按照《电力工程电缆设计规范》GB 50217—2007 附录 B 执行。

【实施途径】

电力电缆经济性选型原则如下：

1. 选择导线既要考虑经济性，又要考虑安全性。导线截面偏大，线损就小，但会增加线路投资；导线截面偏小，线损就偏大，而且安全系数也小。

2. 供配电线路在满足电压损失和短路热稳定的前提下，年最大负荷运行时间小于4000h，可按导体载流量选择导线截面；年最大负荷运行时间大于4000h 但小于7000h，宜按经济电流密度选择导线截面；年最大负荷运行时间大于7000h，应按经济电流密度选择导线截面。

3. 按经济电流密度选择电线、电缆截面的方法是经济选型。所谓经济电流是寿命期内，投资和导体损耗费用之和最小的适用截面区间所对应的工作电流（范围）。按载流量选择线芯截面时，只计算初始投资；按经济电流选择时，除计算初始投资外，还要考虑经济寿命期内导体损耗费用，二者之和应最小。当减少线芯截面时，初始投资减少，但线路损耗费用增大；反之增大线芯截面时，线路损耗减少，但初始投资增加，某一截面区间内，二者之和（总费用）最少，即为经济截面。

11.3　照　明

【标准原文】第11.3.1条　应根据项目规模、功能特点、建设标准、视觉作业要求等因素，确定合理的照度标准值。

【设计要点】

本条参考《民用建筑绿色设计规范》JGJ/T 229—2010 第 10.3.2 条规定，选择适合的照度指标是照明设计合理节能的基础。《建筑照明设计标准》GB 50034 对居住建筑、公共建筑、工业建筑及公共场所的照度指标分别作了详细的规定，同时规定可根据实际需要提高或者降低一级照度标准值。因此，在照明设计中，应首先根据各房间或场合的使用功能需求来选择适合的照度指标，同时还应根据项目的实际定位进行调整。

【实施途径】

1. 在照明设计时，应根据视觉要求、工作性质和环境条件，使工作区或空间获得良好的视觉效果、合理的照度和显色性，以及适宜的亮度分布。

2. 在确定照明方案时，应考虑不同使用功能对照明的不同要求，处理好电气照明与天然采光、建设投资及能源消耗与照明效果的关系。

3. 照明设计应重视清晰度，消除阴影，减少热辐射，限制眩光。

4. 照明设计时，应合理选择光源、灯具及附件、照明方式、控制方式，以降低照明电能消耗指标。

5. 照明设计应在保证整个照明系统的效率、照明质量的前提下，全面实施绿色照明工程，保护环境，节约能源。

6. 照明设计应满足《建筑照明设计标准》GB 50034 所对应的照度标准、照度均匀度、统一眩光值、光色、照明功率密度值、能效指标等相关标准值的综合要求。

【标准原文】第 11.3.2 条　应根据建筑内各场所的照明要求，合理利用天然采光，并应满足以下要求：

1　具有天然采光条件或天然采光设施的区域，照明设计应结合天然采光条件进行人工照明布置；

2　具有天然采光的区域应独立分区控制，并宜设置随室外天然光的照度变化自动控制或调节的装置；

3　具有天然采光的住宅建筑公共区域的照明宜采取声控、光控、定时控制、感应控制等一种或多种集成的控制装置。

【设计要点】

1. 在满足房间功能要求的情况下，应以优先利用天然采光为照明设计的首要原则。天然采光条件一般指邻近外窗、采光井、采光天窗等，天然采光设施一般指导光管、反光板、反光镜、集光装置、棱镜窗、导光等装置。照明设计时，根据照明部位的自然环境条件，结合天然采光与人工照明灯具的布置形式，合理采取分区、分组控制措施。

2. 有条件时，在天然采光的区域配置感光控制设施，当室内光线随着室外天然采光的强弱变化时，感光器根据设定的人工照明照度标准值，可自动点亮或关闭具有天然采光条件或天然采光设施区域的灯具，或对其进行调光等控制，以保证室内照明的均匀和稳定，并达到节能效果。

3. 对于住宅建筑的公共区域照明，除应急照明外，均应安装节能型自熄开关，并可根据工程具体情况采取声控、光控、定时控制、感应控制等一种或多种集成的控制装置。

【实施途径】

天然光的利用：

1. 充分利用天然光源是照明节能工程中的一个重要内容，照明设计中应根据工程的地理位置、日照情况制定出建筑物的采光标准，确定采光方式，将采光和照明有机地结合起来。

2. 天然光采光方式除采用通常的顶部采光和侧向采光方式外，有条件时应利用成熟的技术措施将天然光引入室内进行照明。

3. 利用技术措施将天然光引入室内进行照明时宜采用导光或反光系统，对日光有较高要求的场所宜采用主动式导光系统；一般场所可采用被动式导光系统。

4. 采用天然光导光或反光系统时，应同时采用人工照明措施，人工照明的设计和安装应遵循国家及行业的相关标准和规范。

5. 天然光导光、反光系统只能用于一般照明，不可用于应急照明。

6. 当采用天然光导光或反光系统时，其人工照明部分宜采用照明控制系统，利用光敏元件（亮度传感器）进行自动控制，有条件的可采用智能照明控制系统对人工照明进行调光控制。根据实时天气光照情况，当天然光对室内照明达不到照度要求时，控制系统自动开启人工照明，满足照度要求。

【案例分析】

采用天然光导光系统时应注意：

1. 导光管宜采用圆形，不宜采用矩形、梯形、多边形等断面的导光管。

2. 应避免将采光部分布置于非阳光照射区。

3. 导光系统反射材料的反射率不宜低于95%。

4. 设计时要按照明场所特点（高度、照明要求等）来选择不同的导光系统。

5. 导光系统的布置一般宜采用垂直布置方式，当照度要求均匀、层高较高时可采用水平布置方式。

6. 导光系统的照明宜均匀布置，其相邻照明器的间距应根据配光曲线布置。

【标准原文】第11.3.3条　照度标准值为300lx及以上、适宜设置局部照明的房间或场所，宜采用一般照明和局部照明相结合的照明方式。

【设计要点】

1. 选择适合的照度指标是照明设计合理节能的基础。在《建筑照明设计标准》GB 50034 中，对居住建筑、公共建筑、工业建筑及公共场所的照度指标分别作了详细的规定，同时规定可根据实际需要提高或者降低一级照度标准值。

2. 在照明设计中，应首先根据各房间或场合的使用功能需求来选择适合的照度指标，同时还应根据项目的实际定位进行调整。此外，对于照度指标要求较高的房间或场所，在经济条件允许的情况下，宜采用一般照明和局部照明结合的方式。由于局部照明可根据需求进行灵活开关控制，从而可进一步减少能源的浪费。

【实施途径】

当房间或场所的照度指标较高并适宜设置局部照明时，建议采用一般照明和局部照明相结合的方式，以有利于节约能源。例如开敞式办公室，当房间照明要求为500lx时，若采用一般照明300lx和200lx的台灯作为局部照明，由于局部照明可根据个人需求进行灵活开关控制，从而可进一步减少能源的浪费。对于高照度要求的高大空间区域，则可采用高处一般照明和低处局部照明方式，可更加有效地提高能源的利用效率。

【标准原文】第11.3.4条　根据建筑物的功能特点、建设标准、管理要求等因素，照明控制应采取分散与集中、手动与自动相结合的方式，并应满足下列要求：

1　景观、停车库、开敞式办公室、大堂等大空间的一般照明宜采取集中控制方式，局部照明宜采取分散控制方式；

2　人员非长期停留的会议室、卫生间等区域，可安装人体感应的控制装置；

3　电梯厅、走廊、楼梯间等场所宜设置时控或人体感应等控制装置；

4　照明环境要求高或功能复杂的公共建筑、大型公共建筑宜独立设置智能照明控制系统，并应具有光控、时控、人体感应及与建筑设备管理系统通信等功能。

【设计要点】

1. 在满足建筑功能、建设标准、管理要求的条件下，照明控制可采取分散与集中、手动与自动相结合的方式。

2. 大空间的一般照明一般采用集中控制方式，设有局部照明的区域一般采用分散控制方式。

3. 公共空间一般采用自动方式或手动与自动结合的方式管理较方便，如住宅建筑的走廊和楼梯间照明控制，可采用声控、时控、光控、感应控制等控制装置实现手动与自动相结合方式。

4. 公共建筑的走廊，则一般采用时控的自动管理方式。

5. 照明环境要求高的公共建筑一般指博物馆、美术馆等，功能复杂的公共建筑主要指具有多功能厅、

会议室等具有多种照明模式要求的建筑，通常应在展厅、多功能厅、会议室、开敞式办公室等场所设置智能照明控制系统。

6. 当项目经济条件许可的情况下，为了灵活地控制和管理照明系统，并更好地结合人工照明与天然采光设施，宜设置智能照明控制系统以营造良好的室内光环境、并达到节电的目的。

【实施途径】

选择合理的照明控制方式：

1. 根据天然光的照度变化，决定照明点亮的范围，且靠外墙窗户一侧的照明灯具应能单独控制。

2. 根据照明使用的特点和时段采取分区分时控制方式，同时适当增加照明开关点。

3. 宜采用各种类型的节电开关，如定时开关、接近式开关、调光开关、光控开关等。

4. 对走廊、电梯前室及楼梯间等公共部位的灯光控制可采取定时控制、集中控制及调光和声光控制等方式。有 BA 系统的，可纳入 BA 系统进行集中管理。条件允许的，还可以采用智能灯光控制系统进行更全面、更灵活的节能控制。

5. 对门厅、会议室和要求比较高的办公室等，可采用智能灯光控制系统进行多场景控制和调光控制。

6. 对建筑形式和经济条件许可的办公建筑，还宜随室外天然光的变化自动调节室内照明照度，或利用各种导光和反光装置如光导管等将天然光引入室内进行照明。

【标准原文】第 11.3.5 条　人员长期工作或停留的房间或场所，照明光源的显色指数 Ra 不应小于 80。

【设计要点】

1. 在《建筑照明设计标准》GB 50034 中规定，长期工作或停留的房间或场所，照明

光源的显色指数（Ra）不宜小于80。《建筑照明设计标准》GB 50034 中的显色指数（Ra）值是参照 CIE 标准《室内工作场所照明》S008/E 制定的，随着科技的发展，光源产品在不断的更新换代，目前主流的光源显色指数已达到 80 及以上。作为首都北京的绿色建筑，我们认为应更加关注室内照明环境质量，因此本条提出了人员长期工作或停留的房间或场所，其照明光源的显色指数不应小于 80 的要求。

2.《绿色建筑评价标准》GB/T 50378 要求建筑室内照度、统一眩光值、一般显色指数等指标应符合现行国家标准《建筑照明设计标准》GB 50034 中的相关规定，并作为公共建筑绿色建筑评价的控制项条款。本标准将《建筑照明设计标准》GB 50034 中规定的"宜"改为"应"，更体现了绿色建筑对室内照明质量的重视。

【实施途径】

光源的颜色质量包含光的表观颜色及光源显色性能两个方面：

1. 光的表观颜色。亦即色表，可以用色温或相关色温描述。光源色表的选择取决于光环境所要形成的氛围，例如，含红光成分多的"暖"色灯光（低色温）接近日暮黄昏的情调，能在室内形成亲切轻松的气氛，适于休息和娱乐场所的照明。而需要紧张地、精神振奋地进行工作的房间则采用较高色温的灯光为好。

2. 光源显色性能。取决于光源的光谱能量分布，对有色物体的颜色外貌有显著影响。CIE 用一般显色指数 Ra 以作为表示光源显色性能的指标，它是根据规定的 8 种不同色调的标准色样，在被测光源和参照光源照明下的色位移平均值确定的。Ra 的理论最大值是 100。

【案例分析】

合理选择光源显色性，使照明效果更佳，详见表 11-2。

光源显色性分类　　　　　　　　　　　　　　　　　表 11-2

显色指数Ra范围	色表	应用示例	
		优先采用	容许采用
Ra≥90	暖	颜色匹配	
	中间	医疗诊断、画廊	
	冷		
90＞Ra≥80	暖	住宅、旅馆、餐馆	
	中间	商店、办公室、学校、医院、印刷、油漆和纺织工业	
	冷	视觉费力的工业生产	
80＞Ra≥60	暖 中间 冷	工业生产	办公室、学校
60＞Ra≥40		粗加工工业	工业生产
40＞Ra≥20			粗加工工业，显色性要求低的工业生产、库房

【标准原文】第11.3.6条　除有特殊要求的场所外，照明设计应选用高效照明光源、高效灯具及节能附属装置。

【设计要点】

本条依据《建筑照明设计标准》GB 50034和《民用建筑电气设计规范》JGJ 16，对照明设计的光源、灯具及附属装置的选择提出了明确的要求。在满足室内照度、统一眩光值、一般显色指数、眩光限制和配光要求等条件下，照明设计应优先选用发光效率高的光源、直射光通比例高和控光性能合理的高效率灯具。此外，由于照明灯具的选择对于发挥照明光源的最大潜力起着至关重要的作用，因此，照明设计师应从实际情况出发，借鉴国内外有益经验，综合考虑灯具的光效及性价比等因素，根据不同功能、环境、要求的场所选择合适的高效灯具。

【实施途径】

下列为高效光源、高效灯具及节能附属装置的特点、适应场所等资料，供设计人员参考。

1. 金属卤化物灯具有定向性好、显色性好、发光效率高、使用寿命长、可使用小型照明设备等优点，但其价格昂贵，故一般用于层高较高的高大空间照明、对色温要求较高的商品照明、要求较高的学校和户外场所等。

2. 高压钠灯具有定向性好、发光效率高、使用寿命长等优点，但其显色性差，故可用于分散或者光束较宽、且对光线颜色没有具体要求的场合，如户外场所、仓库的照明，以及内部和外部的泛光照明等。

3. 稀土三基色荧光灯具有显色指数高、光效高等优点，可广泛应用于大面积区域且分散布均匀的照明，如办公室、学校、居所等。

4. 紧凑型荧光灯具有光效较高、显色性较好、体积小巧、结构紧凑、使用方便等优点，是取代白炽灯的理想电光源，适合于提供亮度较低的照明，可被广泛应用于家庭住宅、旅馆、餐厅、门厅、走廊等场所。

5. 发光二极管（LED）灯是极具潜力的光源，它发光效率高且寿命很长，随着成本的逐年减低，它的应用将越来越广泛。LED适合在较低功率的设备上使用，目前常被应用于户外的交通信号灯、室内安全出口灯或者疏散灯、建筑轮廓灯等。

6. 大功率气体放电灯与小功率气体放电灯相比，具有光效高、谐波分量小的特点。依据《低压电气及电子设备发出的谐波电流限值（设备每相输入电流≤ 16 A)》GB 17625.1第7.3条"25W以下的气体放电灯谐波值远大于25W以上灯具"。因此，一般场所使用的荧光灯，在满足房间照度、统一眩光值、均匀度等指标条件下，应优先选择大于25W荧光灯，以减少谐波污染和减少能源损耗。

7. 灯具附属装置应采用功率损耗低、性能稳定的节能产品。

【标准原文】第11.3.7条　各类房间或场所的照明功率密度，不宜高于现行国家标准《建筑照明设计标准》GB 50034规定的目标值。

【设计要点】

1. 对于室内照明的照明功率密度值，不宜高于现行国家标准《建筑照明设计标准》GB 50034规定的目标值要求。在该标准中，提出LPD不超过现行值的要求，同时提出了

LPD 的目标值，此目标值要求可能在几年之后会变成现行值要求。因此，作为绿色建筑应有一定的前瞻性和引导性，故提出各类房间或场所的照明功率密度值符合《建筑照明设计标准》GB 50034 规定的目标值要求。

2.《建筑照明设计标准》GB 50034 未作规定的房间或场所，本《标准》针对绿色建筑所涉及的领域，依据《民用建筑电气设计规范》JG J16 附录 B，补充相关房间的功率密度值供设计人员参考，详见表 11-3。

部分场所照明功率密度值 表 11-3

分类	房间或场所	照明功率密度（W/m²）		对应照度值（lx）
		现行值	目标值	
科研教育	幼儿活动室、手工室	11	9	300
	健身教室	11	9	300
	音乐教室	11	9	300
	检验化验室	18	15	500
餐饮	高档中餐厅	19	16	300
	快餐店、自助餐厅	18	15	300
	宴会厅	26	22	500
	操作间	8	7	200
	面食制作、冷荤间	7	6	150
	蒸煮	5	4	100
公用场所	厕所、盥洗室、浴室	8	7	150
	门厅、电梯前厅	8	7	150
	走廊	6	5	100
	车库	5	4	75

【实施途径】

1. 照明功率密度值是照明设计的强制性规定，设计人员要认真计算和校核。

2. 照明能耗在公共建筑运行能耗中占有相当大的比例，在设计阶段采取严格措施降低照明能耗，对控制建筑的整体能耗具有重要意义。

3. 注意节能灯具的选用和照明控制的设置。

【案例分析】

设某场所的面积为 100m²，照明灯具总安装功率为 2000W（含镇流器功耗），其中装饰性灯具的安装功率为 800W，其他灯具安装功率为 1200W。按本条规定，装饰性灯具的安装功率按 50% 计入 LPD 值的计算则该场所的实际 LPD 值应为：LPD = 1200+800×50%/100 = 16W/m²。

11.4　电气设备

【标准原文】第 11.4.1 条　配电变压器应选用 D,yn11 结线组别的变压器,并应选择低损耗、低噪声的节能产品,配电变压器的空载损耗和负载损耗不应高于现行国家标准《三相配电变压器能效限定值及节能评价值》GB 20052 规定的节能评价值。

【设计要点】

1. 民用建筑中存在很多单相设备,如照明、办公设备等,选择 D,yn11 结线组别的配电变压器可缓解三相负荷不平衡问题。

2. 作为北京市的绿色建筑,油浸或干式变压器的选择应更加节能环保,因此要满足现行国家标准《三相配电变压器能效限定值及节能评价值》GB 20052 的节能评价值的要求。在项目资金允许的条件下,可采用非晶合金铁心型低损耗变压器,以减少更多的变压器空载损耗。

【实施途径】

具有下列情况之一者,应选用接线为 D,ynll 型变压器:

1. 三相不平衡负荷超过变压器每相额定功率 15%。

2. 需要提高单相短路电流值,确保低压单相接地保护装置动作灵敏度。

3. 需要限制三次谐波含量者。

【标准原文】第 11.4.2 条　低压交流电动机应选用高效能电动机,其能效应符合现行国家标准《中小型三相异步电动机能效限定值及节能评价值》GB 18613 节能评价值的规定。

【设计要点】

民用建筑中电动机的耗电惊人,如空调、给排水设备、自动门、舞台机械设备等等,因此作为北京市的绿色建筑,提出了低压交流电动机的能效应满足现行国家标准《中小型三相异步电动机能效限定值及节能评价值》GB 18613 节能评价值的要求。

【标准原文】第 11.4.3 条　应采用配备高效电机及先进控制技术的电梯。自动扶梯与自动人行道应具有节能拖动及节能控制装置,并宜设置自动控制自动扶梯与自动人行道运行的感应传感器。

【设计要点】

1. 对电梯的核心部件提出了高效电机和先进控制技术的要求。目前主流的高效电机指永磁同步电机驱动的无齿轮曳引机,先进控制技术指调频调压(VVVF)控制技术和微机控制技术。当电梯服务楼层超过 10 层且项目资金充足的情况下,优先采用"能量再生型"电梯。

2. 自动扶梯与自动人行道的电动机应具有重载、轻载、空载等情况下分别自动获得与之相适应的电压、电流输入的功能,以保证电动机输出功率与扶梯的实际载荷始终得到最佳匹配,从而达到节电运行的目的。

【实施途径】

1. 公共建筑的自动扶梯或自动人行道经常在没有乘客的情况下空转,很浪费电。因此,本条提出了安装感应传感器自动控制自动扶梯或自动人行道的要求。当自动扶梯与自动人行道在空载时，电梯可暂停或低速运行，当红外或运动传感器探测到目标时，自动扶梯与自动人行道转为正常工作状态。感应探测器一般包括红外、运动传感器等。

2. 由于目前我国的节能电梯尚无明确定义，设计人员可参照欧洲电梯能效标准 VDI 4707 和 ISO 25745 的相关要求，参考广东省地方标准《电梯能效测定方法》DB44/T 889 和《电梯能效等级》DB 44/T 890 的相关规定，从项目的实际需求出发，尽量选用能耗低的电梯。

【标准原文】第 11.4.4 条　当 2 台及以上的电梯集中布置时，其控制系统应具备按程序集中调控和群控的功能。

【设计要点】

电梯的控制方式应根据电梯的不同类别，不同的使用场所条件及配置电梯数量等因素综合比较确定，做到操作方便、安全可靠、节约电能、经济技术指标先进。

【实施途径】

参考《民用建筑绿色设计规范》JGJ/T 229—2010 第 10.4.4 条规定。群控功能的实施，可提高电梯调度的灵活性，减少乘客等候时间，并可达到节约能源的目的。此处的群控功能除包括数台电梯的控制统一外，还应包括根据建筑高度、运营管理等特殊开发的控制功能。如通过刷卡或数字按键知道乘客所要去的楼层，电梯控制主机可对乘客进行优化组合，同楼层的乘客可乘坐同一电梯，以减少楼层的停靠次数，从而达到节能和节约乘客时间的目的。

11.5　计量与智能化

【标准原文】第 11.5.1 条　居住建筑的电能计量应分户、分用途计量，除应符合相关专业要求外，还应符合以下规定：

1　应以户为单位设置电能计量装置；

2　公共区域的照明应设置电能计量装置；

3　电梯、热力站、中水设备、给水设备、排水设备、空调设备等应分别设置独立分项电能计量装置；

4　可再生能源发电应设置独立分项计量装置。

【设计要点】

1. 分项计量不能影响计费系统的正常工作。分项计量改造不应改动供电部门计量表的二次接线，不应与计费电能表串接。

2. 应充分利用现有配电设施和低压配电监测系统，结合现场实际合理设计分项计量系统所需要的表计、计量表箱和数据采集器的数量及安放位置。

3. 设计文件齐全，应包括设计说明、系统原理图、设备布置图、接线图、电缆表、设备材料等。

4. 以下回路应设置分项计量表：

（1）变压器低压侧出线回路。

（2）单独计量的外供电回路。

（3）特殊区供电回路。

（4）制冷机组主供电回路。

（5）单独供电的冷热源系统附泵回路。

（6）集中供电的分体空调回路。

（7）照明插座主回路。

（8）电梯回路。

（9）其他应单独计量的用电回路。

5. 合理设置多功能表。

（1）负载率最高的以照明为主的变压器和以空调为主的变压器应安装多功能电能表。

（2）三相平衡回路应设置单相普通电能表。

（3）照明插座供电回路宜设置三相普通电能表。

（4）总额定功率小于 10kW 的非空调类用电支路不宜设置电能表。

【实施途径】

1. 对居住建筑安装分项计量装置，对建筑内各耗能环节，如冷热源、输配电系统、照明、热水能耗等实现独立分项计量，便于物业定期记录。

2. 设计时，应做好暖通、给排水、电气照明施工图及设计说明，设计好建筑能耗分项计量系统图纸和配电系统图。

【标准原文】 第 11.5.2 条　公共建筑的电能计量应按照用途、物业归属、运行管理及相关专业要求设置电能计量，国家机关办公建筑及大型公共建筑的分项计量还应满足《公共机构办公建筑用电分类计量技术要求》DB11/T 624 的相关要求，并应符合以下规定：

1　每个独立的建筑物入口应设置电能计量装置；

2　应对照明、电梯、制冷站、热力站、空调设备、中水设备、给水设备、排水设备、景观照明、厨房等设置独立分项电能计量装置；

3　办公或商业的租售单元应以户为单位设置电能计量装置；

4　办公建筑的办公设备、照明等用电应分项或分户计量；

5　地下室非空调区域采用机械通风时，宜安装独立电能计量装置；

6　可再生能源发电应设置独立分项电能计量装置；

7　大型公共建筑的厨房、计算机房等特殊场所的通风空调设备应设置独立分项电能计量装置；

8　大型公共建筑的暖通空调系统设备用电的分项计量应满足 10.4.3 条要求。

【设计要点】

第 11.5.1-11.5.2 条涉及的分项计量数据除住宅建筑的住户计量是为了与市政结算用的外部计量外，其余主要作为建筑内部结算的内部计量，其重大意义在于对建筑内部能耗追踪，并明确建筑运营过程中的各项能耗比例，以帮助物业管理人员及时发现问题，充分发掘节能潜力，同时它也作为建筑内部结算的重要依据。

电能计量装置应能够对各用电设备分项采集计量其用电量并进行实时计量、现场显示、具备远程通信功能，集中建立用电分项计量数据库；

大型公共建筑是指单幢建筑面积大于 2 万 m^2、且全面设置空气调节设施的建筑。相对于普通公共建筑，大型公共建筑由于运营维护能耗更高，节能潜力更大，故对其在分项计量设计上提出了更细致的要求，利于建筑未来运营策略的日趋修正与完善。大型公共建筑的厨房、计算机房等场所用电也较大，因此厨房里炊事设备能耗或计算机房中的计算机设备能耗与通风空调设备耗电应分别计量。此外，大型公共建筑的暖通空调系统冷热站设备耗电量较大，一般有热水循环泵、热源设备、冷机、冷却塔风机、冷却泵和冷冻泵等，分别计量能及时发现问题和优化系统；暖通空调系统的末端设备分项计量一般包括空调箱、新风机组、送/排风机、风机盘管与分体空调等。

【实施途径】

1. 分项计量不能影响计费系统的正常工作。分项计量改造不应改动供电部门计量表的二次接线，不应与计费电能表串接。

2. 应充分利用现有配电设施和低压配电监测系统，结合现场实际合理设计分项计量系统所需要的表计、计量表箱和数据采集器的数量及安放位置。

3. 设计文件齐全，应包括设计说明、系统原理图、设备布置图、接线图、电缆表、设备材料表等。

4. 以下回路应设置分项计量表

(1) 变压器低压侧出线回路；

(2) 单独计量的外供电回路；

(3) 特殊区供电回路；

(4) 制冷机组主供电回路；

(5) 单独供电的冷热源系统附泵回路；

(6) 集中供电的分体空调回路；

(7) 照明插座主回路；

(8) 电梯回路；

(9) 其他应单独计量的用电回路。

5. 合理设置多功能表。

(1) 负载率最高的以照明为主的变压器和以空调为主的变压器应安装多功能电能表；

(2) 三相平衡回路应设置单相普通电能表；

(3) 照明插座供电回路宜设置三相普通电能表；

(4) 总额定功率小于 10kW 的非空调类用电支路不宜设置电能表。

【案例分析】

某项目的分项计量逻辑图，详见图 11-1。

【标准原文】第 11.5.3 条 计量装置宜相对集中设置，当条件限制时，可采用远程抄表系统或卡式表具。

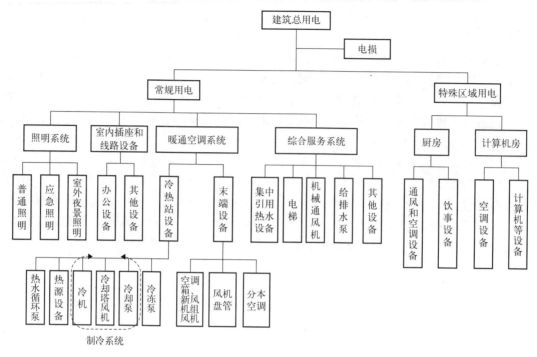

图 11-1　分项计量逻辑图

【实施途径】

1. 远程抄表系统：

（1）远程抄表系统宜采用 M-BUS、RS485、RS232、CAN、LON 等标准接口构成的总线型信道。

（2）系统由远传表、采集器、集中器、主站通过信道连接起来，并运行抄表系统软件，实现表具数据自动抄收及远传。

（3）系统的要求。

1）系统的功能：系统应将远传表的数据经采集器或集中器传输到主站，并对数据进行处理、存储，按操作员的命令显示和打印出各用户月计费清单，显示和打印月、季、年报表。

2）准确度：系统的准确度应满足《住宅远传抄表系统》JG／T 162 的要求。

3）一次抄读成功率：系统对用户水表、电能表、燃气表、热能表等一次抄读成功率应不小于 99%。

4）数据抄读总差错率：数据系统对用户水表、电能表、燃气表、热能表等的数据抄读的总差错率应不大于 1%。

5）开路、短路：系统中信道在任意位置开路、短路时，主站应发出报警信号，并宜显示具体位置，以便维修。

6）主站断电：主站由交流供电，断电 48h 后，恢复供电，系统仍正常工作不应丢失数据。

7）安全：应能设置密码，非授权人员不能操作。

2. 卡式表具一般为预付费 IC 卡表

（1）接触型预付费 IC 卡表：将 IC 卡插入 IC 卡表具内进行数据传输和数据交换；

（2）非接触型预付费 IC 卡表：采用射频卡技术实现非接触式 IC 卡与 IC 卡表具，通过无线方式进行数据传输和数据交换。

【标准原文】第 11.5.4 条　电能计量装置的选择应满足下列要求：

1　由变配电监控管理系统监测的智能仪表，宜包括电压、电流、电量、有功功率、无功功率、功率因数等参数；

2　对于关键部位的电度表宜采用先进的全电子电度表；

3　预付费 IC 卡表具、远传表均应为计量检测部门认可的表具。

【设计要点】

电能计量装置的功能应适应管理的要求。例如，执行分时电价的用户，应选用装设具有分时计量功能的复费率电能计量装置或系统。

【实施途径】

计量装置是用来度量电、水、燃气、热（冷）量等建筑能耗的仪表及辅助设备的总称。

1. 电能表的精确度等级应不低于 1.0 级，具有数据远传功能，至少应具有 RS485 标准串行电气接口，采用 MODBUS 标准开放协议或符合《多功能电能表通信协议》DL/T 645 中的有关规定。

2. 普通电能表应具有监测和计量三相（单相）有功功率或电流的功能。

3. 多功能电能表应至少具有监测和计量三相电流、电压、有功功率、功率因数、有功电能、最大需量、总谐波含量功能。

4. 配用电流互感器的精确度等级应不低于 0.5 级。

【标准原文】第 11.5.5 条　建筑的能耗数据采集标准应符合《民用建筑能耗数据采集标准》JGJ/T 154 中的相关要求。

【设计要点】

数据采集器是在一个区域内进行电能或其他能耗信息采集的设备。它通过信道对其管辖的各类表计的信息进行采集、处理和存储，并通过远程信道与数据中心交换数据。数据采集器的平均无故障时间应不小于 3 万 h，应使用低功耗嵌入式系统，功率应小于 10W，并应符合相关电磁兼容性能指标。应具有以下主要功能：

1. 数据采集功能：支持主令采集和定时采集。一台数据采集器应支持对不少于 32 台计量装置进行数据采集，并应支持同时对不同用能种类的计量装置进行数据采集（包括电能表、水表、燃气表、热量表、冷量表等）。

2. 数据处理功能：应支持对计量装置能耗数据的处理。

3. 数据存储功能：应配置不小于 16MB 的专用存储空间，支持对能耗数据 7 ~ 10d 的存储。

4. 数据远传功能：应能对采集到的能耗数据进行加密处理后定时远传。

【标准原文】第 11.5.6 条　设有智能化系统的建筑，其子系统的配置应根据《智能建筑设计标准》GB/T 50314—2006 附录 A ~ J 选配，居住建筑的智能化系统设计还应满足《居住区智能化系统配置与技术要求》CJT 174 基本配置的要求。

【设计要点】

1. 居住建筑的智能化系统的设计应以人为本，做到安全、节能、舒适和便利。

2. 对于智能化系统配置较全、面积较大、智能化管理要求较高的住宅、别墅建筑小区宜配置智能化集成系统。

【实施途径】

1. 住宅建筑（小区）应根据智能化系统配置，以住宅的物业管理系统、工作业务系统为核心，集成建筑设备监控系统、火灾自动报警系统、安全防范系统、智能卡应用系统、远程抄表系统、智能家居系统等，实现信息共享。为居住者提供舒适、安全、便利的生活环境。

2. 住宅建筑的智能化集成系统宜与物业管理系统融为一体，宜采用物业管理软件为集成平台，通过协议转换方式，采用网络集成、界面集成、功能集成等多种方式实现对各个智能化子系统的集中管理。

【标准原文】 第 11.5.7 条　大型公共建筑应具有对公共照明、空调、给水排水、电梯等设备进行运行监控和管理的功能，并宜设置建筑智能化系统集成。

【设计要点】

公共建筑的智能化系统设计，应以增加建筑物的科技功能、提升建筑物的应用价值和有效降低建筑物的使用能耗为目标，综合应用各项建筑智能化技术。在满足《智能建筑设计标准》GB/T 50314 基本配置要求的前提下，对建筑设备运行实施能效管理和监控，可明确建筑节能控制的范围和精度。

【实施途径】

智能化系统集成是指把若干个相互独立，但又潜在关联的系统集成到统一的协调运行平台中，实现建筑管理系统，即 BMS。BMS 可进一步与网络通信系统相连，升级为更高层次的信息化管理系统，即 IBMS。这种"分工协作、一览无余"的运行模式，可以实现建筑物设备的自动检测与优化控制，实现信息资源的优化管理和共享；在实际使用中，智能化系统集成可以增强建筑防灾和抗灾能力，以更好地保护业主及用户安全；提高大厦智能化水平，物业管理自动化、数字化，某一设备出现问题自动反馈信号至监控平台，减少操作人员和维护人员工作量；采用准确的方法采集并储存能耗计量数据，进行横向/纵向比较，分析建筑能源消耗可能出现的问题，最大化的挖掘建筑节能潜力；统一优化联动中央空调系统、照明系统和变配电系统，使其满足实际用户使用需要并保持高度一致，延长设备使用寿命、节约能源；系统可分可合，且具有可扩展性、可变化性，最终为使用者创造一个安全舒适、高效环保的工作生活环境。

【标准原文】 第 11.5.8 条　国家机关办公建筑及大型公共建筑应设置建筑设备能源管理系统，并应具有能源的实时统计、分析和管理等功能，其他公共建筑应具有对主要耗能设备的能耗监测和统计管理的功能。

【设计要点】

大型公共建筑定义见 11.5.2 条文说明。能源管理系统，是指对公共建筑安装分类和分项能耗计量装置，采用远程传输等手段实时采集能耗数据，实现建筑能耗在线监测、动态分析和统计管理功能的系统统称，在有效提高建筑运营与监管水平的同时，也可以起到对公众的宣传、教育和展示作用。

【标准原文】第11.5.9条　室内空气质量监控系统的设置宜满足下列要求：

1　人员聚集的公共空间或人员密度较大的主要功能房间，宜设置二氧化碳浓度探测器和显示装置，当二氧化碳浓度超标时应实时报警；

2　地下停车库宜设置一氧化碳浓度探测器和显示装置，当一氧化碳浓度超标时应实时报警；

3　当以上场所设有机械通风系统或中央空调系统时，宜根据探测器的检测结果联动控制相关区域的通风、空调设备。

【设计要点】

1. 室内空气质量的好坏，是评价建筑是否"舒适、健康"的重要评价标准。通过安装室内空气污染物探测器，运营方可以有效地监测室内二氧化碳、一氧化碳及其他常见空气污染物的浓度，从而及时调整新风或排风供应量，寻找"节能"与"舒适"的平衡点。

2. 本条文中提到的"人员聚集的公共空间或人员密度较大的主要功能房间"是指人均使用面积低于 $2.5m^2/$ 人，或该区域在短时间内人员密度有明显变化的常用区域，常见于开放式办公室、会议室、教室、培训室、餐厅、剧场等。为保护人体健康，预防和控制室内空气污染，在上述区域设置二氧化碳浓度探测器和显示装置，当二氧化碳浓度超标时实时报警，通常二氧化碳浓度探测器的实时报警触发点建议在 1000ppm 及以下。

【实施途径】

现在市面上常见的室内检测器品牌很多，测量精度、安装方式均有不同，设计人员可根据项目需要选择产品。探测器的运行方式通常有以下几种：

1. 对于自然通风的房间，探测器可独立工作，仅在浓度超标时发出警报，提醒室内人员及时开窗通风；

2. 对于机械通风或中央空调的房间，可采用探测器自动控制通风、空调设备的运行工况或运行台数的变化，有利于在保持场所内空气质量的前提下节约能源；当联锁有困难时，也可将探测器连入 BA 系统，用于提醒运营管理人员注意。

第 12 章　景观环境设计

12.1　一般规定

【标准原文】第12.1.1 条　景观环境设计应遵循经济、环境和社会三方面整体可持续发展的设计原则，符合规划设计要求，与场地内建筑群体、道路相协调。

【设计要点】
　　1. 避免场地内的过度绿化；
　　2. 注重环境协调统一；
　　3. 尊重当地的社会与文化；
　　4. 要与规划、建筑、道路协调。

【实施途径】
　　在做景观环境设计前，应严格参阅现有的总体规划图纸，要与已有规划、建筑、道路等协调，景观设计要做到与周边主要环境相一致，在形式上应充分考虑地域性的文化传统和社会效应。

【标准原文】第12.1.2 条　景观环境设计应遵循因地制宜的设计原则，充分利用场地现有地形、水系和植被进行统一设计，达到节能、节地、节水、节材、保护环境的绿色建筑设计的目的。

【设计要点】
　　设计时要充分利用场地内现存的地形、水系、植被等原有自然资源，能保留的尽量保留，需要改动的应在此基础上通过微调形成二次景观。

【实施途径】
　　在做景观环境设计前，重点参阅原有的地形和地貌图纸及资料，尽可能地去调研现场情况，在设计中加以利用和局部改造。

【标准原文】第12.1.3 条　景观环境设计总平面布局应综合考虑优化场地的风环境、声环境、光环境、热环境、空气质量、视觉环境、嗅觉环境等，各类景观要素设计需相互联系。

【设计要点】
　　景观环境设计的主要要素如绿化、水景、场地、照明等，将会影响到其关联的各种环境质量，包括场地内的风环境、声环境、光环境、热环境、空气质量、视觉环境和嗅觉环境等。因此，应通过设计优化这些环境要素，避免设计后在实际运营中给环境增加各种物理负担。

【实施途径】

1. 通过绿化和水景设计，减少场地内的热岛效应，降低冬季主导风的风速并引导夏季主导风的畅通；

2. 通过绿化设计，改善空气质量，降低主要活动场地的噪声，减少场地内的光污染，提高视觉效果；

3. 通过场地设计，提高人员活动空间的视觉效果，改善场地内的嗅觉环境；

4. 通过夜景照明设计，美化场地内主要建筑物以及环境本身，提高视觉效果。

12.2 绿 化

【标准原文】第 12.2.1 条　应充分保护和利用场地内现状树木。

【设计要点】

本条文强调了维护场地内现状树木生态价值的两种手段：保护和利用。

1. 关于对现有树木的保护应遵循严格移植树木和严格控制砍伐树木的原则，设计中对于规划红线内的树木首先考虑不移植，如果确实因为城市建设、居住安全和设施安全等特殊原因需要移植的，一定要经绿化行政主管部门审批后方可移植。原则上不允许砍伐场地内的树木；

2. 关于对现有树木的利用，主要体现在通过景观设计，使原有树木和新栽植的植物有效搭配，提高植物景观的观赏性。

【实施途径】

本条内容主要是通过景观中的绿化设计来实现，因此要求景观设计人员在设计时重点关注场地内的树木现状，以及可预计的设计后的景观蓝图，具体如下：

1. 景观设计前，应严格查看规划红线图，并且去现场确认，了解场地内现有树木的分布情况。注意保护古树名木；

2. 景观设计时，采取不砍伐、不移植的原则，如确因影响建设，影响居住和设施安全，应优先考虑场地内移植；增加的景观绿化部分，在选择植物种类搭配和布置时，要考虑和现有树木相协调，并尽可能地通过设计创造出宜人的景观。

【案例分析】

国外某人行道扩建项目，将场地内原有树木很好地保护起来，详见图 12-1。

图 12-1　人行道扩建时原有树木得到保护

【标准原文】第 12.2.2 条　种植设计应选择适应区域气候和土壤条件的本地植物，本地植物指数不宜低于 0.7。宜选择耐候性强、易养护、病虫害少、对人体无害的植物。植物种类可参见附录 B.0.5。

【设计要点】

本条文的设计内容主要涉及景观绿化设计人员对于植物种类的选择，具体包括如下两点：

1. 优先选择本地植物，场地内本地植物种类占全部植物种类的比例不宜低于 0.7；

2. 在选择本地植物和外来植物物种时，应该选择耐候性强、易养护、病虫害少、对人体无害的植物。

【实施途径】

设计时，需要参阅《标准》附录 B.0.5 所列植物物种，选择出那些耐候性强、易养护、病虫害少、对人体无害的植物。设计时，还要检查种植图和植物配置苗木表，确认种植图与苗木表相一致。

【案例分析】

北京地区某项目在景观绿化设计前首先参照列表选择了本地物种，并且在设计文本中插入了设计师选择的本地乔木、灌木的物种照片，详见图 12-2。

图 12-2　北京地区常用本地植物

【标准原文】第12.2.3条 种植设计应根据植物的生态习性进行配植，宜满足下列要求：

1 多种植物合理配植。居住区用地面积不多于5万 m² 时，木本植物种数不少于30种；居住区用地面积5万 m² ~ 10万 m² 时，木本植物种数不少于35种；居住区用地面积不少于10万 m² 时，木本植物种数不少于40种；

2 采用以植物群落为主，乔木、灌木、草坪、地被植物相结合的复层绿化方式；

3 绿地内宜多栽植乔木、灌木，减少非林下草坪、地被植物种植面积，每100m² 绿地内乔木数量不应少于3株。

【设计要点】

本条文内容主要涉及园林绿化的相关图纸，在设计时应该关注园林种植图纸和苗木配置表，确认多种木本植物的种类是否达到要求，确认是否采用了乔木、灌木、草坪、地被植物相结合的复层绿化，且每100m² 绿地内乔木数量不应少于3株。

【实施途径】

结合北京市的气候条件和植物自然分布特点，参阅《标准》附录B.0.5所列植物物种，按照居住区用地面积规模确定场地种植的木本植物总数分别不少于30种、35种和40种。

【案例分析】

北京市某住宅区绿化采用了乔、灌、草相结合的复层绿化模式，花池周边一般种植灌木，池内为乔木和草地相结合，详见图12-3。

图12-3 复层绿化模式

【标准原文】第12.2.4条 屋顶绿化宜选择生长较慢、抗性强的植物，不应选择根系穿刺性强的植物。花园式屋顶绿化宜合理配置小乔木、灌木，形成复层绿化。屋顶绿化植物种类可参见附录B.0.6。

【设计要点】

本条文主要是针对 2011 年北京市政府颁布的《北京市人民政府关于推进城市空间立体绿化建设工作的意见》（京政发〔2011〕29 号）的规定：公共机构所属建筑，在符合建筑规范、满足建筑安全要求的前提下，建筑层数少于 12 层、高度低于 40m 的非坡层顶新建、改建建筑（含裙房）和竣工时间不超过 20 年、层顶坡度小于 15°的既有建筑，应当实施屋顶绿化。其他建筑鼓励屋顶绿化。

屋顶绿化形式主要分为三种，如下：

1. 简式轻型的绿化，以草坪为主，多色彩，结合步道铺装出图案；

2. 花园式复合型绿化，如同地面花园一样，乔灌花草结合，且有山石、小桥流水等园林小品和以人为本的设施；

3. 居二者中间，叫简花园式，以草坪为主，辅以花坛、绿带和植物造型等，这种屋顶多是使用功能和景观观赏两者兼顾。

在设计时应该关注建筑专业的屋面设计图纸、园林种植图纸和苗木配置表，并根据建筑物的实际情况选择适宜的绿化形式。

【实施途径】

如果建筑类型在《北京市人民政府关于推进城市空间立体绿化建设工作的意见》中所规定"应当实施屋顶绿化"之列，则应根据建筑物的实际情况从上述三种屋顶绿化形式中选择适宜的种类，同时参阅《标准》附录 B.0.6 所列植物物种选择相应的植物进行屋顶绿化设计。其他建筑类型若屋顶符合绿化条件也应鼓励实施。

【案例分析】

国内某建筑采用了盆栽和花架相结合的屋面绿化形式，减少了因覆土栽培带来的屋面荷载，详见图 12-4。

图 12-4　盆栽和花架相结合的屋面绿化形式

【标准原文】第 12.2.5 条　垂直绿化宜以地栽、容器栽植藤本植物为主，可根据不同的依附环境选择不同的植物，对建筑外墙、场地围墙、围栏、棚顶、车库出入口、地铁通风设施、道路护栏、建筑景观小品等处进行垂直绿化。

【设计要点】

本条文主要是针对 2011 年北京市政府颁布的《北京市人民政府关于推进城市空间立体绿化建设工作的意见》（京政发〔2011〕29 号）的规定：符合建筑规范，适宜进行垂直绿化的建筑墙体、地铁通风设施、道路护栏、立交桥及高架桥桥体等建筑、构筑物，提倡实施垂直绿化。在设计时应该关注园林种植图纸和苗木配置表，并根据建筑物的实际情况选择适宜的垂直绿化形式。

【实施途径】

结合北京市的气候条件和植物自然分布特点，参阅《标准》附录 B.0.5 所列植物物种选择相应的藤本植物进行垂直绿化。

【案例分析】

北京市东三环沿路围挡采用了藤本植物做垂直绿化，详见图 12-5。

图 12-5　北京东三环路垂直绿化

【标准原文】 第 12.2.6 条　实土绿化场地宜因地制宜地设置下凹式绿地。下凹式绿地内的种植设计宜选择耐水湿的植物。实土绿化下凹式绿地率不宜低于 50%。

【设计要点】

本条文主要针对场地内的绿地设计，在设计时鼓励采用下凹式绿地形式。下凹式绿地包括浅草沟、雨水花园、下凹树池、花池等绿地空间，下凹式绿地在设计时，其竖向可低于周围路面 5 ~ 10cm，同时需要各专业紧密配合，如园林专业需对绿地内竖向进行合理设计，地形起伏有利于汇集雨水，选择适宜的植物；水专业需配合计算雨水流量、进行排水设施的布设等。

【实施途径】

下凹式绿地的设计需要园林专业和给排水专业设计人员紧密配合，在景观图纸和场地排水图纸中均要表现出来。要重点查看下凹式绿地的竖向剖面图，检查绿地表面是否低于周围路面 5 ~ 10cm，同时要查看种植图，检查是否选择了抗水性强的草本植物。

【案例分析】

北京市某项目设计时采用了下凹式绿地，详见图 12-6。

图 12-6　下凹式绿地示意图

【标准原文】第 12.2.7 条　种植设计宜有利于改善场地声环境，宜在噪声源周围种植高大乔木及灌木，形成植物隔声屏障。

【设计要点】

本条文主要针对噪声源周边的场地设计，需要选择密集种植高大乔木和灌木，不仅有效减少噪声，同时对于噪声源设施也起到了美化和遮挡作用。

【实施途径】

设计时需要重点查看总平面图纸，先找出噪声源（如发电机房、空调机房、水泵房、垃圾处理站等）的位置，然后在景观图纸中的种植设计上，在这些噪声源周边选择高大乔木和灌木。

【案例分析】

北京市某高层建筑群中在噪声源（变配电所）周边密集种植了乔木和灌木，详见图 12-7。

变配电所

图 12-7　变配电所周边密集种植乔木和灌木

【标准原文】第12.2.8条 种植设计宜有利于提高场地光环境质量，宜满足下列要求：

　　1 种植高大乔木，降低建筑立面反射光引起的眩光污染；

　　2 活动场地周边栽植落叶阔叶乔木。

【设计要点】

　　本条文主要针对景观设计中场地的光环境，如果场地内主要建筑采用幕墙形式，应考虑幕墙因反光造成的光污染可能影响的地面区域，确定该区域后可在周边种植高大乔木，减少人们活动视线因光污染造成的不适。活动场地周边考虑栽植落叶阔叶型乔木，在夏天阻挡强烈的光照射，冬天可使阳光通透。

【实施途径】

　　首先针对建筑设计图纸，查看场地内建筑是否会产生较严重的光污染，若产生，将在景观设计时需要在光污染影响的区域周边种植高大乔木。

　　活动场地周边的设计，需要查看园林种植图和植物配置表，检查是否选择了落叶阔叶型乔木。

【案例分析】

　　国内某高层建筑外立面为玻璃幕墙，为减少对建筑周边道路产生的光污染，在道路靠近建筑一侧种植了高大乔木，详见图12-8。图中停车处为周边道路，此照片为从建筑内部透过幕墙向外拍摄。

图12-8 种植高大乔木解决玻璃幕墙光污染

【标准原文】第12.2.9条 种植设计宜有利于优化场地热环境，宜满足下列要求：

　　1 道路、广场和室外停车场周边，以及室外停车场内部宜种植高大落叶乔木，为场地遮荫。住区内广场的遮荫率不小于40%，公共建筑周边广场遮荫率不小于20%，室外停车位遮荫率不小于30%，步行道和自行车道林荫率不小于75%；

　　2 建筑东、南、西立面宜栽植落叶阔叶乔木，有条件时可设计垂直绿化，为建筑立面遮阳；

3　宜结合场地风环境分析报告，在冬季主导风上风向处设计防风林带，有效阻挡冬季主导风；在宜产生静风处种植导风林带，为建筑夏季的自然通风提供良好条件。

【设计要点】

本条文主要针对景观设计中场地的热环境，旨在通过植物的遮阴、透阳和对风向的导引及遮挡来降低热岛强度。景观设计时，重点关注总平面图纸中的道路、广场和室外停车场的布置，合理分布高大落叶乔木。

遮荫率的计算应遵循如下原则：包括乔木树冠的垂直投影面积和构筑物向地面的投影面积，其中乔木树冠的大小可按照种植设计冠幅计算或者采用冠幅 5m 的圆计算，构筑物向地面的投影面积应按照其垂直投影面积计算。步行道和自行车道采用林荫率，林荫率与广场的遮荫率不同，林荫率是指被林荫覆盖的道路长度占总长的比例。

同时要查看建筑单体的东、南、西三个立面，通过种植高大乔木为建筑立面遮阳和透光。

如果已经对场地进行了风环境的模拟设计，则需要结合模拟分析的结果，合理设计种植防风和导风林带。

【实施途径】

应查看总平面图和景观种植图纸，计算核查住区内广场的遮荫率不小于 40%，公共建筑周边广场遮荫率不小于 20%；室外停车位遮荫率不小于 30%；步行道和自行车道林荫率不小于 75%。

同时查看景观设计图纸和植物配置表，检查建筑物的东、南、西三个立面是否设计栽植落叶阔叶乔木。

【案例分析】

国内某居住区设计，景观设计时重点按照遮阴率布置了乔木，在区域内的道路两侧、广场周边、运动场周边、室外停车位步行道和自行车道两侧均种植了高大乔木。在住宅的东向、西向、南向三侧合理种植了乔木。该居住区获得了住房和城乡建设部绿色建筑和低能耗建筑十佳设计项目、住房和城乡建设部绿色建筑和低能耗建筑"双百"示范工程等多项荣誉。详见图 12-9。

图 12-9　某居住区景观设计效果图

12.3 水 景

【标准原文】第12.3.1条 场地内原有自然水体如湖面、河流和湿地在满足规划设计要求的基础上宜完全保留，水体的改造应进行生态化设计。

【设计要点】

本条文重点关注场地内水系的生态保护与生态改造。对于场地内水系的设计，应该坚持保留原有自然水系为前提。如确需改造的，要本着生态化、自然化的原则。

【实施途径】

景观设计的水景部分，要先查看规划区域内的现状水系图，如条件允许，应去现场查看，在设计中如果该水系和整体规划方案没有原则性冲突，应该完全保留。如果因为整体规划方案确实要进行局部移位或改造，新改造部分应和原有水系的自然状态一致，采用非硬质的驳岸和水底进行自然接驳。

【案例分析】

国内某新城规划设计时，先查看现状水系分布，新城建设区域内有某段河流经过，在规划前标出现有河流，提出所有规划方案不得与该段河流冲突，需完整保留现有水系。详见图12-10。

图 12-10 规划时完整保留现有水系

【标准原文】第12.3.2条 水景设计应结合场地的气候条件、地形地貌、水源条件、雨水利用方式、雨水调蓄要求等，综合考虑场地内水量平衡情况，结合雨水收集等设施确定合理的水景规模。

【设计要点】

本条文主要针对景观水景设计中的总体原则，在进行景观中的水景设计前，应充分了解北京市的水资源状况、气候特点，以及场地内的市政给水排水条件、地形地貌，综合考虑利用现有的自然水系和绿地蓄水系统，收集场地雨水，加以利用。

北京地区水资源较为缺乏，水景的设计应充分结合场地条件进行设计。确需设计水景的，需要做好场地内水量平衡，最好能结合雨水收集、利用、调蓄设施进行设计。可将水景水池作为雨水收集调蓄水池，利用水体水位高差变化调蓄雨水。

【实施途径】

查看现状水系分布图纸和地表水资源量，如项目直接利用地表水资源设计自然水景则应报相关主管部门批准同意后可开始水景设计。

【案例分析】

北京某小区利用建设场地内原有自然水源设计出水景，同时起到收集雨水进行调蓄的功能，详见图 12-11。

图 12-11　某小区水景实景图

【标准原文】 第 12.3.3 条　在无法提供非传统水源的用地内不应设计人工水景。

【设计要点】

本条文主要针对人工水景设计的总体原则，北京市属于水资源较为缺乏的地区，2012年正式实施的《北京市节约用水办法》(2012 年 4 月 27 日北京市人民政府令第 244 号公布)第三十条规定：住宅小区、单位内部的景观环境用水和其他市政杂用水，应当使用雨水或者再生水，不得使用自来水。所以只有当场地内确实能够搜集到足够的雨水和再生水，而且应优先满足其他利用非传统水源的要求后（如绿化浇灌、冲厕等），可以考虑人工水景的设计。

【实施途径】

查看场地非传统水源设计图纸，确保有足够的水量可以满足人工水景的要求。

【案例分析】

北京市某公共场所的人工水景，因为无法满足使用非传统水源的要求，被暂时停用，详见图 12-12。

图 12-12　公共场所的人工水景实景图

【标准原文】第 12.3.4 条　人工水景的设计应注重季节变化对水景效果的影响，充分考虑枯水期的效果。

【设计要点】

本条文主要针对人工水景在枯水期的效果，北京地区的降雨主要集中在夏季，若人工水景的水源以收集雨水为主时，在设计时应考虑其他季节因枯水造成的效果，人工水景泄空后，需要与周边环境相协调。还可以考虑人工水景具备使用功能，如阶梯型水池在枯水期可作为居民休憩的台阶。

【实施途径】

查看设计图纸，检查人工水景枯水时的立体效果，使设计具备两个原则：

1. 枯水后的人工水景与周边环境相协调；

2. 枯水后的人工水景兼具使用功能。

【案例分析】

国外某人工水景设计中采用了叠泉手法，在枯水期还兼具休憩台阶的功能，详见图12-13。

图 12-13　叠泉手法实景图

【标准原文】第 12.3.5 条　人工水景应采用过滤、循环、净化、充氧等技术措施。

【设计要点】

本条文主要针对人工水景的净化，人工水景在设计时，应采取过滤、循环、净化、充氧等技术措施，保证水体的清洁及美观效果。同时，应做到水资源的循环利用。

【实施途径】

查看景观图纸中的人工水景设计部分，确定是否采取了过滤、循环、净化、充氧等技术措施。

【案例分析】

国内某人工水景种植了芦苇，利用其根氮功能对水质进行过滤，通过机械设备使水景水循环使用、净化并充氧等，详见图 12-14。

图 12-14　人工水景实景图

12.4 场 地

【标准原文】第12.4.1条　合理规划地表与屋面雨水径流，采取有效措施对场地雨水进行入渗、滞留、调蓄和回用，对场地雨水实施径流总量控制并不对环境造成污染。

【设计要点】

在设计前，需要参考结合场地排水图纸要求，合理评估和预测场地可能存在的水涝风险，对场地实施径流总量控制。径流总量控制同时包括雨水的减排和利用，实施过程中减排和利用的比例需依据场地的实际情况，通过合理的技术经济比较，来确定最优化方案。同时，要考虑雨水排放中可能给自然环境带来的污染，将污染的系数降至低值。

【实施途径】

查看场地排水图纸，确定场地内景观图纸中和排水相关的部分是否合理，是否合乎径流总量控制的要求，同时又确保雨水的排放不产生污染，如场地整体铺装的透水率，雨水的排放与收集方式等。

【标准原文】第12.4.2条　室外道路、广场设计应考虑设置遮阳、遮风、避雨等设施，室外硬质地面铺装材料的选择应遵循平整、浅色、耐磨、防滑、透水的原则。其中硬质铺装材料太阳辐射吸收率宜介于0.3和0.7之间，铺装地面的透水铺装率不小于70%，同时透水铺装垫层应采用透水构造做法。

【设计要点】

本条文主要针对室外道路、广场的设计对于场地风环境、光环境、排水性等带来的影响，室外道路、广场在设计时，可通过其两侧和周边布置建筑小品，为开敞性空间提供临时的遮阳、遮风、避雨设施。考虑到室外道路和广场部分的安全性、透水性、辐射率，室外硬质铺装材料的选择遵循平整、浅色、耐磨、防滑、透水的原则。

【实施途径】

查看景观设计图纸的室外道路与广场设计部分，确认已经设计了可供临时遮阳、遮风、避雨的建筑小品等设施。查看室外铺装图纸，确认铺装材料是平整、耐磨且防滑的，同时要确认硬质铺装太阳辐射吸收率介于0.3和0.7之间，铺装地面的透水铺装率不小于70%。

【案例分析】

国内某景观道路的硬质铺装选用了具备平整、耐磨、防滑、浅色等特征的透水砖，通过花架种植藤本植物进行遮阳，详见图12-15。

图 12-15　国内某景观道路实景图

【标准原文】第 12.4.3 条　室外场所的无障碍设计应满足下列要求：

1　《无障碍设计规范》GB 50763 的规定；

2　无障碍设施在满足功能的前提下，应根据人性化的原则设计；

3　公共停车场的设计，应考虑在距离建筑主入口最近处安排残疾人专用停车位。

【设计要点】

此条文主要针对室外区域部分的无障碍设计，具体包括城市道路、居住区内道路、绿地和广场、停车场等处。室外场所内无障碍设施的设计应该比室内的无障碍设计更具明显提示特征，例如无障碍部分色彩更鲜艳、提示标识尺度更大，以及使用声音来提示等。

2009 年公安部新修订的《机动车驾驶证申领和使用规定》中规定有五类残疾人可以驾驶机动车，为方便这类人群的停车需要，在公共停车场应该在距离建筑主入口最近的地方安排残疾人专用车位，关于专用车位的数目可按照总停车位的 5%～8% 考虑，并在专用车位地面上做明显标示。

【实施途径】

查看总平面图纸和景观设计图纸，确认室外无障碍设计是否采取了色彩、体型、声音等手段来加强其提示功能。查看停车场车位布置图纸，确认是否按照不少于 5% 的标准设计残疾人专用停车位并做明显标识。

【案例分析】

国外某公共建筑的停车场在距离主入口最近处安排了残疾人专用车位（照片中蓝色轮椅标识车位），体现了人性化的设计原则，详见图 12-16。

图 12-16　公共建筑停车场残疾人专用车位

【标准原文】第 12.4.4 条　室外停车场的设计应考虑遮阳、减噪、视觉效果等因素，宜种植乔木和灌木；室外停车场的地面铺装宜选择透水性好的生态环保材料。

【设计要点】

本条文主要针对室外停车场的设计，在设计时，周边宜种植乔木和灌木，以达到为停车场遮阳、减噪等目的，停车场的铺装材料宜选择透水性好的植草砖、透水砖等材料。

【实施途径】

查看景观图纸的室外停车场部分，确认周边绿化选择种植了乔木和灌木，确认地面铺装为透水性材料，如植草砖或者带有吸收排放尾气性质的高效透水砖。

【案例分析】

北京市某公共建筑的停车场种植了乔木和灌木，铺装选择了生态植草砖，详见图12-17。

图12-17　北京某公共建筑停车场

【标准原文】第12.4.5条　居民运动场馆和健身设施的配套应满足《城市居住区规划设计规范》GB 50180的规定，用地面积应满足《城市社区体育设施建设用地指标》的要求，并宜满足下列要求：

　　1　居民运动场馆集中设置于人员易于到达之地；

　　2　居民健身设施和绿地结合布置，且考虑老年人专用健身器材；

　　3　健身运动场地有良好的日照与通风，同时设置休息座椅。

【设计要点】

本条文主要针对住宅区中居民运动和健身设施的配套设计。在设计时除了需要满足《城市居住区规划设计规范》GB 50180以及《城市社区体育设施建设用地指标》的相关要求，还宜考虑其易于通达，充分的日照、通风和周边绿化，合适的休息设施及老龄化运动器械等。

【实施途径】

查看总平面图纸和景观图纸中的运动场馆和场地设计部分，确认运动场馆和场地的设计除了要满足《城市居住区规划设计规范》GB 50180以及《城市社区体育设施建设用地指标》的相关要求，还宜遵循如下原则：

1. 主要场馆和场地易于住宅区内所有住户的到达；
2. 健身运动场地是否有良好的日照与通风；
3. 健身设施附近是否有绿地和休息设施，是否专设了老年人的活动器材。

【案例分析】

北京市某住宅区设计时，将主要运动和健身场地布置在小区中央部位，易于到达，详见图 12-18。

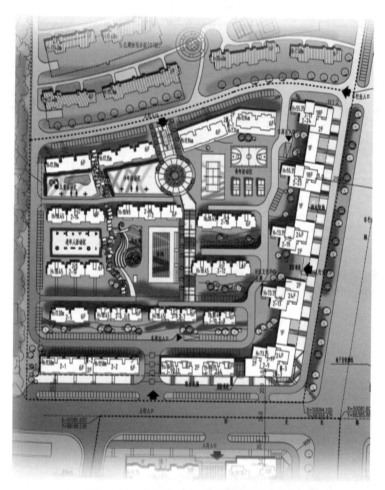

图 12-18　北京某住宅小区运动健身场地

【标准原文】第 12.4.6 条　儿童游乐场地应选择阳光充足、风环境良好的区域，应与主要道路和居民窗户保持一定距离，宜设计为开敞式，并保证良好的可通视性。场地内应选用安全、尺度合适的设施，宜设儿童专用的冲洗池。

【设计要点】

本条文主要针对景观图纸中的儿童活动场地的设计，设计时要首先查看场地周边环境图纸，重点查看场地的通透性，和周边道路及住宅的距离等。场地内设施的设计应关注其尺度和儿童专用设施。

【实施途径】

查看总平面图纸和景观图纸，确认儿童游乐场周边视线通透，没有高大建筑物遮挡主要日照，和周边的道路及民居保持了一定的距离。

查看儿童游乐场内设施设计及选样图纸，确保尺度适合儿童身体工学和心理成长的要求，有条件的情况下要设置儿童专用清洗池。

【标准原文】第12.4.7条　亭榭、雕塑、艺术装置等小品的设计宜考虑其遮阳、遮风、噪声屏蔽等作用。

【设计要点】

本条文主要针对通过设计使各种建筑小品发挥其功能性，例如亭榭的避雨和遮风作用，雕塑与艺术装置的遮风和屏蔽噪声的作用等。

【实施途径】

查看景观图中的建筑小品大样图纸，检查其结构造型，确保其尽可能地兼具遮风、遮雨或者屏蔽噪声的功能。

【案例分析】

国外某雕塑的设计不仅考虑到其艺术的视觉冲击力，同时也具备遮阳和遮风的作用，详见图 12-19。

图 12-19　雕塑兼具遮阳遮风作用

【标准原文】第12.4.8条　景观小品的设计宜优先考虑选择本地材料、可再利用材料、可再循环材料、环保材料。

【设计要点】

本条文主要针对景观小品设计中的选材，在设计时，景观小品的材料宜遵循如下原则：

　　1. 优先考虑选择本地材料，减少运输能耗；

　　2. 优先选择可再利用材料和可再循环材料，达到节材目的；

　　3. 优先选择环保型材料，保证建筑环境的舒适和安全，也减少其对周边环境的破坏。

【实施途径】

　　查看景观小品设计图纸和材料表，确认所选择的材料符合本地材料、可再利用材料、可再循环材料、环保材料优先的原则。

【案例分析】

　　北京市某山区旅游景点在标识牌的设计上，选用了当地石材作为基座，详见图 12-20。

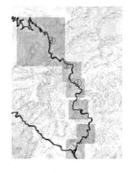

1. 交通导引指示牌

2. 交通导引指示牌

3. 旅游景点指示牌

图 12-20　北京某山区旅游景点标识牌基座

【标准原文】 第 12.4.9 条　室外的供热站或热交换站、变电室、开闭所、路灯配电室、燃气调压站、高压水泵房、公共厕所、垃圾转运站和收集点、居民存车处、居民停车场（库）等公用设施宜在不影响其功能和警示的前提下，进行遮护、围挡或美化设计。

【设计要点】

　　本条文主要针对室外的一些公用配套设施如何进行遮护、围挡和美化等，设计时，首先要查看总平面图纸和公用设施布置图纸，确认场地内都有哪些公用设施需要做遮挡和美化处理。一般的公用设施包括：供热站或热交换站、变电室、开闭所、路灯配电室、燃气调压站、高压水泵房、公共厕所、垃圾转运站和收集点、居民存车处、居民停车场（库）等。

【实施途径】

　　查看总平面图纸和公用设施布置图纸中相关的公用设施，确认是否在不影响其功能和警示的前提下，根据体型大小和功能性质分别进行了围挡或美化设计，围挡和美化设计的手法与风格应该和其周围的主体建筑保持一致。

【案例分析】

国外某车站的副入口设计，将其一侧的发电机房（照片中左侧）进行了美化设计，采用不锈钢栏栅将其围护起来，和主建筑的外立面十分协调，详见图12-21。

图12-21　发电机房外观美化设计

12.5　照　明

【标准原文】第12.5.1条　景观照明设计除应满足本节要求外，还应满足本标准11.3的要求。

【设计要点】

详见本书第11章。

【标准原文】第12.5.2条　景观照明设计应遵循安全、适度的原则，并应符合《城市夜景照明设计规范》JGJ/T163和《城市夜景照明技术规范》DB11/T 388.1—4 的有关规定。

【设计要点】

1. 根据照明场所不同，景观照明可分为场地照明、绿化照明、水景照明、景观小品照明、建筑立面照明等。本条提出了景观照明设计的基本原则，并提出了要遵守行业标准《城市夜景照明设计规范》JGJ/T 163、北京市地方标准《城市夜景照明技术规范》DB11/T 388.1—4 的相关要求。

2. 安全，主要强调景观照明设计的范围，要求其包括场地内所有区域的人员安全的最低照明。

3. 适度，从节约能源角度出发，以避免景观照明的过度设计。景观照明设计时，应通过分析不同场地的照明目的进行分类设计，在满足安全、功能和美化的前提下，灯具布置要适度分布，以减少用电量，从而达到节能目的。

【实施途径】

1. 首先应充分了解建筑物的特性、功能、外装修材料、业主对设计的要求、当地的人文风貌及周围环境等，结合自己的设计理念构思一个较完整的设计方案及效果图。

2. 应重点突出建筑物立面和顶部具有表现特点的部位，通过巧妙地运用灯光再塑被照明对象的艺术魅力。

3. 灯具应隐蔽安装，防止损坏，不能影响白天的景观效果并安装在人不易接触到的位置。

4. 对于主体部分不易进行立面照明的高层建筑，如果作为一个地区的标志性建筑，其顶部应作重点照明处理。

5. 根据建筑物被照面的材质，选择合适光源色温及光色，建筑物常用的外饰材料有大理石、花岗岩、面砖、涂料、金属板、玻璃幕等。对于显色性要求较高的场所应选用显色指数大于 80 的光源。

6. 对于玻璃幕材质的建筑外墙，设计时可采取内透光照明方式，亦可采用小型点光源的方式嵌入外墙体，形成光源矩阵，还可采用线光源的照明方式做外立面的内透光照明。玻璃幕照明光源和灯具可采用长寿命的光源，如 LED、无极灯、冷阴极管、直管荧光灯等。

7. 建筑物立面照明设计应注重节约能源，实施绿色照明。夜景照明单位面积安装功率密度值 (LPD)。

【标准原文】第 12.5.3 条 景观照明设计应采取有效措施限制光污染，并应满足下列要求：

1 景观照明的照明光线应严格控制在场地内，超出场地的溢散光不应超过 15%；

2 应严格控制夜景照明设施对住宅、公寓、医院病房等建筑产生干扰光，并应满足《城市夜景照明设计规范》JGJ/T 163—2008 第 7.0.2 条和《城市夜景照明技术规范》DB11/T 388.3—2006 第 5.2 节的要求；

3 应合理设置夜景照明运行时段，及时关闭部分或全部景观照明内透光照明；

4 玻璃幕墙和表面材料反射比低于 0.2 的建筑立面照明宜采用内透光照明与轮廓照明相结合的方式，不应采用泛光照明方式；

5 初始灯光通量超过 1000lm 的光源宜采取遮光角措施。

【设计要点】

本条依据《城市夜景照明设计规范》JGJ/T 163 第 7.0.2 条和《城市夜景照明技术规范》DB11/T 388.3 第 5.2 节的有关规定，并参考了美国绿色评价标准 LEED 的限制光污染规定，提出了景观照明光污染的要求。有条件时，景观照明设计可采用计算机模拟设计场地照明模型，使之在满足景观效果的前提下，采取有效措施以避免景观照明对住宅、公寓、医院病房、夜空、行人的光污染。

【实施途径】

1. 建筑外观照明的灯光投射方向和采用的灯具应防止产生眩光，尽量减少外溢光和杂散光。要根据需要选择合适的灯具配光曲线，投射需要表现的部位，投射角过小达不到照明效果，投射角过大造成很多溢散光，带来光污染和电能的浪费。

2. 医院、居民楼等建筑的主体部分不应采用立面泛光照明；宾馆、酒店等建筑物的主体部分不提倡采用立面泛光照明，可在其顶部采用其他不影响居住者休息的照明方式、方法。

【标准原文】第 12.5.4 条　景观照明的光源、灯具及其附件选择应满足《城市夜景照明设计规范》JGJ/T 163—2008 第 3.2 节规定。景观照明灯具的选择除满足照明功能外，还应注重白天的造景效果。

【设计要点】

1. 应符合城市夜景照明专项规划的要求，并宜与工程设计同步进行。
2. 应注重整体艺术效果，创造舒适和谐的夜间光环境，并兼顾白天景观的视觉效果。
3. 照度、亮度及照明功率密度值应控制在规定的范围内。
4. 应合理选择照明光源、灯具和照明方式；合理确定灯具安装位置、照射角度和遮光措施，防止产生光污染。
5. 应慎重选择彩色光。光色应与被照对象和所在区域的特征相协调，不应与交通、航运等标识信号灯造成视觉上的混淆。
6. 照明设施应根据环境条件和安装方式采取相应的安全防范措施，并不得影响园林、古建筑等自然和历史文化遗产的保护。

【实施途径】

1. 景观照明常用光源技术指标如表 12-1 所示。

景观照明常用光源技术指标　　　　　　　　　　　　　　　表 12-1

光源类型	光效 (lm/w)	显色指数 (Ra)	色温 (K)	平均寿命 (h)	应用场合
三基色荧光灯	>90	80～96	2700～6500	12000～15000	内透照明、路桥、广告灯箱、广场等
紧凑型荧光灯	40～65	>80	2700～6500	5000～8000	建筑轮廓照明、彩灯、园林、广场等
金属卤化物灯	75～95	65～92	3000～5600	9000～15000	泛光照明、路桥、园林、彩灯、路桥、广告、广场等
高压钠灯	80～130	23～25	1700～2500	>20000	泛光照明、路桥、园林、广告、广场等
冷阴极荧光灯	30～40	>80	2700～10000 或彩色	>20000	内透照明、装饰照明、彩灯、路桥、园林、广告等
发光二极管 (LED)	白光>40	70～80	白光或彩色	>60000	内透照明、装饰照明、彩灯、路桥、园林、广告、广场等
无极荧光灯（电磁感应灯）	60～80	75～80	2700～6400	>60000	泛光照明、路桥、园林、广告、广场等

2. 景观照明常用灯具类型及应用场合如表 12-2 所示。

景观照明常用灯具类型　　　　　　　　　　　　　　表 12-2

灯具类型	应用场合
荧光灯	内透照明、装饰照明、路桥、园林、广告、广场等
投光灯	泛光照明、路桥、树木、广告、广场、水景、山石等
埋地灯	泛光照明、步道、树木、广场、山石等
LED灯	内透照明、装饰照明、彩灯、路桥、广告、广场等
光纤灯	装饰照明、彩灯、园林、水景、广场等
草坪灯	小路、园林、广场等
家庭等	路桥、园林、广场、庭院等
太阳能灯	彩灯、路桥、园林、庭院、广场等

【标准原文】第 12.5.5 条　公共建筑的景观照明控制应按平日、一般节日、重大节日分组控制。

【设计要点】

本条从节能的角度提出景观照明控制的一些要求，以达到节能的目的，具体要求如下：公共建筑的景观照明按平日、一般节日、重大节日分组控制，以便于满足节日的特殊气氛要求，又能达到平日节能的要求。

【实施途径】

景观照明控制方式主要有如下三种：

1. 手动控制方式。靠配电回路的开关元件来实现，主要应用在小型非重要的照明工程。其特点是投资少，线路简单，开关灯均需要人工操作，灯光变化单调，不利节电。

2. 自动控制方式。主要应用在大中型照明工程及要求有灯光变化的照明工程。其特点是开关灯无需人工操作，一次可完成自动控制程序所设定的灯光场景，可实现灯光定时开启控制、灯光变化控制、节能控制，通常采用照度控制、时间控制、简单的程序控制等方式。

3. 智能控制方式。应用计算机技术和通信网络技术，一次投资较大，主要用在大中型和重要的照明工程。目前，产品和控制方式的组合较多，传输方式有无线、有线和无线、有线混合三种基本方式，设计时应根据工程的实际情况选择。夜景照明中的智能控制系统作为独立的系统，应采用国际标准的通信接口和协议，以便纳入局域网、城市网的系统或楼控网系统中，实现主系统和子系统之间的监控，智能照明变化的调节控制。

（1）实现灯光组合场景变化和照度变化的调节控制。

（2）实现节电控制，可根据环境照度变化、活动安排设定开灯方式和时间。

（3）具备标准的通信接口和协议，可实现局域网、城市网的联网控制。

（4）监测在线工作的各种参数，如灯光的演绎变化；电流、电压、有功、无功、零序电流等基本供电系统参数。

（5）监测故障状态，分析故障原因。

（6）系统结构灵活，修改、扩展方便。

（7）提高管理水平，减轻劳动轻度，减少管理人员。

【案例分析】

某工程智能网格控制方式如图 12-22 所示。常用于重要及大型工程景观照明。

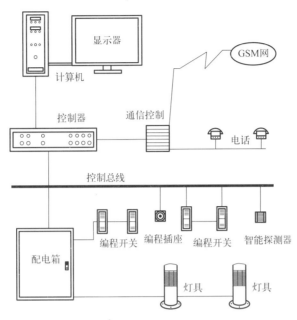

图 12-22　景观照明智能网格控制方式

【标准原文】第 12.5.6 条　建筑立面夜景照明的照明功率密度值,应满足现行行业标准《城市夜景照明设计规范》JGJ/T 163—2008 中 6.2.2 所要求的大城市规模的要求。

【设计要点】

由于《城市夜景照明技术规范》JGJ/T 163 对照明功率密度值的要求比《城市夜景照明技术规范第 4 部分:节能要求》DB11/T 388.4 所要求的严格,故本条要求建筑立面的夜景照明的照明功率密度值满足现行国家标准《城市夜景照明技术规范》JGJ/T 163 第 6.2.2 条大城市规模的要求。

【案例分析】

景观照明也应做到绿色照明,除应注意控制照明功率密度值以外,还应注意合理的照度,CIE 室外照度推荐值如表 12-3 所示,可供设计时参考。

CIE 室外照度推荐值 (lx)　　　　　　　　　　表 12-3

表面材料	照度		
	环境明暗程度		
	低亮度背景	中亮度背景	高亮度背景
浅色材料、白色大理石	20	30	60
中等颜色石材、水泥、浅色大理石	40	60	120
深色石材、灰色花岗岩石、深色大理石	100	150	300

续表

表面材料	照度		
	环境明暗程度		
	低亮度背景	中亮度背景	高亮度背景
浅黄色砖	30	50	100
浅棕色砖	40	60	120
深棕色砖、粉红色花岗岩	55	80	160
红砖	100	150	300
深色砖	120	180	360
装饰混凝土	60	100	200
油漆面层、彩色挂板	200	300	600
60%~70%光泽表面	40	60	120
30%~40%中等光泽表面	120	180	360
10%不光泽便面	20	30	60

【标准原文】第 12.5.7 条　有条件时，景观照明设施可结合光伏发电、风力发电等设施进行一体化设计。

【设计要点】

当有科普教育、展示等需求时，或布线比较困难、经技术经济比较合理时，景观照明可考虑采用小型太阳能路灯和风光互补路灯等可再生能源设施。

第13章 室内装修设计

13.1 一般规定

【标准原文】 第 13.1.1 条 装修设计应遵循高效、健康和适宜的原则。

【设计要点】

这是一条具有普遍性的原则要求，在所有的室内装修中均应遵守的原则。"高效"指的是以相对经济的手段和方法，达到较好的节能、节材和可持续发展的效果；"健康"指的是室内装修设计要以人为本，以人的身心健康为基准；"适宜"是要求设计师掌控好设计原则，在美学和实用、风格和内容、设计与实施等方面能综合平衡、恰到好处。

【实施途径】

1. 设计者应增强绿色环保意识，具备"少费多用"的思想。

2. 构造、工程做法、工艺、施工组织及管理的设计与安排上应充分体现可持续发展的理念。

3. 设计选材应以绿色环保为主，具体详见"13.3 装修材料选择"中标准条文的规定。

【标准原文】 第 13.1.2 条 新建建筑的室内装修宜与建筑一体化设计。

【设计要点】

这是一条设计组织方面的要求，目的是要求对于新建筑的室内设计要与建筑设计一体化，最好是由一个设计团队完成。如有困难，可成立由建筑设计、室内设计和业主组成的设计联合团队共同完成，以避免二次装修造成的浪费和对原有建筑的损害。

【实施途径】

室内装修与建筑一体化设计的实施途径最重要的方面在业主，目前国内的一些大品牌的星级酒店，出于档次等级和管理工艺的要求，设有明确的室内设计标准要求，使得无论是建筑师还是室内设计师均能在统一的标准下开展工作。另外一些大型商业地产和一些商品房的开发设计均有一体化设计。

【标准原文】 第 13.1.3 条 在既有建筑的装修设计中，不应破坏结构主体，不应影响建筑设备的效能，不宜改动机电设备终端的位置。

以上各条款都是针对既有建筑或是再次装修的建筑，其目的是要求室内设计师尊重原有建筑设计中的相关功能和技术要求。所以在设计中对该类条款的体现就是满足原有设施的功效和保留原有建筑的物理性能及基本功能需求。

【实施途径】

1. 在装修时，审慎采用隐蔽装修的做法，如将设备包裹起来或采取暗装的方式。

2. 在装修时，审慎调整、更换、拆除、移动原有水电、暖通等设备及其相关配套设施；

3. 当室内装修涉及建筑的外维护结构、房间与房间之间的原有构件时，对既有建筑的声、光、热、防水等的性能及做法要有充分的考虑，对拆除、开洞、改动局部厚度（含部件）或打入各类埋件要审慎行事，如必须改动，要有科学严谨的测算和评估，并应征求建筑、结构、水暖电各专业的意见，不能由室内设计专业单独决定。

【标准原文】条 13.1.4 条　装修设计应考虑装修材料、部品、设施等的可拆解性，并在装修构造设计上为其提供可能。对办公、商业类等建筑室内空间宜采用灵活隔断，减少重新装修时的材料浪费和垃圾产生。

【设计要点】

1. 从设计思想高度上要有"为拆解而设计"的理念，对所涉及的装修构件、饰物、部品、设施等在设计上充分考虑其可拆解、替换而又不影响其再次使用和其他部位内容的使用与效果。

2. 充分体现"开放式"的室内设计的思想，引入"区带理论"，确定科学合理模数体系，对各功能空间进行精细化设计，在设计中多考虑具有灵活、复合、自由等功能特性的构件和设施。

【实施途径】

1. 在部件构造上提供方便拆解的设计，既方便施工安装又方便更换调整。

2. 在装修材料与建筑之间、材料与材料之间，尽量采用螺栓、挂扣等"活"性连接。

3. 合理布局不同使用寿命材料和设施（特别是在隐蔽工程中）的位置，将寿命相同或相近的放在一起（性能间无影响），以方便更换和统一维修。

4. 基于一定的设计及建造模数体系，以标准化构件为基础，用类型最少的构件，满足最大的功能使用需要。

13.2　设 计 要 求

【标准原文】第 13.2.1 条　室内装修设计不应减弱房间围护结构的隔声性能。

【标准原文】第 13.2.2 条　室内装修设计不应影响室内天然采光，外窗、内窗、阳台等部位，除内遮阳外不宜有其他遮挡构件。

【标准原文】第 13.2.3 条　室内装修设计不应减弱建筑外围护结构的热工性能，同时应避免产生热桥。

【标准原文】第 13.2.5 条　室内装修设计应严格保持有防水部位的安全性。

【标准原文】第 13.2.10 条　室内装修设计应设置及保留机电设备检修口。

【设计要点】

以上各条款都是针对既有建筑或是再次装修的建筑，其目的是要求室内设计师尊重原有建筑设计中的相关功能和技术要求。所以在设计中对该类条款的体现就是满足原有设施的功效和保留原有建筑的物理性能及基本功能需求。

【实施途径】

1. 在装修时，审慎采用隐蔽装修的做法，如将设备包裹起来或采取暗装的方式。

2. 在装修时，审慎调整、更换、拆除、移动原有水电、暖通等设备及其相关配套设施。

3. 当室内装修涉及建筑的外维护结构、房间与房间之间的原有构件时，对既有建筑的声、光、热、防水等的性能及做法要有充分的考虑，对拆除、开洞、改动局部厚度（含部件）或打入各类埋件要审慎行事，如必须改动，要有科学严谨的测算和评估，并应征求建筑、结构、水暖电各专业的意见，不能由室内设计专业单独决定。

【标准原文】 第 13.2.4 条　室内装修设计应对室内空气质量进行预评估，预评估结果应满足现行《民用建筑工程室内环境污染控制规范》GB 50325—2010 表 6.0.4 的要求。

【设计要点】

1. 设计选用材料在严格按照《民用建筑工程室内环境污染控制规范》GB 50325—2010 表 6.0.4 的要求的前提下，应选用同一类型中环保标号高的材料，这里既包括面层装饰材料，也包括位于其表之下的和其他隐蔽部位的各类材料（如粘结材料、垫层和骨架材料等）。

2. 多用化学、物理稳定性好的材料，少用有气味、辐射和挥发性材料。

3. 密切注意多种有气味、辐射和挥发性材料在一起可能导致的毒副作业累积和加强的可能性。

4. 注意装修工序的安排，防止一些具有吸附性能的材料（如软包中的海绵、织物等）在不当时间安装，而导致的"次生污染"。

5. 室内空气质量受多重因素影响，要进行全方位考虑，比如家具陈设、设备设施、绿景植物等都会对空气质量产生影响，这里特别要注意他们与装修材料产生的共同作用。

6. 将科学的室内空气质量预评估作为设计审核和验收的必要环节，设计方应提供"室内空气质量预评报告"（可委托第三方完成），并与设计成果一同存档备案。

【实施途径】

评估时应尽量选用通用、成熟、简便并有准确度要求的方法，目前使用较多的预测方法有数学模式法、物理模型法、类比调查法和判断法。

1. 数学模式法能给出定量的预测结果，但需一定的计算条件和输入必要的参数、数据。一般情况下此方法比较简便，应首先考虑。选用数学模式时要注意模式的应用条件，如实际情况不是较好，单能满足模式的应用条件而又拟采用时，要对模式进行修正并验证。

2. 物理模型法定量化程度再现性好，能反映比较复杂的环境特征，但需要有合适的试验条件和必要的基础数据，且复杂的环境模型需要较多的人力、物力和时间。在无法利用数学模式法预测而又要求预测精度较高时，应选用此方法。

3. 类比调查法的预测结果属于半定量性质。如无法取得足够的参数、数据，不能采用前述两种方法进行预测时，可选用此方法。

4. 判断法是定性地判断建筑物的室内空气质量。有时建筑物中的某些影响因素很难定量时，可选用此方法。但是由于多种原因，如设计方案改动、施工管理疏漏等，预评价结果与实际情况可能有较大的差距。

【标准原文】第 13.2.6　室内装修照明设计应提供照明节能计算书，并应满足 11.3 章节的相关要求。

【设计要点】

在室内景观照明的设计中，应根据室内照明效果，选用高效照明光源和高性价比的灯具，慎用大面积泛光照明，合理使用内透光照明和轮廓照明等较为高效的照明设计手法，并在可能的条件下采用光控、时控和程控等智能控制系统。

【标准原文】第 13.2.7 条　室内装修设计宜选择不易积尘、易清洁的材料和构造。

【设计要点】

1. 材料选择上，多用平整、光滑、坚固、耐侵蚀、防霉变、耐腐蚀、不产尘和不易附着灰尘的材料（如瓷砖、石材、金属等）；少用易吸湿变形、开裂、积灰、长菌、贮菌的材料（如石膏、木材等）。

2. 各部位的装饰做法所形成的外表应具有较强的整体性、少用繁复琐碎的装饰，减少不必要的缝隙处理。在各个装修部位设计上应避免产生污染物集聚的死角。

【实施途径】

1. 地面：应平整，采用耐磨、防滑、耐腐蚀、易清洗、易起尘及不开裂装饰材料，注意墙裙、踢脚与地面的接缝处理。采用水磨石或其他水泥地面宜用 425 号或以上水泥，石子粒径 5 ～ 15mm，以防止开裂、掉石子、起砂。

2. 墙面：面层应采用硬度较高、整体性好、拼缝少、缝隙严密的装饰材料。墙面组合应整体性好，尽量减少凹凸面和缝隙。对于较难清洁的地方，墙面可有一定内倾，以减少积尘。

3. 天花：面层应采用光滑、不吸尘、耐老化的材料，送风口、照明灯具、感烟（温）探测器和喷淋头等的各种管线均应隐藏在顶棚内，少用造型繁杂的吊灯及吊饰，如使用，应配置可升降灯具的设施，以便清洁。

4. 陈设：多孔和表面粗糙材料制成的大型陈设物品、地毯、大型布类装饰品和丝毛制品易堆积粉尘，不易清洁，应控制使用。

【标准条文】第 13.2.8 条　室内装修设计宜采用绿植、设计合理适宜的水景等改善空气质量和调节室内湿度的措施。

【设计要点】

绿植和水景是室内设计非常普通惯用的手法，这里就一一不详述了，但对于绿色建筑而言，在室内设计中应特别关注如下三个原则：

1. 实用原则：根据绿化布置场所的性质和功能要求，从实际出发，做到绿植和水景装饰美学效果与实用效果的高度统一。

2. 经济原则：设计布置时要根据室内空间结构、建筑装修和室内配器的标准和规格，选配与经济水平档次和格调相当的绿植和水景，使室内"软装修"与"硬装修"相谐调。同时要求绿化装饰和水景布置的方式经济可行，而且能保持长久。

3. 美学原则：依照美学的原理，通过艺术设计，明确主题，合理布局，分清层次，协调形状和色彩，使绿植和水景的布置很自然地与装饰艺术联系在一起。

【实施途径】

1. 根据室内空间特征，选择不同生态习性与形态特征的适宜植物。

2. 整体布局，与室内风格、色彩和谐统一。

3. 植物布置比例适当。

4. 注意避开对人有危害的植物种类。

【标准原文】第 13.2.9 条 室内装修设计上宜选择工业化、装配化成套部品。

【设计要点】

工业化、装配化是保障装修质量、提高生产效率和实现装修工程节材、节能的重要途径和趋势，特别是对规模大、系列化、连锁式、重复性强的装修工程具有积极意义。

1. 选用或建立适当的模式体系：根据具体的设计任务，本着普适性和灵活性的结合的思想，确定主要装饰内容或部品的设计模数。

2. 标准化、系列化、成套化设计：在统一模数指导下，将各部分装饰内容或部品进行标准化设计，并结合不同部位和需求进行系列化和成套化设计。其遵循的原则是以最少的标准构建，满足最大的装修设计，同时应注意工厂化生产和运输及现场组装加工的可能性和方便性。功能部件集成和整体化设计是近几年业界积极推动的一项工作，如整体式厨房、卫生间、整体旅馆标间等。

3. 通用性与个性化的平衡：标准化、系列化、成套化设计的最大优势是其通用性，为设计、施工、回收、替换、修补和降低成本提供了很大方便，但个性化设计又是设计的生命，所以标准化设计也应为个性化发挥留有余地。设计师无论在自己的标准化设计上还是在选用现成的标准部品时，应有追求个性化和创新的意识，使通用性与个性化达到平衡。

【实施途径】

1. 工厂化生产与装修现场安装：工业化、装配化成套部品的生产有赖于现代化的工厂来实现，这也是降低成本和保障质量的关键，从而使室内装修工程更加快捷、高效和方便。所以现代装饰工程企业，往往备有自己或固定的部品生产工厂，从而形成设计、部品生产和施工一条龙的局面。

2. 规模化效益：规模化是工业化、装配化成套部品实现持续发展的关键，大型施工企业、企业行会和相关政府管理部门，应积极搭建基于共性需求和统一行业标准的规模化生产平台，以实现效益最大化。

3. 市场化途径：工业化、装配化成套部品使用的理想状态是充分的市场化，任何设计和施工企业均可以在市场上找到自己的需要。

13.3　装修材料选择

【标准原文】第 13.3.1 条　室内装修材料的有害物质含量应符合现行国家标准要求。严格按照国家及北京地区发布的现行的限制、禁止使用的建筑材料及制品的相关规定选用。应符合《绿色建筑评价标准》GB/T 50378 和北京市《绿色建筑评价标准》DB11/T 825 中绿色建筑选材技术指标体系的要求。

【设计要点】

应选用《中华人民共和国强制性产品认证的产品目录》中的装饰装修材料，宜选用获得环境标志产品认证的产品。并符合下列规范要求：

1.《建筑材料放射性核素限量》GB 6566

2.《室内装饰装修材料有害物质限量》GB 18580—18588

《室内装饰装修材料　人造板及其制品中甲醛释放限量》GB 18580

《室内装饰装修材料　溶剂型木器涂料中有害物质限量》GB 18581

《室内装饰装修材料　内墙涂料中有害物质限量》GB 18582

《室内装饰装修材料　胶粘剂中有害物质限量》GB 18583

《室内装饰装修材料　木家具中有害物质限量》GB 18584

《室内装饰装修材料　壁纸中有害物质限量》GB 18585

《室内装饰装修材料　聚氯乙烯卷材地板中有害物质限量》GB 18586

《室内装饰装修材料　地毯、地毯衬垫及地毯胶粘剂有害物质释放限量》GB 18587

《室内装饰装修材料　混凝土外加剂中释放氨的限量》GB 18588

3.《民用建筑工程室内环境污染控制规范》GB 50325

4.《住宅装饰装修工程施工规范》GB 50327

注意各种装饰材料和构造材料的使用及搭配，防范各类达标材料的污染叠加，影响室内空气质量。

【标准原文】第 13.3.2 条　室内装修宜选用可循环使用材料和利废材料。

【设计要点】

利废材料，是指利用建筑废物、工农业废物和生活废物等经过加工处理的材料。如利用矿渣、粉煤灰、硅灰、煤矸石、废弃聚苯乙烯泡沫塑料等生产的建筑材料。

【标准原文】第 13.3.3 条　室内装修宜选用耐久性材料、储能材料、有自洁功能材料、除醛抗菌材料、改善室内空气质量等功能材料。

【设计要点】

功能装修材料是有利于环境保护和人类健康的建筑装修材料，包括空气净化材料、保健抗菌材料等，如日本大谷石，具有除臭、吸湿功能，沸石和铁多孔体具有净化空气的功能；由具有抗菌或净化功能的陶瓷等材料制成的自洁卫生洁具，可减少清洁器具表面污染带来的浪费。

【标准原文】第 13.3.4 条　室内装修中的竹、木材料宜选用速生材及其合成的高强复合材料。在保证装修效果的基础上，尽量使用本地材料。

【设计要点】

速生材料主要包括树木、竹、藤、农作物茎秆等在有限时间阶段内收获以后还可再生的材料。我国目前主要的速生产品有：各种轻质墙板、保温板、装饰板、门窗等等。速生材料及其制品的应用一定程度上可节约不可再生资源，并且不会明显地损害生物多样性，不会影响水土流失和影响空气质量，是一种可持续的建材，它有着其他材料无可比拟的优势。使用本地材料可节省运费、节约成本。

第 14 章　专项设计控制

14.1　一般规定

【标准原文】第14.1.1条　在专项设计开展前，主体设计单位应首先对专项方案进行可行性论证。

【设计要点】

1. 专项设计系指需由专业公司完成的深化设计；专项设计控制系指为保证专项设计达到主体设计要求，主体设计单位应注意的控制要点。

2. 目前专项设计主要包括建筑幕墙、中水系统、雨水回用系统、太阳能光热系统、太阳能光电系统、热泵系统、冰蓄冷系统和建筑智能化系统等。

3. 专项设计的设计方案与具体应用的产品和技术密切相关，而根据我国现行工程建设法规规定，禁止主体设计单位选定具体产品，但主体设计单位对专项设计应进行要点控制，以确保设计质量。

【实施途径】

1. 设计开展前，主体设计单位首先对专项设计的需求性进行论证。

2. 根据工程所在地具体条件以及工程基本情况，论证专项设计的技术可行性。

3. 根据工程所在地具体条件，论证专项设计的经济可行性。

4. 对专项设计开展的可行性给出综合性结论。

【标准原文】第14.1.2条　在专项设计开展前，主体设计单位应提供必要的设计条件并明确设计要求；在专项设计完成后，主体设计单位应对专项设计进行详细审核。

【设计要点】

1. 主体设计单位应向专项设计单位提供基础设计条件，主要包括建筑立面要求、结构承载力、可用空间几何尺寸、设备管线接口、负荷需求等。

2. 专项设计完成后，主体设计单位应根据前期设计要求逐项审核。

【实施途径】

主体设计单位向专项设计单位提供包括但不限于如下资料：工程前期各类科研报告、初步设计说明、初步设计图纸、设计任务书。

【标准原文】第14.1.3条　建筑幕墙系统、太阳能热水系统、太阳能光伏发电系统应与建筑协调，并确保安全。

【设计要点】

建筑幕墙系统与建筑的协调内容主要包括：

（1）外观风格协调统一；

（2）与结构协调一致，不影响建筑结构安全；

（3）与内部使用空间的划分协调一致，不影响内部采光。

太阳能热水系统、太阳能光伏发电系统与建筑协调的主要内容包括：

（1）外观风格协调统一；

（2）与结构协调一致，不影响建筑结构安全；

（3）光热、光电管线系统与建筑设备管线系统协调统一，共同设计；

（4）光热、光电系统形式便于后期维护与运营。

【实施途径】

1. 主体设计单位在给专项设计单位下达的任务书中明确建筑风格要求；

2. 专项设计单位将专项设计的荷载要求提供给主体设计单位结构专业，主体设计单位在结构设计中统一考虑；

3. 专项设计单位将空间使用需求、管线需求提供给主体设计单位建筑专业，主体设计单位在建筑专业设计中统一考虑。

【标准原文】第 14.1.4 条　专项工程必须与主体工程统一规划，同时设计。

【设计要点】

在整个工程的设计工作开始前，主体设计单位对于采用哪些专项设计和专项设计方案应有基本设定，与主体设计各专业统一规划。

【实施途径】

设计过程中设置互提资料环节，同时应保证主体设计与专项设计的经常性沟通，以避免设计过程中各行其是，造成最后设计成果交付时的矛盾，避免返工。

【标准原文】第 14.1.5 条　专项设计应在主体设计要求的基础上编制相应的运行控制策略及维护方案。

【设计要点】

1. 建筑幕墙系统专项设计中应包括后期的维护方案，主要包括幕墙清洁、构件维护、幕墙模块（大尺寸石材与玻璃）维修与更换等内容。

2. 中水、雨水回用、太阳能光热光电、热泵等系统的后期运行情况直接决定其使用效果，因此专项设计应编制其运行策略，以保证上述系统投入使用后安全、稳定、高效的运行。同时，专项设计应提供相应的后期维护方案。

【实施途径】

1. 专项设计开展前，主体设计单位明确对专项设计所含系统的后期运行与维护要求，主体设计下达的任务书中应包含相关内容。

2. 专项设计单位提交的设计文件中应包含后期运行控制策略与维护方案专篇。

14.2　建筑幕墙

【标准原文】第 14.2.1 条　玻璃幕墙的分格应与室内空间组合相适应，不应妨碍主体工程设计的室内功能和视觉要求。

【设计要点】

　　1. 玻璃幕墙分格既要考虑建筑立面的造型与风格，也要考虑室外空间的适应性。

　　2. 玻璃幕墙分格与幕墙龙骨的布置要考虑室内功能和视觉感受，尤其不能影响室内视觉效果。

【实施途径】

　　1. 玻璃幕墙分格与幕墙龙骨设置应从室外、室内两个立面精心设计，做到室内外视觉良好。

　　2. 玻璃板块分块尺寸应根据幕墙的建筑风格确定。玻璃的宽、高、厚度尺寸经强度计算确定，玻璃构造满足安全和节能要求。

【标准原文】第 14.2.2 条　玻璃幕墙可开启部分的有效通风面积应达到主体设计要求。

【设计要点】

　　1. 玻璃幕墙可开启部分的有效通风面积必须与主体设计要求一致。

　　2. 幕墙开启窗的设置，应满足使用功能和立面效果的要求，并应启闭方便，避免设置在梁、柱、隔墙等位置。开启扇的开启角度不宜大于 30°，开启距离不宜大于 300mm。

【实施途径】

　　1. 幕墙专项设计人员要与建筑主体设计人员及时沟通，了解通风及开窗设计情况，不能盲目自行设计，影响建筑通风。

　　2. 在过渡季节应充分利用室外新风，自然通风能够有效满足室内人员的卫生和心理要求，被动式的通风方式也节省了新风系统能耗。主体设计应考虑到室内分隔以及使用中功能分区变化等因素，设置足够的可开启外窗。玻璃幕墙外窗可开启程度有限，对玻璃幕墙专项设计应注意核查有效通风面积。

【标准原文】第 14.2.3 条　幕墙专项设计应确保达到主体设计的热工性能要求，对装设建筑幕墙部分的围护结构进行热工计算，热桥部位应采用相应的保温隔热措施。

【设计要点】

　　1. 幕墙专项设计必须满足主体设计的热工性能要求，幕墙部分的围护结构必须进行热工计算，满足节能设计要求，热桥部位必须采取保温隔热措施。

　　2. 幕墙专项设计中，当节能性能指标不满足建筑节能设计标准规定时，必须按相关建筑节能标准的规定进行围护结构热工性能的权衡判断。

【实施途径】

　　主体设计在与幕墙专项设计配合时已明确围护结构的总体传热性能要求，而热桥的出现往往与幕墙的设计方案相关，因此幕墙专项设计除必须保证整体热工性能外，还应提供热桥部分处理的具体方案。

【标准原文】第14.2.4条　专项设计应满足主体设计提出的玻璃幕墙隔声降噪性能要求，玻璃的反射率、透光率、遮阳系数、气密性等均应达到主体设计要求。

【设计要点】

建筑幕墙应符合国家和北京市有关建筑节能设计标准的规定。主要包括隔声要求、玻璃反射率、透光率、遮阳系数、气密性等性能要求，并与建筑主体设计一致，满足要求。

【实施途径】

1. 当采用多层数玻璃时，可选用不同厚度的玻璃组成中空玻璃、夹层玻璃、双层幕墙等，以有效提高隔声等级。

2. 幕墙的主要连接部位，如主龙骨和埋件、支架连接处的连接构造应采取措施，防止由于风压力、结构变形、温度变化而产生的响声或金属摩擦噪声。

3. 冷负荷较大的建筑，玻璃幕墙（特别是透明部分）宜设置外部遮阳。

4. 公共建筑透明幕墙的气密性不应低于《建筑幕墙物理性能分级》GB/T 15225规定的3级。

【标准原文】第14.2.5条　玻璃幕墙宜采用工业化生产的单元式幕墙，石材幕墙宜采用背栓式干挂石材幕墙。

【设计要点】

工业化生产的单元式幕墙制造工作在工厂内完成，可缩短施工周期、节约材料，且便于安装、检修，因此优先推荐选用。背栓式干挂能减少石材的开槽量，减少现场石材的加工，从而减少粉尘污染和噪声，应予以提倡。

【标准原文】第14.2.6条　幕墙设计中选用石材、胶粘剂与保温岩棉等各种材料应满足环保要求。

【设计要点】

注重涉及幕墙配套材料的环保要求，选择环保材料。

14.3　中水处理及雨水回用系统

【标准原文】第14.3.1条　中水处理工艺流程应根据中水原水的水质、水量和中水的水质、水量及使用要求等因素，经技术经济比较后确定。

【设计要点】

本条提出了中水处理工艺确定的依据。由于原水种类不同，其含有的污染物种类和浓度亦不同；中水用途不同，其对水质的要求也不同。应根据原水的水量、水质和要求的中水水量、水质与当地的自然环境条件适应情况，经过技术经济比较确定。

建筑小区可选用的中水水源及其特点有：

1. 小区内建筑物杂排水。是指冲厕排水以外的生活排水，包括居民的盥洗和沐浴排水、空调循环冷却水系统排污水、冷凝水、游泳池排污水、洗衣排水以及厨房排水。

优质杂排水是指居民洗浴排水，水质相对干净，水量大，可作为小区中水的优选水源。

采用优质杂排水的优点是水质好，处理要求简单，处理后水质的可靠性较高，用户在心理上比较容易接受。其缺点是来源分散，以其为水源的中水工程往往规模较小，中水的回用一般为就近在本建筑物内或本单位内用于冲厕、洗车、绿化等。

与优质杂排水相比，杂排水的水质污染浓度要高一些，给处理增加了一些难度，但由于增加了洗衣废水和厨房废水，使中水水源水量增加，变化幅度减小。

2. 小区生活污水。以生活污水为原水的中水回用项目多数以居民小区或别墅区为主，这些项目多数建设在市政排水设施不完善或对排水水质要求较高的地区。其缺点是，污水浓度较高、杂物多，处理设备复杂，管理要求高，处理费用也高。它的优点是，小区生活污水水质相对比较单纯、稳定、水量充裕，可省去一套单独的中水原水收集系统。

3. 小区或城市污水处理厂出水。城市污水处理厂出水达到中水水质标准，并有管网送到小区，这是小区中水水源的最佳选择。需要说明的是，城市再生水厂的出水水质虽然可以达到国家规定的某些用途的水质标准，但由于原水水质复杂，往往难以满足某些指标的特殊要求，当未达到中水水质标准时应在小区内对再生水作进一步处理。

【实施途径】

确定中水处理工艺和处理规模的基本依据是，中水水源的水质、水量和中水回用目标决定的水质、水量要求。通过不同方案的技术经济分析、比选，合理确定中水水源、系统型式，选择中水处理工艺。主要步骤是：

1. 掌握建筑物原排水水质、水量和中水水质、水量情况，一般可通过实际水质、水量检测、调查资料的分析和计算确定，也可参照可靠的类似工程资料确定。中水的水质水量要求，则按使用目标、用途确定。

2. 合理选择中水水源，首先应考虑采用优质杂排水为中水水源，必要时才考虑部分或全部回收厨房排水，甚至厕所排水，对原排水应尽量回收，提高水的重复使用率，避免原水的溢流，扩大中水使用范围，最大限度地节省水资源，提高效益。

3. 进行水量平衡计算，尽力做到处理后的中水水量与杂用水需用量的平衡。

4. 对不同方案进行技术经济分析、比选，合理确定系统型式，即按照技术经济合理、效益好的要求进行系统型式优化。

5. 合理确定处理工艺和规模，严格按水质、水量情况选择处理工艺，力求简单有效，避免照搬照套。

6. 按要求完成各阶段工程图纸设计。

【案例分析】

北京某大学中水站建于 2002 年，2003 年 1 月正式投入运行。该项目原水主要来自学生宿舍盥洗间洗涤水及学生澡堂洗浴水，设计能力处理水量为 600m³/d，现实际处理量为 500m³/d，最大时处理量为 40m³/d。原水 COD 为 120 ～ 200mg/L，BOD_5 为 50 ～ 80mg/L，SS 为 40 ～ 100mg/L，pH = 7.5，阴离子合成洗涤剂为 2 ～ 5mg/L。中水处理站出水用于学生宿舍冲厕、楼内卫生保洁、校园景观、草坪喷灌、洗车及操场冲洗等，水质要求符合《城市杂用水水质标准》GB/T 18920—2002。该项目采用了生物接触氧化和过滤消毒相结合的处理工艺。工程总投资 252 万元。以当时费用计，吨水处理费 1.41 元，自来水费用为 5.45 元/m³（含污水处理费），吨水可获益 4.04 元，按 500m³/d 计，可获益 70 万元/年，4 年内可以收回整个工程投资。

【标准原文】 第14.3.2条 小区设有景观水体时，雨水收集利用系统应与小区景观水体设计相结合；优先采用自然生态方式收集、处理、储存、利用或入渗雨水。

【设计要点】

景观水体是改善城市或小区生态环境的有效设施，因而得到较广泛的应用。但通常做法是用自来水或地下水作为景观水水源，由于普遍存在的缺水问题，近年来开始提倡用再生水。雨水则通过排水管系直接排放，导致应有密切关系的两个子系统之间的断裂，不仅难以形成良性水循环，造成水资源和投资的浪费，也不利于设计良好的水景并维持其正常运行。

应优先考虑利用雨水作为景观水源，再生水、自来水等作为补充水源。北京等城市已明确规定，景观水不准用自来水，而要用雨水或再生水。《绿色建筑评价标准》DB11/T 825中已对此作出了明确规定。有些情况下，水景设计本身就是雨水利用系统的重要组成部分，例如，可采用多功能雨水调蓄设施、雨水池塘或湿地等。一些大的生态型的景观水体本身还有很好的净化雨水水质的功能。需要根据项目的水环境规划、外部环境条件、气候特点、地形地貌、水景的规模和形式、水量的平衡、小区雨水利用系统总体方案和技术经济分析等来进行设计。

【实施途径】

雨水收集利用与景观设计相结合可以采用以下一种或多种方式结合的实施方案：

1. 多功能雨水调蓄设施

多功能雨水调蓄设施是指，在非暴雨季节，调蓄池维持较低的正常水位，有水区域在较小的水位变化范围里主要起到景观、雨水的调蓄利用和改善生态环境等作用；在水位之上的高地区域则可以建造绿地、停车场、运动或其他活动场所。发生暴雨时，利用常水位和最高水位（专门设计的溢流口处）之间巨大的空间来调蓄暴雨峰流量，暴雨过后再逐渐恢复到正常水位。

多功能调蓄设施可充分利用城市稀缺的土地资源，实现以下功能：创造城市水景或湿地、为动植物提供栖息场所、改善城市景观和生态环境、削减洪峰、调蓄利用雨水资源、增加地下水补给，创造城市公园、绿地、停车场、运动场、市民休闲集会和娱乐场所等。

2. 植被浅沟与缓冲带

植被浅沟、植被缓冲带是利用地表植物和土壤来截留净化雨水径流污染物的一种设施。当雨水流过地表浅沟，污染物在过滤、渗透、吸收及生物降解的联合作用下被去除，植被同时也降低了雨水流速，使颗粒物得到沉淀，达到雨水径流水质控制的目的。

植被浅沟和缓冲带具有以下特点：可以有效地减少悬浮固体颗粒和有机污染物，对Pb、Zn、Cu、Al等部分金属离子和油类物质也有一定的去除能力，可作为雨水后续处理的预处理措施，可以与其他雨水径流污染控制措施联合使用；植被能减小雨水流速，保护土壤在大暴雨时不被冲刷，减少水土流失；建造费用较低，自然美观；具有雨水径流的汇集输送与净化相结合的功能，并具有绿化景观功能。

3. 生物滞留系统

生物滞留设施类似于植被浅沟和缓冲带，是在地势较低的区域种植植物，通过植物截留、土壤过滤滞留处理小流量径流雨水，并可对处理后雨水加以收集利用的措施。生物滞留适用于汇水面积小于 $1hm^2$ 的区域,为保证对径流雨水污染物的处理效果,系统的有效面积一般为该汇水区域的不透水面积的 5% ~ 10%。

生物滞留系统的优点是:通过植物截留和土壤过滤处理径流雨水,有效去除雨水中的小颗粒固体悬浮物、微量的金属离子、营养物质、细菌及有机物;控制径流量,保护下游管道及各构筑物;能够改善小区环境,达到良好的景观效果。

4. 雨水土壤渗滤技术

雨水土壤渗滤技术实质是一种生物过滤,其核心是通过土壤 - 植被 - 微生物生态系统净化功能来完成物理化学以及生物等净化过程。把雨水收集、净化、回用三者结合起来,构成一个雨水处理与绿化、景观相结合的生态系统。

天然土和人工配制土的渗滤对雨水主要污染物有明显的去除净化作用,并表现出具有耐冲击负荷能力和良好的再生功能。说明土壤中微生物群通过适应与驯化,对雨水中主要污染物有分解能力。经合理设计与控制,雨水径流通过天然绿地或人工渗透装置的渗滤,可达到较好的水质。

5. 雨水湿地技术

城市雨水湿地大多为人工湿地,它是一种通过模拟天然湿地的结构和功能,人为建造和控制管理的与沼泽地类似的地表水体,它利用自然生态系统中的物理、化学和生物的多重作用来实现对雨水的净化作用。根据规模和设计,湿地还可兼有削减洪峰流量、调蓄利用雨水径流和改善景观的作用。

雨水人工湿地作为一种高效的控制地表径流污染的措施,投资低,处理效果好,操作管理简单,维护和运行费用低,是一种生态化的处理设施,具有丰富的生物种群和很好的环境生态效益。

6. 雨水生态塘

雨水生态塘是指能调蓄雨水并具有生态净化功能的天然或人工水塘,分为干塘、延时滞留塘和湿塘。干塘通常在无暴雨时是干的,用来临时调蓄雨水径流,以对洪峰流量进行控制,并兼有水处理功能;延时滞留塘时干时湿,提供雨水暂时调蓄功能,雨后缓慢地排泄储存的雨水;湿塘是一种标准的永久性水池,塘内常有水。湿塘可以单独用于水质控制,也可以和延时塘联合使用。

雨水生态塘的主要目的有:水质处理;削减洪峰与调蓄雨水;减轻对下游的侵蚀。在住宅小区或公园,雨水生态塘通常设计为湿塘,兼有储存、净化与回用雨水的目的,并按照设计标准排放暴雨。设计良好的湿塘也是一种很好的水景观,适合大量动植物的繁殖生长,改善城市和小区环境。

【案例分析】

北京某住宅小区一期工程包括多栋住宅及一处会所,该小区周围无市政雨、污水管线,生活污水经中水处理后排入人工湖,雨水亦排入人工湖。然后从人工湖中抽水用于小区绿地灌溉和高尔夫球场喷灌。

设计亮点如下:

1. 利用人工土壤植物渗滤净化技术对中水进一步处理,去除残余的 N、P 等污染物,提高景观湖水质标准。

2. 利用地形地貌,采用低势绿地、浅沟等对雨水径流进行截留、截污后收集利用。

3. 结合景观设计，对部分堤岸进行修整改造，修建部分岸边生物岛，增强生态功能，并加大湖水循环，强化湖体的净化功能，同时改善湖体和小区的自然景观效果。

4. 增加雨水的就地消纳，削减雨水峰流量，合理设计湖体溢洪口和排洪渠，充分发挥水体调蓄容量，提高防洪标准。

该设计以景观湖为核心，以截污、截流、循环、生态修复、"自然净化"和"自然排放"为关键技术手段进行综合性设计，实现景观湖水质保障、雨污水资源综合利用、排洪、景观效果等目标。

【标准原文】第14.3.3条　在确保中水水质的前提下，应采用耗能低、效率高、成熟、易于维护的处理工艺和设备。

1　当以优质杂排水或杂排水作为中水原水时，宜采用以物化处理为主的工艺流程，或采用生物处理和物化处理相结合的工艺流程；

2　当以含有粪便污水的排水作为中水原水时，宜采用二段生物处理与物化处理相结合的处理工艺流程；

3　利用污水处理站二级处理出水作为中水原水时，宜选用物化处理或与生化处理结合的深度处理工艺流程。

【设计要点】

为了去除污水中的有害污染物质，使其水质符合使用要求，必须对污水进行处理，处理方法一般分为物化处理工艺和生物处理工艺两大类。

物化处理工艺包括物理方法和化学处理方法。利用物理作用分离污水中呈悬浮固体状态的污染物质为物理方法；利用化学反应的作用去除污水中处于各种形态的污染物质为化学方法。

生物处理工艺利用微生物的代谢作用，使污水中呈溶解、胶体状态的有机污染物转化为稳定的无害物质。其主要方法又分为好氧法和厌氧法，在中水处理中采用好氧法较多，好氧法又可分为活性污泥法和生物膜法两类。

在各种处理工艺的前面都设有预处理单元，预处理单元可以有效地保护后续处理设备的安全，而消毒处理工艺作为水质安全保障的最后环节也是必不可少的处理单元。

由于原水种类不同，其含有的污染物种类和浓度亦不同；中水用途不同，其水质要求也不同。应根据原水种类和出水水质要求选择处理工艺。

【实施途径】

1. 以优质杂排水为原水的中水工程采用物化处理流程和生物-物化组合流程两类工艺。所采用的物化处理工艺主要为混凝沉淀、混凝气浮、活性炭吸附、臭氧氧化、过滤分离等工艺，近年来膜分离工艺开始得到应用。生物处理工艺早期主要为生物转盘或生物接触氧化，近期曝气生物滤池、生物活性炭、膜式生物反应器等新工艺受到重视，并在实际工程中得到广泛应用。由于设备或操作等问题，物化处理流程效果不够稳定，已较少单独使用，近期多采用生物-物化组合流程。

2. 以生活污水为原水的中水工程一般均采用多级生物处理为主或与物化处理结合的工艺流程，由于其进水有机物浓度较高，部分中水工程以厌氧处理作为前置工艺单元强化生物处理。其代表性处理工艺有：多级生物接触氧化、水解-生物接触氧化、厌氧-土地处理、

多级沉淀分离 - 生物接触氧化、膜生物反应器等。

3. 对以污水厂二级处理出水为原水的中水工程而言，中水工艺流程必须在二级处理出水的基础上进行三级深度处理。处理工艺主要是混凝沉淀或气浮加过滤和消毒这一较为成熟的深度处理工艺，以及进一步做含有生化的深度处理，如生物碳，近年来，由于膜技术的快速发展，膜分离技术在中小型城市再生水厂中也得到应用。

【案例分析】

北京某大型五星级饭店，中水处理系统设计处理能力 15t/h。中水原水为饭店内的洗澡洗漱废水，属于优质杂排水，处理后的中水用于饭店内的卫生间冲厕，室外绿化，景观用水，车辆清洗和空调补水等。中水站采用以生物接触氧化为主的工艺流程：

污水→格栅→调节池→毛发聚集器→水泵→接触氧化池→沉淀池→中间水池→活性炭→消毒→回用。

该项目运行状况良好，每年可给饭店带来 30 多万元的经济效益。

【标准原文】第 14.3.4 条　雨水处理工艺应根据现行国家标准《建筑与小区雨水利用工程技术规范》GB 50400 的有关规定进行设计。

【设计要点】

影响雨水回用处理工艺的主要因素有：雨水能回收的水量、雨水原水水质、雨水回用部位的水质要求。在工艺流程选择中还应充分考虑城市雨水的水质特性和雨水利用系统的特点，根据其特殊性来选择、设计雨水处理工艺，如降雨的随机性很大，雨水回收水源不稳定，雨水储蓄和设备时常闲置等，目前一般雨水利用尽可能简化处理工艺，以便满足雨水利用的季节性，节省投资和运行费用。

由于雨水的可生化性差，因此推荐雨水处理采用物理、化学处理等便于适应季节间断运行的技术。用户对水质有较高的要求时，应增加相应的深度处理措施，比如空调循环冷却水补水、生活用水和其他工业用水等，其水处理工艺应根据用水水质进行深度处理，如混凝、沉淀、过滤后加活性炭过滤或膜过滤等处理单元，使其用水水质满足国家相关标准。

【实施途径】

1. 雨水处理工艺流程应根据收集雨水的水量、水质，以及雨水回用的水质要求等因素，经技术经济比较后确定。

2. 收集回用系统处理工艺可采用物理法、化学法或多种工艺组合等。

3. 屋面雨水水质处理根据原水水质可选择下列工艺流程：

（1）屋面雨水→初期径流弃流→景观水体；

（2）屋面雨水→初期径流弃流→雨水蓄水池沉淀→消毒→雨水清水池；

（3）屋面雨水→初期径流弃流→雨水蓄水池沉淀→过滤→消毒→雨水清水池。

4. 用户对水质有较高的要求时，应增加相应的深度处理措施。

5. 回用雨水宜消毒。采用氯消毒时，宜满足下列要求：

（1）雨水处理规模不大于 100m³/d 时，可采用氯片作为消毒剂；

（2）雨水处理规模大于 100m³/d 时，可采用次氯酸钠或者其他氯消毒剂消毒。

6. 雨水处理设施产生的污泥宜进行处理。

【案例分析】

北京市政府办公区位于天安门以东，占地总面积约43500m²，其中绿化面积约19500m²，屋面和路面等占地约24000m²。区内排水分为南、北两个区域，南区管系汇水面积约占总面积的五分之三，根据现有条件综合分析，先考虑南区的雨水收集利用。雨水利用系统流程为：

屋面雨水→路面雨水→雨水径流截污／初期雨水弃流→调蓄池→植物／土壤过滤→消毒→清水池→利用。

本方案采用人工与自然相结合的净化方法，即植被土壤生态过滤技术，和区内的绿化相结合，利用特殊的人工合成土壤、植物根系和丰富的土壤微生物种群对雨水中残存的少量污染物进行物理过滤、吸附与吸收、交换、生物降解等过程，使水质符合回用标准。细菌学指标可由备用的消毒措施来控制。经过雨季的运行检验，该系统完全符合设计要求，效果良好。收集的雨水主要用于绿地灌溉，节约自来水，同时减少外排雨水，缓解道路水涝。

【标准原文】 第14.3.5条　中水、雨水回用水的水质应根据使用用途确定，并满足国家现行有关标准和规范的要求。

【设计要点】

国家现行的相关水质标准主要有：《地表水环境质量标准》GB 3838、《城市污水再生利用　城市杂用水水质》GB/T 18920、《城市污水再生利用　景观环境用水水质》GB/T 18921、《城市污水再生利用　工业用水水质》GB/T 19923、《农田灌溉水质标准》GB 5084等。

需要注意的是，雨水径流的污染物质及含量同城市污水有很大不同，借用再生污水的标准是不合适的。比如雨水的主要污染物是CODcr和SS，是雨水处理的主要控制指标，而再生污水水质标准中对CODcr均未作要求，杂用水质标准甚至对这两个指标都不控制。因此，再生污水的水质标准对雨水的意义不大，雨水利用需要配套相应的水质要求，应满足《建筑与小区雨水利用工程技术规范》GB 50400的规定。

【实施途径】

1. 中水用作建筑杂用水和城市杂用水，如冲厕、道路清扫、消防、城市绿化、车辆冲洗、建筑施工等杂用，其水质应符合国家标准《城市污水再生利用　城市杂用水水质》GB/T 18920的规定；

2. 中水用于景观环境用水，其水质应符合国家标准《城市污水再生利用　景观环境用水水质》GB/T 18921的规定；

3. 中水用于食用作物、蔬菜浇灌用水时，应符合《农田灌溉水质标准》GB 5084的要求；

4. 中水用于采暖系统补水等其他用途时，其水质应达到相应使用要求的水质标准；

5. 处理后的雨水水质应根据用途确定，并满足《建筑与小区雨水利用工程技术规范》GB 50400的规定；

6. 当中水、雨水回用水同时满足多种用途时，其水质应按最高水质标准确定。

【标准原文】 第14.3.6条　中水处理设施、雨水收集利用系统应采取水质、水量安全保障及监测措施，且不得对人体健康与周围环境产生不良影响。严禁中水及回用雨水进入生活饮用水给水系统。

【设计要点】

中水及雨水在储存、输配等过程中要有足够的消毒杀菌能力，且水质不会被污染，以保障水质安全；供水系统应设有备用水源、溢流装置及相关切换设施等，以保障水量安全。中水及雨水在处理、储存、输配等环节中要采取安全防护和监（检）测控制措施，要符合《污水再生利用工程设计规范》GB 50335、《建筑中水设计规范》GB 50336 及《建筑与小区雨水利用工程技术规范》GB 50400 的相关规定和要求，以保证中水及雨水在处理、储存、输配和使用过程中的卫生安全，不对人体健康和周围环境产生影响。

【实施途径】

1. 中水处理设施需遵守下列安全防护及监（检）测控制措施：

（1）中水管道严禁与生活饮用水给水管道连接，中水供水系统必须独立设置。

（2）中水池（箱）内的自来水补水管应采取自来水防污染措施，补水管口最低点高出中水贮存池（箱）溢流边缘的空气间隙不应小于 150mm，严禁采用淹没式浮球阀补水。

（3）中水贮存池（箱）设置的溢流管、泄水管，均应采用间接排水方式排出。溢流管应设隔网。

（4）中水处理必须设有消毒设施。

（5）中水供水管道宜采用塑料给水管、塑料和金属复合管或其他给水管材，不得采用非镀锌钢管；中水贮存池（箱）宜采用耐腐蚀、易清垢的材料制作。钢板池（箱）内、外壁及其附配件均应采取防腐蚀处理。

（6）中水管道外壁应按有关标准的规定涂色和标志；水池（箱）、阀门、水表及给水栓、取水口均应有明显的"中水"标志。

（7）中水处理站的处理系统和供水系统应采用自动控制装置，并应同时设置手动控制。

（8）中水处理系统应对使用对象要求的主要水质指标定期检测，对常用控制指标（水量、主要水位、pH、浊度、余氯等）实现现场监测，有条件的可实现在线监测。

（9）中水系统的自来水补水宜在中水池或供水箱处，采取最低报警水位控制的自动补给。

（10）中水处理站应根据处理工艺要求和管理要求设置水量计量、水位观察、水质观测、取样监（检）测、药品计量的仪器、仪表。

（11）中水水质应按现行的国家有关水质检验法进行定期监测。

（12）管理操作人员应经专门培训。

2. 雨水收集利用系统需遵守下列安全防护及监（检）测控制措施：

（1）雨水供水管道应与生活饮用水管道分开设置。

（2）雨水供水系统应设自动补水，由水池水位自动控制，并满足如下要求：

① 补水的水质应满足雨水供水系统的水质要求；

② 补水应在净化雨水供量不足时进行；

③ 补水能力应满足雨水中断时系统的用水量要求。

（3）当采用生活饮用水补水时，应采取防止生活饮用水被污染的措施，并符合下列规定：

① 清水池（箱）内的自来水补水管口最低点高出清水池（箱）溢流边缘的空气间隙不应小于 150mm，严禁采用淹没式浮球阀补水；

② 向蓄水池（箱）补水时，补水管口应设在池外。

（4）雨水储存设施应设有溢流排水措施，溢流排水措施宜采用重力溢流。雨水蓄水池应设溢流水位报警装置，报警信号引至物业管理中心。溢流管和通气管应设防虫措施。

（5）雨水收集管道上应设置能以重力流排放到室外的超越管，超越转换阀门宜能实现自动控制。回用雨水宜消毒。

（6）雨水供水系统管材可采用塑料和金属复合管、塑料给水管或其他给水管材，但不得采用非镀锌钢管。雨水蓄水池宜采用耐腐蚀、易清洁的环保材料。

（7）雨水供水管外壁应按设计规定涂色或标识；雨水收集利用系统的水池（箱）、阀门、水表、给水栓、取水口均应有明显的"雨水"标识。

（8）雨水收集、处理设施和回用系统宜设置自动控制、远程控制、就地手动控制三种方式。

（9）对雨水处理设施、回用系统内的设备运行状态宜进行监控，应对常用控制指标（水量、主要水位、pH 值、浊度）实现现场监测，有条件的可实现在线监测。

（10）雨水利用设施维护管理应建立相应的管理制度。工程运行的管理人员应经过专门培训上岗。

（11）在雨季来临前对雨水利用设施进行清洁和保养，并在雨季定期对工程各部分的运行状态进行观测检查。

（12）雨水收集回用系统的维护管理应定期进行检查，雨水入渗、收集、输送、储存、处理与回用系统应及时清扫、清淤，确保工程安全运行。

（13）处理后的雨水水质应进行定期监测。

14.4　太阳能光热光电系统

【标准原文】第 14.4.1 条　太阳能热水系统类型的选择，应根据建筑物类型、使用要求、运营模式、安装条件等因素综合确定，应满足安全、适用、经济、美观的要求。

【设计要点】

太阳能热水系统类型的选择是系统设计的首要步骤。应本着节水节能、经济实用、安全简便、利于计量的原则，根据建筑类型、屋面形式、热水用途、运营模式等条件，选择不同的太阳能热水系统类型。选择内容包括：供热水范围、集热器在建筑上安装位置、系统运行方式、计量方式、辅助能源加热设备的安装位置及启动方式等。

太阳能热水系统按供热水范围可分为下列三种系统：

1. 集中供热水系统；

2. 集中－分散供热水系统；

3. 分散供热水系统。

太阳能热水系统按系统运行方式可分为下列三种系统：

1. 自然循环系统；

2. 强制循环系统；

3. 直流式系统。

太阳能热水系统按生活热水与集热器内传热工质的关系可分为下列两种系统：

1. 直接系统；

2. 间接系统。

太阳能热水系统按辅助能源设备安装位置可分为下列两种系统：

1. 内置加热系统；

2. 外置加热系统。

太阳能热水系统按辅助能源启动方式可分为下列三种系统：

1. 全日自动启动系统；

2. 定时自动启动系统；

3. 按需手动启动系统。

【实施途径】

太阳能热水系统的类型应根据建筑物的类型及使用要求按表 14-1 进行选择。

太阳能热水系统设计选用表　　　　　　　　　　表 14-1

			居住建筑			公共建筑		
建筑物类型			低层	多层	高层	宾馆医院	游泳馆	公共浴室
太阳能热水系统类型	集热与供热水范围	集中供热水系统	●	●	●	●	●	●
		集中-分散供热水系统	●	●	—	—	—	—
		分散供热水系统	●	—	—	—	—	—
	系统运行方式	自然循环系统	●	●	—	●	●	●
		强制循环系统	●	●	●	●	●	●
		直流式系统	—	—	●	●	●	●
	集热器内传热工质	直接系统	●	●	●	●	—	●
		间接系统	●	●	●	●	●	●
	辅助能源安装位置	内置加热系统	●	●	—	—	—	—
		外置加热系统	—	●	●	●	●	●
	辅助能源启动方式	全日自动启动系统	●	●	●	●	—	—
		定时自动启动系统	●	●	●	—	●	●
		按需手动启动系统	●	—	—	—	●	●

注：表中"●"为可选项目。

【案例分析】

北京市某住宅小区项目，采用太阳能集中集热-分散蓄（供）热式生活热水系统，一个单元为一个热水系统。系统为开式，集热循环采用强制循环，系统上部设缓冲水箱，该系统将太阳能集热器阵列集中设置于建筑屋面朝南放置，太阳能集热器收集太阳热量后，由水泵输送至用户蓄热水箱内的热交换器，对蓄热水箱内的冷水进行加热。户用蓄热水箱（内置热交换器及辅助电加热器）放置于各户卫生间内。使用时，用户开启用水点即可使用。当太阳能不能保证室内使用要求时，启动户用蓄热水箱辅助电加热设备。集热器循环系统设有自动防控防冻保护措施。

该太阳能热水系统采用集中集热、分户供热的方式，太阳能产生的热量是通过换热的方式提供给用户的，用户无须支付太阳能产生热量的费用，只是在太阳辐照不足时使用需支出少量电费，使用成本相对低廉，也解决了热水取费的问题；同时该系统冷热水同源，用水点冷热水压力稳定，混合均匀。因此该系统具有使用经济、水压稳定、安全可靠、管理便捷等特点。

【标准原文】第 14.4.2 条　太阳能热水系统宜充分利用给水压力。

【设计要点】

太阳能热水系统宜充分利用给水压力，主要体现在以下两方面：

1. 对于多层及高层建筑，给水系统已经过加压提升，太阳能热水系统宜充分利用给水压力，避免采用将给水压力释放后再次增压提升的系统形式，在利用太阳能的同时又耗费了高品位电能，造成能源浪费。应满足节能、经济、安全、简便的设计原则。

2. 根据《建筑给水排水设计规范》GB 50015、《民用建筑节水设计标准》GB 50555 的要求，热水供应系统应保证用水点处冷、热水供水压力平衡，用水点处冷、热水供水压力差不宜大于 0.02MPa。为使系统冷热水压力平衡，应在设计初期介入，将太阳能集中热水系统与冷水给水系统同时设计，统一考虑。

【实施途径】

1. 避免采用将给水压力释放后再次增压提升的系统形式。

2. 宜使热水系统与冷水给水系统同源，利用冷水给水管网的压力来供应太阳能热水系统，设置于建筑物底部或卫生条件要求高的储热水箱宜采用承压水箱。

3. 冷水、热水供应系统应分区一致。

4. 当冷、热水系统分区一致有困难时，宜采用配水支管设可调式减压阀减压等措施，保证系统冷、热水压力的平衡。

5. 在用水点处宜设带调节压差功能的混合器、混合阀。

6. 宜适当加大热水系统管道的管径，以减少热水管道系统的沿程与局部压力损失。

【标准原文】第 14.4.3 条　太阳能热水系统应安全可靠，内置加热系统必须带有保证使用安全的装置，并应采取防冻、防结露、防过热、防雷、抗雹、抗风、抗震等技术措施。

【设计要点】

本条规定了太阳能热水系统在安全性能和可靠性能方面的技术要求。

安全性能是太阳能热水系统各项技术性能中最重要的一项，其中特别强调了内置加热系统必须带有保证使用安全的装置。

可靠性能强调了太阳能热水系统应有抗击各种自然条件的能力，其中包括应有可靠的防冻、防结露、防过热、防雷、抗雹、抗风、抗震等技术措施。

【实施途径】

1. 内置电加热的水箱内箱应作接地处理，接地应符合现行国家标准《电气装置安装工程接地装置施工及验收规范》GB 50169 的要求。

2. 采用适宜的防冻措施、防过热措施：

（1）太阳能热水自动控制系统设置防冻控制、防过热控制等。

（2）在寒冷地区宜采用排回法防冻方式、防冻工质防冻方式。

（3）常用的循环工质为水、乙二醇或丙三醇，应由专业公司根据系统所在地的气候条件、防冻工质的冰点、系统的防腐要求等，确定循环工质的配比。

（4）在非严寒地区，偶尔冰冻的地区宜采用排空法防冻方式、贮热水箱中的水逆循环防冻方式或电伴热措施。

（5）应设置防过热措施，可在系统中设置安全阀等泄压装置。供热水箱（罐）的水温超过 75℃ 或系统内的压力超过设定的安全压力，安全阀打开排热水。

3. 给排水专业提供集热器、贮热水箱（罐）、辅助热源设备的安装位置与荷载，由结构专业进行荷载计算（包括自重荷载、装载荷载、雪荷载、风荷载、地震作用等），预埋件计算和结构安全验算。

4. 结构专业应对建筑结构主体与设备支撑部件（安装支架）之间的连接件、连接部位的建筑结构构件进行强度与刚度验算；同时保证在正常维护下，连接件的材料、构造及设备支撑部件应至少与太阳能热水器同寿命（15 年），其中连接件的材料与构造宜同建筑结构的使用年限。

5. 按照国家标准《电气装置安装工程接地装置施工及验收规范》GB 50169 及《民用建筑电气设计规范》JGJ/T 16，确定用电设备接地系统及安全措施设计方案。

6. 太阳能热水系统中所使用的电器设备应有剩余电流保护、接地和断电等安全措施。

7. 当集热器成为建筑物顶部较高部件时，应做防雷保护；按照国家标准《建筑物防雷设计规范》GB 50057 中相关规定，在屋面接闪器保护范围之外的非金属物体应装设接闪器，并和屋面防雷装置相连。

【标准原文】第 14.4.4 条 太阳能集热系统的热性能应满足相关太阳能产品国家现行标准的要求，系统中集热器、贮水箱、支架等主要部件的正常使用寿命不应少于 15a。

【设计要点】

本条规定了太阳能热水系统在热工性能和耐久性能方面的技术要求。热工性能强调了应满足相关太阳能产品国家标准中规定的热性能要求。

太阳能产品的现有国家标准包括：

《平板型太阳集热器技术条件》 GB/T 6424

《全玻璃真空太阳能集热管》 GB/T 17049

《真空管太阳能集热器》 GB/T 17581

《太阳热水系统设计、安装及工程验收技术规范》 GB/T 18713

《家用太阳热水系统技术条件》 GB/T 19141

耐久性能强调了系统中主要部件的正常使用寿命应不少于15年。这里，系统的主要部件包括集热器、贮水箱、支架等。在正常使用寿命期间，允许有主要部件的局部更换以及易损件的更换。

【实施途径】

1. 专业公司应提供由国家认可的太阳能热水器检测单位出具的产品性能检测报告，以及第2、3条要求的技术报告。

2. 大型太阳能热水系统（水箱容积大于600L）应提供如下内容：

（1）太阳集热器瞬时效率曲线：平板型太阳能集热器基于采光面积、进口工质温度 T_i^* 的瞬时效率截距 η_0 应不小于0.7；以 T_i^* 为参考的总热损系数 U 应不大于6.0W/$(m^2 \cdot K)$。无反射器真空管型太阳能集热器基于采光面积、进口工质温度 T_i^* 的瞬时效率截距 η_0 应不小于0.60，有反射器真空管型太阳能集热器基于采光面积、进口工质温度 T_i^* 的瞬时效率截距 η_0 应不小于0.50；以 T_i^* 为参考的总热损系数 U 应不大于2.5W/$(m^2 \cdot K)$。

（2）单位面积集热器的流量、阻力损失。

3. 小型户用系统（水箱容积小于等于600L）应提供如下内容：

（1）单位面积日有用得热量：一定日太阳辐照量下，贮热水箱（罐）内的水温不低于规定值时，单位轮廓采光面积（太阳光投射到集热器的最大有效面积）贮热水箱（罐）内水的日得热量。紧凑式大于等于7.5MJ/m^2，分离式、间接式大于等于7.0MJ/m^2。

（2）太阳热水系统的平均热损因数：在无太阳辐照条件下的一段时间内，单位时间内、单位水体积太阳热水系统贮水温度与环境温度之间单位温差的平均热量损失：紧凑式、分离式小于等于22W/$(m^3 \cdot ℃)$。

4. 根据北京市住房和城乡建设委员会《北京市太阳能热水系统城镇建筑应用管理办法》第二章第十四条的规定：太阳能热水系统设备的生产供应单位应保证所提供设备的质量，并提高售后服务水平。向用户承诺的设备保修期不应少于3年，使用年限不应少于15年，提供终身上门维修服务。保修年限内非用户责任、非不可抗力造成的设备损坏应当由设备供应单位免费维修或更换。

【标准原文】第14.4.5条　对于集中式太阳能热水系统，集热系统宜按照太阳能保证率为50%～60%设计。设计参数可参考本标准附录B中表B.0.2-3。

【设计要点】

太阳能保证率是指系统中由太阳能部分提供的热量占系统总负荷的份额，太阳能保证率是衡量太阳能在光热系统中所能提供能量比例的一个关键性参数，也是影响太阳能光热系统经济性能的重要指标。实际选用的太阳能保证率与系统使用期内的太阳辐照、气候条件、产品与系统的热性能、生活热水热负荷、末端设备特点、系统成本和开发商的预期投资规模等因素有关。太阳能保证率不同，常规能源替代量就不同，造价、节能、环保和社会效益也就不同。本条规定的保证率取值参考了《民用建筑太阳能热水系统应用技术规范》GB 50364中关于热水系统推荐的 f 取值30%～80%的取值范围，北京市属于太阳能资源较丰富区，太阳能保证率取值过高，则造成投资成本过高，取值过低，则造成太阳能利用不足，因此应按照50%～60%选用。

【实施途径】

太阳能光热系统太阳能保证率用下式计算：

$$f = \frac{Q_C}{Q_T} \tag{14-1}$$

式中　f——太阳能光热系统太阳能保证率；

　　　Q_C——太阳能光热系统得热量 (MJ)；

　　　Q_T——系统需要的总能量 (MJ)。

太阳能光热系统需要的总能量 Q_T 用下式计算：

$$Q_T = Q_C + Q_{fz}$$

式中　Q_{fz}——辅助热源加热量 (MJ)。

【标准原文】第 14.4.6 条　太阳能热水系统应设置自动控制系统，自动控制系统应保证最大限度的利用太阳能。

【设计要点】

按控制目的和控制功能，太阳能集热系统的控制分为运行控制和安全防护控制。运行控制包括集热系统运行的自动控制，集热系统和辅助热源设备工作启停的自动切换控制。安全防护控制包括防冻保护控制和防过热保护控制。集中热水供应系统还应设置热水循环控制。

控制方式应尽量简单、可靠、便于用户操作。宜设置可数字化显示的控制仪表盘，显示参数宜包括每日系统的太阳能得热量、辅助热源用量、供水温度、管网温度、贮热水箱（罐）水温等，便于用户直观地了解该系统所节约的能源量。

为保证系统的使用功能与安全，应相应设置电磁阀、温度控制阀、压力控制阀、泄水阀、自动排气阀、止回阀、安全阀等控制元件，产品性能应符合相关产品标准的要求，并预留检修空间。

太阳能热水系统应通过自控系统的设计，提高太阳能的使用率，降低电、燃气等常规能源的使用，达到节能环保的目的。太阳能热水系统中辅助热源的控制应在保证充分利用太阳能集热量的条件下，根据不同的热水供水方式采用手动控制、全日自动控制或定时自动控制。

【实施途径】

为保证最大限度的利用太阳能，系统运行和设备工作切换的自动控制应符合下列规定：

1. 太阳能集热系统宜采用温差循环运行控制。

2. 变流量运行的太阳能集热系统，宜采用设太阳辐照感应传感器或温度传感器的方式，根据太阳辐照条件或温差变化控制变频泵改变系统流量，实现优化运行。

3. 太阳能集热系统和辅助热源加热设备的相互工作切换宜采用定温控制。在贮热装置内的供热介质出口处设置温度传感器，当介质温度低于"设计供水温度"时，通过控制器启动辅助热源加热设备工作，介质温度高于"设计供热温度"后，控制辅助热源加热设备停止工作。

【标准原文】 第 14.4.7 条 太阳能热水系统应设置辅助能源加热设备，辅助能源加热设备种类应根据建筑物使用特点、热水用量、能源供应、维护管理及卫生防菌等因素选择，并应符合现行国家标准《建筑给水排水设计规范》GB 50015 的有关规定。

【设计要点】

太阳能热水系统应设辅助热源及其加热设施，其设计计算应符合下列要求：

1. 辅助热源可因地制宜选择城市热网、燃气、燃油、电、热泵等。

2. 辅助热源的供热量宜按现行国家标准《建筑给水排水设计规范》GB 50015 规定的系统耗热量计算；在村镇或市政基础设施配套不全、热水用水要求不高的地区，可根据当地的实际情况，适当降低辅助热源的供热量标准。

3. 辅助热源及其水加热设施应结合热源条件、系统型式及太阳能供热的不稳定状态等因素，经技术经济比较后合理选择、配置。

4. 辅助热源加热设备应根据热源种类及其供水水质、冷热水系统型式等选用直接加热或间接加热设备。

5. 辅助热源的控制应在保证充分利用太阳能集热量的条件下，根据不同的热水供水方式采用手动控制、全日自动控制或定时自动控制。

【实施途径】

1. 辅助热源及其加热设施宜按无太阳能热水系统状态配置。

2. 当采用集中热水供应系统时，配置宜不少于两套；一套检修时，其他各套加热设备的总供热能力不小于 50% 的系统耗热量。

3. 当采用分散热水供应系统时，加热设备通常为一套电或燃气热水器，采用快速式燃气热水器时，该热水器的允许进水温度应能满足集热系统出水温度的要求。

4. 辅助热源设备可参照表 14-2 选用。

辅助热源设备选用表　　　　　　　　　　　　　　　　　　　表 14-2

市政热力	优先利用工业余热、废热、地热等市政热力，通过热交换器与太阳能组合供热
燃气	可采用燃气锅炉、贮水式热水器、快速式热水器、燃气热水机组
燃油	可采用燃油锅炉、燃油热水机组
电	可采用热水机组、电锅炉、贮水式热水器、快速式热水器，应充分利用低谷电
热泵	根据当地的地热资源、气候、地质等条件，可选用空气源热泵、水源热泵等
沼气	沼气热水器（农村地区专用）

5. 太阳能辅助加热能源的选择应优先考虑节能和环保因素，经技术经济比较后确定，宜重视废热、余热的利用。设置太阳能集中储热系统时，不应采用集中电辅热方式。

【案例分析】

某医院住院部为地下 1 层、地上 16 层的医院建筑，共有病床 623 床。该大楼地下 1

层为设备房，1 层为大厅等公共用房，3 层及 2 层局部为手术室，其余各层均为带有单间卫生间的各科室病房。该大楼全面设置集中热水供应系统。其中，手术室为全天供应热水，病房为定时供应热水，供应热水时间为 7：00 ～ 7：30 和 16：30 ～ 18：30。热媒为医院锅炉房蒸汽，并且考虑利用太阳能制备卫生热水。

住院部的热水系统分为高、低两区，每区热水用量基本相同，均约为 46m³/d。屋面设置的太阳能集热器制备的热水远不能满足本住院部的全部热水用量需求，本工程采用以下供热方式：低区直接利用医院锅炉房提供的蒸汽，采用半容积式汽—水换热器制备热水，高区则以屋面太阳能制备的热水为主、蒸汽热媒为辅制备热水。

为了达到恒温恒压供应热水的目的，本工程高区太阳能热水系统采用了太阳能集热系统和半容积式热交换器联合供应热水的方式。储热水箱内的水不管温度是否达到使用要求，均通过热交换器后再供至热水管网，这样就可保证随时提供符合规范要求的热水。

蒸汽换热辅助设备的工作原理是：阴雨天及冬季时，水箱内水温低于设定温度（60℃）时，蒸汽管道电动阀打开，由锅炉提供的蒸汽进入半容积式热交换器制备热水，保证热水出水温度达到 60℃，实现恒温供应热水。

【标准原文】第 14.4.8 条　对于集中式太阳能热水系统，应对辅助加热能源用量进行计量，太阳能热水供水管道和储热水箱补水管道上应设置水表计量。

【设计要点】

对太阳能供热量与辅助加热能源用量进行分项计量，目的是对太阳能热水系统的集热效率进行测算与评估。

集热系统效率是指，在测试期间内太阳能集热系统有用得热量与同一测试期内投射在太阳集热器上日太阳辐照能量之比。

太阳能集热系统主要包含太阳能集热器、贮水箱和相应的阀门和控制系统，强制循环系统还包括循环水泵，间接式系统还包括换热器。太阳能集热器是太阳能热水系统中的集热部件，也是太阳能热水系统的核心部件，其性能优劣直接影响到太阳能热水系统的性能；太阳能集热系统的设计主要围绕着它来进行，但系统其他附件的合理选择及设计，对充分利用集热器所收集的太阳能也起决定性的作用。

集热系统效率是衡量集热器环路将太阳能转化为热能的重要指标。效率过低无法充分发挥集热器的性能，浪费宝贵的安装空间，因此必须对集热效率提出要求。

【实施途径】

1. 太阳能光热系统集热系统效率采用下式计算：

$$\eta = \frac{Q_C}{AH} \qquad (14\text{-}2)$$

式中　η——太阳能光热系统的集热系统效率（%）；

　　　Q_C——太阳能集热系统得热量（MJ）；

　　　A——太阳能集热器采光面积（m²）；

　　　H——太阳能集热器采光面上的太阳能辐照量（MJ/m²）。

2. 参照《太阳热水系统性能评定规范》GB/T 20095 中关于热水工程的性能指标的规定，

北京市太阳能热水系统的集热效率应≥42。

【标准原文】第14.4.9条　光伏系统设计应符合现行国家标准《民用建筑太阳能光伏系统应用技术规范》JGJ 203的有关规定。

【设计要点】

《民用建筑太阳能光伏系统应用技术规范》JGJ 203适用于新建、改建和扩建的民用建筑光伏系统工程，以及在既有民用建筑上安装或改造已安装的光伏系统工程的设计、安装、验收和运行维护，因此设立本条。

【实施途径】

太阳能光伏电源系统应用如下：

1. 离网型系统：不与电网并网的系统，能够提供独立的电力供应，可应用于交通、照明、通信和公共设施。

2. 并网型发电系统：

1) 逆潮流系统：太阳能电池的输出电力的剩余部分输入电网。

2) 非逆潮流系统：太阳能电池的输出电力不能满足需求，由电网补充。

【案例分析】

太阳能光伏电源系统在建筑设计中的应用：

1. 独立光伏发电系统：将太阳能转换成电能，通过电控制器直接供给直流负载或通过逆变器将直流电转换成交流电，提供给交流负载，并将多余的电能存入储能设备（蓄电池）内。在夜晚或阴雨天，负载的供电由蓄电池供给。

2. 独立光伏发电系统可应用于路灯照明、户外广告照明及户外公共设施的用电。有时也可结合风能技术采用风光互补供电系统。

3. 光伏建筑一体化，即建筑物与光伏发电的集成化。光伏组件按照建筑材料标准进行制造。分为光伏屋顶结构、光伏幕墙结构。光伏建筑一体化可以成为并网发电系统，即通过联入装置接入电网，或成为独立的供电系统，为局部设施提供稳定的电力供应。

【标准原文】第14.4.10条　光伏系统和并网接口设备的防雷和接地措施，应符合国家现行标准《光伏（PV）发电系统过电压保护导则》SJ/T 11127和《建筑物防雷设计规范》GB 50057的相关规定。

【设计要点】

光伏系统的防直击雷措施应与所在建筑物的防雷等级相匹配，防雷击电磁脉冲的措施应严格遵守国家现行标准《建筑物防雷设计规范》GB 50057第6章的相关规定。此外，光伏系统和并网接口设备的防雷接地措施还需满足国家现行标准《光伏（PV）发电系统过电压保护-导则》SJ/T 11127的要求。

【标准原文】第14.4.11条　并网光伏系统应符合现行国家标准《光伏系统并网技术要求》GB/T 19939的相关规定，并应满足下列要求：

1　光伏系统与公共电网之间应设置隔离装置；

2　并网光伏系统应具有自动检测功能及并网切断保护功能。

【设计要点】

并网光伏系统除满足现行国家标准《光伏系统并网技术要求》GB/T 19939 的相关规定外，还应经供电局的批准。光伏系统并网后，一旦公共电网或光伏系统本身出现异常或处于检修状态时，两系统之间如果没有可靠的脱离，可能对电力系统或人身安全带来影响或危害。并网保护功能和装置同样也是为了保障人员和设备安全。

【标准原文】第 14.4.12 条　太阳能光伏发电系统应设置发电量电能计量装置。

【设计要点】

为实现精细化管理，掌握太阳能光伏系统实际发电量，设立本条。

【实施途径】

发电量的计算：

1. 离网型系统发电量计算：应根据所需用电量来计算太阳能电池容量。
2. 并网型发电系统：根据太阳能电池安装场地面积，来计算出太阳能电池容量。

【标准原文】第 14.4.13 条　太阳能光伏发电系统宜设置可进行实时和累计发电量等数据采集和远程传输的控制系统。

【设计要点】

为提升管理水平，在技术经济条件合理的前提下建议考虑远程数据采集与控制系统。

14.5　热泵系统

【标准原文】第 14.5.1 条　地源热泵系统必须依据场地的地质和水文地质条件进行设计，主要包括地层岩性，地下水水温、水质、水量和水位，土壤的常年温度及传热特性。浅层地热能情况可参考本标准附录附录 B.0.7。

【设计要点】

1. 根据场地的地质和水文地质条件，判定热泵系统是否可行。
2. 根据场地的地质和水文地质条件，选择使用地下水地源热泵系统还是地埋管地源热泵系统。
3. 根据场地的地质和水文地质条件，结合系统使用需求，判定冷热负荷不均衡性对未来地源热泵系统使用情况的影响。

【实施途径】

在地源热泵系统专项设计开始前，对工程场地进行地质勘测，获得工程场地地质勘测报告，根据实勘情况开展地源热泵系统设计。

【标准原文】第 14.5.2 条　污水源热泵系统的设计，必须以掌握工程所在地污水资源条件为前提，包括当前可用的污水水质、水量、水温、流经途径及其变化规律，同时应对未来污水资源变化情况做出合理评估。

【设计要点】

1. 根据场地的污水资源条件，判定污水源热泵系统是否可行。

2. 根据供冷和供暖季不同的污水资源条件，结合供冷与供暖负荷需求，综合进行污水源热泵系统设计，必要时应设置辅助热源。

3. 污水资源条件会随着污水厂和污水管线设置以及排污区域人口变化而改变，因此应对未来污水资源条件进行客观评估，其中尤以人口因素最为重要。

【实施途径】

在污水源热泵系统专项设计开始前，应对污水资源情况进行调研，必要时应对水质、水量、水温等情况进行实际检测。

【标准原文】第 14.5.3 条　地源热泵系统的设计，不应破坏工程所在区域的自然生态环境。

1　地下水源热泵系统应采取有效的回灌措施，确保地下水全部回灌到同一含水层，并不得对地下水资源造成污染；

2　土壤源热泵系统应进行源侧取热量与排热量的热平衡计算，避免因取热量与排热量的不平衡引起土壤温度的持续上升或者降低。

【设计要点】

水是重要的地球资源之一，因此在设计和使用中，为了保护地下水资源，必须采取回灌措施。通过井水有效回灌来保持含水层水头压力，防止地面下沉。

1. 为了预防和处理管井的堵塞问题，在回灌过程中应采取回扬措施，确保回灌井的正常运行。

2. 随着使用时间推移，生产井和回灌井能力都会下降，甚至其能力不再能满足热泵运行需要。这一过程可以用井的老化这一概念加以概括，为了防止水井快速老化，应采取以下技术措施：

（1）铁的构件一定要进行防腐处理；

（2）生产井和回灌井过滤管必须深深埋入地下，即使地下水水位严重下降，过滤管上边缘也不要露出水面；

（3）回灌井过滤管长度以及有效过滤面积，至少等于抽水管的 3 ~ 5 倍；

（4）回灌井应装有至少 1m 的聚水管；

（5）每一口井必须设有井窝，井窝直径约 1m，深约 1.3m，用于安装井口装置。

3. 地埋管地源热泵系统的冷热负荷应具有一定匹配性，也可在系统形式上补充其他供暖或散热方式，以避免因取热量与排热量的不平衡引起土壤温度的持续上升或者降低。

【标准原文】第 14.5.4 条　热泵系统应设置供热量与驱动能源的分项计量装置。

【设计要点】

1. 对于空气源热泵，驱动能源指热泵机组本身的动力消耗；

2. 对于地源热泵与污水源热泵，驱动能源包括热泵机组自身及其低位热源侧的全部水泵的动力消耗。

【实施途径】

根据系统具体形式在设计方案中设置分项计量装置。

14.6 冰蓄冷系统

【标准原文】第 14.6.1 条 采用冰蓄冷系统宜符合下述条件：

1 采用冰蓄冷系统的建筑规模宜大于 3 万 m^2；
2 设计逐时负荷小于峰值负荷 70% 的持续时段不小于 7h；
3 空调设计逐时负荷高峰时段与电网高峰时段重合不少于 3h；
4 空调设计逐时负荷低谷时段与电网低谷时段重合不少于 7h。

【设计要点】

1. 冰蓄冷系统的运行及控制要求远比常规冷源复杂，且又是集中冷源，如果规模过小，造价、运行费用及管理难度大大增加。

2. 根据蓄冷系统的原理，如果负荷峰谷差小，则蓄冰优势不明显；空调高峰和用电高峰重合时间短，则削峰能力差；谷电时段短，则蓄冷时间短或者用电费用高。

【实施途径】

1. 详细调研，取得项目未来运营阶段享用的电价政策；
2. 对空调负荷进行动态分析计算；
3. 对冰蓄冷系统运行工况进行动态分析，以保证系统运行满足使用需求。

【标准原文】第 14.6.2 条 载冷剂宜选用乙烯乙二醇溶液，并根据使用温度准确确定配比浓度。

【设计要点】

乙二醇水溶液与水相比，具有较高黏度、较高密度、较低的比热容、较低的热导率和较大的腐蚀性。因此，在设计乙二醇水溶液管路系统时，应注意这些不同特点对其影响。

1. 在相同冷量和相同温差条件下，乙二醇水溶液管路系统的循环流量要比水管路系统中的循环流量增加。

2. 合理选择乙二醇水溶液浓度。乙二醇水溶液浓度增加，将使乙二醇水溶液黏度和密度加大，这样在相同管径和流速下，乙二醇水溶液的流动阻力损失加大，导致输送乙二醇水溶液泵的功耗增大；而同时又会使乙二醇水溶液比热容减小，输送一定冷量所需乙二醇水溶液将增多，同样也增加循环泵功耗。因此，不应选择过高的乙二醇水溶液浓度，而应根据使乙二醇水溶液的凝固点低于载冷剂系统中可能出现的最低温度的原则来选择乙二醇水溶液浓度。乙二醇水溶液选择浓度的凝固点温度要低于最低预计温度 3℃ 以下。在冰蓄冷空调系统中的乙二醇水溶质量浓度常为 25% ~ 30%。

3. 乙二醇水溶液对镀锌材料有腐蚀性，因此，其管路不应采用镀锌钢管。同时，应在乙二醇水溶液中添加缓蚀剂以减弱其腐蚀性，使溶液维持 pH > 7，呈碱性。

【标准原文】第 14.6.3 条 冰蓄冷系统应设置电动混水阀控制供水温度，以保证供水温度的稳定。

【设计要点】

冰蓄冷系统有多种形式，多数情况下供水温度需通过混水方式控制，为了保证供水温度的稳定，应设置电动混水阀。

【标准原文】第14.6.4条　蓄冰装置的取冷速率变化不应超过20%，水温波动范围不应大于±1℃。

【设计要点】

此条是为了使用效率更高的冰蓄冷系统，并准确控制设计条件而制定的。

【标准原文】第14.6.5条　双工况制冷机的制冰工况负荷率，不应小于0.65。

【设计要点】

冰蓄冷系统应选择双工况制冷机，双工况制冷机既可以在常规的空调工况下制取冷冻水，也可以在特定的制冰工况下制冰。

【实施途径】

双工况制冷机在制冰工况下的负荷率可由专项设计的动态能耗分析得出。

14.7　建筑智能化系统

【标准原文】第14.7.1条　智能化系统设计中与建筑设备系统相关部分应符合各专业的设计要求，应根据暖通空调、给水排水、照明、电梯等建筑设备及系统的控制工艺和运行管理要求制定优化运行控制策略。

【设计要点】

建筑设备系统均有自身的设备特性及系统特性，只有适当的控制策略才能实现高效节能运行，而智能化设计人员对此认知有限，因此基本控制策略应由设备专业给出，智能化设计予以实现。智能化设计还应充分考虑后期运营管理要求，将各子系统综合设计，实现整个建筑运行的便捷高效。

【标准原文】第14.7.2条　为实现建筑设备系统的优化控制，智能化系统应设计完整的监控点表，应具备相应的运行管理功能。

【设计要点】

为实现节能优化运行，同时提升管理水平，对建筑设备手法应配置必要的监测、控制、计量、统计、分析、展示等功能。但不同建筑情况各异。作为设计原则，应通过技术经济比较确定是否实现上述功能。

【标准原文】第14.7.3条　对于大型公共建筑，智能化系统应实现各类用能、用水系统及设备的监测、控制、计量、统计、分析等功能，宜具备展示功能。

【设计要点】

为实现节能优化运行，同时提升管理水平，对建筑设备系统应配置必要的监测、控制、计量、统计、分析、展示等功能。但不同建筑情况各异，作为设计原则，应通过技术经济比较确定是否实现上述功能。

附录 A

绿色设计集成表

A.0.1 绿色设计集成表（住宅方案阶段）

绿色设计集成表 （住宅方案阶段）

表 A.0.1

01 项目基本信息

填写人：_____

项目名称					
建设地段					
建筑面积	m²	总用地面积	hm²	容积率	
建筑类型	（商品房、保障性住房）		建筑高度		
建设单位			联系人与方式		
设计单位			联系人与方式		
咨询单位			联系人与方式		
设计起止时间			设计阶段		
项目进展情况			拟申报时间		
拟申报等级					

02 建筑专业（灰色背景部分为选填）

填写人：_____

围护结构	体形系数			窗墙比	东	南	西	北	屋顶透明面积比	
设计基本情况	不透明围护结构做法							传热系数		
	透明围护结构做法							传热系数		
	围护结构节能率									
规划指标落实	P2 人均居住用地面积				P14 雨水径流外排量					
	P3 地下建筑容积率				P15 下凹式绿地率					
	P7 无障碍住房比例				P16 透水铺装率					

续表 A.0.1

建筑指标落实	P9地面停车比例		P17绿地率		
	P10单位建筑面积能耗		P18屋顶绿化率		
	P11可再生能源贡献率		P19植林地比例		
	P12平均日用水定额		P20本地植物指数		
	D1无障碍设计达标率		D7利废材料使用率		
	D2建筑出入口与公交站点距离		D8可再生循环材料使用率		
	D4活动外遮阳面积比		D9主要功能空间室内噪声达标率		
	D5纯装饰性构件造价比				

绿色建筑方案简要说明：（可后附）

03 建筑结构（灰色背景部分选填）　　　　　　　　填写人：＿＿＿＿＿

设计使用年限		结构体系		
抗震等级		是否采用建筑工业化体系	是　否	何种体系
D10高强钢筋用量比例		D11高强混凝土用量比例		
D12高性能钢材用量比例				

结构设计简要说明（可后附）

04 给排水　　　　　　　　　　　　　　　　　　　填写人：＿＿＿＿＿

绿化用水是否采用非传统水源	是　否	D13节水器具和设备使用率	
非传统水源利用形式	市政再生水　　　　　自建中水		
雨水利用形式	就地入渗　　　　　收集利用		
D14非传统水源利用率		D15绿地节水灌溉利用率	
是否采用太阳能热水系统	是　否		

给水排水设计简要说明（可后附）

05 暖通空调（灰色背景部分选填）　　　　　　　　　　　填写人：_____

供暖方式		空调方式	
D16 集中冷源冷水（热泵）机组的综合制冷性能系数SCOP	（如有）	D17 集中冷源冷水（热泵）机组的COP	（如有）
D18 系统输配效率			
设计简要说明（可后附）			

06 电气（灰色背景部分选填）　　　　　　　　　　　　　填写人：_____

D19 照明功率密度	（填主要房间取值）	D20 变压器目标能效	
设计简要说明（可后附）			

07 景观　　　　　　　　　　　　　　　　　　　　　　　填写人：_____

D21 建筑立面的夜景照明功率密度		D24 步行道与自行车道林荫率	
D22 硬质铺装太阳辐射吸收率（平均值）		D25 每百平方米绿地乔木数量	
D23 室外停车位遮荫率		D26 木本植物种类	
设计简要说明：（可后附）			

08 室内装修　　　　　　　　　　　　　　　　　　　　　填写人：_____

D27 土建装修一体化率	
设计简要说明：	

09 附注　　　　　　　　　　　　　　　　　　　　　　　填写人：_____

（项目特色简介）

填写说明：

1. 请设计单位根据设计实际情况，对应不同阶段如实填写；
2. 指标参考限值和相应计算方法请参照本标准第 4 章"指标体系"部分；
3. 灰色背景部分为方案阶段选填内容；
4. 说明部分如本表格内容填写不下，内容可后附。

A.0.2 绿色设计集成表（公共建筑方案）

绿色设计集成表 （公共建筑方案）　　　　　　　　　表 A.0.2

01 项目基本信息　　　　　　　　　　　　　　　　　填空人：_____

项目名称				
建设地段				
建筑面积	m^2	总用地面积	hm^2	容积率
建筑类型	（商品房、保障性住房）		建筑高度	
建设单位			联系人与方式	
设计单位			联系人与方式	
咨询单位			联系人与方式	
设计起止时间			设计阶段	
项目进展情况			拟申报时间	
拟申报等级				

02 建筑专业（灰色背景部分方案阶段选填）　　　　　填写人：_____

		体形系数		窗墙比	东	南	西	北	屋顶透明面积比	
围护结构 设计基本情况		不透明围护结构做法							传热系数	
		透明围护结构做法							传热系数	
		节能率								
规划指标落实		P3 地下建筑容积率			P15 下凹式绿地率					
		P7 无障碍客房比例（旅馆类填）			P16 透水铺装率					
		P9 地面停车比例			P17 绿地率					
		P10 单位建筑面积能耗			P18 屋顶绿化率					
		P11 可再生能源贡献率			P19 植林地比例					

规划指标落实	P12 平均日用水定额		P20 本地植物指数	
	P14 雨水径流外排量			
建筑指标落实	D1 无障碍设计达标率		D7 利废材料使用率	
	D2 建筑出入口与公交站点距离		D8 可再循环材料使用率	
	D5 纯装饰性构件造价比		D9 主要功能空间室内噪声达标率	
	D6 可循环利用隔墙围合空间面积比			
绿色建筑方案简要说明：（可后附）				

03 建筑结构（灰色背景部分选填）   填写人：_____

设计使用年限		结构体系		
抗震等级		是否采用建筑工业化体系	是 否	何种体系
D10 高强钢筋用量比例		D11 高强混凝土用量比例		
D12 高性能钢材用量比例				
方案简要说明				

04 给排水（灰色背景部分选填）   填写人：_____

绿化用水是否采用非传统水源	是 否	D13 节水器具和设备使用率	
非传统水源利用形式	市政再生水		自建中水
雨水利用形式	就地入渗		收集利用
是否采用太阳能热水系统	是 否		
D14 非传统水源利用率		D15 绿地节水灌溉利用率	
方案简要说明			

05　暖通空调（灰色背景部分选填）　　　　　　　　　　填写人：_____

供暖方式		空调方式	
D16 集中冷源冷水（热泵）机组的综合制冷性能系数SCOP		D17 集中冷源冷水（热泵）机组的COP	
D18 系统输配效率			
方案简要说明			

06　电气（灰色背景部分选填）　　　　　　　　　　　填写人：_____

D19 照明功率密度	（填主要房间取值）	D20 变压器目标能效	
方案简要说明			

07　景观（灰色背景部分选填）　　　　　　　　　　　填写人：_____

D21 建筑立面的夜景照明功率密度		D24 步行道与自行车道林荫率	
D22 硬质铺装太阳辐射吸收率（平均值）		D25 每百平方米绿地乔木数量	
D23 室外停车位遮荫率		D26 木本植物种类	
方案简要说明			

08　附注　　　　　　　　　　　　　　　　　　　　　填写人：_____

（项目特色简介）

填写说明：

1. 请设计单位根据设计实际情况，对应不同阶段如实填写；

2. 指标参考限值和相应计算方法请参照本标准第 4 章"指标体系"部分；

3. 灰色背景部分为方案阶段选填内容；

4. 说明部分如本表格内容填写不下，内容可后附。

A.0.3 绿色设计集成表（住宅建筑施工图阶段）

绿色设计集成表 （住宅建筑施工图阶段）　　　　　表 A.0.3

01　项目基本信息　　　　　　　　　　　　　　　　　　填写人：_____

项目名称					
建设地段					
建筑面积	m²	总用地面积	hm²	容积率	
建筑类型	（商品房、保障性住房）		建筑高度		
建设单位			联系人与方式		
设计单位			联系人与方式		
咨询单位			联系人与方式		
设计起止时间			设计阶段		
项目进展情况			拟申报时间		
拟申报等级					

02　建筑专业　　　　　　　　　　　　　　　　　　　　填写人：_____

	体形系数		窗墙比	东	南	西	北	屋顶透明面积比	
围护结构设计基本情况	不透明围护结构做法							传热系数	
	透明围护结构做法							传热系数	
	围护结构节能率								
规划指标落实	P2 人均居住用地面积				P14 雨水径流外排量				
	P3 地下建筑容积率				P15 下凹式绿地率				
	P7 无障碍住房比例				P16 透水铺装率				
	P9 地面停车比例				P17 绿地率				
	P10 单位建筑面积能耗				P18 屋顶绿化率				
	P11 可再生能源贡献率				P19 植林地比例				
	P12 平均日用水定额				P20 本地植物指数				
建筑指标落实	D1 无障碍设计达标率				D7 利废材料使用率				
	D2 建筑出入口与公交站点距离				D8 可再循环材料使用率				

续表 A.0.3

建筑指标落实	D4 活动外遮阳面积比		D9 主要功能空间室内噪声达标率	
	D5 纯装饰性构件造价比			
建筑分项单位面积能耗	供暖		空调	照明
	家电		炊事	生活热水
	电梯		其他	

03 建筑结构　　　　　　　　　　　　　　　　　填写人：_____

设计使用年限		结构体系		
抗震等级		是否采用建筑工业化体系	是　否	何种体系
D10 高强钢筋用量比例		D11 高强混凝土用量比例		
D12 高性能钢材用量比例				

04 给水排水　　　　　　　　　　　　　　　　　填写人：_____

非传统水源利用形式	室内冲厕室外绿化其他	D13 节水器具和设备使用率	
雨水利用		综合径流系数	
		收集利用规模	
太阳能热水利用规模		户均太阳能产热水量	
		户均太阳能集热器面积	
D14 非传统水源利用率		D15 绿地节水灌溉利用率	

05 暖通空调　　　　　　　　　　　　　　　　　填写人：_____

供暖方式		空调方式	
D16 集中冷源冷水（热泵）机组的综合制冷性能系数SCOP	（如有）	D17 集中冷源冷水（热泵）机组的COP	（如有）
D18 系统输配效率			

06 电气　　　　　　　　　　　　　　　　　　　填写人：_____

D19 照明功率密度	（填主要房间取值）	D20 变压器目标能效	

续表 A.0.3

07 景观

填写人：_____

D21 建筑立面的夜景照明功率密度		D24 步行道与自行车道林荫率	
D22 硬质铺装太阳辐射吸收率（平均值）		D25 每百平方米绿地乔木数量	
D23 室外停车位遮荫率		D26 木本植物种类	

08 室内装修

填写人：_____

D27 土建装修一体化率	

09 附注

填写人：_____

（项目特色简介）

填写说明：

1. 请设计单位根据设计实际情况，对应不同阶段如实填写；

2. 指标参考限值和相应计算方法请参照本标准第 4 章"指标体系"部分；

3. 灰色背景部分为方案阶段选填内容；

4. 说明部分如本表格内容填写不下，内容可后附。

A.0.4 绿色设计集成表（公共建筑施工图阶段）

绿色设计集成表 （公共建筑施工图阶段）　　　表 A.0.4

01 项目基本信息

填写人：_____

项目名称					
建设地段					
建筑面积	m²	总用地面积	hm²	容积率	
建筑类型	（商品房、保障性住房）		建筑高度		
建设单位			联系人与方式		
设计单位			联系人与方式		
咨询单位			联系人与方式		
设计起止时间			设计阶段		
项目进展情况			拟申报时间		
拟申报等级					

续表 A.0.4

02 建筑专业　　　　　　　　　　　　　　　填写人：_____

围护结构	体形系数		窗墙比	东	南	西	北	屋顶透明面积比	
设计基本情况	不透明围护结构做法						传热系数		
	透明围护结构做法						传热系数		
	节能率								
规划指标落实	P3 地下建筑容积率			P15 下凹式绿地率					
	P7 无障碍住房比例（旅馆类填）			P16 透水铺装率					
	P9 地面停车比例			P17 绿地率					
	P10 单位建筑面积能耗			P18 屋顶绿化率					
	P11 可再生能源贡献率			P19 植林地比例					
	P12 平均日用水定额			P20 本地植物指数					
	P14 雨水径流外排量								
建筑指标落实	D1 无障碍设计达标率			D7 利废材料使用率					
	D2 建筑出入口与公交站点距离			D8 可再循环材料使用率					
	D5 纯装饰性构件造价比			D9 主要功能空间室内噪声达标率					
	D6 可循环利用隔墙围合空间面积比								
建筑分项单位面积能耗	空调冷热负荷					照明			
	设备		电梯			生活热水			
	其他								

03 建筑结构　　　　　　　　　　　　　　　填写人：_____

设计使用年限		结构体系		
抗震设防等级		是否采用建筑工业化体系	是　否	何种体系
D10 高强钢筋用量比例		D11 高强混凝土用量比例		
D12 高性能钢材用量比例				

04 给水排水　　　　　　　　　　　　　　　填写人：_____

非传统水源利用范围	室内冲厕室外绿化其他	D13 节水器具和设备使用率	
雨水利用		综合径流系数	

续表 A.0.4

雨水利用	收集利用规模		
太阳能热水利用规模	太阳能产热水量		
	太阳能集热器面积		
D14非传统水源利用率		D15绿地节水灌溉利用率	

05 暖通空调 填写人：_____

供暖方式		空调方式	
D16 集中冷源冷水（热泵）机组的综合制冷性能系数SCOP		D17 集中冷源冷水（热泵）机组的COP	
D18 系统输配效率			

06 电气 填写人：_____

D19 照明功率密度		D20 变压器目标能效	

07 景观 填写人：_____

D21 建筑立面的夜景照明功率密度		D24 步行道与自行车道林荫率	
D22 硬质铺装太阳辐射吸收率（平均值）		D25 每百平方米绿地乔木数量	
D23室外停车位遮荫率		D26 木本植物种类	

08 附注 填写人：_____

（项目特色简介）

填写说明：

1. 请设计单位根据设计实际情况，对应不同阶段如实填写；

2. 指标参考限值和相应计算方法请参照本标准第 4 章"指标体系"部分；

3. 灰色背景部分为方案阶段选填内容；

4. 说明部分如本表格内容填写不下，内容可后附。

附录 B

北京市设计资料汇编

本《标准》提供了北京市设计资料汇编，该汇编主要起到数据库的作用，是为了能够更加方便设计工作者把握北京市的气候、资源等条件，本标准对附录进行了突破和创新。在附录中，给出北京市的主要资源条件，包含气象（气温，太阳辐射，风速，风向，风频，相对湿度，降雨），材料，乡土植物，北京不同类型公共建筑平均能耗调研等。

以北京不同类型公共建筑平均能耗调研为例，标准给出了北京地区不同公共建筑平均能耗水平调研，横向分类包含大型行政办公、大型商务办公、一般办公、大型商场超市、一般商场超市、大型酒店、一般酒店、大型教育、一般教育、医疗；纵向分类包含空调、照明、插座、电梯、炊事、各种服务设施以及特殊功能设备的能耗。

【标准原文】第 B.0.1 条　室外气象计算参数

室外气象设计参数可采用表 B.0.1 气象参数表，气象统计年限为 1971 年 1 月 1 日至 2000 年 12 月 31 日。

气象参数表　　　　　　　　　　　　　　　　　　　表 B.0.1

地点		北京
台站名称及编号		北京
		54511
台站信息	北纬	39° 48′
	东经	116° 28′
	海拔/m	31.3
	统计年份	1971年~2000年
年平均温度/℃		12.3
室外计算温、湿度	供暖室外计算温度/℃	−7.6
	冬季通风室外计算温度/℃	−3.6
	冬季空气调节室外计算温度/℃	−9.9
	冬季空气调节室外计算相对湿度/%	44
	夏季空气调节室外计算干球温度/℃	33.5
	夏季空气调节室外计算湿球温度/℃	26.4
	夏季通风室外计算温度/℃	29.7

室外计算温、湿度	夏季通风室外计算相对湿度/%	61
	夏季空气调节室外计算日平均温度/℃	29.6
风向、风速及频率	夏季室外平均风速/m/s	2.1
	夏季最多风向	C SW
	夏季最多风向的频率/%	18 10
	夏季室外最多风向的平均风速/（m/s）	3.0
	冬季室外平均风速/m/s	2.6
	冬季最多风向	C N
	冬季最多风向的频率/%	19 12
	冬季室外最多风向的平均风速/（m/s）	4.7
	年最多风向	C SW
	年最多风向的频率/%	17 10
冬季日照百分率/%		64
最大冻土深度/cm		66
大气压力	冬季室外大气压力/hPa	1021.7
	夏季室外大气压力/hPa	1000.2
设计计算用供暖期天数及其平均温度	日平均温度≤+5℃的天数	123
	日平均温度≤+5℃的起止日期	11.12～03.14
	平均温度≤+5℃期间内的平均温度/℃	-0.7
	日平均温度≤+8℃的天数	144
	日平均温度≤+8℃的起止日期	11.04～03.27
	平均温度≤+8℃期间内的平均温度/℃	0.3
极端最高气温/℃		41.9
极端最低气温/℃		-18.3

【目的与收录要点】

室外气象条件计算参数是整个采暖空调设计的基础数据。目前，大部分暖通行业人员使用的是 1987 年版《采暖通风与空气调节设计规范》GBJ 19 中的室外空气计算参数。由于环境温度的变化，20 世纪 80 年代的计算参数已不适用于当前的负荷计算。本标准根据最新版《民用建筑供暖通风与空气调节设计规范》GB 50736 发布的室外空气计算参数进行收录，以方便标准使用设计人员。需要说明的是：新暖通规范编制所使用的原始数据来自国家气象信息中心气象资料室，为使数据与 87 版规范有一定的连贯性，新规范选用数据的统计期为 1971 年～ 2000 年。

【标准原文】第 B.0.2 条 模拟用逐时气象参数

逐时气象参数可选取《中国建筑热环境分析专用气象数据集》北京地区数据，该数据集由中国气象局气象信息中心与清华大学建筑技术科学系合著。涉及平谷、顺义、海淀等区的气象数据，温湿度，太阳辐射等气象数据可以直接使用北京市主城区数据。据，风向，风速，降雨等气象数据尽可能使用区域内的气象站过去十年内的代表性数据。或采用相关气象部门出具逐时气象数据。风向风速统计可采用表 B.0.2-1 采用表 B.0.2-2 数据。

倾斜表面面月平均日太阳辐照，水平面太阳辐射值可采用表 B.0.2-3 数据。表 B.0.2-3 中数据来自国家建筑标准设计图集：《太阳能集中热水系统选用与安装》（图集号：06SS128），倾斜面的倾角的倾角等于北京当地纬度，为 39°48'。

表 B.0.2-1 模拟用风向风速表

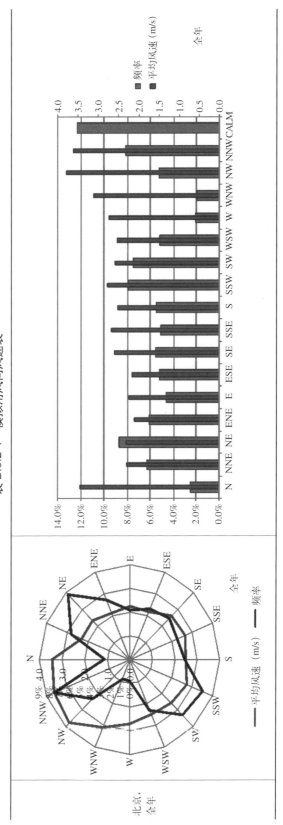

续表 B.0.2-1

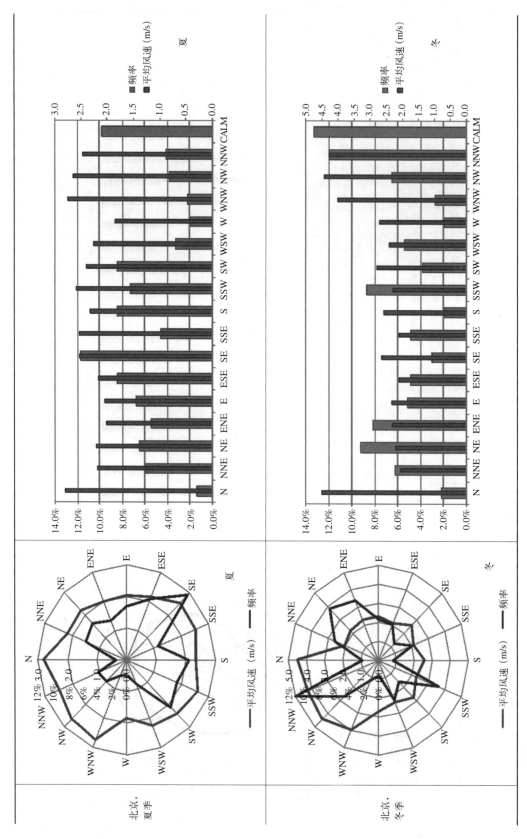

续表 B.0.2-1

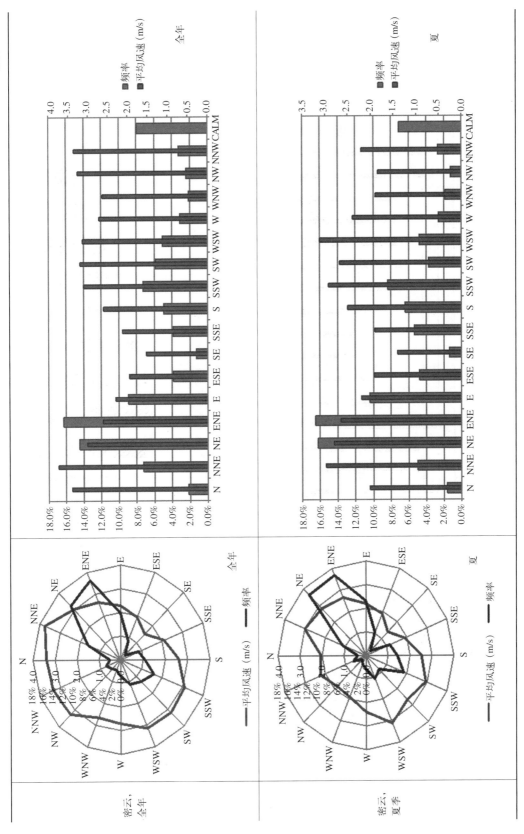

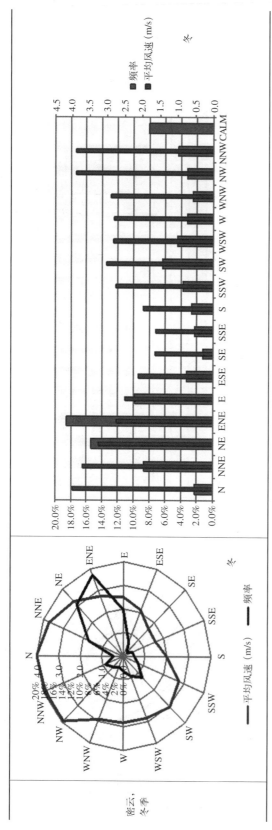

续表 B.0.2-1

表 B.0.2-2 模拟用水平面月辐射总量表

	1	2	3	4	5	6	7	8	9	10	11	12
月直射总辐射(MJ/m²)	180.59	234.85	259.20	334.10	460.10	399.35	313.39	253.08	222.01	188.63	162.93	123.55
月散射总辐射(MJ/m²)	80.96	106.41	191.24	219.55	152.63	167.76	206.00	253.40	186.15	155.90	93.87	82.13

倾斜表面月平日太阳总辐照量及年平均日辐照量　　　　表 B.0.2-3

城市	1月	2月	3月	4月	5月	6月	7月	8月	9月	10月	11月	12月
月平均日均辐照量 [MJ/（m²·d）]	15.08	17.14	19.16	18.71	20.18	18.67	16.22	16.43	18.69	17.51	15.11	13.71
年平均日均辐照量 [MJ/（m²·d）]	17.21											

【目的与收录要点】

计算机模拟辅助设计已经成为绿色建筑设计中不可或缺的一个方面，但在实际的模拟过程中，由于相应输入条件的不准确或者不规范导致了输出结果的偏差较大，基于此目的，本《标准》基于《中国建筑热环境分析专用气象数据集》北京地区数据对模拟用气象参数进行了收录。该数据集由中国气象局气象信息中心气象资料室与清华大学建筑技术科学系合著。由于涉及台站站点较少，涉及平谷、顺义、海淀等区的气象数据，温湿度、太阳辐射等气象数据可以直接使用北京市主城区数据，风向、风速、降雨等气象数据尽可能使用区域内的气象站过去十年内的代表性数据。

其中，为了更好地指导绿色建筑风环境模拟和热岛模拟的边界来流风速，标准对模拟用的风速风向进行了统计，给出了北京主城区，密云两地的全年，夏季以及冬季的风频率及平均风速图，设计人员可以参考使用。

在太阳能热水设计中，为了辅助计算太阳能热水全年的集热量以及太阳能集热面积选型，根据《中国建筑热环境分析专用气象数据集》给出了逐月水平面直射散射总辐射值以及根据国家建筑标准设计图集：《太阳能集中热水系统选用与安装》（图集号：06SS128）给出了倾斜表面月平均日太阳总辐照量及年平均日辐照量，其中，倾斜面的倾角等于北京当地纬度，为 39°48′。

【标准原文】第 B.0.3 条　设计用降雨条件

根据北京市气象局提供的 2000 年～2010 年降雨数据，北京主城区（观象台），密云，平谷，延庆，门头沟，怀柔降雨相关参数可参考表 B.0.3-1 与表 B.0.3-2。

北京年均降雨量及多年平均降雨量统计　　　　表 B.0.3-1

	观象台	密云	平谷	延庆	门头沟	怀柔
多年平均年雨量（mm）	485.1	625.5	611.3	465.2	591.1	582.4
多年平均年降水日数	72.3	79.1	75.8	78.6	77.7	80
2mm以上降水总量占总降水量的比例	95.2%	96.1%	96.3%	94.2%	95.5%	95.8%
4mm以上降水总量占总降水量的比例	90.0%	91.6%	90.9%	86.5%	90.4%	89.9%

多年平均月降雨量和降雨次数　　　　　　表 B.0.3-2

		1月	2月	3月	4月	5月	6月	7月	8月	9月	10月	11月	12月
观象台	多年平均月降雨量(mm)	4.7	5.2	13.3	25.4	40.0	76.1	116.2	100.5	53.9	36.3	11.3	2.1
	多年平均月降水日数	2.8	3.0	3.8	5.6	7.4	10.4	11.8	10.7	6.9	5.6	2.1	2.2
密云	多年平均月降雨量(mm)	4.1	4.1	12.5	22.2	53.6	105.5	146.2	156.7	67.8	41.5	9.0	2.3
	多年平均月降水日数	2.1	2.2	3.7	5.9	8.4	11.9	13.3	12.3	7.2	7.6	2.2	2.3
平谷	多年平均月降雨量(mm)	4.0	4.5	12.8	25.1	50.4	116.9	147.5	137.3	58.9	38.8	11.8	3.1
	多年平均月降水日数	2.5	2.3	3.5	6.0	7.7	10.8	13.5	10.7	7.6	6.6	2.2	2.4
延庆	多年平均月降雨量(mm)	3.6	2.7	12.4	21.8	48.7	78.0	116.4	80.2	64.4	27.1	7.3	2.6
	多年平均月降水日数	2.1	2.4	3.6	6.6	8.8	12.3	11.7	11.6	8.7	6.8	2.0	2.0
门头沟	多年平均月降雨量(mm)	4.0	4.8	13.8	23.9	46.3	96.8	172.6	129.9	55.6	29.2	11.1	3.0
	多年平均月降水日数	2.4	2.6	3.3	5.7	7.8	12.1	13.9	11.5	7.9	6.3	2.2	2.0
怀柔	多年平均月降雨量(mm)	5.8	4.9	14.5	24.7	49.6	85.9	140.4	142.5	66.1	36.0	8.7	3.2
	多年平均月降水日数	2.0	2.3	3.8	5.6	7.8	11.8	14.8	12.2	8.2	7.1	2.2	2.2

【目的与收录要点】

由于雨水收集回用技术刚刚起步，目前北京地区无公认的月均降雨量数据供设计人员参考，本《标准》根据北京市气象局提供的 2000 年～2010 年降雨数据，提供了北京主城区（观象台），密云，平谷，延庆，门头沟，怀柔降雨相关参数，利用该数据，可以分析雨水收集系统方案，雨水收集池大小及年雨水收集利用总量。

【标准原文】第 B.0.4 条　材料资源

为保证建设工程质量，进一步提高建筑物的使用功能，节约建筑物建造和使用过程中的能源与其他资源消耗，保护环境，促进建材行业健康发展，在 2010 年 5 月 31 日北京市住房和城乡建设委员会和北京市规划委员会联合发布了 2010 年《北京市推广、限制、禁止使用的建筑材料目录》（简称"2010 版目录"）。绿色建筑在选材时应优先选用北京市推广使用的建筑材料及制品，以促进北京市新材料、新技术、新设备、新工艺的推广与应用。为保证该条文的时效性，均以北京市新发布的和正使用的推广材料目录为准。绿色建筑选材时，在满足推广目录中使用范围要求的前提下，对推广的所有类别的材料或制品进行选用。当"2010 版目录"有更新，以最新目录作为选用依据。

绿色建筑选材表　　　　　　　　　　　　　表 B.0.4

序号	类别	建筑材料名称	推广使用的范围	推广使用的原因
1	混凝土材料与混凝土制品	再生骨料	预拌混凝土、预拌砂浆、混凝土制品	对建筑物、构造物拆除过程中形成的废弃物循环利用，有利于资源节约和环境保护
2	墙体材料	B04/B05级加气混凝土砌块和板材	民用建筑工程	具有轻质性和保温性能好的优点
3		保温、结构、装饰一体化外墙板	民用建筑工程	节能、防火、装饰层牢固
4		石膏空心墙板和砌块	框架结构建筑墙体填充材料	轻质、隔音、节能、防火、利用工业废弃物
5	建筑门窗幕墙及辅料	传热系数低于2.5W/（$m^2 \cdot K$）以下的高性能建筑外窗	民用建筑	提高建筑物的节能水平
6		低辐射镀膜玻璃（low-E）	民用建筑外门窗和透明幕墙	降低玻璃传热系数，节约建筑能耗
7	建筑装饰装修材料	装饰混凝土轻型挂板	民用建筑内外墙装饰	装饰效果好、利用废渣、施工效率高
8		超薄石材复合板	民用建筑内外墙装饰	节约优质天然石材资源，减少建筑物负荷
9		柔性饰面砖	民用建筑内外墙装饰装修	体薄质轻，防水，透气，柔韧性好，施工简便
10	市政与道路施工材料	透水砖（透水率≥30mL，平均抗压强度≥40 MPa，平均抗折强度≥4 MPa）	广场、停车场、人行步道、自行车道	有利于收集雨水补充城市地下水

【目的与收录要点】

　　为保证建设工程质量，进一步提高建筑物的使用功能，节约建筑物建造和使用过程中的能源与其他资源消耗，保护环境，促进建材行业健康发展，在 2010 年 5 月 31 日北京市住房和城乡建设委员会和北京市规划委员会联合发布了 2010 年《北京市推广、限制、禁止使用的建筑材料目录》（简称"2010 版目录"）。绿色建筑在选材时应优先选用北京市推广使用的建筑材料及制品，以促进北京市新材料、新技术、新设备、新工艺的推广与应用。为保证该条文的时效性，均以北京市新发布的和正使用的推广材料目录为准。绿色建筑选材时，在满足推广目录中使用范围要求的前提下，对推广的所有类别的材料或制品进行选用。当"2010 版目录"有更新，以最新目录作为选用依据。

【标准原文】第 B.0.5 条乡土植物

　　在选择种植植物时，注意防止被外来物种入侵。乡土植物具有很强的适应能力，种植乡土植物可确保植物的存活，减少病虫害，能有效降低维护费用，宜采用北京市地方标准《城市园林绿化用植物材料木本苗》DB11/T 211—2003 附录 A～附录 E 所给出的北京地区常用植物列表作为乡土植物推荐，见表 B.0.5。

北京地区常用植物列表　　　　　　　　　　　　　　　　　　　　表 B.0.5

种类	植物列表
常绿乔木	辽东冷杉，红皮云杉，白扦，青扦，雪松，油松，白皮松，华山松，侧柏，桧柏，西安柏，龙柏，蜀桧，女贞
落叶乔木	银杏，水杉，毛白杨，旱柳，垂柳，馒头柳，金丝垂柳，核桃，枫杨，栓皮栎，白榆，垂枝榆，榉树，小叶朴，青檀，玉兰，望春玉兰，二乔玉兰，杂种鹅掌楸，杜仲，悬铃木，西府海棠，垂丝海棠，钻石海棠，王族海棠，紫叶李，樱花，山桃，山杏，合欢，皂荚，刺槐，槐树，龙爪槐，臭椿，千头椿，丝绵木，元宝枫，鸡爪槭，七叶树，栾树，枣树，糠椴，梧桐，桂香柳，柿树，君迁子，绒毛白蜡，北京丁香，流苏，毛泡桐，梓树，黄金树
常绿灌木	矮紫杉，铺地柏，鹿角桧，粉柏，砂地柏，洒金柏，粗榧，锦熟黄杨，枸骨，大叶黄杨，北海道黄杨，胶东卫矛，凤尾兰
落叶灌木	牡丹，紫叶小檗，腊梅，太平花，溲疏，香茶藨子珍珠梅，珍珠梅，平枝栒子，水栒子，帖梗海棠，品种月季，丰花月季，地被月季，重瓣黄刺玫，重瓣棣棠，鸡麻，碧桃，山碧桃，垂枝碧桃，紫叶碧桃，寿星桃，重瓣榆叶梅，毛樱桃，麦李，郁李，杏梅，美人梅，紫叶矮樱，紫荆，花木蓝，锦鸡儿，多花胡枝子，枸橘，黄栌，美国黄栌，木槿，怪柳，沙棘，紫薇，单干紫薇，红花紫薇，白花紫薇，花石榴，果石榴，红瑞木，黄瑞木，山茱萸，四照花，连翘，金钟花，紫丁香，白丁香，波斯丁香，蓝丁香，小叶女贞，金叶女贞，水蜡，迎春，海州常山，小紫珠，宁夏枸杞，锦带花，红王子锦带，海仙花，猬实，糯米条，金银木，鞑靼忍冬，金叶接骨木，天目琼花，香荚蒾
常绿藤木	小叶扶芳藤，大叶扶芳藤，常春藤类
落叶藤木	山荞麦，蔷薇，白玉棠，木香，藤本月季，紫藤，南蛇藤，山葡萄，地锦，美国地锦，软枣猕猴桃，中华猕猴桃，美国凌霄，金银花
竹类	早园竹，紫竹，黄金间碧玉，黄槽竹，箬竹
草坪及 地被植物*	野牛草、中华结缕草、日本结缕草、紫羊茅、羊茅、苇状羊茅、林地早熟禾、草地早熟禾、加拿大早熟禾、早熟禾、小康草、匍茎剪股颖、崂峪苔草、羊胡子草、白三叶、鸢尾、萱草、玉簪、麦冬、二月兰、马蔺、紫花地丁、蛇莓、蒲公英

注：加"*"为采用国家标准图集《环境景观—绿化种植设计》03J012-2 的北京地区常用植物列表。

【标准原文】第 B.0.6　屋顶绿化植物

屋顶绿化部分植物种类宜采用北行北京市《屋顶绿化规范》DB11/T 281 推荐种类，见表 B.0.6。

推荐北京地区屋顶绿化部分植物种类表　　　　　　　　　　　　表 B.0.6

种类	植物列表
乔木	华山松*、白皮松、西安桧、龙柏、桧柏、龙爪槐、银杏、栾树、玉兰*、垂枝榆、紫叶李、柿树、七叶树*、鸡爪槭*、樱花*、海棠类、山楂
灌木	珍珠梅、大叶黄杨*、小叶黄杨、凤尾丝兰、金叶女贞、红叶小檗、矮紫杉*、连翘、榆叶梅、紫叶矮樱、郁李*、寿星桃、丁香类、棣棠*、红瑞木、月季类、大花绣球*、碧桃类、迎春、紫薇*、金银木、果石榴、紫荆*、平枝栒子、海仙花、黄栌、锦带花类、天目琼花、流苏、海州常山、木槿、腊梅*、黄刺玫、猬实
落叶灌木	沙地柏、大叶黄杨、矮紫杉、朝鲜黄杨、小叶黄杨、铺地柏
地被植物	玉簪类、马蔺、石竹类、随意草、铃兰、莱果蕨*、白三叶、小叶扶芳藤、砂地柏、大花秋葵、小菊类、芍药*、鸢尾类、萱草类、五叶地锦、景天类、京8常春藤*、苔尔曼忍冬*

注：1　加"*"为在屋顶绿化中，需一定小气候条件下栽植的植物；
　　2　摘自现行北京市《屋顶绿化规范》DB11/T 281。

【目的与收录要点】

　　乡土植物具有很强的适应能力，种植乡土植物可确保植物的存活，减少病虫害，能有效降低维护费用，同时在绿化景观设计过程中，在选择种植植物时，注意防止被外来物种入侵。屋顶绿化最显著的优势就是不占用土地，还能净化空气，降低扬尘，改善局部小气候，缓解城市热岛效应，营造第五立面。本《标准》中对屋顶绿化和乡土植物比例都有了相应要求（详见第 4 章有关章节）。

　　为了方便设计人员迅速查找相应植物，并正确利用，本《标准》摘录北京市地方标准《城市园林绿化用植物材料木本苗》DB11/T 211—2003 附录 A ～附录 E 所给出的乡土植物列表，以及北京市《屋顶绿化规范》DB11/T 281 推荐屋顶绿化部分植物种类适宜种类。

【标准原文】第 B.0.7 条　浅层地温能

　　浅层地温能资源蕴藏在地下岩土体内，其储藏、运移以及开采利用都受到区域地质、水文地质条件的严格制约，不同区域的资源利用方式和规模存在较大差异。北京平原区浅层地温能资源分布与第四系水文地质条件密切相关。第四系岩性组构、厚度、颗粒度、含水层厚度、富水性、水位埋深、补给径流条件等是制约浅层地温能赋存分布及可利用性的主要因素。根据北京市可再生能源建筑应用示范配套能力建设实施方案—附录 2 北京平原区浅层地温能资源地质勘查报告：

　　对于北京平原区，在冲洪积扇中上部适合用地下水式地源热泵系统开发利用浅层地温能资源，在冲洪积扇下部及冲积、洪积平原区适合用地埋管方式开发利用浅层地温能。分区图如下：

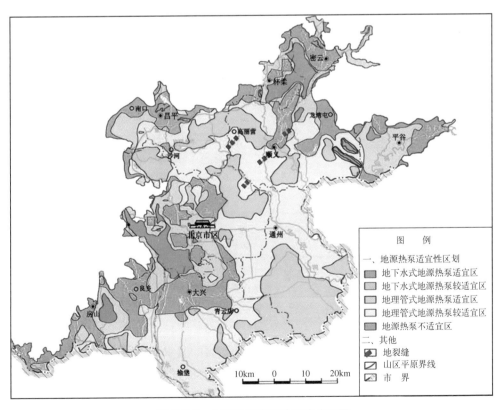

图 B.0.7　北京地区浅层地温能分区图

【目的与收录要点】

浅层地温能是指蕴藏在地表以下一定深度（一般小于 200m）范围内岩土体、地下水和地表水中具有开发利用价值的一般低于 25℃ 的热能。目前浅层地温能的利用主要有地下水式地源热泵以及地埋管式地源热泵。本标准摘录了北京市地质矿产勘查开发局进行的北京平原区浅层地温能资源地质勘查报告，对地下水式地源热泵以及地埋管式地源热泵的适宜区和较适宜取进行了分区，供暖通设计人员选用。特别是对于报告中提出的地源热泵不适宜区，严禁采用地源热泵方案。

【标准原文】 第 B.0.8 条　*碳排放计算基础数据*

表 B.0.8 中所列建材碳排放数据来自于清华大学建筑技术系开发的 BELES 数据库，代表全国平均的生产排放水平。建材碳排放的计算边界包括原材料的开采，加工，运输以及建材的生产过程。

碳排放计算基础数据　　　　　　　　　　表 B.0.8

	含能（MJ）	碳排放（kg）	数据来源及假设条件
钢材（kg）	22.7	3.3	按照华北地区吨钢水平计算；资料来自统计年鉴、公开研究论文及十一五相关课题研究成果
水泥（kg）	5.3	1.1	包括工艺过程，能源生产，运输过程等，工艺的清单数据来源于公开的研究论文。运输过程按照1990年铁路运输非金属矿石平均距离529km计算
混凝土（m³）	3062.3	532.1	混凝土配比来自1990年华北行业标准，非金属矿按照铁路运输529km，水泥按照公路运输1990年平均货物周转量计算46km计算
加气混凝土砌块（m³）	2221.3	332.9	主要原料和能耗主要参考公开研究论文，水资源参考Bill Laoson数据，其他物料按照回收废弃物考虑，不做计算
玻璃（kg）	20.1	1.4	玻璃的工艺清单参考公开研究论文，按照15%的回收率计算。玻璃密度取2500kg/m³
膨胀聚苯板（m³）	3390.1	222.8	工艺过程清单参考《几种高分子材料》，只包括能源、原料、固废，原料石油的开采运输能耗已包括在含能中，按照2005年公路运输计算
铝材（kg）	43.7	10.9	按照回收率95%考虑；电解铝的生产将氧化铝生产和电解过程整合到一起，排放来系数手册和《材料的环境影响评价》等
建筑陶瓷（m²）	310.9	28.6	工艺过程清单来自公开研究论文，原材料运输距离按照非金属矿铁路运输计算

【目的与收录要点】

目前，全球气候变暖问题日趋严重，而引起变暖的温室气体排放也成为业界研究的热点。在北京发展低碳经济的大背景下，要求做到低能耗、低污染、低排放，因此针对各种社会活动的碳排放量核算成为衡量低碳经济成效的重要指标。建筑领域主要体现在建筑建造过程中建材的消耗以及建筑运行的能源消耗两面。

本《标准》从全生命期角度出发，意图通过确定与建筑相关的能源消耗、资源消耗和废弃物排放，来评价该建筑在全寿命期过程中碳排放数据，其中包括包括原材料的开采与加工，建材生产，运输，施工，使用，维护更新，拆除，废弃物的处置等阶段。而该计算的关键在于收集整理建筑生命周期各个阶段的碳排放数据。近年来，我国已经有一批研究机构初步建立了建材、部品和设备的生命周期环境评价数据库，也探讨了建筑对资源环境影响的评价方法。但由于我国地域辽阔、工业化发展水平不平衡、基础数据统计不完善不准确、涉及部门众多但又缺乏协调等问题，导致基础数据库的数据种类、时效性、可靠性、共享性等都存在很大的问题，制约了这方面的研究深入发展。本标准以清华大学的相关研究为基础，给出了部分碳排放计算基础数据以及其数据来源及假设条件，以供参考。

【标准原文】第 B.0.9 条 不同公共建筑平均能耗水平调研

根据《2007 年北京市政府办公建筑和大型公共建筑能耗统计汇总表》以及清华大学建筑节能研究中心著《中国建筑节能年度发展研究报告》，北京地区不同公共建筑平均能耗水平调研如表 B.0.9 所示，其中：

1）公共建筑能耗指的是公共建筑内由于各种活动而产生的能耗统计（统计数值不包含城市市政供暖），包括空调、照明、插座、电梯、炊事、各种服务设施以及特殊功能设备的能耗。城市市政供暖能耗以及由燃气提供建筑供暖部分能耗，由于公共建筑内外分区复杂性，统计中暂不列入。单位：$kWh/(m^2 \cdot a)$；

2）根据建筑面积、建筑功能分类。建筑面积不小于 2 万 m^2 的建筑为大型建筑，小于 2 万 m^2 则为一般建筑。

北京地区不同公共建筑平均能耗水平　　　　表 B.0.9

建筑类型		样本量	暖通空调	照明	室内设备	服务	其他	总计
大型行政办公	最大值	102	76.6	34	42.6	8.5	8.5	170.2
	最小值		9.6	4.3	5.3	1.1	1.1	21.4
	平均值		36.8	14.7	18.4	1.5	2.2	73.6
大型商务办公	最大值	379	141.3	56.5	70.6	5.7	8.5	282.6
	最小值		16.1	6.4	8.1	0.6	1	32.2
	平均值		60.7	27	27	13.5	6.7	134.9
一般办公	最大值	32	29.2	13	13	6.5	3.2	64.9
	最小值		3.5	6.4	3.2	4.8	3.2	21.1
	平均值		16.4	7.3	7.3	3.7	1.8	36.5
大型商场超市	最大值	45	129.1	57.4	86.1	8.6	5.7	286.9
	最小值		44.4	19.7	29.6	3	2	98.7
	平均值		61.6	27.4	41	4.1	2.7	136.8
一般商场超市	最大值	26	39.2	13.1	30.5	1.7	2.6	87.1

建筑类型		样本量	暖通空调	照明	室内设备	服务	其他	总计
一般商场超市	最小值	26	16.1	5.4	12.5	0.7	1.1	35.8
	平均值		33.7	11.2	26.2	1.5	2.2	74.8
大型酒店	最大值	62	98.9	44	22	33	22	219.9
	最小值		46.7	20.8	10.4	15.6	10.4	103.9
	平均值		71.8	31.9	16	23.9	16	159.6
一般酒店	最大值	25	70.7	19.3	19.3	12.9	6.4	128.6
	最小值		13	3.6	3.6	2.4	1.2	23.8
	平均值		43.6	11.9	11.9	7.9	4	79.3
大型教育	最大值	57	141.2	28.2	70.6	14.1	28.2	282.3
	最小值		22.5	4.5	11.3	2.3	4.5	45.1
	平均值		44.7	8.9	22.3	4.5	8.9	89.3
一般教育	最大值	14	20.5	13.7	17.1	6.8	10.2	68.3
	最小值		1.7	1.1	1.4	0.6	0.9	5.7
	平均值		6.6	4.4	5.5	2.2	3.3	22
医疗	最大值	12	97.5	27.9	41.8	13.9	97.5	278.6
	最小值		24.4	7	10.4	3.5	24.4	69.7
	平均值		48.3	13.8	20.7	6.9	48.3	138

【目的与收录要点】

《标准》指标体系中对规划区域内不同功能建筑能耗进行总体控制，一方面为区域供能规划和建立区域建筑碳减排目标提供依据，同时作为规划设计条件，对各建筑的后续设计与建设节能目标——区域各建筑总能耗的限值——提出要求。

本《标准》根据《2007年北京市政府办公建筑和大型公共建筑能耗统计汇总表》以及清华大学建筑节能研究中心著《中国建筑节能年度发展研究报告》，对北京地区不同公共建筑平均能耗水平进行了规定，其中：

1. 公共建筑能耗指的是公共建筑内由于各种活动而产生的能耗统计（统计数值不包含城市市政供热采暖），包括空调、照明、插座、电梯、炊事、各种服务设施以及特殊功能设备的能耗。城市市政供热采暖能耗以及由燃气提供建筑采暖部分能耗，由于公共建筑内外分区复杂性，统计中暂不列入。单位：$kWh/(m^2 \cdot a)$；

2. 根据建筑面积、建筑功能分类。建筑面积不小于2万m^2的建筑为大型建筑，小于2万m^2则为一般建筑。

《中国建筑节能年度发展研究报告》中对10类公共建筑的能耗统计分为最大值，最小值和平均值，本标准中，选用平均值作为能耗控制目标。

附录 C

模拟软件边界条件

规范模拟软件边界条件为了保证相关指标体系落实所需要进行的模拟工作的准确性所做的工作。由于整个建筑设计过程是一个跨越多学科多专业的过程,因此在设计过程中不可避免的需要使用到多个不同类型的软件进行模拟分析,由于这些软件的输入输出方式各有不同,且不同的使用者或者使用软件,同样的一个问题由于使用者的差别会导致不同的计算结果,有时甚至计算结果的定性分析都不准确,更不用说定量的分析了。为例解决这种问题,本标准提出了规范模拟软件边界条件这一附录。

目前在国家《绿色建筑评价标准》以及北京市《绿色建筑评价标准》中需要进行模拟软件进行模拟的工作的有室外风环境,住宅的室外热岛,住宅室外日照,室外声环境以及室内采光,自然通风及建筑能耗模拟等。本标准中主要涉及室外风环境,建筑能耗,室内采光,自然通风,室内外噪声,室外热岛。

【标准原文】第 C.0.1 条　室外风环境模拟

模拟目标:

通过风环境模拟,指导建筑在规划设计时合理布局建筑群,优化场地的夏季自然通风,避开冬季主导风向的不利影响。实际工程中需采用可靠的计算机模拟程序,合理确定边界条件,基于典型的风向、风速进行建筑风环境模拟,并达到下列要求:

1　在建筑物周围行人区 1.5m 处风速小于 5m/s;

2　冬季风速放大系数小于 2。

输入条件[①]:建议参考 COST(欧洲科技研究领域合作组织)和 AIJ(日本建筑学会)风工程研究小组的研究成果进行模拟,以保证模拟结果的准确性。本标准中采用 AIJ(日本建筑学会)风工程研究小组的模拟成果。

为保证模拟结果的准确性。具体要求如下:

1　计算区域:建筑覆盖区域小于整个计算域面积 3%;以目标建筑为中心,半径 5H 范围内为水平计算域。建筑上方计算区域要大于 3H;H 为建筑主体高度;

2　模型再现区域:目标建筑边界 H 范围内应以最大的细节要求再现;

3　网格划分:建筑的每一边人行高度区 1.5m 或 2m 高度应划分 10 个网格或以上;重点观测区域要在地面以上第 3 个网格或更高的网格以内;

4　入口边界条件:给定入口风速的分布 U(梯度风)进行模拟计算,有可能的情况

---

①　摘自 AIJ(日本建筑学会)风工程研究小组的研究成果。

下入口的 K、ε 也应采用分布参数进行定义;

$$U(z) = U_s \left(\frac{z}{z_s}\right)^a \qquad (C.0.1\text{-}1)$$

$$I(z) = \frac{\sigma_u(z)}{U(z)} = 0.1 \left(\frac{z}{z_G}\right)^{(-a-0.05)} \qquad (C.0.1\text{-}2)$$

$$\frac{\sigma^2(z)+\sigma_v^2(z)+\sigma_w^2(z)}{2} \cong \sigma_u^2(z) = (I(z)U(z))^2 \qquad (C.0.1\text{-}3)$$

$$\varepsilon(z) \cong P_k(z) \cong \overline{-uw}(z)\frac{dU(z)}{dz}$$

$$\cong C_t^{1/2}k(z)\frac{dU(z)}{dz} = C_t^{1/2}k(z)\frac{U_s}{z_s}\alpha\left(\frac{z}{z_s}\right)^{(a-1)} \qquad (C.0.1\text{-}4)$$

5 地面边界条件:对于未考虑粗糙度的情况,采用指数关系式修正粗糙度带来的影响;对于实际建筑的几何再现,应采用适应实际地面条件的边界条件;对于光滑壁面应采用对数定律;

6 计算规则与空间描述:注意在高层建筑的尾流区会出现周期性的非稳态波动。此波动本质不同于湍流,不可用稳态计算求解;

7 计算收敛性:计算要在求解充分收敛的情况下停止;确定指定观察点或区域的值不再变化或均方根残差小于 10E-4;

8 湍流模型选择:在计算精度不高且只关注 1.5m 高度的流场分布时可采用标准 k-ε 模型。计算建筑物表面风压系数或高精度要求时应采用各向异性湍流模型,如 Durbin 模型或 MMK 模型等;

9 差分格式:避免采用一阶差分格式。

输出结果

1)在建筑物周围行人区 1.5m 处风速;

2)冬季风速放大系数,要求风速放大系数小于 2。

【模拟目标】

通过风环境模拟,指导建筑在规划设计时合理布局建筑群,优化场地的夏季自然通风,避开冬季主导风向的不利影响。实际工程中需采用可靠的计算机模拟程序,合理确定边界条件,基于典型的风向、风速进行建筑风环境模拟,并达到下列要求:

1 在建筑物周围行人区 1.5m 处风速小于 5m/s;

2 冬季风速放大系数小于 2。

【案例分析】

某建筑小区,分为高低两区,进行风环境模拟,模拟工具采用 Phoenics,采用梯度风模型,其中 Z_g 和 U_g 分别表示典型高度和对应的速度,其他模拟输入条件按照《标准》要求,见图附录 C-1 和图附录 C-2。

$$\frac{U}{U_g} = \left(\frac{z}{z_g}\right)^{0.22}$$

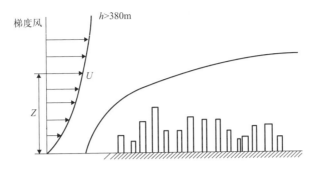

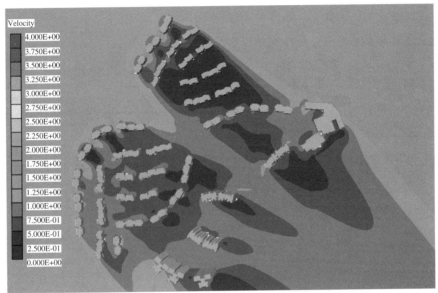

图附录 C-1　冬季 1.5m 高度高处速度分布图

图附录 C-2　夏季 1.5m 高度高处速度分布图

从模拟结果可以看出，无论冬夏，在建筑物周围行人区 1.5m 处风速小于 5m/s；其中，冬季风速放大系数小于 2。

【标准原文】第 C.0.2 条　建筑能耗模拟

模拟目标：

首先计算参照建筑在规定使用条件下的全年能耗，然后计算所设计建筑在采用热泵类可再生能源或其他节能系统形式的条件下的全年能耗，当所设计的建筑的全年能耗不大于参照建筑全年能耗时，则满足要求。建筑全年能耗需借助全年逐时能耗模拟软件完成。除本标准中涉及的蓄能系统能耗计算、热泵类可再生能源系统贡献率计算外，其他形式的暖通空调系统的建筑节能率计算也可以参照执行。

所设计建筑和参照建筑的全年能耗模拟应按照以下规定：

输入条件：

参照建筑和设计建筑的设定参数　　　　　　　　　　　　　　　表 C.0.2

设计内容		设计建筑	参照建筑
围护结构热工参数		实际设计方案	北京市《居住建筑节能设计标准》DB11/891或《公共建筑节能设计标准》DB11/687规定取值
使用条件设定	空调供暖温湿度设定参数	北京市《居住建筑节能设计标准》DB11/891或《公共建筑节能设计标准》DB11/687规定取值	
	新风量	参考北京市《居住建筑节能设计标准》DB11/891或《公共建筑节能设计标准》DB11/687规定取值	
	内部发热量（灯光/室内人员/设备）	取实际设计方案，如无具体设计方案则参照北京市《居住建筑节能设计标准》DB11/891或《公共建筑节能设计标准》DB11/687规定取值	
	室外气象计算参数	典型气象年气象数据	
暖通空调系统设定	冷源系统（对应不同的实际设计方案，参照系统选择如右）	实际设计方案（设计采用水冷冷水机组系统，或水源或地源热泵系统，或蓄能系统）	采用电制冷的离心机或螺杆机，其EER值和SCOP值参考北京市《公共建筑节能设计标准》DB11/687规定取值
		实际设计方案（设计采用风冷或蒸发冷却冷水机组系统）	采用风冷或蒸发冷却螺杆机，其EER值和SCOP值参考北京市《公共建筑节能设计标准》DB11/687规定取值
	冷源系统（对应不同的实际设计方案，参照系统选择如右）	实际设计方案（设计采用直接膨胀或系统）	系统与实际设计系统相同，其效率满足北京市《公共建筑节能设计标准》DB11/687、北京市《居住建筑节能设计标准》DB11/891要求的单元式空调机组、多联式空调（热泵）机组或风管送风式空调（热泵）机组的空调系统的要求
	热源系统	实际设计方案	热源采用燃气锅炉，锅炉效率满足北京市《居住建筑节能设计标准》DB11/891的要求
	输配系统	实际设计方案	输配系统能效比满足《民用建筑供暖通风与空气调节设计规范》GB50376要求
	末端	实际设计方案	末端与实际设计方案相同

模拟注意点:

1)参照建筑与所设计建筑的空调和供暖能耗必须用同一个动态计算软件计算;

2)采用典型气象年数据计算参照建筑与所设计建筑的空调和供暖能耗。

输出结果:

建筑全年暖通空调系统能耗。

【模拟目标】

首先计算参照建筑在规定使用条件下的全年能耗,然后计算所设计建筑在相同条件下的全年能耗,当所设计的建筑的全年能耗不大于参照建筑全年能耗时,则满足要求。建筑全年能耗需借助模拟软件完成。需要注意的是:1)参照建筑与所设计建筑的空调和采暖能耗必须用同一个动态计算软件计算;2)采用典型气象年数据计算参照建筑与所设计建筑的空调和采暖能耗。输出结果为建筑全年能耗。

【案例分析】

某建筑,总建筑面积为 37705m²,建筑主要功能为办公及相关配套用房,分为地下一层,地上五层。主要功能为办公、会议等。建筑采取湖水源热泵、温湿度独立控制系统、变频冷冻水泵后等技术。

模拟使用清华大学建筑技术科学系开发的能耗模拟软件 DeST 进行分析,在建筑物理模型建立完成后按照标准要求设定建筑的具体计算参数,其中包括定义建筑物的地理位置、围护结构类型及热工参数、房间功能、室内设计参数、室内热扰参数,以及空调系统作息模式等。建筑模拟模型见图附录 C-3。

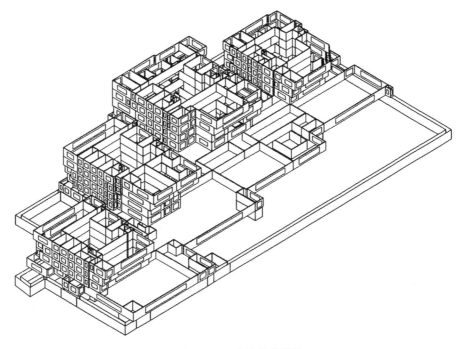

图附录 C-3 建筑模拟模型

通过模拟，建筑全年累计冷热负荷如表附录 C-1 所示。

全年累计冷热负荷　　　　　　　　　　　　　　　　表附录 C-1

负荷统计	单位	实际设计建筑	参照建筑
全年最大冷负荷	kW	2147.01	2342.38
全年累计冷负荷	MWh	2285.66	2492.05
负荷面积指标	—		
全年最大冷负荷指标	W/m²	56.94	62.12
全年累计冷负荷指标	kWh/m²	60.62	66.09

实际设计建筑在采取湖水源热泵、温湿度独立控制系统、变频冷冻水泵后的能耗，与参照建筑在采用《公共建筑节能设计标准》DB11/687 所规定的空调系统比较后，空调系统的能耗组成如表附录 C-2 所示，空调能耗比例统计见图附录 C-4。

实际设计建筑与参照建筑能耗统计表　　　　　　　　表附录 C-2

空调耗能分项	设计建筑能耗（kWh）	参照建筑能耗（kWh）
风冷柜式空调器能耗	116110.02	156734.28
单元式空调系统	30938.29	38630.28
中央空调冷机	260304.61	387473.63
中央空调冷却系统	26054.71	35779.32
中央空调输配系统	28704.49	47904.53
中央空调末端	227602.75	353049.06
网络机房空调	66576.00	66576.00
总计	756290.88	1086147.08

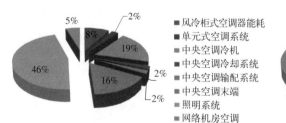

实际设计建筑空调能耗比例统计图

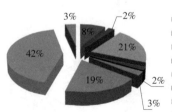

参照建筑空调能耗比例统计图

图附录 C-4　空调能耗比例统计图

【标准原文】第 C.0.3 条　自然采光模拟

模拟目标:

在现行《建筑采光设计标准》GB/T 50033 中给出了不同建筑类型的采光系数标准值,规定了应满足的室内采光系数最低值 Cmin(%) 和室内天然光临界照度 (lx) 两个标准:

采光系数最低值 Cmin(%):根据不同建筑类型和房间类型规定了应符合的采光系数最低值。

室内天然光临界照度 (lx):即对应室外天然光临界照度时的室内天然光照度。不同的光气候分区规定了不同的室外天然光临界照度,北京市属于Ⅲ类光气候区。

输入条件:

北京市属于Ⅲ类光气候区,其室外天然光临界照度值取 5000lx。

1）北京经度 116.317°,纬度 39.95°;

2）建筑总体布置图以及建筑具体轮廓线,窗户洞口位置,窗户形式和玻璃类型（玻璃透过率以及室内地面、顶棚和墙面的反射比,可参考《建筑照明设计标准》,建议模型中考虑周围遮挡建筑）以及室内户型图;公共建筑应考虑吊顶高度,周围遮挡建筑建议考虑水平 15° 夹角内高层建筑;

3）天空模型:CIE 全阴天模型（CIE Overcast Sky）;

4）室外天然光临界照度值:5000lx;

5）参考平面:距室内地面 800mm 高的水平面;

6）网格间距:不超过 1000mm（建议各向网格最少数量不低于 10）。

输出结果:

室内参考平面采光系数最低值。

室内参考平面采光系数等值线图和室内参考平面天然光临界照度等值线图可以清楚地表示出室内采光分布情况。

【模拟目标】

在《建筑采光设计标准》GB/T 50033 中给出了不同建筑类型的采光系数标准值,规定了应满足的室内采光系数最低值 Cmin(%) 和室内天然光临界照度 (lx) 两个标准:

采光系数最低值 Cmin(%):根据不同建筑类型和房间类型规定了应符合的采光系数最低值。

室内天然光临界照度 (lx):即对应室外天然光临界照度时的室内天然光照度。不同的光气候分区规定了不同的室外天然光临界照度,北京市属于Ⅲ类光气候区。

【案例分析】

某地住宅小区,处于Ⅲ类光气候区,对典型层进行采光模拟分析。根据《建筑采光设计标准》GB/T 50033,选取本次光环境评估的主要功能区:卧室、起居室（厅）、书房、厨房、餐厅主要活动空间。侧面采光时采光系数最低值 Cmin 及室内天然光临界照度值要求如表附录 C-3 所示。

各功能区采光系数标准值　　　　　　　　　　　　　　　表附录 C-3

采光等级	房间名称	采光系数最低值Cmin(%)	室内天然光临界照度(lx)
IV	起居室（厅）、卧室、书房、厨房	1	50
V	卫生间、餐厅	0.5	25

　　模拟输入条件如标准要求，以室内参考平面天然光临界照度等值线为例显示模拟结果能够清晰的表示表示出室内采光分布情况。并通过建筑采光满足率统计，可以得到建筑的总体采光满足率详见表附录 C-4。

	建筑总体采光满足率		表附录 C-4
典型楼层	主要功能区建筑面积（m²）	符合采光要求面积（m²）	采光满足率（%）
一层住宅	358.7	316.59	88.26
二层住宅	355.92	290,36	81.58
三层住宅	394.06	339.01	86.03
典型层住宅	394.74	348.56	88.30
十七层住宅	401.82	368.35	91.67
合计	1905.24	1662.87	87.28

　　典型层采光照度分布状态如图附录 C-5 所示。

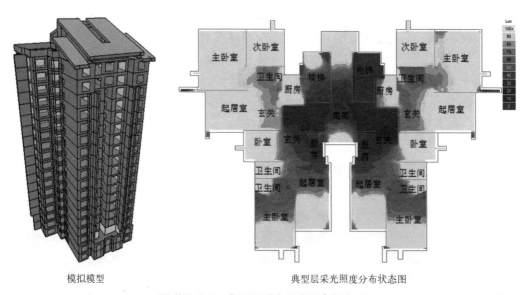

模拟模型　　　　　　　　　　　典型层采光照度分布状态图

图附录 C-5　典型层采光照度分布状态图

【标准原文】第 C.0.4 条　自然通风模拟

　　自然通风模拟根据侧重点不同有两种模拟方法：一种为多区域网络模拟方法，其侧重点为建筑整体通风状况，为集总模型，可与建筑能耗模拟软件相结合，另一种为 CFD 模拟方法，可以详细描述单一区域的自然通风特性。由于两种方法均有使用，故在本节中一并列出。

　　1　多区域网络模拟方法

　　模拟目标：

　　在室外设计气象条件下（风速，风向），室内的自然通风换气次数。

输入条件：

1）建筑通风拓扑路径图，并据此建立模型；

2）通风洞口阻力模型及参数；

3）洞口压力边界条件（可根据室外风环境得到）；

4）如计算热压通风需要室内外温度条件以及室内发热量及室外温度条件；

5）室外压力条件；

6）模型简化说明。

输出结果：

建筑各房间通风次数。

2 CFD模拟方法

模拟边界条件：

1）室外气象参数选择

针对本模拟作为室内自然通风室内空气质量研究，选择具有代表性的室外模拟风速、温度，并按稳态进行模拟。

a）门、窗压力取值

通过室外风环境模拟结果读取各个门窗的平均压力值。

b）室外温度取值

室外温度采用室外计算温度。

c）相对湿度

相对湿度对室内空气质量的影响仅表现在温度增高时，所以只作为热舒适判定条件而不作为模拟边界条件。

2）边界条件确定

同样作为稳态处理，考虑人员散热量、组合地面、屋面、外墙朝向及其热工性能，边界条件的确定如下：

a）屋面：屋面同时受到太阳辐射和室外空气温度的热作用。采用室外综合温度来引入太阳辐射产生的温升。室外综合温度计算见式：

$$t_s = t_w + \frac{\rho J}{\alpha_w} \qquad (C.0.4\text{-}1)$$

式中 t_s ——室外综合温度（℃）；

t_w ——室外空气计算温度（℃）；

ρ ——围护结构外表面对太阳辐射的吸收系数；

J ——围护结构所在朝向的日间太阳总辐射强度（w/m²）；

α_w ——围护结构外表面换热系数[w/（m²·K）]，可取23w/（m²·K）

b）太阳光直射的墙：

处理方法同屋面。

c）非太阳直射的墙：

由于没有阳光直接照射，因此忽略其辐射传热。墙壁按恒温设定，室外侧取室外模拟温度，室内侧取室内温度。

d）天花板：忽略天花板内热源

e) 地板或楼板：考虑太阳辐射时，透过窗户的太阳辐射会使部分地板吸热升温，处理地板温度时近似将太阳辐射按照地板面积平均。透过玻璃窗进入室内的日射得热见式：

$$CLQ = FC_sC_nD_{j,\,max}C_{LQ} \tag{C.0.4-2}$$

式中　CLQ ——透过玻璃窗进入室内的日射得热；

　　　F ——玻璃窗净有效面积（m^2），是窗口面积乘以有效面积系数 C_α；

　　$D_{j,\,max}$——日射得热因数最大值（w/m^2）；

　　　C_s——玻璃窗遮挡系数；

　　　C_n——窗内遮阳设施遮阳系数；

　　　C_{LQ}——冷负荷系数。

f) 人员：建筑内人员作为特殊的边界，其发热量按实际设计方案或参照北京市《居住建筑节能设计标准》DB11/891 及《公共建筑节能设计标准》DB11/687 规定取值。

g) 除设备等发热外的其他物体，按绝热边界处理。

模拟注意点：

1) 模拟按照稳态进行分析；

2) 如果室内热源的干扰远远大于墙体的传热，则可忽略墙体的导热部分的热量，但太阳辐射得热不能忽略。

输出结果：

1) 建筑各房间通风次数；

2) 房间平均流速；

3) 室内温度分布；

4) 室内空气龄分布。

【模拟目标】

自然通风模拟根据侧重点不同有两种模拟方法：一种为多区域网络模拟方法，其侧重点为建筑整体通风状况，为集总模型，可与建筑能耗模拟软件相结合，另一种为 CFD 模拟方法，可以详细描述单一区域的自然通风特性。由于两种方法均有使用，在本指南中，以在实际项目使用更多的多区域网络法进行案例介绍。

多区域网络模拟方法的模拟目标：

在室外设计气象条件下（风速，风向），室内的自然通风换气次数。输入条件为：1) 建筑通风拓扑路径图，并据此建立模型；2) 通风洞口阻力模型及参数；3) 洞口压力边界条件（可根据室外风环境得到）；4) 如计算热压通风需要室内外温度条件以及室内发热量及室外温度条件；5) 室外压力条件；6) 模型简化说明。输出结果为建筑各房间通风次数。

【案例分析】

某办公楼总建筑面积约为 4 万 m^2，建筑主要功能为办公及相关配套用房，分为地下一层，地上五层。地上一层为平台层，作为建筑主出入口、展厅、餐厅等；地上二层至地上五层分为四个塔楼，主要功能为办公、会议，每个塔楼为自然通风与采光考虑，设置了开敞式中庭。综合考虑风压与热压通风。

为了研究建筑的风压通风状况，首先需要对可利用自然通风季节的建筑表面风压分布进行模拟分析，详见图附录 C-6。

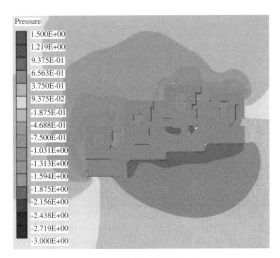 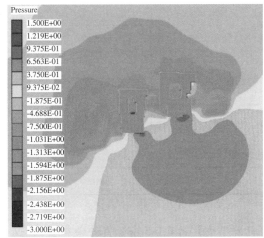

| 1.5m 高处压力分布图 | 20m 高处压力分布图 |

图附录 C-6　建筑表面风压分布图

　　以二层为例介绍多区域网络法的自然通风模拟，模拟采用软件为 CONTAMW，建筑二层风压通风模拟模型结果图，详见图附录 C-7。

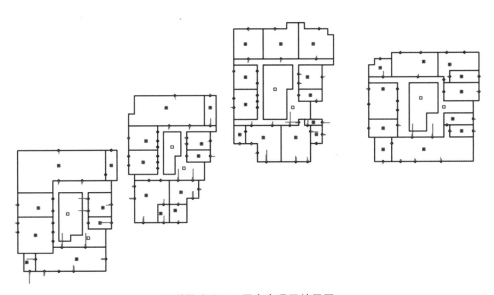

图附录 C-7　二层室内通风结果图

　　二层主要功能房间的换气次数模拟结果见表附录 C-5，可以看出：在夏季及过渡季门窗开启通风情况下，办公室的平均换气次数为 28.7 次 /h，领导办公室的平均换气次数为 35.2 次 /h，档案室的平均换气次数为 13.2 次 /h，文印室的平均换气次数为 74.8 次 /h，会议室的平均换气次数为 34.7 次 /h，楼梯、卫生间等的平均换气次数为 11.4 次 /h。二层主要功能房间的换气次数都可以满足 2 次 /h 的换气要求，通风能力优异。

二层室内风压通风结果统计　　　　表附录 C-5

计算区域	有效体积（m³）	通风换气量（m³/h）	换气次数（次/h）
办公室	6745.2	193749.0	28.7
领导办公室	1180.2	41522.4	35.2
档案室	1054.2	13865.0	13.2
文印室	71.4	5343.0	74.8
会议室	1050.0	36464.0	34.7
楼梯、卫生间等	1717.8	19525.0	11.4
合计	11818.8	310468.4	26.3

【标准原文】第 C.0.5 条　室外噪声模拟

模拟目标：

声学模拟主要参考《民用建筑隔声设计规范》GB 50118 和《声环境质量标准》GB 3096 中的要求：

"声环境功能区噪声限制：按区域使用功能特点和环境质量要求，声环境功能区分为 0 类、1 类、2 类、3 类、4 类五个档位，《声环境质量标准》GB3096 中对五类功能区的环境噪声限值做出明确规定，噪声限值已成为法律上的标准。在噪声超标民事纠纷中以此作为评判依据。（此条为强制性法规条文）"

本设计规范中以声环境功能区噪声限值为标准，需要输出声环境功能区噪声图。

输入条件：为保证计算机声环境模拟的准确程度应输入噪声源、模拟区域地形、模拟区域范围内的建筑等因素，具体输入条件如下：

1）模拟分析所需要的区域范围内的建筑模型；

2）区域范围内的地形；

3）区域范围内街道、公路、声屏障等；

4）区域地块内实地测试的声环境功能区监测数据报告。因不同等级的道路的交通流量、通过车型不同，所受到的环境噪声影响也不同，建议模拟中采用较为准确的实测道路交通噪声数据，或者是参考标准《汽车定置噪声限制》、《机动车辆允许噪声标准》、《铁道客车噪声的评定》、《铁道机车辐射噪声限值》、《声环境质量标准》等相关标准中的数据；

5）区域地块内噪声敏感建筑物监测数据报告。

输出结果：声环境功能区噪声

1）水平噪声面（高度 1.2m）模拟分析图，可清楚的表示出小区内噪声分布情况；

2）垂直噪声面（建筑窗外 1m）模拟分析图，可清楚的表示出建筑物立面各个部位受噪声影响的情况。

【模拟目标】

声学模拟主要参考《民用建筑隔声设计规范》GB 50118 和《声环境质量标准》GB 3096 中的要求：

"声环境功能区噪声限制：按区域使用功能特点和环境质量要求，声环境功能区分为0类、1类、2类、3类、4类五个档位。"本设计规范中以声环境功能区噪声限值为标准，需要输出声环境功能区噪声图。

【案例分析】

某地住宅小区，三向临城市中主干道，采用大型声场模拟软件系统 RAYNOISE 模拟建筑四周水平面的噪声分布（2m 高度），和建筑窗外 1m 立面的详尽噪声分布状态。区域环境噪声标准请参照《声环境质量标准》GB 3096 中相关规定。

模拟输入条件如标准要求，其中，道路噪声源按照宽度 30～40m 之间的城市主干道道路进行噪声预测，以下是参考了城市主干道交通噪声的常规数据详见表附录 C-6，以作为模拟分析的交通噪声源。

交通噪声常规数据		表附录 C-6
车辆类型	车种	声压级（dBA）
一类车	重型卡车、拖拉机	80～85
二类车	卡车、摩托车、时速120km以上的小汽车	75～80
三类车	公共汽车、客车、时速80～100km的小汽车	70～75
四类车	80km以下的小汽车	65～70

以昼间模拟结果为例，详见图附录 C-8。

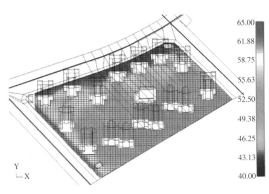

四周水平面 1.2m 高度的昼间（6:00～22:00）噪声分布情况

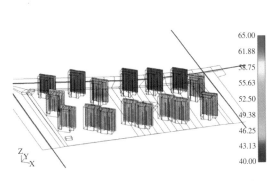

建筑北立面（距离墙外 1m 处）的昼间（6:00～22:00）噪声分布情况

图附录 C-8　噪声分布图

若对道路交通噪声不作任何隔声处理，住宅区内声环境白天平均等效噪声等效声级高于 55dB（A），夜间高于 45dB（A）。尤其北侧噪声昼夜基本在 58～65dB(A) 之间，不能到达国家规范中对 1 类居民住宅声环境的要求。为此，需要对小区周边进行相应的降噪措施，并对措施进行模拟分析。优化设计声屏障设置在用地红线和绿化退线之间的位置，模拟分析屏障高度为 6m。优化后噪声分布图见图附录 C-9。

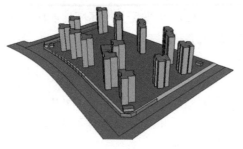

优化后声学模型

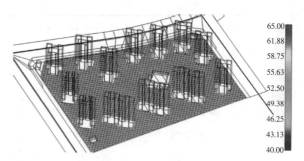

优化后四周水平面 1.2m 高度的昼间（6:00-22:00）噪声分布情况

图附录 C-9　优化后噪声分布图

整体住宅区域内平均噪声等效声级昼间 $Leq \leqslant 55dB(A)$，夜间 $Leq \leqslant 45dB(A)$，满足绿色建筑设计标准要求

【标准原文】第 C.0.6 条　室外热岛模拟

模拟目标：

通过建筑室外热岛模拟，可了解建筑室外热环境分布状况，是建筑室外微环境舒适程度的判断基础，并进一步指导建筑设计和景观布局等，优化规划，建筑，景观方案，提高室外舒适程度并降低建筑能耗，减少建筑能耗碳排放。实际工程中需采用可靠的计算机模拟程序，合理确定边界条件，基于典型气象条件进行建筑室外热环境模拟，达到降低室外热岛强度的目的。

输入条件：

为保证模拟结果的准确性。具体要求如下：

1）气象条件：模拟气象条件可参照《中国建筑热环境分析专用气象数据集》选取，值得注意的是，气象条件需涵盖太阳辐射强度和天空云量等参数以供太阳辐射模拟计算使用；

2）风环境模拟：建筑室外热岛模拟建立在建筑室外风环境模拟的基础上，求解建筑室外各种热过程从而实现建筑室外热岛强度计算，因而，建筑室外风环境模拟结果直接影响热岛强度计算结果。建筑室外热岛模拟需满足建筑室外风环境模拟的要求。包括计算区域，模型再现区域，网格划分要求，入口边界条件，地面边界条件，计算规则与收敛性，差分格式，湍流模型等；

3）太阳辐射模拟：建筑室外热岛模拟中，建筑表面及下垫面太阳辐射模拟是重要模拟环节，也是室外热岛强度的重要影响因素。太阳辐射模拟需考虑太阳直射辐射，太阳散射辐射，各表面间多次反射辐射和长波辐射等。实际应用中需采用适当的模拟软件，若所采用软件中对多次反射部分的辐射计算或散射计算等因素未加以考虑，需对模拟结果进行修正，以满足模拟计算精度要求；

4）下垫面及建筑表面参数设定：对于建筑各表面和下垫面，需对材料物性和反射率、渗透率，蒸发率等参数进行设定，以准确计算太阳辐射和建筑表面及下垫面传热过程；

5）景观要素参数设定：建筑室外热环境中，植物水体等景观要素对模拟结果的影响重大，需要模拟中进行相关设定。对于植物，可根据多孔介质理论模拟植物对风环境的影响作用，并根据植物热平衡计算，根据辐射计算结果和植物蒸发速率等数据，计算植物对热环境的影响作用，从而完整体现植物对建筑室外微环境的影响。对于水体，分静止水面和喷泉，应进行不同设定。工程应用中可对以上设定进行适当简化。

输出结果：

建筑室外热岛强度模拟，可得到建筑室外温度分布情况，从而给出建筑室外平均热岛强度计算结果，以此辅助建筑景观设计。然而，为验证模拟准确行，同时应提供各表面的太阳辐射累计量模拟结果，建筑表面及下垫面的表面温度计算结果，建筑室外风环境模拟结果。

【案例分析】

以某住宅小区为模拟对象，小区平面图如图附录 C-10（a）所示。建立建筑及植物模型。建筑室外热环境模拟使用清华大学开发的室外热环境模拟平台 SPOTE（Simulation Platform for Outdoor Thermal Environment），湍流模型为 Durbin 模型，壁面模型为 General-Log-Law 模型，粗糙度为 0.1m。网格尺寸大小为 2m×2m×1m，X、Y、Z 方向的网格数量为 216×137×45 共约 133 万网格。

其中，对模型做适当的简化：建筑部分，对住宅楼做适当简化，简化为长方体模型，对小区内景观植物，分为灌木，常绿树，落叶树三类，并做适当简化。具体参数如表附录 C-7 所示。其中植物模型拽力系数取 0.6，投影比例为 0.7。建筑及植物模型如图附录 C-10(b)所示。

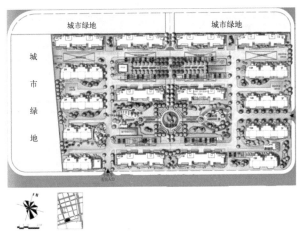

(a) 小区平面图

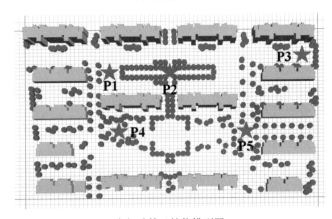

(b) 建筑及植物模型图

图附录 C-10　建筑及植物模型分析图

植物种类	离地高（m）	冠层高（m）	叶面积密度（m²/m³）	短波反射率	蒸发速率（g/m²h）
灌木	0	2	1.8	0.3	340
常绿树	0.5	5	1	0.3	250
落叶树	3	10	1.5	0.3	430

小区内植物相关参数　表附录 C-7（标题行）

计算小区内地面和墙面各时刻入射辐射强度。典型建筑太阳辐射数值如图附录 C-11 所示。

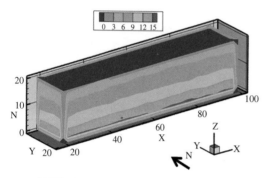

计算墙面 Q_{WD} 和太阳直射辐射强度最大值之比

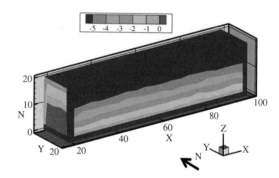

计算墙面 Q_L 和太阳直射辐射强度最大值之比

图附录 C-11　典型建筑太阳辐射数值

然后根据室内外温差和辐射计算结果，利用散热系数计算围护结构及下垫面和空气对流换热传热量。建筑围护结构和下垫面参数如表附录 C-8 所示。根据下垫面属性不同，和空气对流换热传热量计算方法有所不同。

围护结构和下垫面相关参数　表附录 C-8

	厚度（m）	短波反射率	蒸发率（g/m²h）	导热系数（W/m²K）	密度（kg/m³）	比热（J/kgK）
外墙	0.31	0.25	0	0.584	979	938
草地	2	0.3	300	0.420	950	1542
水泥地面	2	0.3	0	0.531	979	1545

来流边界条件根据气象站数据给定，取下午 2 点时刻数据，风速为 10m 高处 3.2m/s，风向为东南风，来流温度取均值 33.8℃。来流风口模型按梯度湍流风模型设定。地面热流边界条件由计算结果输入，墙体热流边界条件由太阳辐射计算结果得到，植物热流边界条件根据辐射强度简化估算得到。模拟得到东南风向下风速分布图以及空气温度分布图，如图附录 C-12 所示。表附录 C-9 是小区内风速与来流风速的比值。

可以看出在当前建筑规划和景观方案下，平均气温为 34.66℃，比来流气温 33.8℃ 高 0.86℃，即热岛强度低于 1.5℃，风速低于 5m/s，最大风速比为 1.32，低于 2 的放大系数，满足标准要求。

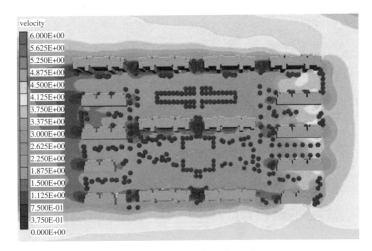

东南风向下风速分布图（14:00）

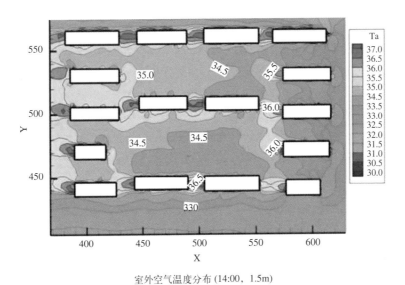

室外空气温度分布 (14:00，1.5m)

图附录 C-12　小区风速分布图和空气温度分布图

小区各点风速与来流风速比值统计结果　　　　　　　　　　　　　表附录 C-9

	风速比最大值	风速增大区域比例	风速减小区域比例
$Ri = V_i/V_0$	1.32	33%	45%

附录 1

发展改革委　住房城乡建设部

《绿色建筑行动方案》（国办发 [2013]1 号）

国务院办公厅关于转发
发展改革委 住房城乡建设部绿色建筑行动方案的通知

国办发〔2013〕1 号

各省、自治区、直辖市人民政府，国务院各部委、各直属机构：

发展改革委、住房城乡建设部《绿色建筑行动方案》已经国务院同意，现转发给你们，请结合本地区、本部门实际，认真贯彻落实。

国务院办公厅
2013 年 1 月 1 日

（此件公开发布）

绿色建筑行动方案

发展改革委　住房城乡建设部

为深入贯彻落实科学发展观，切实转变城乡建设模式和建筑业发展方式，提高资源利用效率，实现节能减排约束性目标，积极应对全球气候变化，建设资源节约型、环境友好型社会，提高生态文明水平，改善人民生活质量，制定本行动方案。

一、充分认识开展绿色建筑行动的重要意义

绿色建筑是在建筑的全寿命期内，最大限度地节约资源、保护环境和减少污染，为人们提供健康、适用和高效的使用空间，与自然和谐共生的建筑。"十一五"以来，我国绿色建筑工作取得明显成效，既有建筑供热计量和节能改造超额完成"十一五"目标任务，新建建筑节能标准执行率大幅度提高，可再生能源建筑应用规模进一步扩大，国家机关办公建筑和大型公共建筑节能监管体系初步建立。但也面临一些比较突出的问题，主要是：城乡建设模式粗放，能源资源消耗高、利用效率低、重规模轻效率、重外观轻品质、重建设轻管理，建筑使用寿命远低于设计使用年限等。

开展绿色建筑行动，以绿色、循环、低碳理念指导城乡建设，严格执行建筑节能强制性标准，扎实推进既有建筑节能改造，集约节约利用资源，提高建筑的安全性、舒适性和健康性，对转变城乡建设模式，破解能源资源瓶颈约束，改善群众生产生活条件，培育节能环保、新能源等战略性新兴产业，具有十分重要的意义和作用。要把开展绿色建筑行动作为贯彻落实科学发展观、大力推进生态文明建设的重要内容，把握我国城镇化和新农村建设加快发展的历史机遇，切实推动城乡建设走上绿色、循环、低碳的科学发展轨道，促进经济社会全面、协调、可持续发展。

二、指导思想、主要目标和基本原则

（一）指导思想。

以邓小平理论、"三个代表"重要思想、科学发展观为指导，把生态文明融入城乡建设的全过程，紧紧抓住城镇化和新农村建设的重要战略机遇期，树立全寿命期理念，切实转变城乡建设模式，提高资源利用效率，合理改善建筑舒适性，从政策法规、体制机制、规划设计、标准规范、技术推广、建设运营和产业支撑等方面全面推进绿色建筑行动，加快推进建设资源节约型和环境友好型社会。

（二）主要目标。

1. 新建建筑。城镇新建建筑严格落实强制性节能标准，"十二五"期间，完成新建绿色建筑 10 亿平方米；到 2015 年末，20% 的城镇新建建筑达到绿色建筑标准要求。

2. 既有建筑节能改造。"十二五"期间，完成北方采暖地区既有居住建筑供热计量和节能改造 4 亿平方米以上，夏热冬冷地区既有居住建筑节能改造 5000 万平方米，公共建筑和公共机构办公建筑节能改造 1.2 亿平方米，实施农村危房改造节能示范 40 万套。到 2020 年末，基本完成北方采暖地区有改造价值的城镇居住建筑节能改造。

（三）基本原则。

1. 全面推进，突出重点。全面推进城乡建筑绿色发展，重点推动政府投资建筑、保障性住房以及大型公共建筑率先执行绿色建筑标准，推进北方采暖地区既有居住建筑节能改造。

2. 因地制宜，分类指导。结合各地区经济社会发展水平、资源禀赋、气候条件和建筑特点，建立健全绿色建筑标准体系、发展规划和技术路线，有针对性地制定有关政策措施。

3. 政府引导，市场推动。以政策、规划、标准等手段规范市场主体行为，综合运用价格、财税、金融等经济手段，发挥市场配置资源的基础性作用，营造有利于绿色建筑发展的市场环境，激发市场主体设计、建造、使用绿色建筑的内生动力。

4. 立足当前，着眼长远。树立建筑全寿命期理念，综合考虑投入产出效益，选择合理的规划、建设方案和技术措施，切实避免盲目的高投入和资源消耗。

三、重点任务

（一）切实抓好新建建筑节能工作。

1. 科学做好城乡建设规划。在城镇新区建设、旧城更新和棚户区改造中，以绿色、节能、环保为指导思想，建立包括绿色建筑比例、生态环保、公共交通、可再生能源利用、土地集约利用、再生水利用、废弃物回收利用等内容的指标体系，将其纳入总体规划、控制性详细规划、修建性详细规划和专项规划，并落实到具体项目。做好城乡建设规划与区域能源规划的衔接，优化能源的系统集成利用。建设用地要优先利用城乡废弃地，积极开发利用地下空间。积极引导建设绿色生态城区，推进绿色建筑规模化发展。

2. 大力促进城镇绿色建筑发展。政府投资的国家机关、学校、医院、博物馆、科技馆、体育馆等建筑，直辖市、计划单列市及省会城市的保障性住房，以及单体建筑面积超过 2 万平方米的机场、车站、宾馆、饭店、商场、写字楼等大型公共建筑，自 2014 年起全面执行绿色建筑标准。积极引导商业房地产开发项目执行绿色建筑标准，鼓励房地产开发企业建设绿色住宅小区。切实推进绿色工业建筑建设。发展改革、财政、住房城乡建设等部门要修订工程预算和建设标准，各省级人民政府要制定绿色建筑工程定额和造价标准。严格落实固定资产投资项目节能评估审查制度，强化对大型公共建筑项目执行绿色建筑标准情况的审查。强化绿色建筑评价标识管理，加强对规划、设计、施工和运行的监管。

3. 积极推进绿色农房建设。各级住房城乡建设、农业等部门要加强农村村庄建设整体规划管理，制定村镇绿色生态发展指导意见，编制农村住宅绿色建设和改造推广图集、村镇绿色建筑技术指南，免费提供技术服务。大力推广太阳能热利用、围护结构保温隔热、省柴节煤灶、节能炕等农房节能技术；切实推进生物质能利用，发展大中型沼气，加强运行管理和维护服务。科学引导农房执行建筑节能标准。

4. 严格落实建筑节能强制性标准。住房城乡建设部门要严把规划设计关口，加强建筑设计方案规划审查和施工图审查，城镇建筑设计阶段要 100% 达到节能标准要求。加强施工阶段监管和稽查，确保工程质量和安全，切实提高节能标准执行率。严格建筑节能专项验收，对达不到强制性标准要求的建筑，不得出具竣工验收合格报告，不允许投入使用并强制进行整改。鼓励有条件的地区执行更高能效水平的建筑节能标准。

（二）大力推进既有建筑节能改造。

1. 加快实施"节能暖房"工程。以围护结构、供热计量、管网热平衡改造为重点，大力推进北方采暖地区既有居住建筑供热计量及节能改造，"十二五"期间完成改造 4 亿平方米以上，鼓励有条件的地区超额完成任务。

2. 积极推动公共建筑节能改造。开展大型公共建筑和公共机构办公建筑空调、采暖、通风、照明、热水等用能系统的节能改造，提高用能效率和管理水平。鼓励采用合同能源管理模式进行改造，对项目按节能量予以奖励。推进公共建筑节能改造重点城市示范，继续推行"节约型高等学校"建设。"十二五"期间，完成公共建筑改造 6000 万平方米，公共机构办公建筑改造 6000 万平方米。

3. 开展夏热冬冷和夏热冬暖地区居住建筑节能改造试点。以建筑门窗、外遮阳、自然通风等为重点，在夏热冬冷和夏热冬暖地区进行居住建筑节能改造试点，探索适宜的改造模式和技术路线。"十二五"期间，完成改造 5000 万平方米以上。

4. 创新既有建筑节能改造工作机制。做好既有建筑节能改造的调查和统计工作，制定具体改造规划。在旧城区综合改造、城市市容整治、既有建筑抗震加固中，有条件的地区要同步开展节能改造。制定改造方案要充分听取有关各方面的意见，保障社会公众的知情权、参与权和监督权。在条件许可并征得业主同意的前提下，研究采用加层改造、扩容改造等方式进行节能改造。坚持以人为本，切实减少扰民，积极推行工业化和标准化施工。住房城乡建设部门要严格落实工程建设责任制，严把规划、设计、施工、材料等关口，确保工程安全、质量和效益。节能改造工程完工后，应进行建筑能效测评，对达不到要求的不得通过竣工验收。加强宣传，充分调动居民对节能改造的积极性。

（三）开展城镇供热系统改造。

实施北方采暖地区城镇供热系统节能改造，提高热源效率和管网保温性能，优化系统调节能力，改善管网热平衡。撤并低能效、高污染的供热燃煤小锅炉，因地制宜地推广热电联产、高效锅炉、工业废热利用等供热技术。推广"吸收式热泵"和"吸收式换热"技术，提高集中供热管网的输送能力。开展城市老旧供热管网系统改造，减少管网热损失，降低循环水泵电耗。

（四）推进可再生能源建筑规模化应用。

积极推动太阳能、浅层地能、生物质能等可再生能源在建筑中的应用。太阳能资源适宜地区应在 2015 年前出台太阳能光热建筑一体化的强制性推广政策及技术标准，普及太阳能热水利用，积极推进被动式太阳能采暖。研究完善建筑光伏发电上网政策，加快微电网技术研发和工程示范，稳步推进太阳能光伏在建筑上的应用。合理开发浅层地热能。财政部、住房城乡建设部研究确定可再生能源建筑规模化应用适宜推广地区名单。开展可再生能源建筑应用地区示范，推动可再生能源建筑应用集中连片推广，到 2015 年末，新增可再生能源建筑应用面积 25 亿平方米，示范地区建筑可再生能源消费量占建筑能耗总量的比例达到 10% 以上。

（五）加强公共建筑节能管理。

加强公共建筑能耗统计、能源审计和能耗公示工作，推行能耗分项计量和实时监控，推进公共建筑节能、节水监管平台建设。建立完善的公共机构能源审计、能效公示和能耗定额管理制度，加强能耗监测和节能监管体系建设。加强监管平台建设统筹协调，实现监测数据共享，避免重复建设。对新建、改扩建的国家机关办公建筑和大型公共建筑，要进行能源利用效率测评和标识。研究建立公共建筑能源利用状况报告制度，组织开展商场、宾馆、学校、医院等行业的能效水平对标活动。实施大型公共建筑能耗（电耗）限额管理，对超限额用能（用电）的，实行惩罚性价格。公共建筑业主和所有权人要切实加强用能管理，严格执行公共建筑空调温度控制标准。研究开展公共建筑节能量交易试点。

（六）加快绿色建筑相关技术研发推广。

科技部门要研究设立绿色建筑科技发展专项，加快绿色建筑共性和关键技术研发，重点攻克既有建筑节能改造、可再生能源建筑应用、节水与水资源综合利用、绿色建材、废弃物资源化、环境质量控制、提高建筑物耐久性等方面的技术，加强绿色建筑技术标准规范研究，开展绿色建筑技术的集成示范。依托高等院校、科研机构等，加快绿色建筑工程技术中心建设。发展改革、住房城乡建设部门要编制绿色建筑重点技术推广目录，因地制宜推广自然采光、自然通风、遮阳、高效空调、热泵、雨水收集、规模化中水利用、隔音等成熟技术，加快普及高效节能照明产品、风机、水泵、热水器、办公设备、家用电器及节水器具等。

（七）大力发展绿色建材。

因地制宜、就地取材，结合当地气候特点和资源禀赋，大力发展安全耐久、节能环保、施工便利的绿色建材。加快发展防火隔热性能好的建筑保温体系和材料，积极发展烧结空心制品、加气混凝土制品、多功能复合一体化墙体材料、一体化屋面、低辐射镀膜玻璃、断桥隔热门窗、遮阳系统等建材。引导高性能混凝土、高强钢的发展利用，到 2015 年末，标准抗压强度 60 兆帕以上混凝土用量达到总用量的 10%，屈服强度 400 兆帕以上热轧带肋钢筋用量达到总用量的 45%。大力发展预拌混凝土、预拌砂浆。深入推进墙体材料革新，城市城区限制使用粘土制品，县城禁止使用实心粘土砖。发展改革、住房城乡建设、工业和信息化、质检部门要研究建立绿色建材认证制度，编制绿色建材产品目录，引导规范市场消费。质检、住房城乡建设、工业和信息化部门要加强建材生产、流通和使用环节的质量监管和稽查，杜绝性能不达标的建材进入市场。积极支持绿色建材产业发展，组织开展绿色建材产业化示范。

（八）推动建筑工业化。

住房城乡建设等部门要加快建立促进建筑工业化的设计、施工、部品生产等环节的标准体系，推动结构件、部品、部件的标准化，丰富标准件的种类，提高通用性和可置换性。推广适合工业化生产的预制装配式混凝土、钢结构等建筑体系，加快发展建设工程的预制和装配技术，提高建筑工业化技术集成水平。支持集设计、生产、施工于一体的工业化基地建设，开展工业化建筑示范试点。积极推行住宅全装修，鼓励新建住宅一次装修到位或菜单式装修，促进个性化装修和产业化装修相统一。

（九）严格建筑拆除管理程序。

加强城市规划管理，维护规划的严肃性和稳定性。城市人民政府以及建筑的所有者和使用者要加强建筑维护管理，对符合城市规划和工程建设标准、在正常使用寿命内的建筑，除基本的公共利益需要外，不得随意拆除。拆除大型公共建筑的，要按有关程序提前向社会公示征求意见，接受社会监督。住房城乡建设部门要研究完善建筑拆除的相关管理制度，探索实行建筑报废拆除审核制度。对违规拆除行为，要依法依规追究有关单位和人员的责任。

（十）推进建筑废弃物资源化利用。

落实建筑废弃物处理责任制，按照"谁产生、谁负责"的原则进行建筑废弃物的收集、运输和处理。住房城乡建设、发展改革、财政、工业和信息化部门要制定实施方案，推行建筑废弃物集中处理和分级利用，加快建筑废弃物资源化利用技术、装备研发推广，编制建筑废弃物综合利用技术标准，开展建筑废弃物资源化利用示范，研究建立建筑废弃物再生产品标识制度。地方各级人民政府对本行政区域内的废弃物资源化利用负总责，地级以上城市要因地制宜设立专门的建筑废弃物集中处理基地。

四、保障措施

（一）强化目标责任。

要将绿色建筑行动的目标任务科学分解到省级人民政府，将绿色建筑行动目标完成情况和措施落实情况纳入省级人民政府节能目标责任评价考核体系。要把贯彻落实本行动方案情况纳入绩效考核体系，考核结果作为领导干部综合考核评价的重要内容，实行责任制和问责制，对作出突出贡献的单位和人员予以通报表扬。

（二）加大政策激励。

研究完善财政支持政策，继续支持绿色建筑及绿色生态城区建设、既有建筑节能改造、供热系统节能改造、可再生能源建筑应用等，研究制定支持绿色建材发展、建筑垃圾资源化利用、建筑工业化、基础能力建设等工作的政策措施。对达到国家绿色建筑评价标准二星级及以上的建筑给予财政资金奖励。财政部、税务总局要研究制定税收方面的优惠政策，鼓励房地产开发商建设绿色建筑，引导消费者购买绿色住宅。改进和完善对绿色建筑的金融服务，金融机构可对购买绿色住宅的消费者在购房贷款利率上给予适当优惠。国土资源部门要研究制定促进绿色建筑发展在土地转让方面的政策，住房城乡建设部门要研究制定容积率奖励方面的政策，在土地招拍挂出让规划条件中，要明确绿色建筑的建设用地比例。

（三）完善标准体系。

住房城乡建设等部门要完善建筑节能标准，科学合理地提高标准要求。健全绿色建筑评价标准体系，加快制（修）订适合不同气候区、不同类型建筑的节能建筑和绿色建筑评价标准，2013年完成《绿色建筑评价标准》的修订工作，完善住宅、办公楼、商场、宾馆的评价标准，出台学校、医院、机场、车站等公共建筑的评价标准。尽快制（修）订绿色建筑相关工程建设、运营管理、能源管理体系等标准，编制绿色建筑区域规划技术导则和标准体系。住房城乡建设、发展改革部门要研究制定基于实际用能状况，覆盖不同气候区、不同类型建筑的建筑能耗限额，要会同工业和信息化、质检等部门完善绿色建材标准体系，研究制定建筑装修材料有害物限量标准，编制建筑废弃物综合利用的相关标准规范。

（四）深化城镇供热体制改革。

住房城乡建设、发展改革、财政、质检等部门要大力推行按热量计量收费，督导各地区出台完善供热计量价格和收费办法。严格执行两部制热价。新建建筑、完成供热计量改造的既有建筑全部实行按热量计量收费，推行采暖补贴"暗补"变"明补"。对实行分户计量有难度的，研究采用按小区或楼宇供热量计量收费。实施热价与煤价、气价联动制度，对低收入居民家庭提供供热补贴。加快供热企业改革，推进供热企业市场化经营，培育和规范供热市场，理顺热源、管网、用户的利益关系。

（五）严格建设全过程监督管理。

在城镇新区建设、旧城更新、棚户区改造等规划中，地方各级人民政府要建立并严格落实绿色建设指标体系要求，住房城乡建设部门要加强规划审查，国土资源部门要加强土地出让监管。对应执行绿色建筑标准的项目，住房城乡建设部门要在设计方案审查、施工图设计审查中增加绿色建筑相关内容，未通过审查的不得颁发建设工程规划许可证、施工许可证；施工时要加强监管，确保按图施工。对自愿执行绿色建筑标准的项目，在项目立项时要标明绿色星级标准，建设单位应在房屋施工、销售现场明示建筑节能、节水等性能指标。

（六）强化能力建设。

住房城乡建设部要会同有关部门建立健全建筑能耗统计体系，提高统计的准确性和及时性。加强绿色建筑评价标识体系建设，推行第三方评价，强化绿色建筑评价监管机构能力建设，严格评价监管。要加强建筑规划、设计、施工、评价、运行等人员的培训，将绿色建筑知识作为相关专业工程师继续教育培训、执业资格考试的重要内容。鼓励高等院校开设绿色建筑相关课程，加强相关学科建设。组织规划设计单位、人员开展绿色建筑规划与设计竞赛活动。广泛开展国际交流与合作，借鉴国际先进经验。

（七）加强监督检查。

将绿色建筑行动执行情况纳入国务院节能减排检查和建设领域检查内容，开展绿色建筑行动专项督查，严肃查处违规建设高耗能建筑、违反工程建设标准、建筑材料不达标、不按规定公示性能指标、违反供热计量价格和收费办法等行为。

（八）开展宣传教育。

采用多种形式积极宣传绿色建筑法律法规、政策措施、典型案例、先进经验，加强舆论监督，营造开展绿色建筑行动的良好氛围。将绿色建筑行动作为全国节能宣传周、科技活动周、城市节水宣传周、全国低碳日、世界环境日、世界水日等活动的重要宣传内容，提高公众对绿色建筑的认知度，倡导绿色消费理念，普及节约知识，引导公众合理使用用能产品。

各地区、各部门要按照绿色建筑行动方案的部署和要求，抓好各项任务落实。发展改革委、住房城乡建设部要加强综合协调，指导各地区和有关部门开展工作。各地区、各有关部门要尽快制定相应的绿色建筑行动实施方案，加强指导，明确责任，狠抓落实，推动城乡建设模式和建筑业发展方式加快转变，促进资源节约型、环境友好型社会建设。

附录 2

北京市规划委员会　北京市国土资源局

《北京市城市建设节约用地标准》（试行）

北京市人民政府办公厅文件

京政办发〔2008〕19号

北京市人民政府办公厅转发
市规划委、市国土资源局关于加强北京市城市建设
节约用地标准管理若干规定的通知

各区、县人民政府，市政府各委、办、局，各市属机构：

市规划委和市国土资源局制订的《关于加强北京市城市建设节约用地标准管理的若干规定》已经市政府同意，现转发给你们，请认真贯彻执行。

二〇〇八年三月二十四日

关于加强北京市城市建设
节约用地标准管理的若干规定

市规划委　市国土资源局
（二○○八年三月）

为贯彻落实国务院《关于促进节约集约用地的通知》（国发〔2008〕3号）精神，进一步加强城市建设节约用地标准管理，科学规划和使用土地，制定本规定。

一、市规划委和市国土资源局负责依据城乡规划及土地管理的相关法律法规要求，在国家现行城市建设用地标准规范的基础上，以土地节约集约利用为原则，在满足使用功能、安全和环境要求的前提下，组织制定本市城市建设节约用地标准，并根据经济社会发展和城市建设实际，适时进行补充和完善。

二、编制城市规划、土地利用规划、各专项规划以及核算城市建设用地指标，应按照城市建设节约用地标准执行。

三、新征（占）建设用地进行建设，应按照城市建设节约用地标准执行。在自有用地内进行建设，应结合用地交通、环境和基础设施等具体情况，参照城市建设节约用地标准执行。

四、市发展改革、国土资源、规划、建设等部门审批各类规划和建设项目，应按照城市建设节约用地标准和各自职责进行严格审查。

五、市规划委和市国土资源局负责逐步组织建立本市城市建设节约用地动态信息系统，加强对城市建设节约用地效能的监测和评价。

六、本规定实施过程中遇到的具体问题，由市规划委和市国土资源局负责解释。

七、本规定自发布之日起施行。

附件：北京市城市建设节约用地标准（试行）

北京市城市建设节约用地标准

（试行）

北京市规划委员会

北京市国土资源局

2008 年 3 月

《北京市城市建设节约用地标准》（试行）

1 总则

1.1 为贯彻落实国务院《关于促进节约集约用地的通知》（国发 [2008]3 号）精神，推进实施北京城市总体规划和土地利用总体规划，切实转变用地观念，转变经济发展方式，调整优化经济结构，将节约集约用地的要求落实在政府部门决策和各项建设中，科学规划用地，着力内涵挖潜，以节约集约用地的实际行动全面落实科学发展观，加快本市建设资源节约型、环境友好型城市，加强和规范本市城市建设节约用地管理，实现经济社会又好又快增长，结合本市实际情况，制定部分城市建设用地的节约用地标准（以下简称"本标准"），作为城市建设节约用地管理和制定城市规划、土地利用规划、专业专项规划以及核算城市建设用地指标的依据。

1.2 本标准适用于北京旧城以外城镇地区（标准中注明"旧城"的除外）新征（占）建设用地的建设项目。在自有用地内以及旧城、历史文化保护区、其他特殊地区（如涉及环保、安全、景观影响地区）的建设项目，应结合用地具体情况及交通、环境、基础设施等因素参照执行。

1.3 本标准涉及的建设用地包括居住工作用地、公共服务设施用地、市政交通设施用地三部分。

居住工作用地包括居住、工业、行政办公等用地。

公共服务设施用地包括基础教育、高等教育、医疗卫生、邮政设施、消防设施、应急避难场所等用地。

市政交通设施用地包括供水设施、排水设施、供电设施、燃气设施、供热设施、环卫设施、通信设施以及公共汽电车场站、公路交通场站设施、城市轨道交通设施、加油站等用地。

1.4 本标准按照中心城地区、中心城外地区和轨道交通站点周边等不同区域分别制定相应的节地标准。

1.5 本标准在国家现行城市建设用地标准、规范的基础上，按照节约集约用地的原则，在满足功能使用、安全要求和保证环境质量的前提下，采用节省用地、调整容量、优化套型、综合利用等节地方式，提高土地利用水平，有效节约城市建设用地。

1.6 各类建设用地的节地标准详见附表 1（居住工作用地）、附表 2（公共服务设施用地）、附表 3（市政设施用地）、附表 4（交通设施用地）。

2 居住工作用地

2.1 居住用地

2.1.1 一类居住用地

人均用地按 25 ～ 47m²/ 人、套型标准按平均 200m²/ 套控制，套密度不应低于 30 ～ 45

套 /hm²，容积率大于等于 0.6、小于 1.0。

2.1.2 二类居住用地

人均用地按 14 ~ 25m²/人、套型标准按平均 100m²/套控制（套型建筑面积 90m² 以下住房面积所占比重须达到开发建设总面积的 70% 以上），套密度不应低于 140 ~ 250 套 /hm²，容积率根据建筑高度的不同控制在 1.6 ~ 2.8，居住人口毛密度 400 ~ 700 人 /hm²。

2.1.3 经济适用住房

人均用地按 9 ~ 15m²/人、套型标准按 60m² 左右 /套控制，套密度不应低于 220 ~ 400 套 /hm²，容积率根据建筑高度的不同一般控制在 1.6 ~ 2.8，居住人口毛密度 650 ~ 1000 人 /hm²。

2.1.4 轨道交通站点周边（500 ~ 1000m）居住用地（一类居住用地除外）的容积率可在上述规定数值基础上适当提高，但最高不超过 2.8。

2.1.5 若同时采用提高容积率和降低套型标准的节地措施，应注意保持适宜的居住人口密度。

2.1.6 停车场库设置标准

一般商品房：仍依据《北京市居住公共服务设施规划设计指标》（市规发 [2006]384 号）即自行车 2 辆 / 户（每车建筑面积 1.5m²），居民汽车场库 0.3 ~ 1.3 车位 / 户，社会停车场库 0.1 车位 / 户；

两限普通商品住房：自行车 2 辆 / 户，居民汽车场库 0.2 ~ 0.3 车位 / 户，社会停车场库 0.1 车位 / 户；

经济适用住房：自行车 2 辆 / 户，居民汽车场库 0.1 ~ 0.2 车位 / 户，社会停车场库 0.1 车位 / 户；

廉租住房：自行车 2 辆 / 户，不设居民汽车场库，社会停车场库 0.1 车位 / 户，应结合残疾人、老年人的需求适当安排残疾人助力车、小型三轮车停车位，并优先在地上安排。

2.2 工业用地

2.2.1 除工艺流程或安全生产有特殊要求的项目外，在中心城地区，工业用地容积率一般为 1.0 ~ 2.5；在中心城外地区，工业用地容积率一般为 0.8 ~ 2.0。

高新技术产业用地的容积率，中心城一般为 1.5 ~ 3.5，中心城外一般为 1.0 ~ 2.5。

2.2.2 除工艺流程或安全生产有特殊要求的项目外，工业用地的建筑密度一般为：多层厂房不低于 40%，单层厂房不低于 50%。位于市级开发区的工业用地建筑密度不低于 50%，位于国家级开发区的工业用地建筑密度不低于 55%。

2.2.3 应以工业（开发）区或集中连片工业用地为单位统一核算绿地率，在总体绿地率不低于 30% 的前提下（不含城市绿化隔离带），工业用地的绿地率一般不高于 15%。

2.2.4 企业所需行政办公及生活服务设施应在工业（开发）区生活服务配套区集中建设。单个工业项目行政办公及生活服务设施用地面积原则上不得超过工业项目总用地的 5%，建筑面积不得超过总建筑面积的 10%。严禁在工业项目用地范围内建造成套住宅、专家楼、宾馆、招待所和培训中心等非生产性配套设施。

2.2.5 对工艺流程或安全生产等有特殊要求项目的规划指标，可具体研究确定。

2.3　行政办公用地

2.3.1　旧城以外以及不受文物保护、环保、安全、景观等环境因素影响的区域，建筑高度一般不低于 12m。在满足绿化、停车等要求的前提下，中心城地区行政办公用地的容积率一般为 1.0 ～ 3.5；中心城外地区行政办公用地的容积率一般为 1.0 ～ 3.0。

2.3.2　城市重点地区用地、特殊用地等规划指标，可根据具体情况另行研究确定。

2.3.3　建议加强对存量行政办公用地、办公用房的科学管理和统筹利用，提高现有行政办公用地、办公用房的使用效率。

3　公共服务设施用地

3.1　基础教育

本标准的基础教育用地包括托幼、小学、初中、高中及九年一贯制学校。中心城地区基础教育用地的容积率一般为 0.8 ～ 0.9；在中心城外地区，容积率一般为 0.8。中心城地区改建学校，可通过适当提高容积率，保证建筑规模指标要求，满足发展需求。

3.2　高等教育

3.2.1　本标准的高等教育用地指普通高等学校，中心城地区生均用地一般为 $35m^2/$ 生，中心城外地区生均用地一般为 $47m^2/$ 生。

3.2.2　在保证基本功能和安全的前提下，可通过适当提高容积率满足高校建筑规模指标要求。

中心城地区普通高校用地的容积率根据学校用地面积规模确定：用地面积 >100hm² 的，容积率一般为 0.8 ～ 0.9；用地面积 50 ～ 100hm² 的，容积率一般为 0.8 ～ 1.2；用地面积 <50hm² 的，容积率一般为 1.2 ～ 1.6。中心城外地区普通高校用地的容积率一般为 0.6 ～ 0.8。

3.2.3　特殊类型高校（如体育院校等），应根据现行标准具体研究，确定其用地及建筑指标。

3.3　医疗卫生

3.3.1　本标准的医疗卫生用地指综合医院，综合医院的床均建筑面积一般为 80 ～ 120m²/床。

3.3.2　中心城地区新建医院的床均用地面积一般为 80 ～ 100m²，容积率一般为 1.0 ～ 1.2；改建医院的容积率一般为 1.2 ～ 1.8。

中心城外地区综合医院的床均用地面积一般为 89 ～ 109m²，容积率一般为 0.9 ～ 1.1。

3.4　邮政设施

3.4.1　本标准的邮政设施用地包括邮件处理场地、邮政局、邮政所。

3.4.2　邮件处理场地的用地规模不应小于 4000m²，容积率一般为 0.8 ～ 1.2。

3.4.3　邮政局的建筑面积为 1200m²/ 处，邮政所的建筑面积为 200m²/ 处。中心城新建邮政局（所）、中心城外邮政所不独立占地，应结合其他建筑安排。邮政局（所）如不单独占地，业务用房应在综合建筑的地上首层设置。

3.4.4　中心城外地区独立占地的邮政局，用地面积一般为 1200m²/ 处，容积率一般为 1.0。

3.4.5 应在规划中采用邮件处理场地与邮政局合建、合理布局等综合措施，节约建设用地。

3.5 消防设施

3.5.1 本标准的消防设施用地包括特勤消防站、一级普通消防站及二级普通消防站。

3.5.2 除中心城内一级普通消防站外，特勤消防站、二级普通消防站、中心城外一级普通消防站均采用《城市消防站建设标准》的用地指标，容积率一般为 0.8～1.5。

3.5.3 旧城内新建一级普通消防站用地指标为 2500～3500m²/处，旧城外为 3000～4000m²/处，容积率分别一般为 0.9～1.7 和 0.8～1.8（一级普通消防站与消防支队合建，以及现状不具备扩建条件的，可采用容积率高限。合建时，消防站建筑面积取低限，用地面积取高限）。消防支队建筑面积按 3500～5000m² 核算。

3.6 应急避难场所

3.6.1 本标准的应急避难场所包括紧急（临时）避难场所与长期（固定）避难场所。

3.6.2 应急避难场所主要规划指标采用以下标准：

紧急避难场所用地面积不应低于 2000m²/处，服务半径为 500m。

长期避难场所用地面积一般不低于 4000m²/处，服务半径为 500～4000m。

3.6.3 应急避难场所应避开周边建筑的倒塌范围，确保安全。

4 市政交通设施用地

4.1 给水设施

4.1.1 本标准的给水设施主要包括水厂和给水泵站。

4.1.2 水厂按建设规模（30 万～50 万 m³/d、10 万～30 万 m³/d、5 万～10 万 m³/d）分别提出用地面积指标。建设规模大的取用地指标下限值，建设规模小的取用地指标上限值，中间规模应采用内插法确定。

4.1.3 水厂厂区周围应设置宽度不小于 10m 的防护间距。

4.1.4 给水泵站按规模（30 万～50 万 m³/d、10 万～30 万 m³/d、5 万～10 万 m³/d）分别提出用地面积指标。建设规模大的取用地指标下限值，建设规模小的取用地指标上限值，中间规模应采用内插法确定。规模小于 5 万 m³/d 的泵站，用地面积参照 5 万 m³/d 规模的用地面积进行控制。泵站有水量调节池时，可按实际需要增加建设用地。

4.2 排水设施

4.2.1 本标准的排水设施主要包括污水处理厂和排水泵站（污水泵站、雨水泵站）。

4.2.2 污水处理厂按建设规模（Ⅰ类～Ⅴ类）分别提出用地面积指标。建设规模大的取用地指标下限值，建设规模小的取用地指标上限值。

中心城地区新建污水处理厂应在此指标基础上压缩 10%。

4.2.3 污水处理厂厂区外围应设置宽度 300m 的防护间距。

4.2.4 污水泵站按建设规模（Ⅰ类～Ⅴ类）分别提出用地面积指标。规模小于Ⅴ类的泵站，用地面积按Ⅴ类规模控制。建设规模大的取用地指标下限值，建设规模小的取用地指标上限值。

4.2.5　雨水泵站按最大秒流量 (20000L/s 以上、10000 ～ 20000L/s、5000 ～ 10000L/s、1000 ～ 5000L/s) 分别提出用地面积指标。建设规模大的取用地指标下限值，建设规模小的取用地指标上限值。

中心城地区新建雨水泵站应在此指标基础上压缩 10% ～ 20%。合流泵站可参考雨水泵站指标。

4.3　供电设施

4.3.1　本标准的供电设施主要包括 220kV 变电站和 110kV 变电站。

4.3.2　根据变电站的电压等级、建设形式和设备容量，提出各类变电站的用地面积（围墙内面积）。

4.3.3　围墙以外宜留出消防通道 5 ～ 6m（亦可作为正常的小区内部通道）。

4.4　燃气设施

4.4.1　本标准的燃气设施主要包括天然气门站、天然气储配站、天然气调压站、液化石油气基地、液化石油气瓶装供应站、天然气压缩加气站、压缩天然气储配站等。

4.4.2　中小型燃气场站 (如调压站等) 宜选用调压箱或调压柜以及地下调压装置。

4.4.3　新建燃气场站宜将安全防护间距包含在场站用地内；大型场站应按相关规范对周边建设进行控制，同时充分利用河沟、山坡、林地等自然条件满足安全防护要求。

4.5　供热设施

4.5.1　本标准的供热设施主要包括燃气热电厂、燃煤供热厂和燃气供热厂。

4.5.2　按单位供热能力分别提出相应的建设用地指标：燃气热电厂 360m²/ 兆瓦；燃煤供热厂 145 m²/ 兆瓦；燃气供热厂 100m²/ 兆瓦。

4.6　环卫设施

4.6.1　本标准的环卫设施主要包括生活垃圾转运站。

4.6.2　城市生活垃圾转运站按建设规模（Ⅰ类～Ⅴ类）分别提出用地面积指标，建设规模大的取用地指标上限值，规模小的取用地指标下限值，中间规模应采用内插法确定。

4.7　电信设施

4.7.1　本标准的电信设施主要包括电信局（所）。

4.7.2　根据电信局（所）的交换容量分别提出建筑指标和用地指标。

4.7.3　交换容量 2 万门以下的电信局（所），不单独占地，应与其他建筑结合建设。

大中型局（所）可以安排独立用地进行建设，但中心城地区的大中型局（所）宜与地区公建结合建设。

4.8　有线广播电视设施

4.8.1　本标准的有线广播电视设施主要指有线广播电视机房，分为前端信号处理传输基站（一级站）、地区级基站和居住区级基站。

4.8.2 有线广播电视机房不宜单独占地，一级站、地区级基站、居住区级基站的建筑面积分别为 3000m²、600m²、200m²。

4.9 公共汽电车场站

4.9.1 本标准的公共汽电车场站主要包括枢纽站、中心站、首末站、保养场。

4.9.2 枢纽站主要包括公共交通枢纽和换乘中心。

枢纽站中公交停车数量按辖车数的 30% 计算。公共交通枢纽根据辖车数的不同（200～700 标准车），建设用地面积为 12200～39760m²；建筑面积根据辖车数的不同（200～600 标准车），建筑面积为 2840～6870m²，601 标准车以上公共交通枢纽的建筑面积，不小于 6870m²。

换乘中心根据高峰时刻站台最大集散人数的不同（100～400 人），建设用地面积为 470～1840m²。

4.9.3 中心站公交停车数量按辖车数的 35% 计算。根据辖车数的不同（200～600 标准车），中心站建设用地面积为 12770～38320m²。平均每标准车建设用地面积约 182m²。

4.9.4 首末站根据辖车数量的不同分为微型首末站（即到发站）、小型首末站、中型首末站和大型首末站。首末站中公交停车数量按辖车数的 35% 计算。根据辖车数的不同（20 以下～200 标准车），首末站建设用地面积为 990～10660m²。大型首末站（200 标准车以上）的总建设用地面积不小于 10940m²，但平均每标准车建设用地应小于 156m²。

4.9.5 保养场根据年保养车辆数的不同，总建设用地面积为 30290～50570m²，总建筑面积为 25000～35000m²。

4.10 公路交通场站设施

4.10.1 高速公路监控通信设施主要由监控通信中心、监控通信分中心和监控通信所三级构成。

监控通信中心用地面积一般为 2.0hm²，建筑面积 5000～8000m²/处。

监控通信分中心用地面积一般为 1.2～1.6hm²，建筑面积 3000～4000m²/处，每路设一处。

监控通信所用地面积一般为 0.3～0.6hm²，建筑面积 800～1000m²/处，一般 50km 设一处。

4.10.2 收费站按照其所处位置和功能分为主线收费站和匝道收费站。

主线收费站（收费车道 12 条）用地面积一般为 0.6～1.0hm²，每增减一个收费车道应增减用地面积 0.02～0.04hm²；主线收费站建筑面积一般为 1500m²，每增减一个收费车道应增减建筑面积 25m²。

匝道收费站（收费车道 6 条）用地面积一般为 0.06～0.10hm²，每增减一个收费车道应增减用地面积 0.02～0.04hm²；匝道收费站建筑面积一般为 60m²，每增减一个收费车道应增减建筑面积 15m²。

收费广场及过渡段用地面积根据公路等级、行车道宽度、收费车道数的不同约为 0.29～2.16hm²/处，每增减一个收费车道应增减用地面积约 0.063～0.145hm²。

4.10.3　养护设施按照所服务的道路等级分为养护工区和道班。

养护工区用地面积一般为 0.6 ~ 1.0hm²，建筑面积 1000 ~ 1500m²/处，养护里程 40 ~ 60km，设置间距约 50km。

道班用地面积一般为 0.2 ~ 0.4hm²，建筑面积 400 ~ 650m²/处，养护里程 20 ~ 40km，设置间距约 30km。

4.10.4　高速公路服务设施包括休息、停车和相关辅助设施 3 部分。

高速公路服务区的设置间距以 50km 为宜。主线为四车道或者六车道的高速公路，服务区用地规模不应超过 4.0hm²，建筑面积 4000 ~ 6000m²；双向八车道高速公路的服务区，用地规模和建筑面积可以适当增加。高速公路服务设施应与监控通信、养护以及收费站等管理设施合并建立，合并后的用地规模相应减少。

通车里程不足 25km 的高速公路不应设置服务区，可以设置停车区一处，用地规模不应超过 1.0hm²，建筑面积不应超过 1000m²。

4.10.5　汽车客运站和货运场站

根据汽车客运站的不同级别，一级客运站用地面积 3.5 ~ 5.5hm²，建筑面积 10000 ~ 15000m²；二级客运站用地面积 2.0 ~ 3.5hm²，建筑面积 6000 ~ 10000m²；三、四级客运站用地面积不超过 2.0hm²，建筑面积不超过 6000m²。

根据汽车货运场站的不同级别，一级货运站用地面积 8.0 ~ 12.0hm²，建筑面积 12000 ~ 20000m²；二级货运站用地面积 6.5 ~ 8.0hm²，建筑面积 8000 ~ 12000m²；三、四级货运站用地面积不超过 6.5hm²，建筑面积不超过 8000m²。

4.10.6　高速公路系统公安交通管理设施主要包括高速公路公安交通指挥中心、高速公路交通警察队驻地、公路公安检查站。

高速公路公安交通指挥中心用地面积 1.5hm²，建筑面积 4000m²（目前北京市已规划高速公路公安交通指挥中心一处，位于靠近六环的昌平管理所）。

高速公路交通警察队驻地用地面积一般为 0.5 ~ 0.8hm²，建筑面积 1600 ~ 2500m²。

公路公安检查站应与其他相关检查站合并设置，建筑面积 100 ~ 200m²。

4.11　轨道交通设施

4.11.1　轨道交通设施主要包括轨道交通车辆段和停车场。

4.11.2　轨道交通车辆段和停车场的用地面积可用单车用地面积和运营公里用地两种指标确定。按单车用地面积指标，车辆段和停车场的用地推荐值为 700 ~ 900m²/辆；按运营公里用地指标，车辆段和停车场的用地推荐值为 0.7 ~ 0.9hm²/双线运营公里。

4.12　加油站

加油站的用地面积依据加油站的规模大小而不同。Ⅰ级加油站一般用地 3000m² 左右（中心城可降为 2500m² 左右）；Ⅱ级加油站一般用地 2000m² 左右（中心城可降为 1500m² 左右）；Ⅲ级加油站一般用地 1500m² 左右（中心城可降为 1200m² 左右）；Ⅳ级加油站一般用地 800m² 左右，除中心城特殊情况以外一般加油站建设用地不宜低于 800m²。

综合服务型加油站的用地应在以上基础上增加服务区面积。

《北京市城市建设节约用地标准》

附表

附表1 北京市城市建设节约用地标准 （居住工作用地）

附表1-1

居住用地	建筑高度(m)	用地指标(m²/人) 中心城	用地指标(m²/人) 中心城外	套型标准(m²/套)	节地标准 容积率 中心城	节地标准 容积率 中心城外	套密度(套/hm²)	居住人口毛密度(人/hm²)
					0.6≤r<1.0	0.6≤r<1.0	30~45	
一类居住	9（12）	25~47	25~47	平均200			30~45	-
二类居住	18	23	25	平均100	1.7	1.6	140	400
	30（24、36）	18	19		2.2	2.1	190	500
	45（50）	16	18		2.5	2.2	220	600
	60	14	16		2.8	2.5	250	700
	80	14	-		2.8	-	250	700
经济适用住房	18	14	15	60左右	1.7	1.6	220	650
	30（24、36）	11	12		2.2	2.1	300	850
	45（50）	10	11		2.5	2.2	350	900
	60	9	10		2.8	2.5	400	1000
	80	9	-		2.8	-	400	1000

（1）套密度是按住宅占总建筑规模的90%，套型面积分别为200m²、100m²、60m2/户计算，套密度为低限指标。

（2）套型建筑面积90m²以下住房面积所占比重，必须达到开发建设总面积的70%以上。

（3）继续停止别墅类房地产开发项目土地供应，严格限制低密度、大套型住宅用地供应。

（4）轨道交通站点周边（500~1000m）居住用地（一类居住用地除外）的容积率可在上述规定数值基础上适当提高，但最高不超过2.8。

（5）若同时采用提高容积率和降低套型标准的节地措施，应注意保持适宜的居住人口密度。

（6）保障性住房停车泊位配建标准建议（其中居民停车场车位于轨道交通站点周边500~1000m范围内取下限值）：
两限值普通商品房：自行车2辆/户，居民汽车场库0.2~0.3车位/户，社会停车场库0.1车位/户；
经济适用住房：自行车2辆/户，居民汽车场库0.1~0.2车位/户，社会停车场库0.1车位/户；
廉租住房：自行车2辆/户，不设居民汽车库，社会停车场库0.1车位/户。
大套型住房适当安排残疾人助力车、小型三轮车停车位，老年人的需求适当安排残疾人助力车、小型三轮车停车位，并优先在地上安排。

附表1-2

	节地标准					
	容积率		建筑密度	绿地率	行政办公及生活服务设施比例	
	中心城	中心城外			用地面积	建筑面积
工业用地	1.0~2.5	0.8~2.0	一般地区：多层厂房≥40%；单层厂房≥50%；市级开发区：≥50%；国家级开发区：≥55%	≤15%	≤5%	≤10%

(1) 高新技术产业用地的容积率，中心城一般为1.5~3.5，中心城外一般为1.0~2.5。
(2) 当建筑物层高超过8m，在计算容积率时该层建筑面积加倍计算。
(3) 工业（开发）区或集中连片工业用地的总体绿地率不应低于30%（不含城市绿化隔离带）。
(4) 对工艺流程或安全生产等有特殊要求有特殊要求项目的规划指标，可具体研究确定。

附表1-3

	节地标准				
	建筑高度(m)	容积率		单位建筑面积用地指标(hm²/万m²建筑面积)	
		中心城	中心城外	中心城	中心城外
行政办公用地	12~24	1.0~2.0	1.0~1.8	0.50~1.00	0.56~1.00
	24~60	2.0~3.0	1.8~2.5	0.33~0.50	0.40~0.56
	>60	3.0~3.5	2.5~3.0	0.29~0.33	0.33~0.40

(1) 旧城以外以及不受文物保护、环保、安全、景观等环境因素影响的区域。
(2) 城市重点地区用地、特殊用地等可根据具体情况另行研究其用地指标。
(3) 建议加强对量存行政办公用地、办公用房的科学管理和统筹利用，提高现有行政办公用地、办公用房的使用效率，建筑高度不宜低于12m。

附表2 北京市城市建设节约用地标准 （公共服务设施用地）

附表2-1

类型		节地标准				
		用地指标(m²/生)			容积率	
		中心城		中心城外	中心城	中心城外
		改建	新建			
基础教育	托幼	原用地面积	11.5~11.7	11.7~12.9	0.8~0.9	0.8
	小学		12.3~12.6	12.6~13.8		
	初中		15.4~15.9	15.9~17.3		
	高中		13.6~14.3	14.3~15.4		
	九年一贯制		13.6~14.1	13.6~15.8		

中心城地区改建学校，通过适当提高容积率，保证建筑指标要求，满足发展需求。

附表2-2

类型		节地标准				
		用地指标(m²/生)		容积率		
		中心城	中心城外	用地面积(hm²)	中心城	中心城外
高等教育	普通高等学校	35	47	>100	0.8~0.9	0.6~0.8
				50~100	0.8~1.2	
				<50	1.2~1.6	

（1）在保证基本功能和安全的前提下，高等学校可通过适当提高容积率来满足高校建筑规模指标要求。
（2）特殊类型高校（如体育院校等），应根据现行标准行业标准研究，确定其用地及建筑指标。

附表2-3

节地标准

	类型	用地指标(m²/床)			建筑指标(m²/床)		容积率		
		中心城		中心城外	中心城	中心城外	中心城		中心城外
		改建	新建				改建: 1.2~1.8		0.9~1.1
医疗卫生	综合医院	原用地面积	80~100	89~109	80~120		新建: 1.0~1.2		

附表2-4

节地标准

	类型	用地指标(m²/处)		建筑指标(m²/处)		容积率	
		中心城	中心城外	中心城	中心城外	中心城	中心城外
邮政设施	邮件处理场地	≥4000				0.8~1.2	
	邮政局	不单独占地	1200		1200	—	1.0
	邮政所	不单独占地	不单独占地		200	—	—
	邮政局（所）如不单独占地，业务用房应在综合建筑的地上首层设置。						

附表2-5

消防设施 节地标准

类型	用地指标(m²/处) 中心城 旧城内	旧城外	中心城外	建筑指标(m²/处) 中心城	中心城外	容积率 中心城 旧城内	旧城外	中心城外	备注
特勤消防站	4900~6300		4900~6300		3500~4900		0.8~1.5	0.8~1.5	（1）一级普通消防站与消防支队合建，以及现状不具备扩建条件的，可采用容积率高限。消防支队与消防站合建时，消防站建筑面积取低限，地面积取高限。 （2）消防支队建筑面积按3500~5000m²核算。
一级普通消防站	2500~3500	3000~4000	3300~4800		2300~3400	0.9~1.7	0.8~1.8	0.8~1.5	
二级普通消防站	2000~3200		2000~3200		1600~2300		0.8~1.5		

附表2-6

应急避难场所 节地标准

	紧急(临时)避难场所	长期(固定)避难场所	备注
用地指标(m²/处)	≥2000	≥4000	
有效避难用地比例	60%~70%		
人均综合面积(m²/人)	1~1.5	2.0(≥1.0)	城区1.0
服务半径(m)	500	500~4000	
疏散道路	2条以上	4条以上	不同方向

（1）应急避难场所应避开周边建筑的倒塌范围，确保安全。
（2）建筑物倒塌范围测算方法：砖石混合结构、预制楼板房屋为$1/2H\sim1H$，砖混合结构、现浇板房屋为$1/2H$，砖石重墙体房屋为$1/3H\sim1/2H$（H为建筑物檐口至地面的高度）。

313

附表 3 北京市城市建设节约用地标准 （市政设施用地）

附表3-1

类型		节地标准		
		用地指标[m²/(m³·d)]		
		建设规模 30万～50万m³/d	建设规模 10万～30万m³/d	建设规模 5万～10万m³/d
水厂	常规处理水厂	0.28～0.22	0.35～0.28	0.41～0.35
	配水厂	0.15～0.10	0.20～0.15	0.30～0.20
	预处理+常规处理水厂	0.31～0.25	0.39～0.31	0.46～0.39
	常规处理+深度处理水厂	0.33～0.26	0.42～0.33	0.50～0.42
	预处理+常规处理+深度处理水厂	0.36～0.29	0.45～0.36	0.54～0.45

(1) 表中的用地面积为水厂围墙内所有设施的用地面积，包括绿化、道路等用地，但不包括高浊度水预沉定用地。
(2) 建设规模大的取用地指标下限值，建设规模小的取用地指标上限值，中间规模应采用内插法确定。
(3) 预处理采用生物预处理形式控制用地面积，其他工艺形式宜适当降低。
(4) 深度处理采用臭氧生物活性炭工艺控制用地面积，其他工艺宜适当降低。
(5) 表中除配水厂外，净水厂的用地面积均包括生产废水及排泥水处理的用地。
(6) 水厂区周围应设置宽度不小于10m的防护间距。

附表3-2

类型		节地标准
		用地指标 [m²/(m³·d)]
	建设规模	
给水泵站	30万～50万m³/d	0.0183～0.016
	10万～30万m³/d	0.035～0.0183
	5万～10万m³/d	0.050～0.035

(1) 表中用地指标为泵站围墙以内，包括整个流程中的构筑物和附属建筑物，附属设施等用地面积。
(2) 建设规模大的取用地指标下限值，建设规模小的取用地指标上限值，中间规模应采用内插法确定。
(3) 小于5万m³/d规模的泵站，用地面积参照5万m³/d规模的用地面积进行控制。
(4) 泵站有水量调节池时，可按实际需要增加建设用地。

附表3-3

	建设规模	节地标准		
		用地指标[m²/(m³·d)]		
		一级污水厂	二级污水厂	深度处理
污水处理厂	I类	50万~100万 m³/d	*	0.50~0.45	—
	II类	20万~50万 m³/d	0.30~0.20	0.60~0.50	0.20~0.15
	III类	10万~20万 m³/d	0.40~0.30	0.70~0.60	0.25~0.20
	IV类	5万~10万 m³/d	0.45~0.40	0.85~0.70	0.35~0.25
	V类	1万~5万 m³/d	0.55~0.45	1.20~0.85	0.55~0.35

(1) 建设规模大的取用地指标下限值，建设规模小的取用地指标上限值。

(2) 表中深度处理的用地指标是在污水二级处理的基础上增加的用地，深度处理工艺按提升泵房、絮凝、沉淀（澄清）、过滤、消毒、送水泵房等规常流程考虑；当二级污水厂出水满足特定回用要求或采用某几个净化单元时，深度处理用地应根据实际情况降低。

(3) 污水处理厂区外围应设置宽度300m的防护间距。

(4) 中心城区新建污水处理厂应在此指标基础上压缩10%。

附表3-4

	建设规模	节地标准
		用地指标[m²/(m³·d)]
污水泵站	I类	50万~100万 m³/d	0.0054~0.0047
	II类	20万~50万 m³/d	0.010~0.0054
	III类	10万~20万 m³/d	0.015~0.010
	IV类	5万~10万 m³/d	0.020~0.015
	V类	1万~5万 m³/d	0.055~0.020

(1) 表中用地指标为泵站围墙以内，包括整个流程中的构筑物和附属建筑物、附属设施等用地面积。

(2) 建设规模小于V类的泵站用地面积按V类控制。

(3) 建设规模大的取用地指标下限值，建设规模小的取用地指标上限值。

附表3-5

雨水泵站	雨水流量	节地标准
		用地指标(m²·s/L)
雨水泵站	20000 L/s以上	0.6~0.4
	10000~20000 L/s	0.7~0.5
	5000~10000 L/s	0.8~0.6
	1000~5000 L/s	1.1~0.8

(1) 用地指标是按生产必需的土地面积。
(2) 雨水泵站规模按最大流量计。
(3) 本标准未包括站区周围绿化带用地。
(4) 合流泵站可参考雨水泵站指标。
(5) 建设规模大的取用地指标下限值，规模小的取用地指标上限值。
(6) 中心城地区新建雨水泵站应在此指标基础上压缩10%~20%。

附表3-6

	类型	节地标准	
		中心城	中心城外
		用地面积(m²)	用地面积(m²)
220kV变电站	半户内板组站	不推荐	12000
	半户内负荷站	不推荐	9000
	全户内负荷站	6500	不推荐
110kV变电站	半户内变电站（四合变）	5400	
	全户内变电站三级变压（三合变）	4800	
	全户内变电站二级变压（三合变）	3000	
	半地下变电站（四合变）	2500	

(1) 各类变电站占地面积为围墙内面积。
(2) 围墙以外宜留出消防通道5~6m（亦可作为正常的小区内部通道），变电站和电信局、广播等弱电设施之间的间距按照500m控制。

附表3-7

节地标准

类型		用地面积（m²）			防火间距（m）	备注
天然气门站		10000			视具体情况按规范预留	若设长输末站，规模同门站
天然气储配站（罐站）		10000/万m³储罐容积			每侧60	
		一级调压站	二级调压站	三级调压站		
天然气调压站	高压A调压站	1500~3500	2000~4200	2100~4400	含在用地范围内，具体数值详见条文说明	
	高压B调压站	1400~2400	1800~3000		含在用地范围内，具体数值详见条文说明	
	次高压A调压站	调压柜80~360（站700~1000）			含在用地范围内，具体数值详见条文说明	推荐采用调压柜，条件许可时可采用地下调压装置
液化石油气基地		按1公顷/万吨/年供应能力计算			视具体情况按规范预留	
液化石油气瓶装供应站	供应站	3000			一般情况已含在用地范围内，遇重要建筑或说明火参照规范	
	配送站	1300				
	供应点	600				
天然气压缩加气站		3500			视具体情况按规范预留	
压缩天然气供气站与液化天然气储化站	无储罐	3000			含在用地范围内	
	有储罐	11000			含在用地范围内	

(1)对于中小型燃气场站，如调压站等，宜选用调压柜或调压箱、调压柜以及地下调压装置。
(2)新建燃气场站宜将安全间距包含在场站用地内，大型场站应按相关规范对周边建设进行控制，同时充分利用河沟、山坡、林地等自然条件满足安全防护要求。

附表3-8

类型	节地标准
	用地指标（m²/兆瓦）
供热设施　燃气热电厂	360
燃煤供热厂	145
燃气供热厂	100

附表3-9

类型	节地标准			
	设计转运量（t/d）	用地面积（m²）	与相邻建筑间隔（m）	防护间距（m）
环卫设施　生活垃圾转运站　大型　I类	1000～3000	≤20000	≥50	≥20
大型　II类	450～1000	15000～20000	≥30	≥15
中型　III类	150～450	4000～15000	≥15	≥8
小型　IV类	50～150	1000～4000	≥10	≥5
小型　V类	≤50	≤1000	≥8	≥3

(1) 表内用地不含垃圾分类、资源回收等其他功能用地。
(2) 用地面积含转运站周边设置的绿化隔离带。
(3) 与相邻建筑间隔自转运站边界起计算。
(4) 以上规模类型II、III、IV类含下限值不含上限值，I类含上限值。
(5) 建设规模大的取用地面积上限值，规模小的取用地面积下限值，中间规模采用内插法确定。

附表3-10

		节地标准	
	交换容量	建筑面积（m²）	用地面积(m²)
电信局（所）	1000～2000门	100	-
	2000～5000门	200	-
	5000～10000门	300	-
	10000～20000门	400	-
	20000～30000门	600	1500
	30000～50000门	800	2000
	50000～60000门	1000	2500
	60000～100000门	3000	3000
	100000门以上	5000	4000

(1) 2万门以下的电信局（所），不单独占地，应与其他建筑结合建设。
(2) 大中型局（所）提供参考用地指标，中心城地区的大中型局（所）宜与地区公建结合。

附表3-11

		节地标准
	类型	建筑面积(m²)
有线广播电视机房	前端信号处理传输基站（一级站）	3000
	地区级基站	600
	居住区级基站	200

(1)有线广播电视机房不宜单独占地。
(2)地区级站指服务3万～5万用户的传输基站，居住区级站指服务0.5～3万用户的传输基站。

319

附表4 北京市城市建设节约用地标准（交通设施用地）

附表4-1

	辖车数(标准车)	用地面积		节地标准	建筑面积	
		总建设用地面积(m²)	平均每标准车建设用地面积(m²)	辖车数(标准车)	总建筑面积(m²)	每标准车面积(m²)
公共交通枢纽	200	12200	203	200	2840	47.3
	300	17710	197			
	400	23230	194	201~600	2840~6870	47.3~38.2
	500	28730	192			
	600	34240	190	601以上	>6870	<38.2
	700	39760	189			

	高峰时刻站台最大集散人数(人)	总建设用地面积(m²)
换乘中心	100	470
	150	700
	200	930
	400	1840

（枢纽站）

附表4-2

	节地标准		
辖车数(标准车)	总建设用地面积(m²)	平均每标准车建设用地面积(m²)
中心站	200~400	12770~25540	182
	401~600	25546~38320	
	>601	>38320	

附表4-3

| 首末站 | 辖车数（标准车） | 节地标准 | |
		总建设用地面积（m²）	平均每标准车建设用地面积（m²）
	微型首末站（到发站）(<20辆)	990~1000	141~143
	小型首末站(20~50辆)	1410~3010	301~167
	中型首末站(50~200辆)	3270~10660	182~152
	大型首末站(>200辆)	>10940	<156

附表4-4

| 保养场 | 年保养车辆数（辆） | 节地标准 | | |
		总建设用地面积（m²）	总建筑面积（m²）	平均每标准车建筑面积（m²）
	<500	30290~31710	25000~26000	50~52
	500~800	29570~46240	22500~35200	44~45
	800~1000	41570~50570	28800~35000	35~36

对于各级别间用地面积有交叉的部分，则较高级别的取值按两级别的较大值取值。
（如：年保养能力为800辆的保养场，则较高级别中800辆保养场的用地面积。取35200m²作为800~1000辆保养级别中800辆保养场的用地面积。35200m²较大，总建筑面积分别为35200m²和28800m²，35200m²较大。）

附表4-5

| 高速公路监控通信设施 | 节地标准 | | |
	用地面积（hm²）	建筑面积（m²/处）	设置间距（Km）
监控通信中心	2.0	5000~8000	—
监控通信分中心	1.2~1.6	3000~4000	每路设一处
监控通信所	0.3~0.6	800~1000	50

附表4-6

收费站		收费车道数（条）			节地标准					
					用地面积（hm²/座）		建筑面积（m²/座）			
						每增减一个收费车道		每增减一个收费车道		
主线收费站		12			0.6~1.0	0.02~0.04	1500		25	
匝道收费站		6			0.06~0.10		60		15	
收费广场及过渡段	公路等级	行车道宽度及中间带宽度（m）	收费车道数		用地面积（hm²/处）					
			进口	出口		每增减一个收费车道				
	高速公路	2×15+4.5	6	13	2.1598	0.1450				
		2×7.5+4.5	4	7	0.6758	0.0856				
		2×7.5+3.5			0.6997	0.0867				
		2×7.5+2.5			0.7240	0.0878				
		2×7.0+2.5			0.7487	0.0889				
	一级公路	2×7.5+3.0	3	5	0.3389	0.0706				
		2×7.0+2.5			0.3705	0.0706				
	二级公路	9	3	3	0.2579	0.0611				
		7			0.2872	0.0625				

(1) 收费广场及过渡段用地指标中已扣除主线主线行车道及中间带宽度范围内的用地。
(2) 本表参考了《公路建设项目用地指标》中的数据。

附表4-7

养护设施		节地标准			
分 类	养护里程(km)	设置间距(km)	总建筑面积(m²/处)	用地面积(hm²)	
养护工区	40～60	50	1000～1500	0.6～1.0	
道班	20～40	30	400～650	0.2～0.4	

附表4-8

高速公路服务设施		节地标准				
分类	用地面积	主线日流量(辆)	停车泊位数(位)	总建筑面积(m²)		
				为主一侧合计(A1)	两侧合计(A2＝1.75 A1)	
服务区	≤4.0hm²（主线为4车道或6车道的高速公路），建筑面积4000～6000m²。	25000	64	2760	4830	
		30000	74	2922	5114	
		35000	82	3048	5334	
		40000	91	3313	5797	
		45000	93	3382	5919	
停车区	≤1.0hm²，建筑面积≤1000m²。	25000	20（小型10大型10）			310
		30000	25（小型10大型15）			320
		35000	30（小型15大型15）			330
		40000	35（小型15大型20）			330
		45000	40（小型20大型20）			330

(1) 高速公路服务区的设置间距以50km为宜，通车里程不足25km的高速公路不应设置服务区，可以设置停车区一处。

(2) 主线为双向八车道的高速公路服务区，用地规模和建筑面积可以适当增加。

(3) 服务区建筑包括餐厅、小卖部（内），免费休息所，公共厕所、客房与职工宿舍、办公用房、公共厕所、加油站、维修站、附属设施。

(4) 停车区建筑包括公共厕所、小卖部及其他附属设施。

(5) 高速公路服务设施应与监控通信、养护以及收费站就近合并建立，合并后的用地规模相应减少。

附表4-9

级别		年平均日旅客发送量（人次）	节地标准	
			用地面积（m²）	建筑面积（m²）
汽车客运站	一级客运站	10000~25000	35000~55000	10000~15000
	二级客运站	5000~9999	20000~35000	6000~10000
	三、四级客运站	<5000	<20000	<6000

附表4-10

级别		年换算货物吞吐量（万吨）	节地标准	
			用地面积（m²）	建筑面积（m²）
汽车货运站	一级货运站	>60	80000~120000	12000~20000
	二级货运站	30~60	65000~80000	8000~12000
	三、四级货运站	<30	<65000	<8000

附表4-11

		节地标准	
		用地面积（hm²）	建筑面积（m²）
交警驻地及检查站	高速公路交通警察队驻地	0.5~0.8	1600~2500
	公路公安交通检查站	应与其他相关检查站合并设置	100~200

（1）超限超载检查站不配置永久性用地。
（2）动植物检验检疫检查站应与公安交通检查站合并建立。

附表4-12

		节地标准	
		用地面积指标	
		按车占地面积计	按运营公里计
轨道交通设施	车辆段与停车场	700~900m²/辆	0.7~0.9hm²/双线运营公里

随着轨道交通技术的发展及设计理念的转变，建议近期（2015年以前）轨道交通车辆段用地采用较大指标，2015年以后采用较小指标。

附表4-13

级别	节地标准		
	用地面积（m²）		建筑面积（m²）
	旧城内	旧城外	
I级加油站	2500	3000	150
II级加油站	1500	2000	120
III级加油站	1200	1500	100
IV级加油站	800		80

（1）除中心城特殊情况外，一般加油站建设用地不宜低于800m²。
（2）综合服务型加油站应在此基础上增加服务区用地，同时相应增加建筑面积。

《北京市城市建设节约用地标准》条文说明

1 总则

1.1 为贯彻落实国务院《关于促进节约集约用地的通知》（国发[2008]3号）精神，推进实施北京城市总体规划和土地利用总体规划，切实转变用地观念，转变经济发展方式，调整优化经济结构，将节约集约用地的要求落实在政府部门决策和各项建设中，科学规划用地，着力内涵挖潜，以节约集约用地的实际行动全面落实科学发展观，加快本市建设资源节约型、环境友好型城市，加强和规范本市城市建设节约用地管理，实现经济社会又好又快增长，结合本市实际情况，对部分城市建设用地进行了研究，对现行标准进行了补充、完善，制定本标准。

本标准主要针对北京市目前部分需求量大、矛盾集中的用地，或建设用地标准过高、过多、过粗、甚至缺失的具体情况，提出节地指标及建议，作为城市建设节约用地管理和制定城市规划、土地利用规划、专业专项规划以及核算城市建设用地指标的依据。

1.2 本标准根据北京市当前建设中的实际情况制定，通过规划设计指标的制定或调整，在满足建设用地的环境、安全要求，保证公共服务设施服务质量的前提下，减少新征（占）建设用地，促进建设用地的合理使用，节约建设用地。

在自有用地以及旧城、历史文化保护区、其他特殊地区（如涉及环保、安全、景观影响地区）的建设项目，应结合用地的具体情况以及交通、环境、基础设施等因素参照执行。

1.3 本标准提出了居住工作用地、公共服务设施用地、市政交通设施用地三部分20类共计55项建设用地的节地标准。

居住工作用地包括居住、工业、行政办公共计3类用地，包括一类居住用地、二类居住用地、经济适用住房用地、工业用地、行政办公用地等5项。

公共服务设施用地包括基础教育、高等教育、医疗卫生、邮政设施、消防设施、应急避难场所共计6类用地，包括托幼、小学、初中、高中、九年一贯制学校、普通高等学校、综合医院、邮件处理场地、邮政局、邮政所、特勤消防站、一级普通消防站、二级普通消防站、紧急（临时）避难场所、长期（固定）避难场所等15项。

市政设施用地包括供水设施、排水设施、供电设施、燃气设施、供热设施、环卫设施、通信设施共计7类用地，包括水厂、给水泵站、污水处理厂、污水泵站、雨水泵站、220kV变电站、110kV变电站、天然气门站、天然气储配站、天然气调压站、液化石油气基地、液化石油气瓶装供应站、天然气压缩加气站、压缩天然气储配站、燃气热电厂、燃煤供热厂、燃气供热厂、生活垃圾转运站、电信局（所）、前端信号处理传输基站、地区级基站、居住区级基站等22项。

交通设施用地包括公共汽电车场站、公路交通场站设施、轨道交通设施、加油站共计4类用地，包括枢纽站、中心站、首末站、保养场、高速公路监控通信设施、收费站、养护设施、高速公路服务设施、汽车客运站、汽车货运站、高速公路系统公安交通管理设施、轨道交通设施、加油站等 13 项。

1.4　根据北京市的具体情况,本标准按照中心城地区、中心城外地区和轨道交通站点周边等不同区域分别制定相应的节地标准。

1.5　本标准在国家现行城市建设用地标准、规范的基础上,按照节约集约用地的原则,在满足功能使用、安全要求和保证环境质量的前提下,采用节省用地、调整容量、优化套型、综合利用等节地方式,提高土地利用水平,有效节约城市建设用地。

1.6　各类建设用地的节地标准详见附表:

附表 1　居住工作用地

附表 2　公共服务设施用地

附表 3　市政设施用地

附表 4　交通设施用地

2　居住工作用地

2.1　居住用地

本标准中的居住用地包括一类居住用地、二类居住用地 2 类,同时根据北京市的实际情况,提出了经济适用住房的规划指标。

一类居住用地指"低层低密度"居住用地。根据《城市用地分类与规划建设用地标准》(GBJ 137—90),是指市政公用设施齐全、布局完整、环境良好、以低层住宅为主的居住用地。一类居住用地可安排的建筑类型包括 1～3 层并列式住宅(又可称双拼式)、联列式住宅(又可称联排式);1～2 层四合院式住宅;不高于 4 层的叠拼式住宅。同时,结合用地具体情况提出有关限制和补充措施后可以安排少量独立式住宅和多层住宅。

根据《城市用地分类与规划建设用地标准》(GBJ 137—90),二类居住用地指市政公用设施齐全、布局完整、环境较好、以多、中、高层住宅为主的用地。结合北京的实际情况,除建设普通商品住房外,还可安排用于包括经济适用住房、廉租住房等在内的保障性住房和两限商品住房的建设。

本标准以现行控规指标及规划统计分析、案例分析为基础,提出了一类居住用地容积率的低限和高限、二类居住用地容积率的高限,与规划管理相衔接,为居住用地综合容积率指标。对面积较小或形状、位置特殊的用地,可具体研究,确定其规划指标。

考虑到北京市的资源条件和人口压力,应继续停止别墅类房地产开发项目土地供应,严格限制低密度、大套型住房土地供应。

现行《北京市居住公共服务设施规划设计指标》(市规发 [2006]384 号)及相关法规确定的绿地率、建筑间距、日照及公共服务设施配套指标是宜居城市的基本标准,不宜降低。以经济适用住房、廉租房为主的保障性住房,其使用人群(中低收入人群)对绿地、间距、日照等与中高收入群体也有同样要求。

考虑到降低套型标准后住宅用地人口净密度增长幅度较大,若同时采用提高容积率和降低套型标准的节地措施,应注意保持适宜的居住人口密度。

应加强用地的综合利用和空间立体开发,通过合理布局、优化建筑设计等措施达到节地效果。

2.2　工业用地

本标准主要提出工业用地的容积率、建筑密度、绿地率、行政办公及生活服务设施比例等 4 项主要指标。

在《城市用地分类与规划建设用地标准》（GBJ 137—90）中划为工业用地的电厂和煤气厂，在北京的城市规划中一般为市政公用设施用地，不纳入本标准的工业用地范围。

本标准以统计分析和案例分析为基础，分别提出中心城和中心城外地区工业用地容积率，作为城市规划的一般要求，具体项目还应符合国土资源部《关于发布和实施〈工业项目建设用地控制指标〉的通知》（国土资发 [2008]24 号）的要求。同时，为了与北京市现行的城市规划用地分类相衔接，本标准还提出了高新技术产业用地的容积率指标。

根据国土资源部"国土资发 [2008]24 号"，在计算工业用地容积率时，若建筑物层高超过 8 米，该层建筑面积加倍计算。

本标准还提出了工业用地建筑密度的一般要求，并根据北京市工业促进局等四部门《关于北京工业开发区（基地）建设项目节约土地和资源的意见》（京工促发 [2005]22 号）提出市级开发区和国家级开发区的建筑密度低限。

为了提高工业用地的使用效率，同时更好地发挥绿地的效用，本标准提出以工业（开发）区或集中连片工业用地为单位统一核算绿地率，在总体绿地率不低于 30% 的前提下（不含城市绿化隔离带），工业用地的绿地率一般不高于 15%。

由于工业用地涉及行业较多，不同行业、不同项目的工艺流程及设备等条件相差较大，因此，对工艺流程或安全生产有特殊要求的项目，可具体研究，确定其规划指标。

2.3　行政办公用地

本标准的行政办公用地指行政、党派和团体等机构用地，不包括经营性办公用地。

为了集约使用土地，旧城以外以及不受文物保护、环保、安全、景观等环境因素影响的区域，不宜建设低层行政办公建筑。相关规范并未明确"低层公建"的概念，本标准参照《民用建筑设计通则》（GB 50352—2005）中"低层住宅"的定义，将一层至三层的行政办公建筑按低层考虑。根据原国家计委《党政机关办公用房建设标准》（计投资 [1999]2250 号），按"多层办公建筑标准层层高不宜超过 3.3 米，高层办公建筑标准层层高不宜超过 3.6 米"计算，低层行政办公建筑的建筑高度处于北京市控规的 12m 高度分区，因此一般情况下，行政办公建筑高度不宜低于 12m。

本标准以现行规划的统计分析和案例分析为基础，分别提出了多层、高层行政办公用地的容积率指标。考虑到城市中某些地区的特殊性，对城市规划确定的重点地区、特殊用地等，可通过城市设计等技术手段具体研究其规划指标。

为便于规划选址和土地供应，本标准提出"单位建筑面积用地指标"，该指标指建设 1 万 m^2 建筑面积（地上）需要的建设用地规模。

为了减少新征（占）用地，建议加强对存量行政办公用地、办公用房的科学管理，提高现有行政办公用地、办公用房的使用效率。

3 公共服务设施用地

3.1 基础教育

本标准的基础教育用地包括托幼、小学、初中、高中及九年一贯制学校。本标准是在建设用地紧张地区，用于指导个体项目建设的规划设计指标，通过提高容积率，满足学校建筑规模和教学要求，一般不作为广泛区域内教育配套设施用地的核算指标。在条件许可的情况下，应采用《北京市居住公共服务设施规划设计指标》（市规发 [2006]384 号）作为居住区配套设施的最低要求，而将《北京市中小学校办学条件标准》（京教策 [2005]8 号）及其细则作为用地高限指标。

在中心城地区，本标准的容积率高限比现行标准提高 0.1 ～ 0.2；在中心城外地区，本标准的容积率高限比现行标准提高 0.1 或持平。

另外，为保证现有学校良好的教学条件，应合理控制各类学校的学生规模，避免在不具备用地条件的学校增加学生数量。

3.2 高等教育

从广义上说，高等教育是指一切建立在中等教育基础上的专业教育，包括普通高校、成人高校等。由于普通高校数量多，占地大，因此本标准提出了普通高等学校的节地标准。

1992 年，建设部、原国家计委和国家教委联合颁布《普通高等学校建筑规划面积指标》（简称《高校 92 标准》），分别针对 1000 生 ～ 5000 生的综合大学、师范、政法、财经、外语、工业、农业等大学和专门学院、各类高等专科学校规定了用地和建筑指标，其中还含有少量的教工住宅。随着住房制度的改革，教工住宅不应再在学校用地内安排。从北京目前的情况看，5000 生以上的高校也很多，因此本标准对普通高校的用地指标在《高校 92 标准》的基础上进行了调整，将其中的教工住宅建筑面积转为教育设施建筑面积，并根据近几年规划审批的经验，提出可通过适当提高容积率，在保证基本功能和安全的前提下，满足建筑规模要求。在一般情况下，中心城地区校园面积在 $100hm^2$ 以上的，容积率 0.8 ～ 0.9；校园面积在 50 ～ $100hm^2$ 的，容积率 0.8 ～ 1.2；校园面积在 $50 hm^2$ 以下的，容积率 1.2 ～ 1.6。为了鼓励高等院校向新城地区转移，同时根据市教育主管部门意见，中心城外普通高等学校采用较高用地标准，建设强度稍低，容积率一般为 0.6 ～ 0.8。

特殊类型高校（如体育院校等），应本着节地的原则，具体研究、确定其用地及建筑指标。

3.3 医疗卫生

本标准主要提出综合医院的节地标准。社区卫生服务中心仍执行《北京市居住公共服务设施规划设计指标》（市规发 [2006]384 号）。

1996 年，由卫生部负责编制、建设部和国家计委联合签署、发布实施《综合医院建设标准》（简称《医院 96 标准》），该标准为目前全国统一标准。

根据《医院 96 标准》，综合医院的建设规模按病床数量可分为 200 ～ 800 床 7 种，床均用地指标为 109 ～ $117m^2$/ 床，床均建筑指标为 60 ～ $64m^2$/ 床（详见下表）。

《医院96标准》　　　　　　　　　　　　　　　　单位：m²/床

建设规模	200床	300床	400床	500床	600床	700床	800床
建设用地指标	117		115		103	111	109
建筑面积指标	64		63		62	61	60

本标准根据北京市卫生主管部门的意见，结合北京市的特点，将床均建筑指标调整为80～120m²/床。

为了保证医院的功能和综合环境质量，一般情况下，中心城改建医院的容积率为1.2～1.8，新建医院为1.0～1.2；中心城外医院的容积率为0.9～1.1。因环境所限不具备扩大用地条件的医院，可通过提高容积率，在保证环境质量的前提下，满足建筑规模要求。

3.4　邮政设施

邮政设施主要包括邮件处理场地（北京城市总体规划中提到的邮件处理中心、邮政物流中心、邮件转运站统称为邮件处理场地）、邮政局和邮政所3类。

邮件处理场地的布局不宜过于分散、用地面积不宜过小。过于分散易造成用于各场地间邮件盘驳运输车次增加，带来邮件传输时限延长和生产资源的浪费，用地面积过小则不利于工作效率的提高，因此本标准提出邮件处理场地的最小用地面积为4000m²，容积率为0.8～1.2。

中心城新建邮政局（所）、中心城外邮政所均不独立占地，应结合其他建筑安排。考虑到邮政业务的特点，业务用房应在综合建筑的地上首层设置。

独立占地的邮政局，用地与建筑指标应符合《北京市居住公共服务设施规划设计指标》（市规发[2006]384号）的要求，容积率为1.0。

此外，可以通过生产空间的合理布局等措施，节约建设用地。邮件处理场地和邮政局都有分拣、处理的功能，都需要生产场地，将邮件处理场地和邮政局合建，充分发挥生产处理场地的作用，可节省用地。如朝阳、海淀、丰台、石景山4个近郊区新增5处邮件处理场地，每处场地所需面积为4000～4500m²，在规划选址中将邮件处理场地与邮政局合建，合建后的面积为4500～5000m²，每处占地面积平均减少700m²左右。在空间布局上，可对邮政局（所）进行合理配置，将邮政局尽量安排在靠近居住区的公建区内，兼顾公建区和居住区的用邮，公建区可以不另行配置邮政设施。

3.5　消防设施

本标准的消防设施主要指消防队站，分为特勤消防站、一级普通消防站、二级普通消防站3类。

除中心城内一级普通消防站外，特勤消防站、二级普通消防站、中心城外一级普通消防站均采用《城市消防站建设标准》的用地指标；容积率为0.8～1.5。

由于中心城地区用地紧张，因此旧城内新建一级普通消防站用地指标调整为2500～3500m²/处，旧城外为3000～4000m²/处，容积率适当提高至0.9～1.7和0.8～1.8（一级普通消防站与消防支队合建，以及现状不具备扩建条件的，可采用容积率高限）。消防支队建筑面积按 3500 ～ 5000m² 核算。

3.6　应急避难场所

应急避难场所的规划指标采用《城市地震应急避难场所规划设计原则及技术规范（征求意见稿）》（以下简称《技术规范》）。

本标准通过对现状应急避难场所的研究，强调了应避免将应急避难场所设置在建筑倒塌范围内，以确保安全。同时应按《技术规范》要求，确保公园、绿地等可作为应急避难场所用地的有效绿地面积达到 60% ～ 70%。

4　市政交通设施用地

4.1　给水设施

给水设施主要包括水厂和给水泵站。在综合了现状北京市和国内其他城市水厂及给水泵站的基本用地情况后，与相应规范、用地指标进行对比，确定水厂和泵站采用用地指标相对较低的《城市生活垃圾处理和给水与污水处理工程项目建设用地指标》（2005 年）进行控制。同时，水厂厂区周围应设置宽度不小于 10m 的防护间距。

4.2　排水设施

排水设施主要包括污水处理厂和排水泵站（污水泵站和雨水泵站）。在综合了现状北京市和国内其他城市排水设施的基本用地情况后，与相应规范、用地指标进行对比，确定中心城以外地区污水处理厂的用地按照《城市污水处理工程项目建设标准》进行控制；中心城地区新建污水处理厂应在此指标基础上压缩 10%。污水处理厂厂区外围设置宽度 300m 的防护间距。

污水泵站的用地采用《城市污水处理工程项目建设标准》中的用地指标进行控制。

中心城以外地区雨水泵站的用地按《城市排水工程规划规范》（GB 50318—2000）中的用地指标进行控制；中心城地区新建雨水泵站应在此指标基础上压缩 10% ～ 20%。

4.3　供电设施

目前北京市建设需求较大的供电设施主要是 220kV 变电站和 110kV 变电站。

本标准根据变电站的电压等级、建设形式和设备容量，结合工程设计标准，确定了各类变电站的用地面积。变电站围墙以外宜留出消防通道 5 ～ 6m（亦可作为正常的小区内部通道）。

4.4　燃气设施

燃气设施主要包括天然气门站、天然气储配站、天然气调压站、液化石油气基地、液化石油气瓶装供应站、天然气压缩加气站、压缩天然气储配站等，目前尚没有相关用地标准。在结合工程实例研究的基础上，给出相应的建设用地指标。

新建燃气场站宜将安全防护间距包含在场站用地内；大型场站应按相关规范对周边建设进行控制，同时充分利用自然条件作为屏障，以达到减少安全防护用地的目的。对于中小型燃气场站，如调压站等，建议选用调压箱或橇装设备，可以大幅度地节约土地。

调压站计算参数及面积详见下表。

调压站计算参数及面积汇总表

项　目	类　型	布置条件	调压间长×宽 (m)	站区长×宽 (m)	占地面积 (m²)	建筑面积 (m²)	备注
高压A 调压站	一级 调压站	周围为一般建筑	18×18	64×54	3456	324	
		一侧无建筑		54×54	2916		
		两侧无建筑		54×44	2376		
		四侧无建筑		44×34	1496		
	二级 调压站	周围为一般建筑	27×18	66×63	4158	486	
		一侧无建筑		56×63	3528		
		两侧无建筑		56×53	2968		
		四侧无建筑		46×43	1978		
	三级 调压站	周围为一般建 筑	30×18	66×66	4356	540	
		一侧无建筑		56×66	3696		
		两侧无建筑		56×56	3136		
		四侧无建筑		46×46	2116		
高压B 调压站	一级 调压站	周围为一般建筑	18×18	54×44	2376	324	
		一侧无建筑		48×44	2112		
		两侧无建筑		48×38	1824		
		四侧无建筑		42×32	1344		
	二级 调压站	周围为一般建筑	27×18	56×53	2968	486	
		一侧无建筑		50×53	2650		
		两侧无建筑		50×47	2350		
		四侧无建筑		44×41	1804		
次高A 调压站 （柜）	一级 调压站	周围为一般建筑	18×12	30×36	1080	216	过滤器设 在室内
		一侧无建筑		27×36	972		
		两侧无建筑		27×33	891		
		四侧无建筑		24×30	720		
	调压柜	周围为一般建筑	7×3	21×17	357	21	
		一侧无建筑		21×12	252		
		两侧无建筑		16×12	192		
		四侧无建筑		11×7	77		

注：该用地指标已包含了与一般民用建筑的安全间距，若调压站临近重要建筑，需参照相关规范增加用地面积。

4.5　供热设施

供热设施主要包括燃气热电厂、燃煤供热厂和燃气供热厂，目前尚没有相关用地标准。根据不同设施的特点并考虑今后发展的需要，结合工程实例，按照设施的单位供热能力给出相应的建设用地指标。

4.6　环卫设施

环卫设施主要包括生活垃圾转运站，用地指标参照《生活垃圾转运站技术规范》（CJJ 47-2006）选取。

4.7　电信设施

本标准的电信设施主要包括电信局（所）。根据北京地区电信局（所）的建设经验，2万门以下的电信局（所）不需要独立占地，应与其他建筑结合建设。大中型局（所）可以安排独立用地进行建设，但中心城地区的大中型局（所）宜与地区公建结合建设。

4.8　有线广播电视设施

本标准的有线广播电视设施主要指有线广播电视机房，根据功能定位分为前端信号处理传输基站（一级站）、地区级基站、居住区级基站。

有线广播电视机房不宜单独占地，根据相关规范要求和工程实例，一级站、地区级基站、居住区级基站的建筑规模分别为 3000m²、600m²、200m²。

4.9　公共汽电车场站

公共汽电车场站是指在公共汽电车系统中为乘客提供上下车、候车、换乘等服务，同时为运营车辆调度、管理、维护等活动提供的场所和空间。

北京市公共汽电车场站分为枢纽站、中心站、首末站、中途站、保养场 5 大类型，由于中途站基本位于城市道路用地范围内，因此在本标准中提出了枢纽站、中心站、首末站、保养场等 4 类场站设施的节地要求。

（1）枢纽站

枢纽站主要包括公共交通枢纽和换乘中心。公共交通枢纽是以地面公交首发线路为主，涉及少量其他交通方式（如地铁、自行车等）相互换乘的、规模较大的集散点。换乘中心是以地面公交中途换乘方式为主，进行客流转换，是规模较小的集散点。

以前的场站设施建设标准主要从车队运营组织方面进行考虑，其中包含了幼儿园、托儿所、食堂、浴室等功能，而随着时代发展出现的保安宿舍、物业管理用房等在原标准中又没有考虑，因此对枢纽站重新进行了研究，提出用地指标。

公共交通枢纽建设用地面积主要包括站台、站台停车泊位、换乘大厅、管理用房、停车坪、盥洗室和通道等。

各类公共交通枢纽建设用地面积如下表：

<h3 style="text-align:center">公共交通枢纽建设用地面积表</h3>

要素	公共交通枢纽辖车数（标准车）					
	200	300	400	500	600	700
停车规模（辆）	60	90	120	150	180	210
站台面积（m²）	500	750	1000	1250	1500	1750
站台停车泊位面积（m²）	600	900	1200	1500	1800	2100
换乘大厅面积（m²）	600	900	1200	1500	1800	2100
管理用房面积（m²）	1650	2080	2510	2930	3360	3790
停车坪面积（m²）	4800	7200	9600	12000	14400	16800
盥洗室面积（m²）	90	120	150	180	210	240
通道面积（m²）	300	450	600	750	900	1050
绿色植被（m²）	3660	5310	6970	8620	10270	11930
总建设用地面积（m²）	12200	17710	23230	28730	34240	39760
每标准车平均建设用地面积（m²）	203	197	194	192	190	189

公共交通枢纽各类建筑面积如下表：

<h3 style="text-align:center">公共交通枢纽建筑面积表</h3>

辖车数（标准车）	200辆	201~600辆	601辆以上
换乘大厅（m²）	600	600~1800	>1800
管理用房（m²）	1650	1650~3360	>3360
站台面积（m²）	500	500~1500	>1500
盥洗室面积	90	90~210	>210
总建筑面积（m²）	2840	2840~6870	>6870
平均每标准车建筑面积（m²）	47.3	47.3~38.2	<38.2

　　换乘中心的建设用地面积主要由站台、站台停车泊位和乘客换乘空间 3 部分组成。各类换乘中心建设用地面积如下表：

换乘中心建设用地面积表

高峰时刻站台最大集散人数（人）	各部分建设用地面积			总建设用地面积（m²）
	站台（m²）	站台停车泊位（m²）	乘客换乘空间（m²）	
100	70	300	100	470
150	100	450	150	700
200	130	600	200	930
400	250	1200	390	1840

（2）中心站

中心站是多条公交线路的高级运营管理中心，也是多条线路首末站的汇集中心，同时为公交车辆提供保养、停放、加油、加气等服务。

中心站是具有北京特色的一类场站，在《城市公共汽车和无轨电车工程项目建设标准》中有停车场而没有中心站的分类，但是二者有类似之处。通过结合北京地区的工程实例进行研究，提出相应的建设用地指标。

中心站建设用地主要由以下几部分组成：停车坪、建筑基底用地和绿化用地。各类中心站建设用地面积如下表：

中心站建设用地面积表

辖车规模（辆）	200～400	401～600	>601
停车规模（辆）	70～140	140～210	>210
停车坪面积（m²）	5600～11200	11200～16800	>16800
建筑基底面积（m²）	2100～4200	4200～6300	>6300
乘客站台面积（m²）	500～1000	1000～1500	>1500
站台停车泊位面积（m²）	600～1200	1200～1800	>1800
换乘大厅面积（m²）	70～140	140～210	>210
绿化用地（m²）	3830～7660	7660～11500	>11500
总建设用地面积（m²）	12770～25540	25546～38320	>38320
每标准车建设用地面积（m²）	182		

各类中心站建筑面积如下表：

中心站建筑面积表

辖车规模（辆）	200～400	401～600	>601
办公楼（m²）	560～1120	1120～1680	>1680
保养车间（m²）	640～1270	1270～1910	>1910

续表

配电室（m²）	350～700	700～1050	>1050
传达室、调度室（m²）	70～140	140～210	>210
保安宿舍、浴室、锅炉房（m²）	460～930	930～1390	>1390
更衣间（m²）	70～140	140～210	>210
加油、加气站（m²）	320～640	640～960	>960
总建筑面积（m²）	2470～4940	4940～7410	>7410

（3）首末站

首末站为公交线路的始发站和终点站。另外，一些首末站作为中级别的运营管理中心，也是车队的所在地，是夜间驻车的主要场所。

首末站用地主要由建筑用地、停车坪用地、站台用地和绿地四部分组成，其中建筑用地主要包括站务用房、车队用房和候车大厅用房。

各类首末站建设用地面积如下表：

首末站建设用地面积表

首末站级别	微型首末站（到发站）（<20）	小型首末站（20～50）	中型首末站（50～200）	大型首末站（>200）
停车规模	7	7～18	18～70	>70
建筑基底面积（m²）	20～30	320～410	590～760	960～990
停车坪面积（m²）	560	560～1400	1400～5600	>5600
站台面积（m²）	110	110～300	300～1100	1100～1400
绿化用地面积（m²）	300	420～900	980～3200	>3280
总建设用地面积（m²）	990～1000	1410～3010	3270～10660	>10940
每标准车建设用地面积（m²）	141～143	301～167	182～152	<156

其中建筑用地面积分配如下：

首末站级别	微型首末站（到发站）（<20）	小型首末站（20～50）	中型首末站（50～200）	大型首末站（>200）
站务用房（m²）	10～20	90～150	190～250	190～200
车队用房（m²）	20	340～360	620～660	1160～1190
候车室（m²）		30～50	50～150	150
乘客卫生间（m²）		30	40	50
总建筑面积（m²）	30～40	490～590	900～1100	1550～1590

（4）保养场

保养场负责公交车辆的高级保养，主要作业内容有发动机、变速箱等构件的总成互换以及车身的整修、中修。保养场的建筑包括生产建筑和生活建筑。

各类保养场建设用地面积如下表：

保养场建设用地面积表

年保养公交车总数量（辆）	<500	500~800	800~1000
停车坪面积（m²）	<8200	8200~13100	13100~16400
生产生活性建筑基底面积（m²）	13000~14000	12500~19200	16000~19000
绿地面积（m²）	9090~9510	8870~13940	12470~15170
总建设用地面积（m²）	30290~31710	29570~46240	41570~50570

各类保养场建筑面积如下表：

保养场建筑面积表

年保养公交车总数量（辆）	<500	500~800	800~1000
每标准车生产建筑面积（m²）	29~31	26	21
每标准车生活建筑面积（m²）	21	18~19	14~15
每标准车总建筑面积（m²）	50~52	44~45	35~36
保养场总建筑面积（m²）	25000~26000	22500~35200	28800~35000

4.10 公路交通场站设施

公路交通场站设施主要包括以下内容：高速公路监控通信设施、收费站、养护设施、高速公路服务设施、汽车客/货运站、高速公路系统公安交通管理设施。

目前我国公路设计中收费站的建筑和用地指标基本上都沿用建设部和国土资源部2000年发布的《公路建设项目用地指标》（以下简称《指标》）。同时，交通部发布的《高速公路交通工程及沿线设施设计通用规范》（JTG 80—2006）（以下简称《规范》）对收费站的用地和建设面积也进行了相应规定，但《规范》中对用地和建设标准的规定基本沿用了《指标》的相关数值。

（1）高速公路监控通信设施

高速公路监控通信设施主要由监控通信中心、监控通信分中心和监控通信所三级构成。

目前北京市公路监控通信设施用地和建筑面积所采用的基本依据是《指标》。《指标》给出的监控通信设施的用地指标和建筑指标与实际调查中差别较大，普遍高于北京市监控通信设施用地现状，不符合北京市当前的实际情况。因此，根据北京市高速公路监控通信设施用地及建筑的实际情况，对相关指标进行了研究和修订。

监控通信设施应与收费站设施或养护工区等高速公路配套设施合并设立，建筑面积和用地指标应适当减少。

（2）收费站

收费站是指为了对通行车辆收取规定的通行费用而设置的设施，通常由收费站设施、收费卡门（收费岛、匝道附近收费室、收费遮棚）、收费广场等部分构成。

收费站按照其所处位置和功能分为主线收费站和匝道收费站。

由于《指标》是全国性的标准，难以考虑到北京市用地紧张的实际情况，存在用地和建筑面积过大的问题，特别是匝道收费站设施的建筑和用地面积与目前北京市的实际情况相差较大。

（3）养护设施

养护设施主要负责道路的养护工作。养护设施按照所服务的道路等级分为养护工区和道班。养护工区主要服务于高等级道路（高速公路和一级公路），道班主要服务于低等级道路（二级公路及其以下等级公路）。

养护工区是对高等级道路进行维修、保养的具体实施机构，负责高等级道路的养护工作。道班主要从事公路的日常养护工作，是低等级道路养护管理的最基层单位。

在参考既有指标并对现有养护设施进行充分调研的基础上，提出养护工区建筑和用地指标。

公路养护工区主要根据养护里程设置，不宜过短或过长，以能及时赶到现场抢修为原则，允许的养护里程一般为：高等级道路40～60km，低等级道路20～40km。养护工区应尽量与服务区、收费站设施、监控通信设施等合并设置，以降低建筑规模，节省建设费用。

高速公路养护工区一般设在互通立交附近，以利于上下高速公路进行日常养护作业。

养护工区建筑面积分配如下表：

养护工区各类建筑面积分配表

项　目	建筑面积（m²）
养护办公室	100～150
单身宿舍	60～100
职工食堂	80～120
养护材料库	150～220
养护机械库	150～220
机具室	100～150
设备维修间	100～150
车库	160～240
附属设施	100～150
总建筑面积	1000～1500

（4）高速公路服务设施

高速公路服务设施是指高速公路沿线规定区域内设置的为过往车辆、驾驶员和旅客提供服务的设施。作为高速公路的功能性设施，服务设施为驾乘人员提供了很大的便利，是高速公路设施的重要组成部分。

高速公路服务区的设置间距以50km为宜。

高速公路服务设施按照服务功能可以分为高速公路服务区和停车区，由休息、停车和相关的辅助设施三部分组成。

主线为四车道或者六车道的高速公路，服务区用地规模不应超过4.0hm²，建筑面积4000～6000m²，双向八车道高速公路服务区的用地规模和建筑面积可以适当增加。

高速公路服务设施应与监控通信、养护以及收费站管理等设施就近合并建立，合并后的规模相应减少。

高速公路服务区建筑面积如下表：

高速公路服务区建筑面积表

主线日流量（辆）	25000	30000	35000	40000	45000
停车泊位数（位）	64	74	82	91	93
餐厅（m²）	545	600	645	790	805
小卖部（内）（m²）	27	32	35	39	39
免费休息所（m²）	64	96	108	120	124
客房与职工宿舍（m²）	1000	1050	1100	1150	1200
办公用房（m²）	100	100	100	150	150
公共厕所（m²）	144	164	180	204	204
加油站（m²）	220	220	220	250	250
维修站（m²）	340	340	340	340	340
附属设施（m²）	320	320	320	320	320
为主一侧合计（A_1）（m²）	2760	2922	3048	3313	3382
两侧合计（A_2=1.75 A_1）（m²）	4830	5114	5334	5797	5919

通车里程不足25km的高速公路不应设置服务区，可以设置停车区一处，用地规模不应超过1.0hm²，建筑面积不应超过1000m²。

停车区建筑面积如下表：

停车区建筑面积表

主线日流量（辆）	25000	30000	35000	40000	45000
停车泊位数（位）	20 （小型10 大型10）	25 （小型10 大型15）	30 （小型15 大型15）	35 （小型15 大型20）	40 （小型20 大型20）
公共厕所（m²）	60	70	80	80	80

续表

小卖部（m²）	150	150	150	150	150
其他（m²）	100	100	100	100	100
合计（m²）	310	320	330	330	330

（5）汽车客运站和货运站

汽车客运站是交通基础设施，是道路旅客运输网络的节点，是道路运输经营者与旅客进行运输交易活动、为旅客和运输经营者提供站务服务的场所，是培育和发展道路运输市场的载体。

汽车客运站按年平均日旅客发送量并结合北京市的特点分为一级客运站、二级客运站、三级客运站和四级客运站。

各类汽车客运站的建筑面积如下表：

级别	站前广场（m²）	停车场（m²）	售票厅（m2）	候车厅（m²）	建筑面积（m²）
一级客运站	4500～5000	9000～12000	1000～1500	3700～4200	10000～15000
二级客运站	3000～4500	6000～10000	600～1000	3000～4000	6000～10000
三、四级客运站	<3000	<6000	<600	<3000	<6000

货运场站即道路货物运输场站，包括仓储、保管、配载、信息服务、装卸、理货等功能的综合运输场站、零担运输场站、集装箱中转站、物流中心等场站设施，是为车辆进出、停靠、货物装卸、储存、保管等提供服务的设施和场所。货运站按规模分为一级货运站、二级货运站、三级货运站和四级货运站。

（6）高速公路系统公安交通管理设施

高速公路系统公安交通管理设施主要包括高速公路公安交通指挥中心、高速公路交通警察队驻地、公路公安检查站，尚无相关用地标准。

北京市目前已规划高速公路公安交通指挥中心一处，位于六环路附近的昌平管理所，用地面积1.5hm²，建筑面积4000m²。本标准主要提出交通警察队驻地、公路公安检查站的用地指标。

高速公路交通警察队驻地适宜的用地面积为0.5～0.8hm²，建筑面积为1600～2500m²。

公路公安交通检查站应该与其他相关检查站合并建立，公路公安交通检查站建筑面积宜为100～200m²。

超限超载检查站不配置永久性用地。

动植物检验检疫检查站应该与公安交通检查站合并建立。

4.11　轨道交通设施

本标准中轨道交通设施主要指轨道交通的车辆段和停车场。

车辆段主要承担轨道车辆的各种维修、保养及清扫等任务，维修任务包括月修、定修和架修，部分车辆段还包括厂修。

停车场主要提供车辆停放场地并承担车辆的管理和日常维修保养，负责列车编组、乘务以及办理车辆的送修和技术交接等工作。

轨道交通车辆基地（车辆段和停车场的总称）用地面积可用单车用地面积和运营公里用地两种指标确定。由于线路配车数量由线路长度、线路负荷、旅行速度、车辆性能等多种条件决定，单车指标对用地面积的影响更为直接，而运营公里指标对用地面积的影响较为宏观。

本标准结合北京市现有车辆段的用地指标状况，参考国内外其他城市轨道交通场站用地情况，并充分考虑到未来轨道交通技术的发展，提出北京市轨道交通车辆基地用地指标推荐值，该推荐值将主要用于规划控制用地规模的估算。

按单车用地面积指标，车辆段和停车场的用地推荐值为 700 ~ 900m²/ 辆；按运营公里用地指标，车辆段和停车场的用地推荐值为 0.7 ~ 0.9hm²/ 双线运营公里。

北京未来的轨道交通建设是在既有线路和车辆基地基础上进行的，考虑路网车辆检修基地资源共享和未来线路长度均较长的实际情况，轨道交通车辆基地用地规模指标可采用单车用地面积和运营公里用地指标结合使用。在未来线路系统选择和运营组织情况不够明朗的情况下，建议使用运营公里用地指标预留控制用地规模。

考虑到随着轨道交通技术的发展以及车辆段设计理念的改变，车辆段用地规模有减少的趋势，建议 2015 年以前近期轨道交通车辆段用地采用相对较大的指标，2015 年以后采用相对较小的指标。

4.12 加油站

加油站用地受各种因素的影响很大，很难精确计算出建设用地面积。加油站的用地面积依据加油站的规模大小而不同，用地面积相同而形状不同，对加油站的设计与使用也有很大的影响。Ⅰ级加油站一般用地 3000m² 左右（旧城内可降为 2500m² 左右）；Ⅱ级加油站一般用地2000m² 左右(旧城内可降为 1500m² 左右)；Ⅲ级加油站一般用地 1500m² 左右(旧城内可降为 1200m² 左右)；Ⅳ级加油站一般用地 800m² 左右。除中心城特殊情况外，一般加油站建设用地不宜低于 800m²。综合服务型加油站的占地面积应在以上基础上增加服务区面积。

加油站用地一般以与道路平行排布的长方形为宜，便于布置和车辆行驶。沿道路平行边不宜小于 38m；与道路垂直进深可根据情况而定，以 25m 为宜，最小不宜小于 14m（最终以车辆转弯半径计算为准），以满足加油车道布置。

站房建筑面积分为 3 种类型：大型站房面积 150m²，中型站房面积 120m²，小型站房面积 80 ~ 100m²。综合服务型加油站应在此基础上增加服务用房建筑面积。

附录 3

国家住宅与居住环境工程技术研究中心

《绿色建筑的结构选型技术导则》

国家住宅与居住环境工程技术
研究中心

绿色建筑的结构选型技术导则

2006 年　北京

目　次

总　则

D0.1　本导则的编制目的是提高建筑结构的绿色性能，提出有效降低建筑结构体系的能源、资源消耗，减小对环境影响的技术手段和合理化建议。

D0.2　本导则适用于城市新建、扩建建筑的结构绿色性能评价、建筑结构设计和建设，也适用既有建筑的改造、拆除的绿色性能评价、设计和施工。

D0.3　本导则的建筑结构绿色性能，是指建筑物全生命周期中的综合性能，包括所用材料的能源消耗、资源消耗、CO_2 排放量指标，以及结构合理性、材料本地化程度和构件工厂化程度等方面。建筑结构绿色度是建筑结构绿色性能的量化评价结果，绿色度越高，表示绿色性能越好。

D0.4　绿色建筑的结构选型应注重结构体系概念设计，针对当地能源、资源及技术条件，考虑建筑材料、施工方法、使用维护和回收利用等因素，选择合理的结构形式。

D0.5　绿色建筑应适当提高建筑结构的适应性、荷载富裕度，延长建筑结构的生命周期；设备的安装布置应满足使用期间的维修更换要求；使用者不应随意改变房屋的使用功能，增加使用荷载。

D0.6　绿色建筑应提高建筑部件的预制化、工厂化程度、减少施工过程中的资源、能源消耗和环境影响。

D0.7　建筑物的拆除应本着建筑材料重复利用最大化的原则，采用合理的工艺及措施减少建筑垃圾的产生和对环境的影响。

D0.8　绿色建筑的结构设计、施工除满足本导则规定外；尚应符合国家现行有关法规、标准的规定。

D1　绿色建筑体系的结构选型

D1.1　低层建筑

D1.1.1　城镇低层建筑

D1.1.1.1　建筑布局简单、规则时，宜采用砌体结构。

D1.1.1.2　当建筑体形较复杂，开间尺寸较大时，宜采用混凝土小型空心砌体结构或混凝土抗震墙结构。

D1.1.1.3　采用砌体结构时，应优先选用本地化程度较高的节能环保型承重墙体材料，如混凝土小型空心砌块、蒸压灰砂废渣制品、粉煤灰砖、煤矸石砖、植物纤维石膏渣增强砌块等，逐步淘汰黏土砖制品。

D1.1.1.4　在经济技术发达地区，推广采用轻型钢结构体系。

D1.1.1.5　在相关技术成熟地区，应推广采用绿色性能较好的新型结构体系。

D1.1.1.6　选用木结构体系时，应严格控制木材的来源，避免造成对森林系统的毁坏。应发展速生丰产林，使用高强度复合工程用木材。

D1.1.2　农村低层建筑

D1.1.2.1　应针对当地能源、资源及技术条件，合理选择绿色性能较好的本地化结构体系。如在富土、富木、富竹、富石地区优先采用土、木、竹、石结构，并应用先进技术提升当地传统建筑的品质。

D 1.1.2.2　采用砌体结构时，应优先选用本地化程度较高的节能环保型的承重墙体材料。

D1.2　多层建筑

D1.2.1　多层住宅建筑

D1.2.1.1　建筑布局简单、规则时，宜采用砌体结构或框架结构。

D1.2.1.2　当建筑体系较复杂，开间尺寸较大时，宜优先选用混凝土小型空心砌块砌体结构或框架结构，也可以选用钢筋混凝土框架 - 抗震墙或抗震墙结构。

D1.2.1.3　当建筑平面布置要求灵活，底层有商店等功能需求或要兼顾今后改造的可能时，宜优先采用框架结构。抗震设防烈度不大于 7 度的地区，可采用异形框轻结构。

D1.2.1.4　采用砌体结构时，应优先选用本地化程度较高的节能环保型的承重墙体材料。

D1.2.1.5　经济技术发达地区，推广采用轻型钢结构体系。

D1.2.1.6　在相关技术成熟地区，应推广采用绿色性能较好的新型结构体系。

D1.2.2　多层公共建筑

D1.2.2.1　开间小、纵横墙较多的办公、宿舍等公共建筑宜选用框架结构或砌体结构。

D1.2.2.2　设有会议厅、餐厅、商场等大空间的多层公共建筑，以及立面和竖向剖面不规则的多层公共建筑，宜采用钢筋混凝土框架、框架 - 抗震墙结构。

D1.2.2.3　采用砌体结构时，应优先选用本地化程度较高的节能环保型的承重墙体材料。

D1.2.2.4　采用钢筋混凝土框架、框架 - 抗震墙结构时，应合理组合建筑空间，减少错层；选用轻型环保、本地化程度高的墙体材料。

D1.2.2.5　经济技术发达地区，推广采用轻型钢结构体系。

D1.2.2.6　在相关技术成熟地区，应推广采用绿色性能较好的新型结构体系。

D1.3　高层建筑

D1.3.1　高层住宅建筑

D1.3.1.1　高层住宅宜采用钢筋混凝土抗震结构、框架 - 抗震墙结构、钢结构及钢 - 混凝土混合结构。

D1.3.1.2　底层有娱乐、超市、会所等公共服务建筑空间的高层住宅，宜采用钢筋混凝土框架或框架 - 抗震墙结构，必要时也可以采用钢筋混凝土框支 - 抗震墙结构，抗震设防烈度大于等于 8 度的地区，不应采用纯框架结构。

D1.3.1.3　高层住宅采用抗震墙结构时，宜选用户内隔断可灵活布置的大开间抗震墙结构。

D1.3.1.4　采用钢结构体系时，宜积极采用高性能钢材，选用轻型环保、本地化程度高的围护材料。

D1.3.1.5　抗震设防烈度大于等于 8 度地区的高层住宅，推广采用减震隔震技术和措施。

D1.3.2 高层公共建筑

D1.3.2.1 高层公共建筑宜采用钢筋混凝土框架 - 抗震墙结构。筒体结构、钢结构及钢 - 混凝土混合结构。

D1.3.2.2 选用钢筋混凝土框架 - 抗震墙结构时，结构材料应优先选用高强混凝土、高强钢筋和高性能钢材；选用轻型环保、本地化程度高的围护材料。

D1.3.2.3 抗震设防烈度大于等于 8 度地区的高层公共建筑，特别是重要的公共建筑，以及室内设备仪器贵重的公共建筑，宜采用减震技术和措施。

D1.4 大跨空间建筑

D1.4.1 大跨工业厂房建筑

D1.4.1.1 大跨工业厂房建筑宜采用钢结构体系。

D1.4.1.2 抗震设防地区，厂房建筑体型宜规则、简单，避免高低错落；多跨厂房宜等高布置，以免高振型地震反应对厂房结构产生不利影响；当厂房体形复杂时，应设置防震缝。

D1.4.1.3 当生产过程中散发较多的侵蚀介质时，应根据相关规范要求，选择合适的结构形式，不应采用薄壁型钢结构。

D1.4.1.4 轻工、电子、中小型机械厂、食品厂等轻型钢结构厂房可采用门式钢架结构。

D1.4.1.5 在轻质工业厂房中，当有较大悬挂荷载或移动荷载时，宜采用网架结构，不宜采用门式钢架结构。

D1.4.1.6 降雪量、降雨量大的地区，屋面曲线应利于积雪滑落或雨水排放。

D1.4.2 大跨公共建筑

D1.4.2.1 大跨公共建筑的结构选型，应注意概念设计，贯穿安全、实用、经济、美观的原则，从全局的角度确定结构的布置及细部措施。

D1.4.2.2 结构形式的剖面应与建筑使用空间相适应，避免不必要的大空间。

D1.4.2.3 应尽量采用新型轻质高强材料，减轻结构自重。

D1.4.2.4 应采用合理的建筑体形，使结构传力途径简捷，提高结构效率，增加结构刚度。

D1.4.2.5 对较大跨度的空间建筑，宜通过施加预应力降低截面尺寸，减少结构材料用量。

D2 绿色建筑结构体系的技术选型

D2.1 砌体结构

砌体结构的绿色性能与技术选型的关联性和要点：砌体结构的能源消耗和 CO_2 排放量指标较好，资源消耗是影响建筑结构绿色性能的主要指标，墙材用量是影响资源消耗指标的主要因素。因此在建筑结构方案阶段，应通过规则建筑体形，减少建筑体形系数，减少墙材用量。

小砌块等新型墙材砌体结构的资源消耗、能源消耗和 CO_2 排放量的综合指标好于传统砌体结构，只要将材料用量控制在合理范围内，即可获得较好的绿色性能。

D2.1.1　砌体结构的材料选择

D2.1.1.1　材料的选择应遵循因地制宜、就地取材的原则，运输半径不宜大于 50km。

D2.1.1.2　应优先选用节能环保型墙体材料，如果混凝土小型空心砌块、粉煤灰砖、粉煤灰空心砌块、灰砂砖、煤矸石砖、植物纤维工业灰渣混凝土砌块等。宜选用本地工业、矿业、农业废料制成的墙材产品。

D2.1.1.3　鼓励选用装饰、保温、承重一体化的墙材，以简化施工工序，节约施工能耗。

D2.1.2　砌体结构的技术措施

D2.1.2.1　结构布置时，应采取以下技术措施提高建筑结构的绿色性能。

1. 结构布置力求规则、简单，避免采用不规则的体形。

2. 房屋墙体尺寸应符合模数设计，砌体墙段应满足相关规范对局部尺寸限制的要求，不宜采用小墙垛。

3. 8 度、9 度地区的多层砌体建筑，应避免设置外墙转角窗。

4. 8 度、9 度地区的多层砌体建筑，不宜采用错层结构，不应连续多个错层。

5. 抗震设防地区，不宜采用单排柱内框架结构房屋。

6. 应设置钢筋混凝土圈梁、构造柱或芯柱，加强砌体结构的整体性，提高结构在大震下的抗倒塌能力。

7. 应避免结构墙体的平面外受弯，将楼板、梁在墙体的端支座设计为简支。

8. 非结构隔墙应采用措施与周边结构构件可靠连接。

9. 设备洞口宜设置在非结构墙体上。当设备洞口设置在承重墙上时，应避免小墙垛以及独立砖柱的出现。

D2.1.2.2　推广选用大开间混凝土小型空心砌块砌体结构，提高建筑结构的适用性。

D2.1.2.3　应采取措施防止和减轻墙体开裂。

D2.1.3　砌体结构的施工

应采取措施减少现场施工工序和湿作业工作量，提高结构施工的工厂化、预制化程度。

1. 采用装饰、保温、承重一体化的墙体材料。

2. 采用工厂化部件。

D2.1.4　砌体结构的使用维护

D2.1.4.1　砌体结构的房屋使用期间，应保证建筑结构的使用安全，未经设计许可，不应削弱结构构件截面尺寸、改变结构布置，如剔凿墙体水平槽，在构件上开凿洞口，随意增加或拆除结构构件等。

D2.1.4.2　进行房屋改造时，应由专业设计、施工人员制定改造方案，采取适当的加固措施。

D2.1.5　砌体结构的拆除、回收、利用

D2.1.5.1　应采用适当的方式进行拆除，严禁野蛮施工。拆除时应采用围挡措施，减少粉尘扩散。

D2.1.5.2　宜采取以下措施提高砌体结构的回收利用率。

1. 建筑废渣粉碎后制成砂浆直接利用。

2. 钢筋回收再加工。

3. 砖、混凝土等废料经破碎后代砂使用，用于砌体砂浆、抹灰砂浆、打混凝土垫层等，还可用于制作砌块、铺道砖、花格砖等建材制品。

4. 碎砖瓦、碎石、碎混凝土块等废弃物可作填料，用于复合载体夯扩桩等工程中。

5. 拆除的混凝土可用于再生混凝土的制作。

D2.1.6　主要技术经济指标

材料用量的指标范围可参考表 D2.1.6-1 和表 D2.1.6-2 中的建议值。

砖砌体结构材料用量建议值　　　　　　　　　　表 D2.1.6-1

建筑类型	别墅	住宅	公共建筑
水泥（t/100m²）	20.9~28.1	10.2~14.4	10.2~14.4
用钢量（t/100m²）	2.8~4.2	2.2~3.0	2.2~3.0
混凝土（t/100m²）	34.0~25.6	17.9~26.3	17.9~26.3
墙材（m³/100m²）	35.7~52.5	21.0~31.4	21.0~31.4

注：1. 此处砖砌体特指普通烧结实心砖砌体。

　　2. 砖砌体墙材指承重墙。

　　3. 其他种类的砖砌体可以参照此表。

小砌块砌体构造材料用量建议值　　　　　　　　表 D2.1.6-2

建筑类型	别墅		住宅	公共建筑
水泥（t/100m²）	13.3~18.7		10.2~14.4	10.2~14.4
用钢量（t/100m²）	2.8~3.8		2.8~3.8	2.8~3.8
混凝土（t/100m²）	8度区	17.8~24.4	18.8~27.6	18.8~27.6
	7度区及以下	14.8~17.0		
墙材（m³/100m²）	24.1~33.3		17.5~26.2	17.5~26.2

注：砌块砌体墙材指混凝土砌块承重墙。

D2.2　钢筋混凝土结构

钢筋混凝土结构的绿色性能与技术选型的关联性和要点：与其他结构系统相比，框架-抗震墙结构、抗震墙结构的能源消耗、资源消耗、CO_2 排放量指标均偏高。应通过选择体形规则、受力合理的结构形式，控制水泥用量和钢材用量，从而获得较好的绿色性能。

D2.2.1　钢筋混凝土结构的材料选择

D2.2.1.1　材料的选择应遵循因地制宜、就地取材的原则，优先采用省资源、省能源的水泥，采用高性能绿色混凝土。材料运输半径不宜大于100km。

D2.2.1.2　混凝土强度等级应与建筑结构的受力需要相适应。高层结构的墙、柱应采用高强混凝土，减少构件截面和混凝土用量，增加使用空间。梁、板及层数较低的房屋结构墙、柱可采用普通混凝土。

D2.2.1.3　优先选用高强钢筋，减少钢筋用量。在普通混凝土结构中，优先选用 HRB400

热轧带肋钢筋；在预应力混凝土结构中，推广使用中、高强螺旋肋钢丝以及三股钢绞线，替代低碳冷拔钢丝、冷轧带肋钢筋及冷拉钢筋。

D2.2.1.4　隔墙材料选用轻质、节能、环保的材料（如加气混凝土墙板、陶粒混凝土墙板、轻钢龙骨纸面石膏板、加气混凝土砌块、陶粒混凝土砌块、空心石膏砌块等），减轻房屋自重。

D2.2.2　钢筋混凝土结构的技术措施

D2.2.2.1　钢筋混凝土结构宜采用以下措施，减少混凝土和钢筋的用量。

1. 结构布置力求规则、简单；抗震设计时，高层建筑宜避免采用复杂结构体形，如错层结构、带转换层结构、连体结构等。

2. 不应采用单跨框架结构。

3. 抗震设防地区，不应采用全部为短肢抗震墙的抗震墙结构。

4. 8、9 度抗震设防地区，当建筑层数大于等于 4 时，不宜采用纯框架结构，应增设部分抗震墙，减少梁柱截面，控制结构侧移。

5. 采用抗震墙、框架-抗震墙结构时，抗震墙数量要适当、合理，应增强周边抗震墙刚度，减少扭转影响，尽量使结构平面的刚度中心与建筑物的质量中心接近；纵横抗震墙两个方向的刚度宜接近，住宅建筑的分户墙宜为抗震墙。

6. 在建筑方案或初步设计中，可参考表 D2.2.2.1 确定抗震墙的数量和位置。当设计烈度或场地类别不同时，可根据表中数值增减。

不同烈度、　场地下抗震墙的数量和位置　　　　　　表 D2.2.2.1

设计条件	$\dfrac{A_w}{A_f}$	$\dfrac{A_w+A_c}{A_f}$
7度、Ⅱ 类场地	2 %～3 %	3 %～5 %
8度、Ⅱ 类场地	3 %～4 %	4 %～6 %

注：1. 层数多，高度大的框架-抗震墙结构宜取表中上限值。
　　2. 抗震墙截面面积—A_w；楼面面积—A_f；柱截面面积—A_c。
　　3. 此表来自于：杨秀春. 建筑结构设计技术措施 [M]. 北京：中国建筑工业出版社，1994。

7. 较高的高层和超高层建筑应选用筒体结构。各种筒体的长宽比、高宽比不宜太大，不应超过规范限制。

8. 筒中筒结构可通过设置加强层减少结构侧移。

9. 8、9 度抗震设防地区不应采用异形柱框架结构；采用异形柱框架结构时，非结构墙体应采用轻质材料，减轻房屋自重，严格控制异形柱的轴压比；抗震设计时，异形柱结构不应采用多塔、连体或框支等复杂结构形式。

10. 大跨结构可采用预应力结构。

11. 8、9 度抗震设防地区的高层建筑，宜采用减震隔震技术和措施，减少结构地震反应，减少结构材料用量。

D2.2.2.2　设备留洞应尽量在非结构墙体上留设；当设置在承重构件上时，应与结构专业紧密配合，避免设置在框支梁柱、异形柱等重要构件上；洞口大小、位置要适当，并采取加强措施，避免对结构构件的受力性能削弱过大。

D2.2.2.3　应采取措施防止和减轻墙体开裂。

D2.2.3 钢筋混凝土结构的施工

D2.2.3.1 宜使用商品混凝土，在条件许可时采用预制构件，如预制楼板、楼梯、墙板、梁、柱等，提高工厂化、预制化程度，减少施工现场湿作业量。

D2.2.3.2 应采用可多次使用，不易变形、破损的模板，节省模板用量；抗震墙、筒体的施工宜采用大模（大模内置）、滑模或爬模体系，提高施工速度，节省模板耗材。

D2.2.3.3 混凝土施工宜采用泵送，钢筋、模板、预制构件的垂直运输宜采用塔吊、电梯等，加快施工速度。

D2.2.4 钢筋混凝土结构的使用维护

D2.2.4.1 使用中不应在混凝土构件随意剔槽、开凿洞口，改变结构受力状态。

D2.2.4.2 进行房屋改造时，应由专业设计、施工人员制定改造方案，采取适当的加固措施。

D2.2.5 钢筋混凝土结构的拆除回收利用

D2.2.5.1 宜采用机械或爆破方式进行拆除，严禁野蛮施工；拆除前应制定详细的拆除方案，节约人力、物力，并保证人员和周围建筑的安全；拆除时采取围挡措施，减少粉尘扩散。

D2.2.5.2 应采取措施提高钢筋混凝土的回收率。

1. 研究开发分离钢筋和混凝土的新技术，提高钢筋的回收使用效率。

2. 加强解体混凝土块的再利用，如用作复合载体夯扩桩的填料，制作再生骨料混凝土；混凝土等废料经破碎后代砂使用，用于砌筑砂浆、抹灰砂浆、打混凝土垫层等，还可用于制作砌块、铺道砖、花格砖等建材制品。

3. 充分利用搅拌站废料，提高退返混凝土的利用率。将退返混凝土洗净，回收骨料；或在工厂内将退返混凝土硬化，破碎成小块，用作路基材料。

4. 在拆除建筑物或制造混凝土再生骨料时，产生的微粉用作水泥原料、混凝土掺合料，或高压蒸养的混凝土掺合料。

D2.2.6 主要技术经济指标

钢筋混凝土结构的材料用量指标可参考表 D2.2.6-1~ 表 D2.2.6-3 的建议值。

混凝土框架结构材料用量建议值　　　　　　　　　　　　　表 D2.2.6-1

建筑类型	别墅	住宅		公共建筑	
水泥（t/100m²）	13.4~36.4	8度区	20.8~23.4	8度区	24.4~30.8
		7度区及以下	13.8~21.8	7度区及以下	18.3~26.3
钢（t/100m²）	4.8~6.8	8度区	5.1~7.7	8度区	6.6~9.0
		7度区及以下	4.1~5.9	7度区及以下	6.0~7.4
混凝土（t/100m²）	27.9~40.7	8度区	27.9~40.7	8度区	27.9~40.7
		7度区及以下	28.9~33.7	7度区及以下	28.9~33.7
墙材（m³/100m²）	7.1~29.9	8.3~13.1		8.3~13.1	

注：混凝土框架墙材指填充墙材。

混凝土抗震墙结构材料用量建议值　　　　　表 D2.2.6-2

建筑类型	别墅	住宅	公共建筑	
水泥（t/100m²）	25.6~31.6	22.6~28.0	30.3~34.9	
钢（t/100m²）	6.5~8.1	6.5~8.1	8度区	8.9~10.3
			7度区及以下	7.7~8.9
混凝土（t/100m²）	39.8~50.4	37.4~42.4	37.4~42.4	
墙材（m³/100m²）	0.8~10.8	0.8~10.8	0.8~10.8	

注：混凝土抗震墙墙材指填充墙材。

混凝土框架—抗震墙结构材料用量建议值　　　　表 D2.2.6-3

建筑类型	别墅	住宅	公共建筑	
水泥（t/100m²）	25.6~31.6	22.6~28.0	30.3~34.9	
钢（t/100m²）	6.5~8.1	6.5~8.1	8度区	8.9~10.3
			7度区及以下	7.7~8.9
混凝土（t/100m²）	39.8~50.4	37.4~42.4	37.4~42.4	
墙材（m³/100m²）	4.6~11.2	4.6~11.2	4.6~11.2	

注：混凝土框架-抗震墙墙材指填充墙材。

D2.3　钢结构

钢结构的绿色性能与技术选型的关联性和要点：与其他结构相比，钢结构的资源消耗、材料用量、工厂化程度和回收利用率具有优势，因此其绿色性能较好。

钢材用量是影响钢结构绿色性能的主要指标。应通过结构的合理选型和平面优化等措施，控制用钢量，获得更好的绿色性能。

D2.3.1　钢结构的材料选择

D2.3.1.1　应根据结构的重要性、荷载特征、结构形式、应力状态、连接方法、钢材厚度和工作环境等因素综合考虑，选用合适的钢材牌号和材性，避免"大材小用、小材大用"。

D2.3.1.2　对于由变形控制的结构应首先调整并优化结构布置和构件截面，增加结构刚度；对于由强度控制的结构应优先选用高强材料。

D2.3.1.3　高层钢结构和大跨空间结构宜选用轻质高强钢材，围护材料应采用轻质、节能、环保的材料，减轻建筑结构自重，减少钢材用量。

D2.3.1.4　对处于外露环境且对耐腐蚀性有特殊要求的或在腐蚀性气态和固态介质作用下的承重结构，宜采用耐候钢，减少后期围护费用，提高建筑结构的使用寿命。

D2.3.1.5　钢结构的防腐、防火、隔热应采用环保型材料，减少环境污染。

D2.3.2　钢结构的技术措施

D2.3.2.1　结构布置力求规则、简单，避免采用不规则的体型；结构体系应具有合理的刚度和承载力分布，避免因局部削弱或突变形成薄弱部位，产生过大的应力集中或塑性变形集中。

D2.3.2.2　钢结构建筑应优先采用具有空间作用的结构体系，充分利用材料强度。

D2.3.2.3　除特殊厂房外，钢结构厂房应优先采用轻型钢结构；如门式刚架、网架屋面等。

D2.3.2.4　轻质外围护墙体与主体结构应采用柔性连接方式，以减小墙体对结构刚度的影响，减小地震反应。

D2.3.2.5　高层钢结构建筑宜选用风压较小的平面形状，并应考虑邻近高层建筑物对该建筑物风压的影响。在体型上应避免在设计风速范围内出现横向风振动。

D2.3.2.6　选择空间结构时，应尽量采用拉、压构件，避免受弯构件的出现。

D2.3.2.7　8、9度抗震设防地区的高层建筑，宜采用减震隔震技术和措施，减小结构地震反应，减少钢材用量。

D2.3.2.8　应避免在承重钢构件上设置设备洞口，以免削弱其受力性能，造成结构钢材用量的增多。

D2.3.3　钢结构的施工

D2.3.3.1　合理布置钢构件连接节点的位置，提高节点的工厂化程度，满足构件使用和施工阶段的受力要求，减少运输难度。

D2.3.3.2　应选择近距离的有资质钢结构加工企业，减小运输耗能。

D2.3.3.3　应强化现场管理及构件进场计划，合理布置堆场，优化构件的堆放顺序，保证验收工作和吊装工作的平行进行，缩短工期。

D2.3.3.4　钢结构的现场连接宜采用高强螺栓，减少现场的焊接工程量，提高构件拼接节点延性，减少环境对结构的影响。

D2.3.4　钢结构的使用维护

D2.3.4.1　对防火等级要求高的钢结构建筑（如油漆车间、易燃材料仓库等）必须采取防火措施，如喷涂防火涂料，采用水喷淋系统等。

D2.3.4.2　对钢结构应采用涂防锈漆等防腐措施，并根据具体情况经常维修和保养。钢柱柱脚在地面以下部位应采用强度等级不低于C20的混凝土包裹，其保护层厚度不应小于50mm。有侵蚀介质厂房的受力构件，其型钢厚度不得小于8mm，受力焊缝厚度不宜小于8mm。

D2.3.4.3　当钢结构表面温度处于150℃以上时，必须根据不同耐火等级设计要求，采用相应的隔热防护措施。

D2.3.4.4　在大跨空间钢结构中，宜设置马道用来悬挂或检修灯具、设备。

D2.3.4.5　在钢索结构中，必须进行钢索防护，减少维护工作量，延长钢索的使用寿命。

D2.3.4.6　钢结构住宅的使用与维护应着重加强钢构件的防火与防腐措施，注意改建或装修时不要损伤钢构件的保护层。如有损伤，应由专业人员及时进行修补。

D2.3.5　钢结构的拆除、回收、利用

D2.3.5.1　应大力发展与钢结构构件拆除和回收有关的技术及产业；在拆除过程中，应做好钢构件与维护构件的保护工作，提高材料的重复利用率。

D2.3.5.2　应研究开发可回收再利用的膜材。

D2.3.6 主要技术经济指标

钢结构房屋的材料用量可参考表 D2.3.6-1 ~ 表 D2.3.6-3 的建议值。

钢框架结构的材料用量指标建议值　　　　　　　　　　表 D2.3.6-1

建筑类型	别墅	住宅	公共建筑
水泥（t/100m²）	5.8~26.0	5.8~26.0	5.8~26.0
钢（t/100m²）	3.5~7.5	5.8~8.0	7.1~9.6
墙材（m³/100m²）	7.1~29.9	4.6~13.1	4.6~13.1

注：钢框架墙材指填充墙材。

我国近年 200m 以上钢结构高楼的结构用钢量统计　　　表 D2.3.6-2

建造时期	统计总数	200m以上的栋数	总建筑面积 （×100m²）	总用钢量 （×10⁴t）	平均用钢量 （t/100m²）
20世纪80年代	11	1	73.4	9.0	12.3
20世纪90年代	15	5	140.8	11.4	9.5
在建工程	10	4	120.0	4.0	8.3

注：此表来自刘大海、杨翠如编著的《高楼钢结构设计》。

大跨空间钢结构用钢量建议值　（t/100m²）　　　　　表 D2.3.6-3

网架、网壳		桁架		门式刚架建议值		
跨度（m）	建议值	跨度（m）	建议值	跨度（m）	单跨	双跨
25~30	1.2~1.8	50~140	7.8~11.2	15~30	2.0~3.0	
30~40	1.5~3.0			30~60	3.0~4.5	
40~60	2.5~4.0			30~54		1.7~2.6
60~80	3.5~5.0			54~66		2.5~3.0
80~100	4.0~6.5					

D2.4　钢－混凝土结构

钢－混凝土结构的绿色性能与技术选型的关联性和要点：与其他结构相比，钢-混凝土结构的资源消耗、材料用量、回收利用率具有优势，因此其绿色性能较好。

钢材用量与水泥用量是影响钢-混凝土结构绿色性能的主要指标，尤其是钢材用量。应通过结构的合理选型和平面优化等措施，控制材料用量，获得更好的绿色性能。

D2.4.1　钢管混凝土结构

D2.4.1.1　钢管的截面形式优先采用圆形钢管，充分发挥钢管对核心混凝土的紧箍作用，也可采用方形或矩形钢管。混凝土强度等级应与钢管钢号相匹配，可参考下列材料组合：Q235 钢配 C30 ~ C40 级混凝土，Q345 钢配 C40 ~ C60 级混凝土，Q390 钢配 C50 ~ C60 级及以上混凝土。

D2.4.1.2　钢管混凝土杆件的含钢率宜为 0.04 ~ 0.20。

D2.4.1.3　电气、设备安装布置时，不应削弱钢管混凝土构件截面。

D2.4.1.4　混凝土的水灰比应控制在 0.45 及以下；可以掺入引气量小的减水剂；对于直径大于 500mm 的钢管混凝土柱，管内混凝土宜选用自补偿或微膨胀混凝土。

D2.4.1.5　管内混凝土的施工，应优先采用施工速度快、易保证质量的施工方法。

D2.4.1.6　钢管混凝土结构应采用防火与防腐措施。

D2.4.2　型钢混凝土结构

D2.4.2.1　型钢混凝土构件中的型钢骨架应优先选用高性能结构钢，减小构件截面和用钢量。

D2.4.2.2　型钢混凝土结构应满足"强节点、弱杆件"，"强柱弱梁"，"强剪弱弯"的抗震设计原则。

D2.4.2.3　不宜在型钢翼缘上留设钢筋贯穿孔；必须在柱内型钢腹板上留设钢筋贯穿孔时，截面损失率宜小于腹板面积 25%。

D2.4.2.4　设备管道、管线布置安装时，不应削弱型钢混凝土构件截面。

D2.4.2.5　宜采取以下措施，减小施工难度。

1. 型钢混凝土框架梁柱节点的连接应做到构造简单，传力明确，便于混凝土浇捣和钢筋绑扎。

2. 柱的型钢骨架和钢筋布置，应考虑梁钢筋的贯穿。

3. 当构件的节点构造较复杂时，应考虑在型钢的适当位置留设排气孔。

D2.4.2.6　型钢混凝土的施工需要不同的专业施工队伍交叉配合，应加强现场管理，严格控制施工过程。

D2.4.2.7　型钢混凝土在使用过程中不需特别维护，但严禁私自拆改。

D2.4.3　高层建筑中的钢－混凝土结构

D2.4.3.1　应优先选用高性能钢材、高强轻质混凝土、高强钢筋。

D2.4.3.2　结构平面布置应减少扭转的影响，不应采用不规则的结构体系。

D2.4.3.3　设备管线、洞口应尽量结合轻质隔墙进行设置，避免在钢框架梁、柱上开设洞口。

D2.4.3.4　高层钢－混凝土结构施工需要不同的专业施工队伍交叉配合，应加强现场管理，严格控制施工过程。

D2.4.3.5　高层钢－混凝土结构中的钢构件应采取防火与防腐措施；混凝土构件及型钢混凝土构件不需特别的维护。

D2.4.3.6　高层钢－混凝土结构应采取措施提高钢筋混凝土部分的回收利用率。

D2.4.4　主要技术经济指标

高层钢－混凝土结构的材料用量指标可参考表 D2.4.4 的建议值。

钢－混凝土结构材料用量建议值　　　　　　　　　　　　表 D2.4.4

建筑类型	住宅	公共建筑
水泥（t/100m²）	5.8～26.0	5.8～26.0
钢（t/100m²）	5.8～8.0	7.1～9.6
墙材（m³/100m²）	4.6～13.1	4.6～13.1

注：钢-混凝土结构墙材指填充墙材。

D2.5　土木石结构

土木石结构的绿色性能与技术选型的关联性和要点：土木石结构房屋的结构材料取自自然、可循环使用，施工简单、耗能少、对环境冲击小，节省能源，是一种绿色性能较好的结构形式。

土木石结构房屋应采用当地成熟的结构方式和施工技术，利用现代先进技术对传统工艺加以改进，提高建筑结构的绿色性能。富有民族特色的小区，设计时应保留当地传统特色。

D2.5.1　土结构房屋

D2.5.1.1　富土地区建造土结构房屋时，应就地取材；其他地区不宜采用土结构，避免造成对土地，特别是耕地的破坏。

D2.5.1.2　土结构房屋应避开易产生滑坡、山崩的地段。

D2.5.1.3　土结构房屋应采取措施加强结构的抗震性能，如加设拉结材料、设置圈梁等。

D2.5.1.4　应采用轻质屋面材料，减轻房屋自重，减少结构负荷。

D2.5.1.5　应做好防潮、防水措施，延长建筑结构使用寿命。

D2.5.1.6　应采取措施，防止因基础不均匀沉降导致墙体产生裂缝。

D2.5.1.7　使用过程中，应经常对结构进行检查，发现问题及时维修。

D2.5.1.8　拆除时应采取措施减少粉尘的扩散。

D2.5.2　木结构房屋

D2.5.2.1　对于木材充足的小城镇地区，可以考虑使用木结构。富竹地区竹代木，采用竹木结构。

D2.5.2.2　城市木结构房屋，应利用速生丰产林生产的高强复合工程用木材，提高材料本地化程度，减少运输消耗。

D2.5.2.3　宜选用以木材为受压或受弯构件的结构形式，充分发挥木材的受力性能，节约木材用量。

D2.5.2.4　木屋盖宜采用外排水，若必须采用内排水时，不应采用木质天沟，减少木构件的腐烂，延长建筑结构使用寿命。

D2.5.2.5　应做好木结构的通风、防潮、防虫蛀和防火措施。

D2.5.2.6　城市木结构建筑应采用模数化设计、工厂化加工和机械化安装。

D2.5.2.7　使用中应对木结构构件进行定期检查、维护，如发现潮湿、腐烂、虫蛀等问题及时采取措施。

D2.5.2.8　木结构的房屋拆除后，木材应重复利用或回收，提高回收利用率

D2.5.3　石结构

D2.5.3.1　材料的选择应遵照因地制宜、就地取材的原则，减少运输成本。

D2.5.3.2　当有振动荷载时，墙、柱不宜采用毛石砌体。

D2.5.3.3　应充分利用石材作为建筑物的承重墙柱，应避免使其受弯，减少石结构构件的剪力。

D2.5.3.4　抗震设防地区的石结构房屋应采取加设构造柱、圈梁、设置钢筋网片、进行灰缝灌浆等措施，提高结构的抗震性能。

D2.5.3.5　高抗震设防烈度地区，宜采取措施减少地震作用，如果用隔震减震技术和

措施。

D2.5.3.6　应采取措施防止或减少石结构墙体的开裂。

D2.5.3.7　石结构房屋拆除后，石材应重复利用或回收，如利用碎石制作混凝土等，提高回收利用率。

D2.6　隔震结构体系

D2.6.1　隔震层应提供必要的竖向承载力，侧向刚度和阻尼；穿过隔震层的设备配管、配线，应采用柔性连接或其他有效措施适应隔震层的罕遇地震水平位移。

D2.6.2　应确保隔震层结构面没有凹凸。隔震层梁下空间不宜小于1.2m，满足建筑空间和照明设施、保证隔震设施和管线的检查与日常维护要求。

D2.6.3　在用于检查的楼梯入口处，应划定防火区，并设置隔震层检查用入口等标识。

D2.6.4　应设置升降口、采光井等较大的通道空间，满足隔震层内的隔震构件或设备管道维修更换时的机械、管材等运输要求。

D2.6.5　设计文件中应注明对隔震部件的性能要求，安装前应对工程所用的各种类型和规格的原型部件进行抽样检测，每种类型和每一规格的数量不应少于3个，抽样检测的合格率应为100%。

D2.6.6　隔震结构在长期使用过程中应建立完善的维护管理体制，使建筑物的周围始终保有足够的空间和必要的设施，以确保大震时建筑物的上部结构能自由地移动，保证隔震层的功能。维护管理项目见表D2.6.6。

维护管理项目　　　　　　　　　　　　　　表 D2.6.6

部位	必要的性能	管理项目	管理方法
隔震构件	能安全支撑建筑物	外观检查 徐变 位移 刚性 变形能力 衰减能力	有无损伤 测定竖向位移 测定水平位移 外观检查 测试备用件
隔震层建筑外沿	不妨碍建筑水平位移	间隙 有无障碍物	测定间隙大小 目测查找障碍物
设备管线可挠部位	具有适应位移的能力	形状 有无损伤	目测检查 有无漏水等

D2.6.7　由于建筑物的业主、管理人及使用者在若干年后有可能变更，应在建筑物的显著位置标明该建筑是隔震建筑。

D2.6.8　设置隔震部件的部位，除按计算确定外，应采取便于检查和替换的措施。

附录4

《北京市太阳能热水系统城镇建筑应用管理办法》

关于印发《北京市太阳能热水系统城镇
建筑应用管理办法》的通知

京建法〔2012〕3号

各区县政府，各相关委办局，各有关单位：

为加快推进太阳能热水系统在本市民用建筑领域的应用，提高人民群众生活质量，促进节能减排，根据《北京市实施〈中华人民共和国节约能源法〉办法》规定，并经市政府同意，现将《北京市太阳能热水系统城镇建筑应用管理办法》予以印发，请遵照实施。

    附件：北京市太阳能热水系统城镇建筑应用管理办法
        北京市住房和城乡建设委员会　北京市发展和改革委员会
        北京市规划委员会 北京市财政局
        北京市质量技术监督局　北京市工商行政管理局

二〇一二年一月三十日

附件：

北京市太阳能热水系统城镇建筑应用管理办法

第一章 总则

第一条 为加快推进太阳能热水系统在本市民用建筑领域的应用，提高人民群众生活质量，促进节能减排，根据《北京市实施〈中华人民共和国节约能源法〉办法》、《北京市加快太阳能开发利用促进产业发展指导意见》（京政发〔2009〕43号），结合本市实际情况，制定本办法。

第二条 本办法中所称太阳能热水系统是指把太阳辐射能转换成热能用以加热水并输送至各用户的系统装置，包括太阳能集热系统、辅助加热系统和热水供应系统。

第三条 在本市行政区域内的城镇居住建筑、有生活热水需求且满足安装条件的城镇公共建筑，安装、使用太阳能热水系统，适用本办法。

第四条 太阳能热水系统建筑应用遵循保证系统综合效益和可持续应用原则，实现合理的太阳能保证率和综合节能、投资收益。

第五条 北京市住房和城乡建设委员会（简称市住房城乡建设委）会同北京市发展和改革委员会（简称市发展改革委）、北京市规划委员会（简称市规划委）负责制定和实施本市太阳能热水系统建筑应用的发展规划、实施方案、管理与促进政策，按各自职责加强对新建、改建、扩建民用建筑太阳能热水系统安装工程的监督管理。

市发展改革委负责按照固定资产投资管理程序制订和实施新建、改建、扩建民用建筑项目的资金补助奖励政策。

市规划委负责太阳能热水系统建筑应用的规划设计标准管理，负责新建、改建、扩建民用建筑太阳能热水系统应用项目规划、设计的监督管理工作。

北京市财政局负责对太阳能热水建筑应用项目的财政资金进行管理。

北京市质量技术监督局（简称市质监局）负责太阳能热水系统有关地方标准的立项、组织审查和批准发布工作，负责本市生产环节太阳能热水系统产品的质量监督。

北京市工商行政管理局（简称市工商局）负责对本市假冒伪劣太阳能热水系统产品等违法行为的查处。

第六条 区县住房城乡（市）建设委及经济技术开发区建设局会同区县发展改革委等有关部门负责组织制定和实施本地区太阳能热水系统建筑应用的发展规划；负责职责范围内新建、改建、扩建民用建筑太阳能热水系统安装工程的监督管理；按规定程序办理太阳能热水系统补助资金的申报和审核工作。

区县政府其他有关部门依据各自职责对太阳能热水系统建筑应用项目进行监管。

第七条 本市建立由市住房城乡建设委、市发展改革委牵头的太阳能热水系统建筑应用联席会议制度，研究推进太阳能热水系统建筑应用的政策措施，对全市太阳能热水系统建筑应用工作进行统筹、协调、促进。

第八条　与太阳能热水系统建筑应用有关的行业协会、科研单位、教育机构、中介机构，在各自职责与业务范围内参与本市太阳能热水系统的推广应用工作。

第二章　一般规定

第九条　本市行政区域内新建城镇居住建筑，宾馆、酒店、学校、医院、浴池、游泳馆等有生活热水需求并满足安装条件的新建城镇公共建筑，应当配备生活热水系统，并应优先采用工业余热、废热作为生活热水热源。不具备采用工业余热、废热的，应当安装太阳能热水系统，并实行与建筑主体同步规划设计、同步施工安装、同步验收交用。

鼓励具备条件的既有建筑通过改造安装使用太阳能热水系统。

第十条　根据建筑功能特点、节能降耗和方便使用与维护等要求，合理确定太阳能集热系统的类型。

（一）城镇公共建筑和 7 至 12 层的居住建筑，应设置集中式太阳能集热系统。

（二）13 层以上的居住建筑，当屋面能够设置太阳能集热器的有效面积大于或等于按太阳能保证率为 50% 计算的集热器总面积时，应设置集中式太阳能集热系统。

（三）13 层以上的居住建筑，当屋面能够设置太阳能集热器的有效面积小于按太阳能保证率为 50% 计算的集热器总面积时，应采取集中式与分散式相结合的太阳能集热系统，亦可采用集中式太阳能集热系统与空气源热泵相结合的热水系统。

（四）6 层以下的居住建筑可选用集中式或分散式太阳能热水系统。

采用集中式太阳能集热系统的，提倡居民在每天 12 时至 24 时之间使用该系统提供的热水。

第十一条　集中式太阳能热水系统的辅助热源应当选用城市热网、燃气或居民低谷电。当必须采用普通电能作为辅助热源时，宜采用分散辅助热源形式。

第十二条　新建建筑安装太阳能热水系统的投资由建设单位纳入项目建设成本。

集中式太阳能热水系统的集热系统、集中式辅助热源系统等设施设备为业主共有共用部分，由业主共同决定委托节能服务公司或物业服务企业（简称太阳能热水系统运行服务单位）负责运行维护。运行维护费用在收取的太阳能热水系统使用费中支出，更新费用在住宅专项维修资金中列支。

集中式太阳能热水系统的户内设施部分和分散式太阳能热水系统为房屋产权人所有，运行维护与更新费用由产权人负责。

第十三条　鼓励既有居住建筑太阳能热水应用系统的改造、运行、维护、更新采用合同能源管理形式。

第十四条　太阳能热水系统设备的生产供应单位应保证所提供设备的质量，并提高售后服务水平。

提倡太阳能热水系统建筑应用项目选择在供应合同中承诺太阳能热水系统设备保修期在 3 年以上，使用年限在 15 年以上的供应单位的产品。

第十五条　建立太阳能热水系统应用与投资效果的后评估机制，具体办法另行制定。

第三章　新建建筑安装太阳能热水系统

第十六条　新建建筑的建设单位，在项目规划设计阶段应当根据本管理办法的规定和有关规范要求，结合项目的实际情况，确定生活热水系统的热源、辅助热源及运行方式，确保设计方案科学合理。

第十七条　新建建筑的太阳能热水系统应当按照国家和本市有关标准规范，进行太阳能热水系统与建筑一体化设计，做到建筑物外观协调、整齐有序。

太阳能热水系统与建筑一体化设计的施工图纸，应当包括太阳能热水器的规格尺寸、系统布置、管道井、固定预埋件、电气管线敷设、节点做法、防雷等内容。确保结构安全、布局合理、性能匹配、使用安全和安装维修方便。

第十八条　新建建筑的建设单位或总承包单位应当依法招标选择合格的太阳能热水系统设备供应单位。签订的太阳能热水系统设备采购供应合同应当包括保修期、使用年限和售后维修服务条款。

第十九条　太阳能热水系统设备进入施工现场后，由采购单位组织，建设单位、总承包单位、监理单位、太阳能热水系统设备的供应单位参加，按照供货合同及国家、本市有关标准规范进行验收和检验。不符合要求的设备及材料不得安装使用。设备、材料生产厂家提供的质量证明文件和施工单位的进场验收、检验资料与施工记录，按照有关标准规范要求存档。

第二十条　施工单位应当严格按照设计文件及国家、本市有关标准和要求进行施工，落实试运行时间，确保工程质量合格。

监理单位应依法按照相关规定做好太阳能热水系统设备、材料的进场检验，并按照设计要求，严格对重点部位、重点环节的监理。

第二十一条　建设单位对太阳能热水系统的质量负总责。按规定应当安装太阳能热水系统的工程，建设单位组织建筑节能专项验收时，应当包括太阳能热水系统相关内容。

工程竣工后，建设单位应当按照国家和本市有关规定做好太阳能热水系统的移交工作。

第二十二条　建设单位应当在房屋销售场所公示太阳能热水系统的类型和辅助能源形式，并将公示内容和产权归属等情况纳入房屋买卖合同，在《住宅质量保证书》、《住宅使用说明书》等文件中载明热水系统户内设施的技术指标、使用方法、维修及养护责任、保修年限、使用年限等信息。

第四章　既有建筑安装太阳能热水系统

第二十三条　既有居住建筑安装集中式太阳能热水系统或在建筑物共有部位安装分散式太阳能热水系统的，应当经专有部分占建筑物总面积三分之二以上的业主且占总人数三分之二以上的业主同意。提倡业主使用业主决定共同事项公共决策平台进行表决。

既有建筑安装集中式太阳能热水系统，应当由业主依法确定实施单位、设计单位、设备供应单位、安装单位和监理单位，组织工程验收交用。提倡与政府部门推进的抗震加固、建筑节能改造同步设计、同步施工。在屋顶部位安装分散式太阳能热水系统，可由参加安装的业主委托房屋管理单位统一组织设计和设备采购、安装。

第二十四条　文物保护范围内的既有建筑安装太阳能热水系统应当报文物管理部门同意。

第二十五条　业主应当优先选择建筑物的原设计单位作为太阳能热水系统的设计单位；如果选择其他设计单位的，设计单位资质等级应不低于原设计单位资质等级。

在阳台安装分散式太阳能热水系统的，应当由安装单位出具由注册结构工程师签字认可的安装部位承载能力符合要求的确认书。

第二十六条　既有建筑安装太阳能热水系统的费用由产权人负担，符合有关规定的享受国家和本市对可再生能源建筑应用项目的资金补助奖励政策。

第二十七条　投资额在 30 万元以上或建筑面积在 300 平方米以上的既有建筑安装太阳能热水系统的改造工程，按有关规定办理规划备案、施工图设计审查、建筑节能设计审查备案与施工许可、设备采购备案、工程质量监督、竣工验收备案手续。

第五章　居住建筑太阳能热水系统的运行

第二十八条　居住建筑的太阳能运行服务单位，应当按照业主的委托做好太阳能热水系统共有共用部分的运行、维护、检修工作，制止擅自改装、损坏太阳能热水系统的行为，确保太阳能热水系统的正常运行。

第二十九条　居住建筑的太阳能运行服务单位，应当按照合同约定为集中式太阳能热水系统的个人产权户内设施和分散式太阳能热水系统的运行与维护提供技术服务。

第三十条　太阳能集热系统使用费的固定费（包括日常维护费、系统运行电费、运行人员费、节能服务公司垫付的改造投资）可按户均标准实行预缴；变动费（包括热水费、集中补热的辅助热源费）可按使用的热水量计量，按月缴纳或按年预缴。提倡使用智能卡计费。

太阳能热水系统使用费的价格应当符合国家和本市有关规定，反映太阳能热水系统的实际运行成本，有利于太阳能热水系统的可持续应用。

太阳能热水系统使用费价格应当写入业主对太阳能运行服务单位的委托书中，价格的确定与调整应当经占太阳能热水系统应用的建筑物总面积三分之二以上的业主且占总人数三分之二以上的业主同意。

第三十一条　居住建筑集中式太阳能热水系统运行中通过计量收取的热水费用，用于支付辅助热源的能耗动力费用、水费、维修费用、管理费用，以及采用合同能源管理方式的太阳能热水系统改造投资费用。

第三十二条　集中式太阳能热水系统的设备需要更新时，应当由相关业主共同决定更新的实施单位。

第三十三条　太阳能热水系统的投资和运行节能服务公司因破产、调整业务方向转让或中止该项业务合同，应当由业主共同决定原合同的中止和新合同的签订。

第六章　促进政策

第三十四条　本市新建和既有居住建筑，安装太阳能热水系统、且单位工程集热器面积不小于 50 平方米的项目,建设单位可按照相关规定,向区县住房和城乡(市)建设委申报,经审核符合要求的, 按照北京市有关太阳能热水系统项目补助资金管理办法规定标准给予资金补助。

太阳能热水系统与建筑一体化项目符合住房城乡建设部和财政部有关规定的,建设单位可以向市或区县住房和城乡(市)建设委员会申请中央财政的资金补助。

第三十五条 本市定期发布《太阳能热水系统建筑应用产品目录》,指导建设工程选购。

本市由财政资金投资或申请财政资金补助的新建、改建、扩建居住建筑项目,应当采购《太阳能热水系统建筑应用产品目录》中的产品,其他建设项目鼓励选用该目录中的产品。

《太阳能热水系统建筑应用产品目录》的申报、审核及管理办法另行发布。

第三十六条 对在民用建筑领域太阳能热水系统推广应用中做出突出成绩的单位和个人,纳入市节能减排奖励范围。

将太阳能热水系统建筑应用的情况作为绿色建筑标识与各类优秀工程评选的重要指标之一。

第七章　监督管理

第三十七条 太阳能热水系统建筑应用的经济技术指标和设计安装要求纳入本市地方标准,依法将重要指标和要求作为强制性条款。新建、改建工程的建设单位、设计单位应当按照国家标准和北京市地方标准的要求进行太阳能热水系统的设计。

第三十八条 按规定应进行固定资产投资项目节能评估审查的新建居住建筑小区,应当将生活热水系统的热源、辅助热源、运行方式及预期节能效果纳入节能评估报告,报市或区县发展改革委员会审查。

第三十九条 施工图审查机构按工程建设强制性标准对太阳能热水系统建筑应用项目的施工图设计文件进行审查。

第四十条 市和区县住房和城乡(市)建设委依法对新建、改建、扩建民用建筑的太阳能热水系统设备与施工单位招标、设备与材料进场验收检验、安装与验收过程执行标准规范的情况进行监督检查。

对建设单位不按批准的施工图设计文件同步安装太阳能热水系统、采购不合格或授意施工单位采购不合格太阳能热水系统的,把太阳能热水系统安装工程发包给资质不符合要求的施工单位的;对施工单位不按批准的施工图设计文件和施工技术与验收规范施工,使用不合格、未经检验、检验不合格的太阳能热水系统设备、材料的;对监理单位不认真履行监理职责,对不按批准的施工图设计文件和标准规范施工,将不合格、未经检验的太阳能热水系统设备、材料按合格与检验合格签字的,依据《建设工程质量条例》和《实施工程建设强制性标准监督规定》(建设部 81 号令)予以处罚,根据有关规定对责任单位、责任人进行记分处理,并向社会公布。

对擅自取消太阳能热水系统的建设项目,责令限期整改。

第四十一条 工商部门、质量技术监督部门依据各自职责对太阳能热水系统设备的质量和生产、销售单位的经营行为进行监督管理,对不合格的设备和违法经营行为依法查处。

市和区县住房城乡(市)建设管理部门在监督检查时,应对供应不合格设备的生产厂家和供应单位、未履行运行维护职责的节能服务公司或物业服务公司予以通报，计入建设领域不良信息系统。同时通报工商、质量技术监督部门处理。

第四十二条 在太阳能热水系统安装施工中，擅自改变或损坏建筑主体和承重结构的，依法处罚。

第四十三条 对未按本办法规定进行太阳能热水系统与建筑一体化设计和建设的，对供应、采购和安装不合格的太阳能热水系统设备及辅助材料的，可以向有关主管部门举报。

对未按合同承诺履行集中式太阳能热水系统运行维护职责的，按合同约定的方式解决。

第八章 附则

第四十四条 本市太阳能热水系统建筑应用项目的建设单位、设计单位、施工单位、监理单位和运行维护单位，应当对有关的管理人员、技术人员进行太阳能热水系统的技术培训和考核。

第四十五条 农村居住建筑和公共建筑安装、使用太阳能热水系统，可参照本办法有关规定。

鼓励农民住宅和村镇公共建筑中使用太阳能热水系统解决生活热水和冬季采暖的部分用能需求。

在新建和既有农村建筑上安装太阳能热水系统的，应进行系统设计和建筑结构安全复核，满足建筑结构及其他有关专业提出的安全要求。

提倡农村太阳能热水系统项目由村民委员会统一组织实施。

第四十六条 本办法自 2012 年 3 月 1 日起施行。

附录5

绿色建筑增量成本案例分析

发展绿色建筑，增量成本一般是可控的，从对 9 个最典型绿色建筑评价标识的申报材料分析来看（图附录 5-1），核定成本普遍低于开发商申报的成本，每个项目的经济效益都非常好。通过推算，这些绿色建筑项目平均节电成本静态回报期 3~5 年，平均节水成本静态回报期为 2~7 年。绿色建筑在节能、节水、节材、控制二氧化碳气体排放等方面都显示了其独特的高效性。

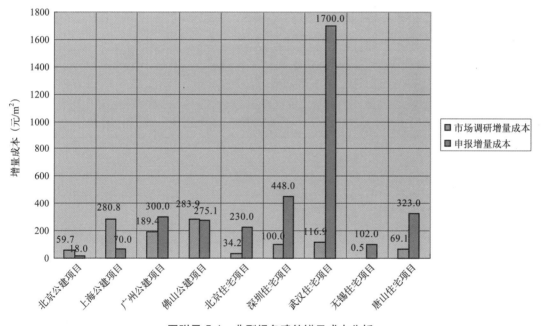

图附录 5-1 典型绿色建筑增量成本分析

绿色建筑增量成本是建设单位非常关注的问题，设计人员应认真设计，仔细核算，做到既达到绿色建筑的效果，又使增量成本可控，取得社会与经济效益的共赢。由于绿色建筑这几年刚刚开始，相关的增量成本分析与统计工作并不完善，下面几个案例仅供参考。

【例 1】天津市建筑设计院科技档案馆

工程名称	天津市建筑设计院科技档案馆
建筑地点	天津市气象台路95号
开竣工日期	于2009年2月开工，2010年1月全面竣工，于2010年2月正式投入使用

工程概况	本项目属于自用型办公建筑，建设内容包括科研设计办公室、档案信息管理室、电子档案库、科技档案库及设计办公室等。建设项目用地面积1263²，基底面积809.49²，总建筑面积4585m²，地上6层，建筑总高度23.85m。 本项目工程总投资2007万元，于2009年2月开工，2010年1月全面竣工，项目于2010年2月正式投入使用。				
绿色建筑星级评价情况	2009年获住建部绿色建筑设计二星级标识 2011年获住建部运营标识三星级认证				
绿色建筑增量成本分析	绿色建筑技术	单价	应用量	应用面积 （m²）	增量成本 （万元）	备注
	地源热泵系统	9.6元/m²	4585m²	4585	-4.40	
	毛细管空调系统	45元/m²	1986m²	1986	8.94	
	建筑保温隔热	25元/m²	4585m²	4585	11.47	
	机翼型外遮阳	800元/m²	63.5m²	4585	5.08	
	太阳能热水系统	2500元/m²	21m²	4585	5.25	
	太阳能光伏发电	45000元/m²	3kw	66.5	11.36	
	光导管技术	7000元/套	1套	15	0.7	
	绿色照明	20元/m²	4585m²	4585	9.17	
	屋顶绿化	200元/m²	568m²	568	11.36	
	屋顶滴灌系统	25元/m²	568m²	568	1.45	
	透水地面	50元/m²	210m²	210	1.05	
	绿色技术展示系统	650000套/元	1套	35	65.0	
	合　计				126.43	
	单位面积增量成本				275.75元/m²	

【例2】东方海港国际大厦

工程名称	东方海港国际大厦
建筑地点	上海市北外滩虹口区东大名路1080号
开竣工日期	
工程概况	东方海港国际大厦办公楼地下2层，地上26层，总建筑面39832.6m²，总用地面积8826m²，其中建筑占地面积2060m²，绿化面积3377m²，功能包括办公、餐饮、会议、游泳池等，项目按基本功能分为地下停车库、主楼及辅楼
绿色建筑星级评价情况	2011年6月通过国家绿色建筑设计标识三星级认证

续表

绿色建筑技术	单价	应用量	应用面积（m²）	增量成本（万元）	备注
地源热泵	1套	29386.6m²	29386.6	500	
可调节外遮阳	2万/扇	40扇	29386.6	80	西立面和南立面
CO2监控	2万/扇	20套	29386.6	40	5~25层
智能化系统	400万/套	1套	39832.6	400	
雨水收集系统	50万/套	1套	8826	50	整个场地
排风热回收	10万/套	12套	29386.6	120	12台新风机组
VAV+独立新风	80元/m²	29386.6m²	29386.6	235	
导光筒	1万/个	13	5555	13	地下车库一层
屋顶绿化	500元/m²	451m²	451	13.53	
合　计				1451.53	
单位面积增量成本				364元/m²	

（第一列左侧合并单元格：绿色建筑增量成本分析）

【例3】 合肥鹏远住工办公楼

工程名称	合肥鹏远住工办公楼
建设地点	合肥市经济技术开发区
开竣工日期	2010年5月改造完毕
工程概况	该项目为2006年竣工的三层普通办公楼，总建筑面积1771.4m²。原项目为常规小型办公楼。针对小型办公楼特点，进行了合理的建筑布局分割和绿色建筑技术运用，达到了绿色建筑三星的需求，属于国内较为成功的旧建筑改造案例。
绿色建筑星级评价情况	获绿色建筑三星级认证的改造项目。

绿色建筑技术	单价	应用量	应用面积（m²）	增量成本（万元）	备注
屋顶绿化	100元/m²		582m²	5.82	3层屋顶
地源热泵	200元/m²		1400m²	28.00	空调系统
雨水收集系统	100000元/套		1套	10.00	用于景观水、绿化浇晒等

（第一列左侧合并单元格：绿色建筑增量成本分析）

续表

绿色建筑增量成本分析	节水喷灌	10000元/套		1套	1.00	室外绿化
	可调节外遮阳	500元/m²		80m²	4.00	外窗
	BA系统	100000元/套		1套	10.00	室内部分
	导光筒	2000元/个		3个	0.60	3F办公室
	太阳能热水	1500元/m²		10m²	1.50	3层屋顶
	合　计				60.92	
	单位面积增量成本				343.91元/m²	

【例4】苏州·朗诗国际街区

工程名称	苏州.朗诗国际街区					
建设地点	苏州工业园					
开竣工日期	2008年开工，2010年竣工					
工程概况	苏州.朗诗国际街区由15栋高层建筑错落排布而成。项目总用地面积7.35万m²，总建筑面积18.04万m²，地下建筑面积4.37万m²，主要用于设备用房和地下车库等。小区环境优美，绿化率达到53.5%，还配套建有商业用房、物业管理中心、活动室等公建设施。能够满足居民生活需要，且交通便利，方便居民出行，共有1003户住户					
绿色建筑星级评价情况	2009年获绿色建筑设计标识三星级认证 2011年获绿色建筑运营标识三星级认证					
绿色建筑增量成本分析	绿色建筑技术	单价	应用量	应用面积（m²）	增量成本（万元）	备注
	雨水收集系统	80万元/套	1套	180399.65	80	包括土建费用
	复层绿化	203元/m²	39352m²	73546.3	800	
	节水喷灌	15.7万元/套	1套	73546.3	15.70	
	节水器具	5200元/套	1664套	180399.65	865.28	包括坐便器、台盆龙头、淋浴喷头
	节能灯具	110元/个	3154个	180399.65	34.69	只计算公共部位
	地源热泵系统	939元/m²	1套	180399.65	7600	
	外遮阳卷帘	650元/m²	16000m²	180399.65	1040	
	合　计				10435.67	
	单位面积增量成本				578.47元/m²	

【例5】天津中节能远景城四期项目

工程名称	天津中节能远景城四期项目				
建设地点	天津市蓟县中心城区				
开竣工日期					
工程概况	该项目属于住宅建筑,项目用地面积为43098.4m²,建筑总面积为102713.08m²,规划总户数为600户,居住区共包括12栋多层住宅和6栋高层住宅,共7种基本户型。容积率为1.5,建筑密度为25%,住宅区绿化率为34.7%,套型建筑面积小于90m²户数为400户,建筑面积为37600m²,占住宅总建筑面积的60%。				
绿色建筑星级评价情况	2011年获国家绿色建筑居住三星级认证。				
绿色建筑增量成本分析	绿色建筑技术	单价	应用量	应用面积(m²)	增量成本(万元)	备注
	中空百叶玻璃	1200元/m²	1395.84m²		167.50	窗面积
	活动遮阳篷	800元/m²	1030.32m²		52.43	窗面积
	太阳能热水系统	2000元/m²	638.4m²		127.68	集热面积
	导光筒	8000元/套	8套		6.4	
	窗式通风器	800元/m²	355.2m		28.15	
	围护结构保温	80元/m²	102713.08m²		821.7	
	节水灌溉	20元/m²	19394.28m²		38.79	
	透水地面	80元/m²	765m²		6.12	
	合　计				1278.77万元	
	单位面积增量成本				124.52元/m²	

【例6】绿地新江桥城

工程名称	绿地新江桥城				
建设地点	上海市嘉定区江桥镇				
开竣工日期					
工程概况	该项目为上海市保障性住房项目。用地总面积28028.88m²,总建筑面积73405.55m²,主要为9栋住宅,共817户,分为12个户型,地下为机动车停车库、非机动车停车库、设备用房等。				
绿色建筑星级评价情况	2010年2月通过了国家绿色建筑设计标识一星级认证,是我国首个获得绿色建筑评价标识的保障性住房项目。				
绿色建筑增量成本分析	绿色建筑技术	单价	应用量	应用面积(m²)	增量成本(万元)	备注
	透水地面	150元/m²		1618	8.09	
	外墙40mm膨胀聚苯板外保温	130元/m²		65165.26	65.17	

绿色建筑增量成本分析	屋顶40mm挤塑聚苯板	150元/m²		4250.7	8.50	
	断桥隔热铝合金窗（6mm高透光low-E+12mm空气+6mm透明）	655元/m²		11743.63	352.31	
	雨水收集回用系统		一套		30	
	节水喷灌				10	
	合计				474.066	
	单位面积增量成本				64.78元/m²	

附录 6

北京市市政管理委员会　北京市规划委员会　北京市建设委员会

关于加强中水设施建设
管理的通告（第 2 号）

根据《国务院关于加强城市供水节水和水污染防治工作的通知》（国发〔2000〕36 号）及《北京市节约用水若干规定》、《北京市中水设施建设管理试行办法》，为缓解北京市水资源紧缺的状况，贯彻优水优用的用水原则，加快城市污水资源化进程，进一步加强北京市规划市区中水设施建设工作，现就有关事项通告如下：

一、凡新建工程符合以下条件的，必须建设中水设施。

（一）建筑面积 2 万平方米以上的宾馆、饭店、公寓等。

（二）建筑面积 3 万平方米以上的机关、科研单位、大专院校和大型文化、体育等建筑。

（三）建筑面积 5 万平方米以上，或可回收水量大于 150 立方米／日的居住区和集中建筑区等。

二、现有建筑属第一条第（一）、（二）两项范围的，应根据条件逐步配套建设中水设施。

三、应配套建设中水设施的建设项目，如中水来源水量或中水回用水量过小（小于 50 立方米／日），必须设计安装中水管道系统。

四、中水设施建设费用必须纳入基建投资预、决算。

五、加强对新建、改建和扩建项目中水设施的审查和监督管理工作，设计部门必须按规定设计中水系统，施工图审查单位应严格审查。市规划委员会负责监督执行。

六、凡应建中水设施而未落实建设项项目的单位，建设管理部门不予办理建设工程开工许可证。

七、对中水设施建设工程项目，建设单位应委托具有相应资质的监理单位监督管理。对违反规定，擅自更改原设计方案的，建设工程监理部门不予验收。市建委负责监督执行。

八、凡未通过北京市建筑质量监督部门验收的工程项目，城市供水部门不予供水；节水管理部门不予核定用水计划；房地产管理部门不予办理房屋产权证书。市市政管理委员会、房地产管理局负责监督执行。

九、凡未按要求进行中水设施建设的单位，属于设计责任的，由北京市规划委员会负责监督处理；属于施工、监理责任的，由北京市建设委员会负责监督管理；属于建设方责任的,由节水管理部门依据《北京市节约用水若干规定》和《北京市城镇用水浪费处罚规则》,对建设单位进行处罚,并限期补建中水设施。不按期纠正的,节水管理部门将核减其用水计划。

十、已经建成的中水设施,建设单位必须加强设备维护,确保其正常运行。凡已建成中水设施但未使用或未经备案擅自停止使用的,节水管理部门将按有关规定予以处罚。

十一、中水设施运行管理单位,对正常运行的中水设施需定期化验中水水质,每年进行中水水质监测不得少于一次,由节水管理部门负责监督执行。

本通告自发布之日起执行。

北京市市政管理委员会

北京市规划委员会

北京市建设委员会

二〇〇一年六月二十九日

附录7

绿色建筑服务机构及产品简介

绿色建筑服务机构——中天伟业

公司介绍：

中天伟业（北京）建筑设计事务所有限公司成立于1999年，具有建设部颁发的建筑、结构、机电事务所甲级资质。注册资金900万元人民币。目前全国拥有员工300余人。具有注册建筑师、注册结构师、注册设备工程师、注册电气工程师数十人并已通过中国质量认证中心ISO9001质量体系认证。公司长期致力于民用建筑设计，尤其是近十年来更注重绿色建筑设计和相关研究，成绩丰硕，被《中国企业报》誉为中国建筑设计"绿先锋"。公司经营宗旨是"质量第一，信誉第一，服务第一"，经营理念是"为客户创造价值"。

公司服务内容：

◆ 区域规划与城市设计
◆ 建筑与工程设计
◆ 绿色建筑设计与咨询
◆ 室内装饰与景观园林设计
◆ 结构、给排水、采暖空调、电气照明、
  楼宇自控、弱电智能设计

公司涉足范围：

◆ 办公楼宇与总部基地
◆ 星级酒店与商业地产
◆ 文教建筑、医疗建筑与体育建筑
◆ 高档别墅与居住建筑
◆ 旧城改造与仿古建筑

公司所获荣誉：

◆ 2009年荣获中国银行北京分行年度(2009～2012)设计单位
◆ 2010年被建设部建筑文化中心评为"中国建筑设计绿色百强设计机构"
◆ 2010年公司董事长被国资委，中国经济报刊协会评为"新世纪十年低碳经济新闻人物"
◆ 2011年在北京市规划委员会组织的全球招标《北京市绿色建筑设计标准》大纲编制竞赛中，中天伟业荣获三等奖并成为《北京市绿色建筑设计标准》的编制单位
◆ 2011年荣获首都第十八届汇报展优秀方案奖

公司案例展示：

《北京市绿色建筑设计标准》　　北京通用时代国际中心　　神华可再生能源展示中心　　北京曙光计算机公司科研楼

CSA 中天伟业 中天伟业（北京）建筑设计事务所有限公司
China Sky (Beijing) Architeture Co., Ltd

地址：北京海淀车公庄西路乙19号华通大厦B座9层
邮编：100048
电话：010-88018011(8012) 传真：010 88018011(8012) 转202
联系人：薛世勇　电话：13051310185
公司邮箱：csabj@163.com 公司网站：www.csabj.com

澄通 LED 照明

公司及产品介绍

    LED（Lighting Emitting Diode）照明即发光二极管照明，是一种半导体固体发光器件。它是利用固体半导体芯片作为发光材料，在半导体中通过载流子发生复合放出过剩的能量而引起光子发射，直接发光。LED 照明产品就是利用 LED 作为光源制造出来的照明器具。

    北京澄通光电股份有限公司，成立于 2003 年 8 月，注册资金 6000 多万元人民币，多年来一直专注于 LED 应用产品的研发及生产，是一家专业从事高效节能半导体照明系统研发、技术和产品创意设计开发、工程化应用以及相关技术服务为一体的城市综合亮化整体解决方案供应商。澄通光电是国家高新技术企业，拥有北京市级技术中心和北京市科技研究开发机构，承担过 2012 年国家科技部火炬计划、863 计划等国家级科研计划，具有相当的研发实力。澄通光电发展至今，已经成为北方地区最具规模的 LED 应用产品研发及生产基地。

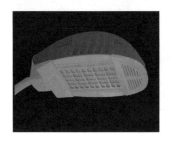  

产品特点

    LED 照明，采用第四代绿色环保 LED 固态光源，光效高，使用寿命，可实现长期免维护。人性化的产品设计，客户可按不同的照明场所选择相适应的工作电压，使用更加方便；LED 防眩灯罩使光线更柔和，无眩光，不会引起作业人员眼睛的疲劳，提高工作效率；同时，良好的电磁兼容不会对电源造成污染。LED 灯具较易实现数字控制、调光及自主控制，并可以基于前端的无源红外 (IR) 传感器、定时器或环境光传感器等，降低无人活动时的照明亮度，可通过多种网络技术支持更多的照明网络节点，实现一整套的环保照明节能措施。

执行标准

《建筑照明设计标准》GB50034-2004 《灯具 第 1 部分：一般要求与试验》GB7000.1-2007 《投光灯具安全要求》GB7000.7-2005 《道路与街路照明灯具安全要求》GB7000.5-2005 《一般照明用设备电磁兼容抗扰度要求》GB/T18595-2001

产品优点

◆ 高节能：澄通光电研制的 LED 低碳节能照明产品，相比白炽灯，节能率可达 90% 以上；相比传统节能灯，节能率可达 55% 以上。

◆ 寿命长：澄通照明的 LED 产品采用高效高可靠性 LED 光源，固体冷光源，环氧树脂封装，使用寿命可达 5 万小时以上。

◆ 独特设计：针对不同使用场合的专属配光设计、自主知识产权的外观设计，澄通照明让您轻松使用、耳目一新。

◆ 环保：光谱中没有紫外线和红外线，无辐射、无污染，不含汞元素，冷光源，可以安全触摸，属于典型的绿色照明光源。

◆ 智能照明技术：CTOP 澄通照明研发了先进的智能照明技术，通过物联网技术和计算机技术，可以方便的控制每一盏灯的明暗和色温，可以实时了解每一盏灯的能耗状况和工作状态。

案例展示

 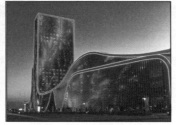 

四川保利剧院　　　　　　　　康山奥体中心　　　　　　　　北京西客站

北京澄通光电股份有限公司
Beijing Chontdo Optoelectronics Co.,ltd

地址：北京市顺义区高丽营镇金益街 7 号　　邮编：101300
电话：010-80415467　　传真：010-80415158　　服务热线：400-0306-001
公司邮箱：chontdo@chontdo.com　　公司网站：www.chontdo.com

亨达真空玻璃

公司及产品介绍

　　真空玻璃，顾名思义在两层玻璃之间存在真空度小于 10-1pa 的真空层，使得气体传导传热可忽略不计；玻璃内壁都镀有低辐射膜，使辐射传热尽可能降低。全方位降低因对流、辐射、传导产生的能量散失。

　　亨达玻璃科技有限公司的高效保温隔热隔声安全型真空玻璃产品凭借自身杰出的节能性能，可以从技术上帮助实现北京市新建建筑节能 75% 的目标。并配合北京市落实"十二五"时期建筑节能发展规划的目标。

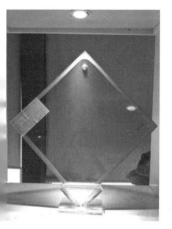

性能指标

保温隔热　　U 值 0.2 ～ 0.7W/(m²·K)

隔音量　　36 ～ 42dB

结露温度　　-35 ～ 65℃

执行标准

《真空玻璃》 JC/T 1079-2008

产品特点

　　真空玻璃是继中空玻璃、LOW-E 中空玻璃之后的第三代节能玻璃产品。采用离线 LOW-E 原片加工的半钢化 / 全钢化真空玻璃，技术指标全面超越传统三玻两腔中空玻璃、媲美市面上极少使用的四玻三腔中空玻璃产品。使门窗玻璃的传热系数达到或接近各种形式建筑墙体的传热系数。为未来社会的"低能耗绿色建筑"的实现提供解决方案。

　　工信部《建材工业主要产业"十二五"技术研发与创新的目标、技术途径、支撑条件与保障措施》中明确提出发展包括真空玻璃在内的支撑战略性新兴产业的玻璃新材料。真空玻璃已被列入建设部相关推广计划。

节能环保

◆ 超轻——减少建筑承重，降低建筑造价。

◆ 超薄——减少窗框用料，增加透光率。
　 HD-VIG 最薄只有 6mm，为建筑师的设计创造更大空间，易于旧窗改造。

◆ 显著降低制冷取暖费用——在寒冷的冬季可以减少室内热量的流失，节省您的暖气开支，在酷热的夏季可以降低室内温度，减少空调或风扇的工作负荷。

◆ 保护环境——减少制冷及取暖的发电燃煤消耗，减少 CO_2 等有害气体的排放量，减少对环境的污染！成为能够满足低碳建筑要求的最佳新型建筑材料。

案例展示

内蒙古博世测试中心　　　　　北京核工业展览馆　　　　　青岛中德生态园展示中心

青岛亨达玻璃科技有限公司

地址：青岛经济技术开发区红柳河路 590 号
邮编：266426　传真：0532-83163300　服务热线：400-008-0088
公司网站：www.hd-glass.com　邮箱：hdglass@hd-glass.com

绿色环保建材——三乐高强水泥纤维板

　　三乐高强水泥纤维板，是以高标号水泥为基体材料，并配以天然纤维增强，经先进生产工艺成型、加压、高温蒸养等特殊技术处理而制成，是一种具有优良性能的环保型建筑和工业用板材。产品特点：轻质高强，安装简单，可切割可钻可锯可粘可钉，可再利用，无二次污染。应用范围：外墙清水挂板、地面楼板、室内（卫生间）隔板、吸音吊顶、幕墙衬板、复合墙体面板、户外广告牌、电梯隔板、变压器隔板、高速声屏障等。我公司新开发了三乐大理石系列，本产品以仿磁涂层为外饰面的建筑外墙装饰板材。具有轻质、强度高、硬度好、绿色环保、耐冲击、抗弯抗折、防火、保温、耐酸、耐碱等特点。防火 A1 级，是建筑外墙装饰板材的首选。

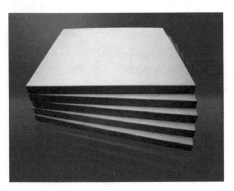 

工程案例

工程名称	厚度	数量（平方米）	用途
奥运中心国家体育馆	10mm	52000	隔音
	12mm	8000	玻璃背板
奥运国家会议中心	12mm	12000	隔断
鸟巢附属宾馆	10mm	5000	房内隔断
大成国际中心	24mm	40000	地板
盘锦奥体中心	20mm	5000	外墙干挂
	18mm	10000	外墙干挂
中央电视台新台址	24mm	8000	地板
京津高速铁路声屏障	12mm	12000	隔音
中弘北京像素	24mm	30000	地板
牛昶国际文化交流中心	24mm	10000	外墙干挂
新国展	10mm	18000	隔断
国贸三期	12mm	30000	隔断

中弘北京像素

盘锦奥体中心

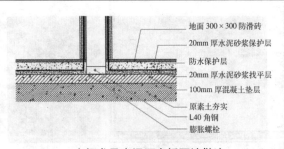

地面 300×300 防滑砖
20mm 厚水泥砂浆保护层
防水保护层
20mm 厚水泥砂浆找平层
100mm 厚混凝土垫层
原素土夯实
L40 角钢
膨胀螺栓

方钢龙骨水泥压力板隔墙做法

 **北京三乐建材有限公司**

地址：北京市房山区良乡西潞大厦 5 单元 903 室
邮编：102488　　传真：010-89355408
电话：86-10-89356898，89356551
Email：bjsljc@bjsljc.com　　网址：http://www.bjsljc.com